21世纪高等学校计算机教育实用规划教材

UML2 基础、建模与设计教程

杨弘平 吕海华 李波 史江萍 代钦 编著

清华大学出版社
北京

内 容 简 介

本书基于使用最广泛的统一建模语言 UML2.0 版本，对统一建模语言及其系统建模过程进行了详细介绍。

全书共分为 13 章，对用例图、类图、对象图、顺序图、通信图、状态机图、活动图、组件图、部署图、包图、组合结构图、定时图和交互概览图进行了讲解，并介绍了 RUP 过程开发模型。最后通过汽车租赁系统、BBS 论坛系统和新闻中心管理系统三个案例，全面而又系统地讲解了 UML 的建模与设计。

本书适合作为高等院校计算机软件工程等相关专业的学生用户的参考书，也可供软件工程师、系统架构师等专业人员参考。

图书在版编目(CIP)数据

UML2 基础、建模与设计教程/杨弘平等编著. —北京：清华大学出版社，2015（2025.2 重印）
21 世纪高等学校计算机教育实用规划教材
ISBN 978-7-302-40449-1

Ⅰ. ①U… Ⅱ. ①杨… Ⅲ. ①面向对象语言—程序设计—高等学校—教材 Ⅳ. ①TP312

中国版本图书馆 CIP 数据核字(2015)第 127741 号

责任编辑：付弘宇 薛 阳
封面设计：常雪影
责任校对：梁 毅
责任印制：刘 菲

出版发行：清华大学出版社
网 址：https://www.tup.com.cn，https://www.wqxuetang.com
地 址：北京清华大学学研大厦 A 座 **邮 编**：100084
社 总 机：010-83470000 **邮 购**：010-62786544
投稿与读者服务：010-62776969，c-service@tup.tsinghua.edu.cn
质量反馈：010-62772015，zhiliang@tup.tsinghua.edu.cn
课件下载：https://www.tup.com.cn，010-83470236
印 装 者：三河市龙大印装有限公司
经 销：全国新华书店
开 本：185mm×260mm **印 张**：18.75 **字 数**：461 千字
版 次：2015 年 10 月第 1 版 **印 次**：2025 年 2 月第 15 次印刷
印 数：21301～22300
定 价：49.80 元

产品编号：064555-02

出版说明

随着我国高等教育规模的扩大以及产业结构调整的进一步完善，社会对高层次应用型人才的需求将更加迫切。各地高校紧密结合地方经济建设发展需要，科学运用市场调节机制，合理调整和配置教育资源，在改革和改造传统学科专业的基础上，加强工程型和应用型学科专业建设，积极设置主要面向地方支柱产业、高新技术产业、服务业的工程型和应用型学科专业，积极为地方经济建设输送各类应用型人才。各高校加大了使用信息科学等现代科学技术提升、改造传统学科专业的力度，从而实现传统学科专业向工程型和应用型学科专业的发展与转变。在发挥传统学科专业师资力量强、办学经验丰富、教学资源充裕等优势的同时，不断更新教学内容、改革课程体系，使工程型和应用型学科专业教育与经济建设相适应。计算机课程教学在从传统学科向工程型和应用型学科转变中起着至关重要的作用，工程型和应用型学科专业中的计算机课程设置、内容体系和教学手段及方法等也具有不同于传统学科的鲜明特点。

为了配合高校工程型和应用型学科专业的建设和发展，急需出版一批内容新、体系新、方法新、手段新的高水平计算机课程教材。目前，工程型和应用型学科专业计算机课程教材的建设工作仍滞后于教学改革的实践，如现有的计算机教材中有不少内容陈旧(依然用传统专业计算机教材代替工程型和应用型学科专业教材)，重理论、轻实践，不能满足新的教学计划、课程设置的需要；一些课程的教材可供选择的品种太少；一些基础课的教材虽然品种较多，但低水平重复严重；有些教材内容庞杂，书越编越厚；专业课教材、教学辅助教材及教学参考书短缺，等等，都不利于学生能力的提高和素质的培养。为此，在教育部相关教学指导委员会专家的指导和建议下，清华大学出版社组织出版本系列教材，以满足工程型和应用型学科专业计算机课程教学的需要。本系列教材在规划过程中体现了如下一些基本原则和特点。

(1) 面向工程型与应用型学科专业，强调计算机在各专业中的应用。教材内容坚持基本理论适度，反映基本理论和原理的综合应用，强调实践和应用环节。

(2) 反映教学需要，促进教学发展。教材规划以新的工程型和应用型专业目录为依据。教材要适应多样化的教学需要，正确把握教学内容和课程体系的改革方向，在选择教材内容和编写体系时注意体现素质教育、创新能力与实践能力的培养，为学生知识、能力、素质协调发展创造条件。

(3) 实施精品战略，突出重点，保证质量。规划教材建设仍然把重点放在公共基础课和专业基础课的教材建设上；特别注意选择并安排一部分原来基础比较好的优秀教材或讲义修订再版，逐步形成精品教材；提倡并鼓励编写体现工程型和应用型专业教学内容和课程体系改革成果的教材。

(4) 主张一纲多本，合理配套。基础课和专业基础课教材要配套，同一门课程可以有多本具有不同内容特点的教材。处理好教材统一性与多样化，基本教材与辅助教材，教学参考书，文字教材与软件教材的关系，实现教材系列资源配套。

(5) 依靠专家，择优选用。在制订教材规划时要依靠各课程专家在调查研究本课程教材建设现状的基础上提出规划选题。在落实主编人选时，要引入竞争机制，通过申报、评审确定主编。书稿完成后要认真实行审稿程序，确保出书质量。

繁荣教材出版事业，提高教材质量的关键是教师。建立一支高水平的以老带新的教材编写队伍才能保证教材的编写质量和建设力度，希望有志于教材建设的教师能够加入到我们的编写队伍中来。

21 世纪高等学校计算机教育实用规划教材编委会
联系人：魏江江 weijj@tup.tsinghua.edu.cn

前　言

UML(Unified Modeling Language,统一建模语言)出现于1994年10月,由Grady Booch、Jim Rumbaugh和Ivar Jacobson共同提出,并于1996年发布了UML0.9版本。随后,十余家公司组成了UML联盟组织,共同开发并提出了UML1.0和UML1.1版本。1997年11月17日,OMG对象管理组织将UML确立为标准建模语言。同时由OMG组织了第三阶段的修订工作,推出了UML1.2、UML1.3、UML1.4和UML1.5版本。进入21世纪,又推出了UML2.0版本。2011年8月,正式发布了UML2.4.1版。2013年9月5日推出UML2.5版本,目前使用最广泛的是UML2.0版本。

本书基于UML2.0版本对统一建模语言及其系统建模进行详细讲解。本书由13章组成,第1～3章介绍UML的预备知识,包括面向对象概述、UML概述及常用的UML建模工具的介绍。第4～9章介绍UML的图,包括用例图、类图、对象图、顺序图、通信图、状态机图、活动图、构件图、部署图、包图、组合结构图、定时图和交互概览图,介绍了UML图的基本概念、图的组成要素和图的建模技术和创建示例,通过这种方式能够使读者完整而系统地把握和了解每一种UML图。第10～13章对RUP进行介绍,在RUP的基础上介绍了新闻中心管理系统、汽车租赁系统和BBS论坛系统三个案例,通过案例全面了解系统建模的过程。本书适合用作高等院校计算机软件工程相关专业的学习用书或参考书,同时也可以作为软件开发人员学习使用UML进行建模使用。本书由杨弘平、吕海华、李波、史江萍和代钦编写,杨弘平对全书进行了规划和整理。由于编者水平有限,书中难免有疏漏之处,敬请读者谅解。

编　者

2015-3-20

前　言

目　录

第1章　UML概述

UML的目标是以面向对象图形的方式来描述任何类型的系统，应用的领域非常广泛。其中最常用的是建立软件系统的模型，但它同样可以用于描述非软件领域的系统，如机械系统、企业机构或业务过程，以及处理复杂数据的信息系统、具有实时要求的工业系统或工业过程等。总之，UML是一个通用的标准建模语言，可以对任何具有静态结构和动态行为的系统进行建模。

本章要点

本章是关于UML的总体概述，对UML的元素做一些简单的说明，在后续的章节中将深入和详细地讲解。通过学习本章，应了解UML的发展历程和特点，理解什么是UML、UML中的9种图和UML中的关系。

1.1　什么是UML

UML(Unified Modeling Language，统一建模语言)是一种能够描述问题、描述解决方案、起到沟通作用的语言。通俗地说，它是一种用文本、图形和符号的集合来描述现实生活中各类事物、活动及其之间关系的语言。

UML是一种很好的工具，可以贯穿软件开发周期中的每一个阶段，它最适于数据建模、业务建模、对象建模和组件建模。UML作为一种模型语言，它使开发人员专注于建立产品的模型和结构，而不是选用什么程序语言和算法实现。当模型建立之后，模型可以被UML工具转化成指定的程序语言代码。

1.2　UML的发展历程

UML起源于多种面向对象建模方法，由OMG开发，目前已经成为工业标准。面向对象建模语言最早出现于20世纪70年代中期。从1989年到1994年，其数量从不到十种增加到了五十多种。在众多的建模语言中，语言的创造者努力推崇自己的产品，并在实践中不断完善。但是，OO方法的用户并不了解不同建模语言的优缺点及它们相互之间的差异，因而很难根据应用特点选择合适的建模语言，于是爆发了一场“方法大战”。20 世纪 90 年代中期，出现了一批新方法，其中最引人注目的是 Booch 1993、OMT-2 和 OOSE 等。

面向对象软件工程的概念最早是由 Booch 提出的，他是面向对象方法最早的倡导者之一。后来，Rumbaugh 等人提出了面向对象的建模技术（OMT）方法，采用了面向对象的概念，并引入各种独立于语言的表示符。这种方法用对象模型、动态模型、功能模型和用例模型，共同完成对整个系统的建模，所定义的概念和符号可用于软件开发的分析、设计和实现的全过程，软件开发人员在开发过程的不同阶段不需要进行概念和符号的转换。OMT-2 特别适用于分析和描述以数据为中心的信息系统。

Jacobson 于 1994 年提出了 OOSE 方法，其最大特点是面向用例（Use-Case），并在用例的描述中引入了外部角色的概念。用例是精确描述需求的重要武器，但用例贯穿于整个开发过程，包括对系统的测试和验证。OOSE 比较适合支持商业工程和需求分析。

此外，还有 Coad/Yourdon 方法，即著名的 OOA/OOD，它是最早的面向对象的分析和设计方法之一。该方法简单、易学，适合于面向对象技术的初学者使用，但由于该方法在处理能力方面具有局限性，目前用得很少。

综上所述，首先，面对众多的建模语言，用户由于没有能力区别不同语言之间的差别，因此很难找到一种比较适合其应用特点的语言；其次，众多的建模语言实际上各有特色；最后，虽然不同的建模语言大多类同，但仍存在某些细微的差别，极大地妨碍了用户之间的交流。因此，需要统一建模语言。

1994 年 10 月，Grady Booch 和 Jim Rumbaugh 开始致力于这一工作。他们首先将 Booch 1993 和 OMT-2 统一起来，并于 1995 年 10 月发布了第一个公开版本，称之为统一方法 UM0. 8(Unitied Method)。1995 年秋，OOSE 的创始人 Jacobson 加盟到这一工作中。经过 Booch、Rumbaugh 和 Jacobson 三人的共同努力，于 1996 年 6 月和 10 月分别发布了两个新的版本，即 UML0. 9 和 UML0. 91，并将 UM 重新命名为 UML（Unified Modeling Language）。

1996 年，UML 的开发者倡议成立了 UML 成员协会，以完善、加强和促进 UML 的定义工作。当时的成员有 DEC、HP、I-Logix、Itellicorp、IBM、ICON Computing、MCI Systemhouse、Microsoft、Oracle、Rational Software、TI 以及 Unisys。这一机构对 UML1. 0（1997 年 1 月）及 UML1. 1（1997 年 11 月 17 日）的定义和发布起了重要的促进作用。

在美国，截至 1996 年 10 月，UML 获得了工业界、科技界和应用界的广泛支持，已有七百多个公司表示支持采用 UML 作为建模语言。1996 年年底，UML 已稳占面向对象技术市场的 85%，成为可视化建模语言事实上的工业标准。1997 年 11 月 17 日，OMG 采纳 UML1. 1 作为基于面向对象技术的标准建模语言。UML 代表了面向对象方法的软件开发技术的发展方向，具有巨大的市场前景，也具有重大的经济价值和国防价值。1997 年 11 月 4 日 UML 被 OMG 采纳。此后进行不断的修订，并产生了 UML1. 2、UML1. 3 和 UML1. 4 版本。2000 年，UML1. 4 在语义上添加了动作语义的定义，使得 UML 规格说明在计算上更加完整。2005 年，UML2. 0 规范形成，定义了许多可视化语法，特别是元模型的定义，至此，代表早期最好思想的、融合的 UML 已经呈现在人们面前，至今最新的版本已是 UML2. 1。

1.3 UML 的特点

标准建模语言 UML 的主要特点可以归结为以下三点。

(1) UML 统一了 Booch、OMT 和 OOSE 等方法中的基本概念和符号。

(2) UML 吸取了面向对象领域中各种优秀的思想,其中也包括非 OO 方法的影响。

UML 符号表示考虑了各种方法的图形表示,删掉了很多容易引起混乱的、多余的和极少使用的符号,同时添加了一些新符号。因此,在 UML 中凝聚了面向对象领域中很多人的思想。这些思想并不是 UML 的开发者们发明的,而是开发者们依据最优秀的 OO 方法和丰富的计算机科学实践经验综合提炼而成的。

(3) UML 在演变过程中还提出了一些新的概念。

在 UML 标准中新加了模板(Stereotypes)、职责(Responsibilities)、扩展机制(Extensibility Mechanisms)、线程(Threads)、过程(Processes)、分布式(Distribution)、并发(Concurrency)、模式(Patterns)、合作(Collaborations)、活动图(Activity Diagram)等新概念,并清晰地区分类型(Type)、类(Class)和实例(Instance)、细化(Refinement)、接口(Interfaces)和组件(Components)概念。

因此可以认为,UML 是一种先进实用的标准建模语言,但其中某些概念尚待实践来验证,UML 也必然存在一个进化过程。

1.4 UML 的结构

UML 的组成主要有事物、图和关系。事物是 UML 中重要的组成部分。关系把元素紧密联系在一起。图是很多有相互关系的事物的组。

1.4.1 UML 中的事物

UML 包含 4 种事物:构件事物、行为事物、分组事物和注释事物。

1. 构件事物

构件事物是 UML 模型的静态部分,描述概念或物理元素。它包括以下几种。

1) 类

类是对一组具有相同属性、相同操作、相同关系和相同语义的对象的抽象。UML 组成中类是用一个矩形表示的,它包含三个区域,最上面是类名、中间是类的属性、最下面是类的方法。

2) 接口

接口是指类或组件提供特定服务的一组操作的集合。因此,一个接口描述了类或组件的对外的可见的动作。一个接口可以实现类或组件的全部动作,也可以只实现一部分。接口在 UML 中被画成一个圆和它的名字。

3) 协作

描述了一组事物间的相互作用的集合。

4) 用例

用例是描述一系列的动作,这些动作是系统对一个特定角色执行的。在模型中用例是通过协作来实现的。在 UML 中，用例画为一个实线椭圆，通常还有它的名字。

5）构件

也称为“组件”，是物理上或可替换的系统部分，它实现了一个接口集合。在一个系统中，可以使用不同种类的组件，例如 COM+或 Java Beans。

6）节点

为了能够有效地对部署的结构进行建模，UML 引入了节点这一概念，它可以用来描述实际的 PC、打印机、服务器等软件运行的基础硬件。节点是运行时存在的物理元素，它表示了一种可计算的资源，通常至少有存储空间和处理能力。

此外，参与者、文档库、页表等都是上述基本事物的变体。

2. 行为事物

行为事物是 UML 模型图的动态部分，描述跨越空间和时间的行为，主要包括以下两部分。

1）交互

实现某功能的一组构件事物之间的消息的集合，涉及消息、动作序列、链接。

2）状态机

描述事物或交互在生命周期内响应事件所经历的状态序列。

3. 分组事物

分组事物是 UML 模型图的组织部分，描述事物的组织结构，主要由包来实现。

包：把元素编程成组的机制。

4. 注释事物

注释事物是 UML 模型的解释部分，用来对模型中的元素进行说明，解释。

注解：对元素进行约束或解释的简单符号。

1.4.2 UML 中的关系

在 UML 中有 4 种关系：依赖、关联、泛化和实现。

1. 依赖

依赖（Dependency）是两个模型元素间的语义关系，其中一个元素（独立事务）发生变化会影响另一个元素（依赖事务）的语义。在图形上，把依赖画成一条可能有方向的虚线，偶尔在其上还带有一个标记，如图 1.1 所示。

2. 关联

关联（Association）指明了一个对象与另一个对象间的关系。在图形上，关联用一条实线表示，它可能有方向，偶尔在其上还有一个标记。例如，读者可以去图书馆借书和还书，图书管理员可以管理书籍也可以管理读者的信息，显然在读者、书籍、管理员之间存在着某种联系。那么在用 UML 设计类图的时候，就可以在读者、书籍、管理员三个类之间建立关联关系，如图 1.2 所示。

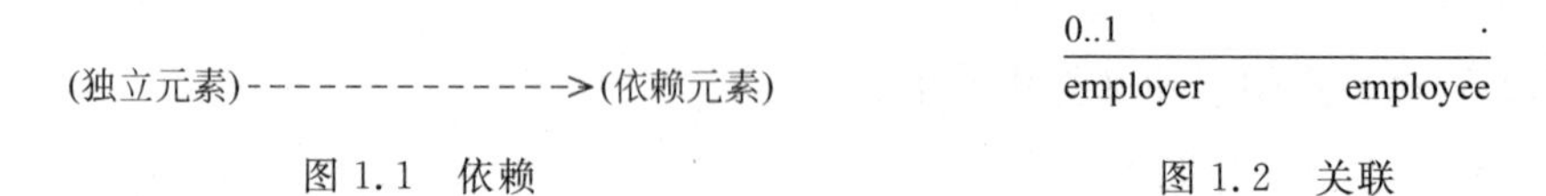

图 1.1　依赖　　　图 1.2　关联

3. 泛化

泛化(Generalization)是一种一般化-特殊化的关系,是一般事物(父类)和该事物较为特殊的种类(子类)之间的关系,子类继承父类的属性和操作,除此之外,子类还添加新的属性和操作。在图形上,把泛化关系画成带有空心箭头的实线,该实线指向父类,如图 1.3 所示。

4. 实现

实现(Realization)是类之间的语义关系,其中的一个类指定了由另一个类必须执行的约定。在两种地方会遇到实现关系:一种是在接口和实现它们的类或构件之间;另一种是在用例和实现它们的协作之间。在图形上,把实现关系画成一条带有空心箭头的虚线,它是泛化和依赖关系两种图形的结合,如图 1.4 所示。

(子类)————————▷(父类)

图 1.3　泛化

(实现)- - - - - - - - - - - - - -▷(接口)

图 1.4　实现

1.5　UML 的视图

UML 中的视图一般分为以下 5 种。

(1) 用例视图:用例视图主要强调从系统的外部参与者(主要是用户)的角度所看到的或需要的系统功能。

(2) 逻辑视图:逻辑视图主要是从系统的静态结构和动态行为角度显示如何实现系统的功能。

(3) 并发视图:并发视图显示了系统的并发性,并解决在并发系统中存在的通信问题和同步问题。

(4) 组件视图:组件视图显示代码组件的组织结构。

(5) 配置视图:配置视图主要描述了系统具体如何进行部署。部署指的是将系统配置到由计算机和设备组成的物理结构上。

1.5.1　用例视图

用例视图也称为外部视图、功能视图、用户视图。主要描述一个系统应该具备的功能,指的是从系统的外部参与者所能看到的系统功能。用例表示的是系统的一个功能单元,可以被描述为参与者与系统之间的一次交互作用。系统的参与者可以是一个用户或者另外一个系统。客户要求系统提供的功能被当作多个用例在用例视图中进行描述,一个用例就是对系统的一个用法的通用描述。用例模型的用途主要是列举出系统中的用例和参与者,并指出哪个参与者参与了哪个用例的执行。用例视图是其他 4 种视图的核心,它的内容直接驱动其他视图的开发。

1.5.2　逻辑视图

逻辑视图也称为静态视图、结构模型视图,包括类图、对象图和包图。主要用于描述在用例视图中提出的系统功能的实现。与用例视图相比,逻辑视图主要关注系统的内部,它既描述系统的静态结构(系统中的类、对象及它们之间的关系),也描述系统的动态协作关系。系统的静态结构在类图和对象图中进行描述，而动态模型是在状态机图、时序图、通信图及活动图中进行描述。逻辑视图的使用者主要是系统的设计人员和开发人员。

1.5.3 并发视图

并发视图也称为动态视图、进程视图，进程视图包括动态图（状态机图、交互图、活动图）和实现图（交互图和部署图）。主要是从资源的有效利用、代码的并行执行以及系统环境中异步事件的处理等方面来考虑。将系统划分为并发执行的控制，此外，并发视图还需要处理线程之间的通信和同步。并发视图主要由状态机图、通信图和活动图组成。并发视图的使用者是开发人员和系统集成人员。

1.5.4 组件视图

组件视图也称为实现视图、物理视图，描述系统的实现模块及它们之间的依赖关系。其中，组件指的是不同类型的代码模块，它是构造应用的软件单元。组件视图中也可以添加组件的其他附加信息，例如，资源分配或者其他管理信息。组件视图主要由构件图构成。组件视图的使用者是开发人员。

1.5.5 部署视图

部署视图，也称为配置视图。配置视图主要显示系统的物理部署，它描述位于节点上的运行实例的部署情况。配置视图主要由配置图表示，配置视图还允许评估分配结果和资源分配。配置视图的使用者是开发人员、系统集成人员和测试人员。

1.6 UML 的图

UML 图是描述 UML 视图内容的图形。UML 有 13 种不同的图，通过它们的相互组合提供被建模系统的所有视图。

1.6.1 用例图

用例图是从用户角度描述系统功能，并指出各功能的操作者。用例图是 UML 中最简单也是最复杂的一种图。说它简单是因为它采用了面向对象的思想，基于用户角度来描述系统，绘制非常容易，图形表示直观并且容易理解。说它复杂是因为用例图往往不容易控制，要么过于复杂，要么过于简单。用例图展示了一组用例、参与者以及它们之间的关系，如图 1.5 所示。

1.6.2 类图

类图是 UML 面向对象中最常用的一种图，类图可以帮助人们更直观地了解一个系统的体系结构。通过关系和类表示的类图，可以图形化地描述一个系统的设计部分，如图 1.6 所示。

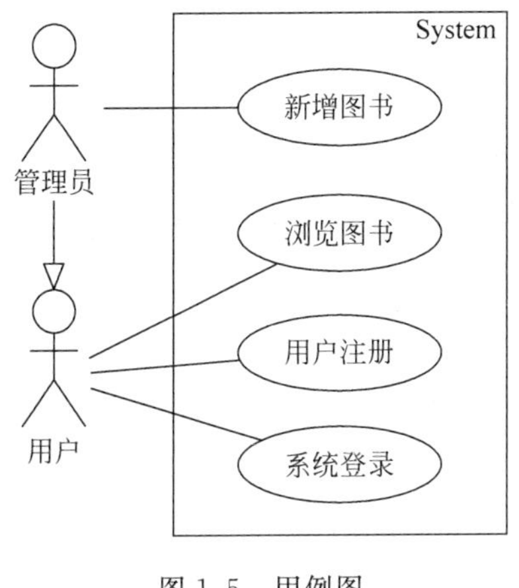

图 1.5　用例图

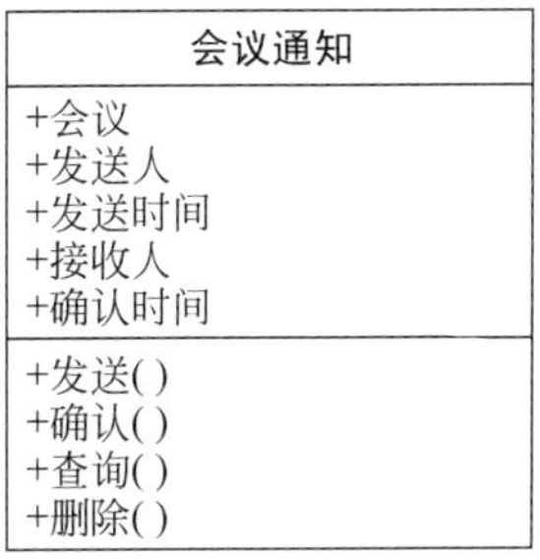

会议通知
+会议 +发送人 +发送时间 +接收人 +确认时间
+发送() +确认() +查询() +删除()

图 1.6　类图

1.6.3　对象图

UML 面向对象中对象图是类图的实例，几乎使用与类图完全相同的标识。它们的不同点在于对象图显示类的多个对象实例，而不是实例的类。一个对象图是类图的一个实例。由于对象存在生命周期，因此对象图只能在系统某一时间段存在。

1.6.4　状态机图

描述一个实体基于事件反应的动态行为，显示了该实体是如何根据当前所处的状态对不同的事件做出反应的，如图 1.7 所示。

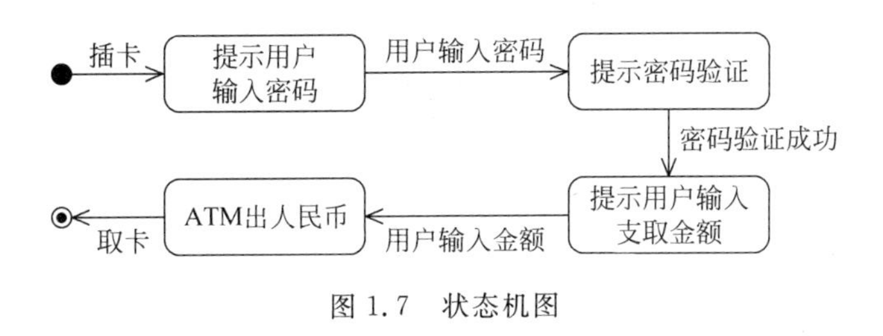

图 1.7　状态机图

1.6.5　活动图

UML 面向对象中活动图记录了单个操作或方法的逻辑，或者单个业务流程的逻辑。描述系统中各种活动的执行顺序，通常用于描述一个操作中所要进行的各项活动的执行流程。同时，它也常被用来描述一个用例的处理流程，或者某种交互流程。

活动图由一些活动组成，图中同时包括对这些活动的说明。当一个活动执行完毕之后，将沿着控制转移箭头转向下一个活动。活动图中还可以方便地描述控制转移的条件及并行执行等要求，如图 1.8 所示。

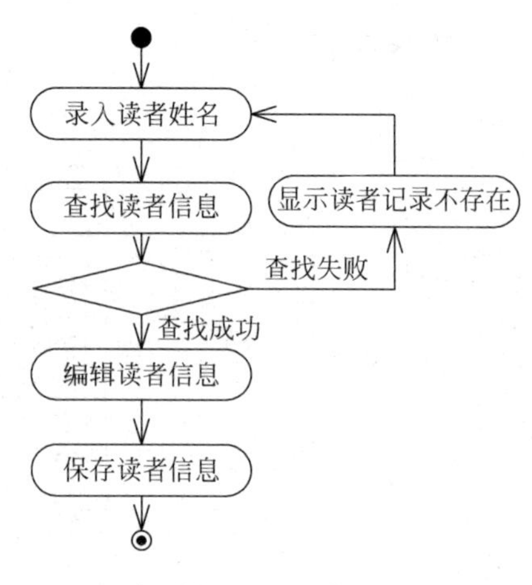

图 1.8　活动图

1.6.6　顺序图

顺序图描述了对象之间动态的交互关系，主要体现对象之间进行消息传递的时间顺序。

顺序图由一组对象构成，每个对象分别带有一条竖线，称作对象的生命线，它代表时间轴，时间沿竖线向下延伸。UML 面向对象中顺序图描述了这些对象随着时间的推移相互之间交换消息的过程。消息用从一个对象的生命线指向另一个对象的生命线的水平箭头表示。图中还可以根据需要增加有关时间的说明和其他注释，如图 1.9 所示。

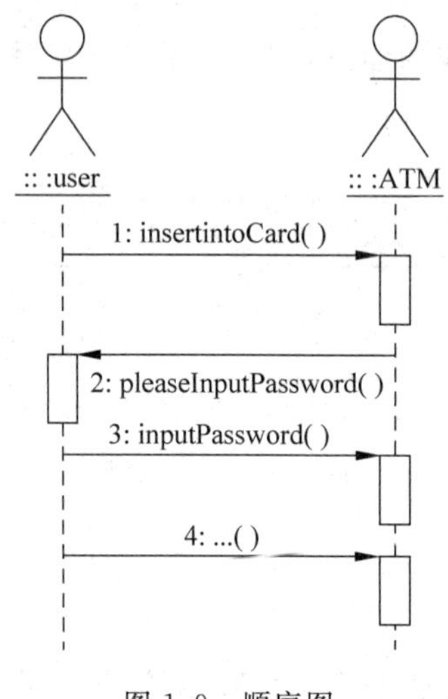

图 1.9　顺序图

1.6.7　通信图

UML 面向对象中通信图用于显示组件及其交互关系的空间组织结构，它并不侧重于交互的顺序。通信图显示了交互中各个对象之间的组织交互关系以及对象彼此之间的链接。与顺序图不同，通信图显示的是对象之间的关系。另外，通信图没有将时间作为一个单独的维度，因此序列号就决定了消息及并发线程的顺序。它用带有编号的箭头来描述特定的方案，以显示在整个方案过程中消息的移动情况。通信图主要用于描绘对象之间消息的移动情况来反映具体的方案，显示对象及其交互关系的空间组织结构，而非交互的顺序，如图 1.10 所示。

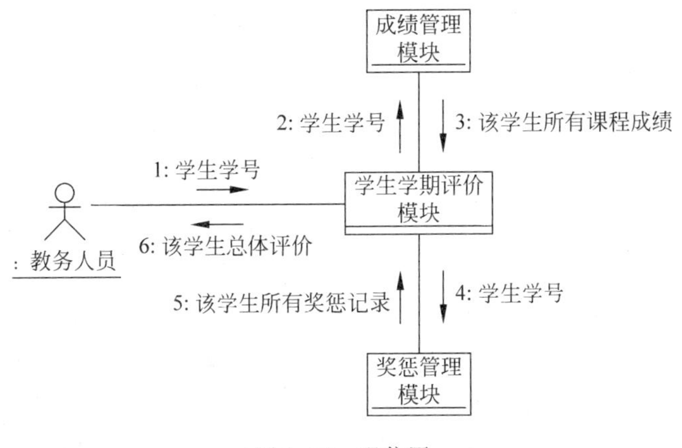

图 1.10　通信图

1.6.8　构件图

构件图，也称为组件图。构件图描述代码部件的物理结构及各部件之间的依赖关系，构件图有助于分析和理解部件之间的相互影响程度。从构件图中，可以了解各软件组件(如源代码文件或动态链接库)之间的编译器和运行时依赖关系。使用构件图可以将系统划分为内聚组件并显示代码自身的结构，如图 1.11 所示。

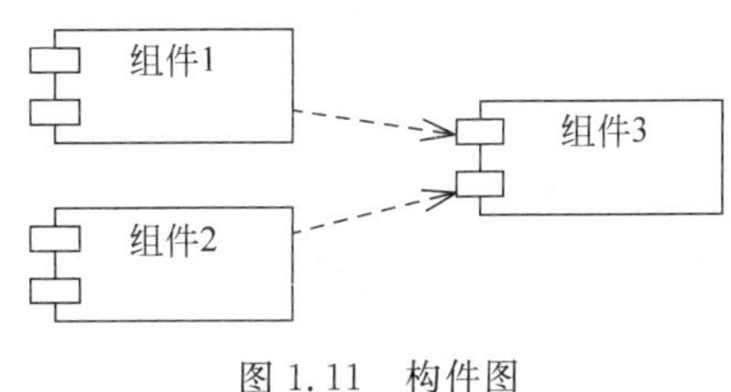

图 1.11　构件图

1.6.9　部署图

部署图，也称为配置图。UML 面向对象中配置图描述系统中硬件和软件的物理配置情况和系统体系结构。

在配置图中，用结点表示实际的物理设备，如计算机和各种外部设备等，并根据它们之间的连接关系，将相应的结点连接起来，并说明其连接方式。在结点里面，说明分配给该结点上运行的可执行构件或对象，从而说明哪些软件单元被分配在哪些结点上运行，如图 1.12 所示。

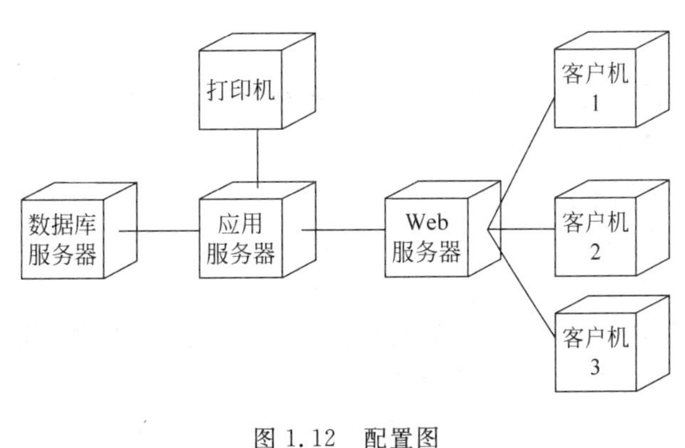

图 1.12　配置图

上述几种图可归纳为 5 类，如表 1.1 所示。

表 1.1 UML 图分类

类　型	包　含
静态图	类图、对象图、包图、组合结构图
行为图	状态机图、活动图
用例图	用例图
交互图	顺序图、通信图、时间图、交互概况图
实现图	构件图、部署图

从应用的角度看，当采用面向对象技术设计系统时，第一步描述需求；第二步根据需求建立系统的静态模型，以构造系统的结构；第三步是描述系统的行为。其中，在第一步与第二步中所建立的模型都是静态的，包括用例图、类图（包含包）、对象图、构件图和配置图 5 个图形，是标准建模语言 UML 的静态建模机制。第三步中所建立的模型或者可以执行，或者表示执行时的时序状态或交互关系。它包括状态机图、活动图、顺序图和合作图 4 个图形，是标准建模语言 UML 的动态建模机制。因此，标准建模语言 UML 的主要内容也可以归纳为静态建模机制和动态建模机制两大类。

1.7 UML2.0 新特性

统一建模语言 UML 是以可视化方式描述软件系统的结构和行为的标准语言。UML2.0 在可视化建模方面进行了许多改革和创新。它可以描述现今软件系统中存在的许多技术，例如模型驱动架构（MDA）和面向服务的架构（SOA）。

UML2.0 解决了用户在使用 UML1.x 过程中所遇到的一些问题。下面主要针对 UML2.0 上层的变化进行简要说明。

1. 用例图

用例图中的主体内容用例、参与者、通信关联并没有变化。如果用 UML1.x，只能用用例图所归属的包来表达一组用例的逻辑组织关系，即用用例在模型中所处的物理位置表达逻辑组织关系。在 UML2.0 中，为每个用例增加了一个称为 Subject 的特征，这项特征的取值可以作为在逻辑层面划分一组用例的一项依据。用例所属的“系统边界”就是 Subject 的一种典型例子。

2. 顺序图

顺序图是最常用的一种图。主要用它来描述对象间的交互关系，着重体现交互的时间顺序。对于顺序图，UML2.0 主要做了以下三方面的改进。

(1) 允许顺序图中明确地表达分支判断逻辑。这样能够将以前要通过两张图才能表达的意思通过一个图就表达出来，但这并不意味着顺序图擅长表达这种逻辑，所以并不需要在顺序图中展现所有的分支判断逻辑。

(2) 允许“纵向”与“横向”地对顺序图进行拆分与引用。这样就解决了以前一张图由于流程过多造成幅面过大，浏览不方便的困难。

(3) 提供了一种新图，称为“交互概况图”（Interaction Overview Diagram），可以直观地表达一组相关顺序图之间的转向逻辑。UML1.x 中通常是通过活动图进行间接表达的，如图 1.13 所示。

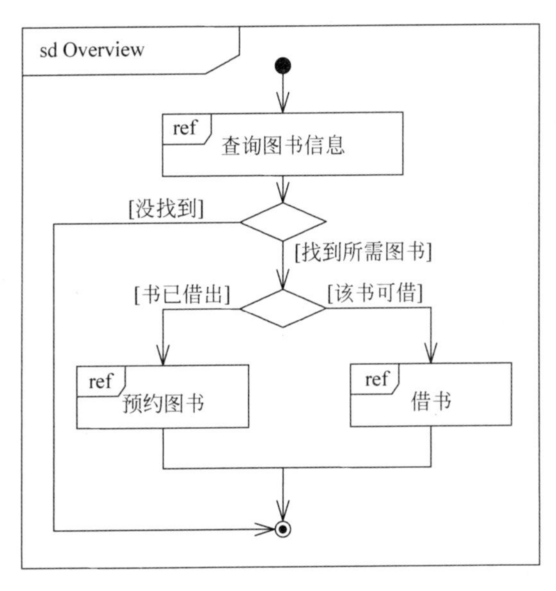

图 1.13　交互概况图

3. 活动图

活动图是比较常用的一种图，接近于流程图。在 UML2.0 中，活动图增加了许多新特性。例如，泳道可以划分成层次，增加丰富的同步表达能力，在活动图中引入对象等特性。

4. 构件图

构件图是在物理层面对系统结构及内容的直观描述，最接近于通常意义上的模块结构图。

在 UML2.0 中，构件图有比较明显的改进。组件本身内容的表述更清晰，包括组件所提供的接口、所要求的接口、组件之间的依赖关系通过“组装连接器”（Assembling Connector）更加明确地表达等。

5. 新增加的图

增加了“包图”、“组合结构图”、“交互概览图”和“时间图”。

“包图”展现模型要素的基本组织单元，以及这些组织单元之间的依赖关系，包括引用关系（PackageImport）和扩展关系（PackageMerge）。在通用的建模工具中，一般可以用类图描述包图中的逻辑内容，如图 1.14 所示。

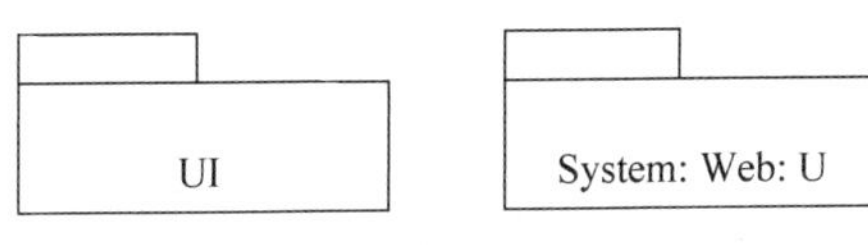

图 1.14　包图

“组合结构图”描述系统中的某一部分（即“组合结构”）的内部内容，包括该部分与系统其他部分的交互点，这种图能够展示该部分内容“内部”参与者的配置情况。

“组合结构图”中引入了一些重要的概念。例如，“端口”（Port），“端口”将组合结构与外部环境隔离，实现了双向的封装，既涵盖了该组合结构所提供的行为（ProvidedInterface），同时也指出了该组合结构所需要的服务（RequiredInterface）；又如“协议”（Protocol），基于 UML 中的“协作”（Collaboration）的概念，展示那些可复用的交互序列，其实质目的是描述那些可以在不同上下文环境中复用的协作模式。“协议”中所反映的任务由具体的“端口”承担。组合结构图如图 1.15 所示。

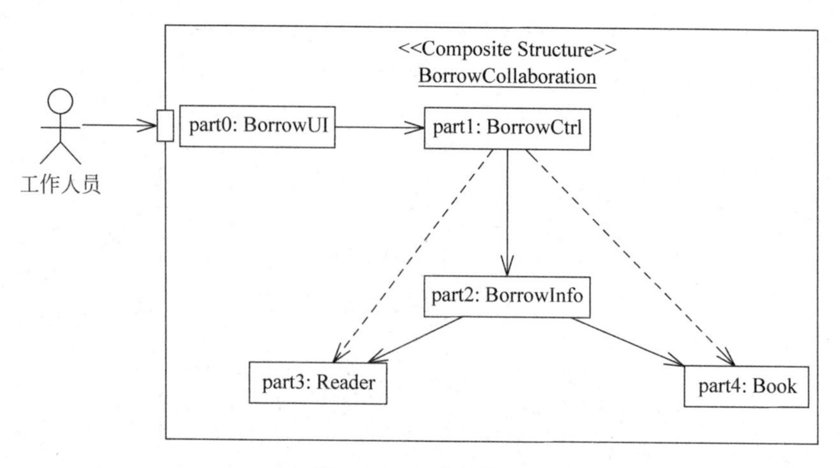

图 1.15 组合结构图

“时间图”是一种可选的交互图，展示交互过程中的真实时间信息，具体描述对象状态变化的时间点以及维持特定状态的时间段，如图 1.16 所示。

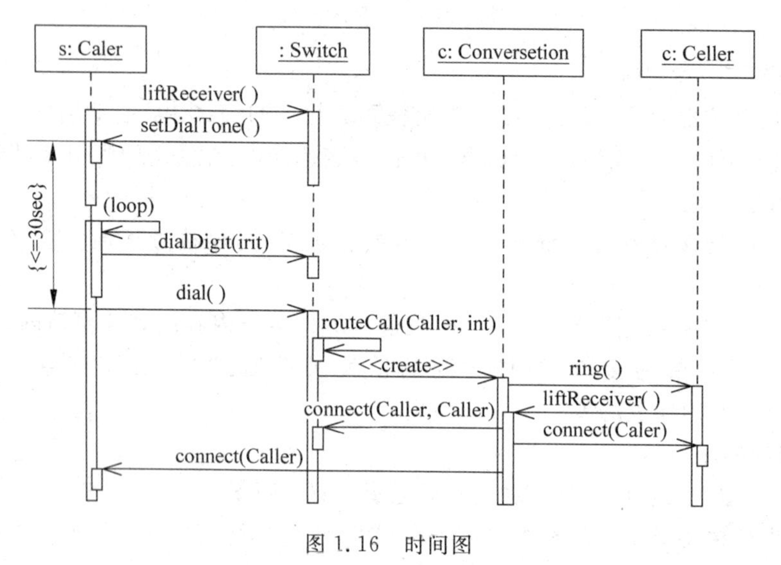

图 1.16 时间图

1.8 系统开发阶段

系统开发共有 5 个阶段：需求分析、系统分析、系统设计、程序实现和测试阶段。

软件过程对于组织的重要性，就如同算法对于程序运行一般。合适的算法可以提高运行的效率，不合适的算法则不仅无法提高效率，而且会浪费组织资源的使用率。软件开发过程牵涉的是更为复杂的人、事、物，而算法则是纯粹的机器代码执行。本章将介绍构成软件过程(Software Process)的基本活动，以及几种在软件与系统产业界常用的软件过程。

软件开发过程主要是描述开发软件系统所牵涉的相关活动，以及如何循序渐进地执行这些活动。不同的系统、组织及开发，其管理工具所采用的流程都有可能不同。例如，有些系统适合采用按部就班的方式，从分析、设计、实现、测试到移交逐步地进行；有些系统则适合采用反复循环的方式，不断地重复执行分析、设计、实现、测试等活动。

“需求分析”的主要内容是了解客户的需求、分析系统的可行性、分析需求的一致性及正确性等。

“设计”是将需求转换为系统的重要过程。设计包含架构设计、模块间的接口设计、数据库设计、算法设计与数据结构设计等。许多软件工程师常会认为，自己可以立即编写程序而不需要分析需求和撰写设计，因而忽略规划的重要性，直接进行程序编写。此种做法对于软件系统而言，可能会造成种种问题。举例而言，如果没有架构设计，就会缺乏整体性的思考，系统可能因此而无法满足接口需求及非功能性的需求（例如性能、可维护性等）；此外，还可能会因为忽略事先的规划与分析而造成重复工作等。

“实现”指的是通过程序语言，将所设计的内容转化为可以执行的软件系统。“除错”是实现活动中不可避免的工作，主要是修改程序编写过程中产生的错误。除此之外，“单元测试”通常也会在实现阶段进行，目的是要确认单元程序代码的正确性。当程序有错误时，需要进行除错，将错误排除。

“测试”是对实现的程序代码模块进行检测，检验其功能是否正确、性能是否符合要求。一般而言，测试可以分为单元测试、集成测试、系统测试与验收测试。

单元测试：测试单元模块功能是否能正常运行。

集成测试：测试模块或子系统的接口集成是否能正常运行。

系统测试：测试系统的整体性能、安全性、稳定度等非功能性需求是否符合预期目标。

验收测试：测试系统的整体性能是否符合使用者的要求。

软件系统的特性之一就是需求会经常发生变动，许多系统每隔半年甚至是几个月就会改版。软件“维护”的目的是要确保已经发行的软件系统可以持续满足客户的需要。一般而言，维护可以有如下几种情况：修复错误、增加或变更功能，以及因为平台改变所做的调整。

小　　结

UML是一种语言：它遵循特定的规则；允许创建各种模型而并不告诉设计者需要创建哪些模型；而且不提供开发过程。UML是可视化语言：UML是图形化语言，用于构造系统或理解系统的语言。

UML的组成共包括三部分：元素、图和关系。元素是UML中重要的组成部分。关系把元素紧密联系在一起。图是很多有相互关系的元素的组。

UML中的元素主要有类、接口、用例、组件、节点、消息、连接、状态、事件、活动等。UML图是描述UML视图内容的图形。UML有13种不同的图，通过它们的相互组合提供被建模系统的所有视图。13种图可以归结为5大类：静态图包括类图、对象图、包图、组合结构图；行为图包括状态机图和活动图；用例图；交互图包括通信图、时间图、顺序图、交互概况图；实现图包括构件图、部署图。

习　　题

1. UML 事物有哪些？
2. UML 关系有哪些？
3. UML 图有哪些？其中哪些是静态图？哪些是动态图？
4. 为什么要学习统一建模语言 UML？
5. 简述什么是 UML？
6. 在 Internet 上查询 UML 图的知识，写出你自己关于 UML 的认识体会。

第2章　面向对象技术和建模基础

面向对象技术强调在软件开发过程中面向客观世界或问题域中的事物，采用人类在认识客观世界的过程中普遍运用的思维方法，直观、自然地描述客观世界中的有关事物。本章主要介绍关于面向对象的基本概念，这些概念也是系统建模的基础。使用 UML 可以建立易于理解和使用的对象模型，这样可以方便程序设计者根据模型实现对应的软件。

重点理解面向对象的相关概念，掌握面向对象的特征。了解面向对象开发的相关技术和过程。

2.1　面向对象的基本概念

在学习面向对象程序设计之前，一般都会学习面向过程的程序设计，例如，使用面向过程的程序设计语言 C 语言，面向过程的语言是按流程化的思想来组织的。在这些语言的设计思想中，通常将存放基本数据类型的变量作为程序处理对象、以变量的赋值作为程序的基本操作、以变量值的改变作为程序运行的状态。这种程序设计风格存在着数据抽象简单、信息完全暴露、算法复杂、无法很好地描述客观世界等缺点。在程序设计过程中，为了实现有限度的代码重用，公共代码被组织成为过程或函数。当需要代码重用时，调用已经组织好的过程或函数。在这种应用方式中，如果软件项目庞大，程序的调试和维护将变得异常困难。

而面向对象的程序设计思想是将数据以及对于这些数据的操作，封装在了一个单独的数据结构中。这种模式更近似于现实世界，在这里，所有的对象都同时拥有属性及与这些属性相关的行为。对象之间的联系是通过消息来实现的，消息是请求对象执行某一处理或回答某些信息的要求。某个对象在执行相应的处理时，可以通过传递消息请求其他对象完成某些处理工作或回答某些消息。其他对象在执行所要求的处理活动时，同样可以通过传递消息和另外的对象联系。所以，一个面向对象程序的执行，就是靠对象间传递消息来完成的。

面向对象程序设计是一种新兴的程序设计方法，或者是一种新的程序设计规范，它使用对象、类、继承、封装、消息等基本概念来进行程序的设计。从现实世界中客观存在的事物

(即对象)出发来构造软件系统,并且在系统构造中尽可能运用人类的自然思维方式。开发一个软件是为了解决某些问题,这些问题所涉及的业务范围称作该软件的问题域。其应用领域不仅是软件,还有计算机体系结构和人工智能等。

使用 UML 进行系统建模时,首先就必须弄清楚什么是对象,在系统的分析与设计过程中如何利用对象。

2.1.1 面向对象方法

从事软件开发的工程师们经常会有这样的体会:在软件开发过程中,客户会不断地提出各种修改要求,即使在软件投入使用后,也常常需要对其做出修改,在用结构化开发的程序中,这种修改往往是很困难的,而且还会因为计划或考虑不周,不但旧错误没有得到彻底改正,又引入了新的错误;另外,在过去的程序开发中,代码的重用率很低,使得程序员的工作效率并不高,为提高软件系统的稳定性、可修改性和可重用性,人们在实践中逐渐创造出软件工程的一种新途径——面向对象方法。

面向对象方法的出发点和基本原则是尽可能模拟人类习惯的思考问题的方式,使软件开发的方法与过程尽可能接近人类认识世界、解决问题的方法与过程。由于客观世界的问题都是由客观世界中的实体及实体相互间的关系构成的,因此把客观世界中的实体抽象为对象。也就是说"面向对象"是一种认识客观世界的世界观,是从结构组织角度模拟客观世界的一种方法。

根据上述可知,面向对象所带来的好处是程序的稳定性与可修改性(由于把客观世界分解成一个一个的对象,并且把数据和操作都封装在对象的内部)、可重用性(通过面向对象技术,不仅可以重用代码,而且可以重用需求分析、设计、用户界面等)。

面向对象方法具有以下几个要点。

(1) 认为客观世界是由各种对象组成的,任何事物都是对象,复杂的对象可以由比较简单的对象以某种方式组合而成。按照这种观点,可以认为整个世界就是一个最复杂的对象。因此,面向对象的软件系统是由对象组成的,软件中的任何元素都是对象,复杂的软件对象由比较简单的对象组合而成。

(2) 把所有对象都划分成各种对象类,每个对象类都定义了一组数据和一组方法,数据用于表示对象的静态属性,是对象的状态信息。因此,每当建立该对象类的一个新实例时,就按照类中对数据的定义为这个新对象生成一组专用的数据,以便描述该对象独特的属性值。

例如,在屏幕上不同位置显示的半径不同的几个圆,虽然都是 Circle 类的对象,但是,各自都有自己专用的数据,以便记录各自的圆心位置、半径等。

类中定义的方法,是允许施加于该类对象上的操作,是该类所有对象共享的,并不需要为每个对象都复制操作的代码。

(3) 按照子类与父类的关系,把若干个对象类组成一个层次结构的系统。

(4) 对象彼此之间仅能通过传递消息进行联系。

2.1.2 对象

对象(Object)是面向对象的基本构造单元,是系统中用来描述客观事物的一个实体。

一个对象由一组属性和对属性进行操作的一组方法组成。

对象不仅能表示具体的实体，也能表示抽象的规则、计划或事件，主要有如下几种对象类型。

(1) 有形的实体：指一切看得见、摸得着的实物。如汽车、书、计算机、桌子、鼠标、机器人等，都属于有形的实体，也是最易于识别的对象。

(2) 作用：指人或组织，如医生、教师、员工、学生、公司、部门等所起的作用。

(3) 事件：在特定时间所发生的事。如飞行、事故、中断、开会等。

(4) 性能说明：制造厂或企业，往往对产品的性能进行全面的说明，如车厂对车辆的性能说明，往往要列出型号及各种性能指标等。

对象不仅能表示结构化的数据，而且也能表示抽象的事件、规则以及复杂的工程实体，这是结构化方法所不能做到的。因此，对象具有很强的表达能力和描述功能。

因此，在面向对象的系统中，对象是一个封装数据属性和操作行为的实体。数据描述了对象的状态，操作指的是操作私有数据，改变对象的状态。当其他对象向本对象发出消息，本对象响应时，其操作才得以实现，在对象内的操作通常叫作方法。

对象具有如下特征。

1. 模块性

模块性指的是对象是一个独立存在的实体。从外部可以了解它的功能，其内部细节是“隐蔽”的，不受外界干扰，对象之间的相互依赖性很小。因此，模块性体现了抽象和信息的隐蔽。它使得一个复杂的软件系统可以通过定义一组相对独立的模块来完成，这些独立模块之间只需交换一些为了完成系统功能所必须交换的信息就行。当模块内部的实现发生变化而导致必须要修改程序时，只要对外接口操作的功能不变，就不会给软件系统带来影响。

2. 继承

继承是利用已有的定义作为基础来建立新的定义，而不必重复定义它们。

例如，汽车具有“车型”、“颜色”和“出厂日期”等属性，其子类吉普车、轿车及卡车都继承了这些属性。

3. 动态连接性

各个对象之间是通过传递消息来建立起连接。消息传递机制是面向对象语言的共同特性，其含义是将一条发送给一个对象的消息与包含该消息方法的对象连接起来，使得增加新的数据类型不需要改变现有的代码。

2.1.3 类

一个类定义了一组大体上相似的对象。一个类所包含的方法和数据描述一组对象的共同行为和属性。例如，窗口、车轮、玻璃等都是类的例子。类是在对象之上的抽象，有了类以后，对象则是类的具体化，是类的实例。类可以有子类和父类，形成层次结构。

类是对事物的抽象，它不是个体对象，而是描述一些对象的完整集合。

例如，可以把 CPU 看作是对象类，它具有 CPU 的共同属性，如主频、指令集、Cache 容量、运算位数、功率等。也可以考虑 CPU 的某个具体实例，如“Intel 的 P4 处理器”。

把一组对象的共同特性加以抽象并储存在一个类中，是面向对象技术最重要的一点；是否建立了一个丰富的类库，是衡量一个面向对象程序设计语言成熟与否的重要标志。

类是静态的，类的语义和类之间的关系在程序执行前就已经定义好了，而对象是动态的，对象是在程序执行时被创建和删除的。

如图 2.1 所示的是类的例子，其中类的名字是 Book。

该类有 9 个属性(b_id,b_name,t_id,p_id,author,isbn,r_date,price,quantity)。

7 个方法(add,delete,update,querybyname,querybypid,querybyauthor,queryall)。

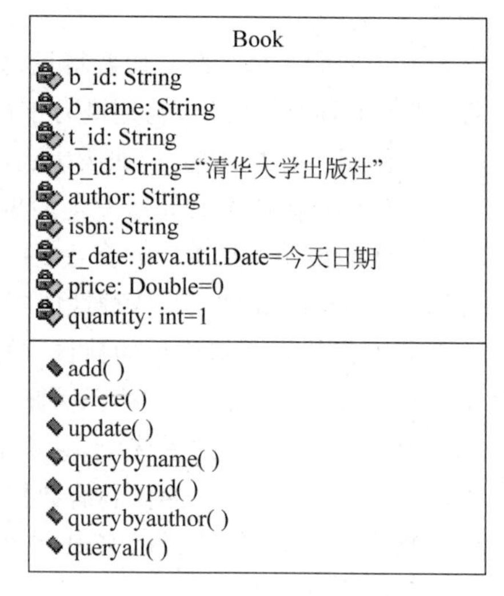

图 2.1 图书类

实例这个概念和对象很相似，在 UML 中，会经常使用实例这个术语。一般地，实例这个概念比较广泛，它不仅是对类而言，其他建模元素也有实例。例如，类的实例是对象，而关联的实例就是链。

一般地，实例就是由某个特定的类所描述的一个具体的对象。类是对具有相同属性和行为的一组相似的对象的抽象，类在现实世界中并不能真正存在。在地球上并没有抽象的"中国人"，只有一个个具体的中国人，例如，张名、李洋，同理，也没有抽象的"圆"。

实际上，类是建立对象时使用的"模板"，按照这个模板所建立的一个个具体的对象，就是类的实际例子，通常称为实例。

2.1.4 封装

封装(Encapsulation)就是把一个对象的方法和属性组合成一个独立的单位，并尽可能隐蔽对象的属性、方法和实现细节的过程，仅仅将接口进行对外公开。例如，图 2.1 中的图书类就反映了类的封装性。在图书类中，将属性(如 b_id,b_name 等)和方法(如 add(),delete()等)进行了组合，对外只提供了图书类的一些属性和方法，而对于方法的具体实现过程是隐藏的。

在访问类的时候，根据其封装的特点，对外访问时提供了以下 4 种访问控制级别。

(1) public：公有访问。最高一级的访问，所有的类都可以访问。

(2) protected：受保护的。只有同一个包中的类或者子类可以进行公开访问。

(3) private：私有访问。最低一级的访问，只能在对象的内部访问，不对外公开。

(4) default：默认的。属于当前目录(包)下的类都可以访问。

因此，根据类的封装性，在对属性和方法进行访问时，就需要知道其访问的控制级别，否则是不能使用的。实质上，封装包含两层含义：一层是把对象的全部属性和方法结合在一起，形成一个不可分割的独立单位，对象的属性(除了公有访问的属性)只能由这个对象的方法来存取；二层是极大可能地隐蔽了对象的内部实现细节，与外部的联系只能通过外部接口来实现。

封装将类的信息进行了隐蔽，使得类彼此相对独立，对于一个类可以只考虑其对外所提供的接口，即有什么功能，能做什么，而不需要注意其内部实现的细节，也就是说这些功能是如何实现的。例如，在图 2.1 中的图书类中，提供了图书信息的增加、删除、修改以及查询等功能，也就是说，使用图书类能做的事情就是对图书信息的基本维护，而对其查询、增加、删除和修改等功能的内部实现是隐藏的。

将类进行封装，使得对象以外的部分不能随意对对象的内部属性和方法做修改，从而有效地避免了外界产生的错误对其造成的影响，极大地降低了查错和排错的难度。此外，当对对象的内部实现做修改时，由于其只是通过一些外部的接口对外提供服务，同样也减小了其内部的修改对外界所造成的影响。

封装机制将对象的开发者和使用者进行分离，使用者不需要知道对象具体的实现细节，只需要使用开法者提供的外部接口，就可以使用对象提供的功能。因此封装的结果实际上是将对象的复杂实现进行了隐蔽，并提供了代码的可重用性，从而降低了软件开发的难度。

综上所述，封装的最大优点如下。

(1) 方便了使用者对类和对象的操作，并降低了使用者错误修改其属性的机率。

(2) 体现了系统之间的松散耦合关系并提高了系统的独立性。

(3) 提高了程序的复用性。

(4) 针对大型的开发系统，降低了开发风险。如果整个系统开发失败，一些相对独立的子系统仍然存在可用价值。

综上所述，系统的封装性越高，相对独立性就越强，并且使用也更方便。

2.1.5 继承

客观世界的事物除了具有共性外，还存在着特性。如果只一味地考虑事物的共性，而忽略了事物的特性，就不能反映出客观世界中事物之间所存在的层次关系，也就不能正确地、完整地、详细地描述客观世界。如果在分析客观世界的事物时，先忽略其特性，抽取事物的共性，这样就能够得到一个适合客观事物某个集合的类。如果在这个抽象类的基础上，再考虑在对事物进行抽象的过程中每个对象被忽略的那部分特性，增加特性后就能够形成一个新的类，这个新类具有前一个类的全部特征，是前一个类的子集，这两个类之间就形成了一种层次结构，称为继承结构。

继承(Inheritance)是一种一般类与特殊类的层次模型。继承性是指特殊类的对象具有其一般类的属性和方法，在其之上又增加了自己的特殊属性和方法。继承意味着在特殊类中不用重新定义在一般类中已经定义过的属性和方法，特殊类可以自动地、隐含地拥有其一般类的属性与方法。继承体现了类之间代码的重用性特点，提供了一种明确表达共性的方法。对于一个特殊类，既有自己新定义的属性和方法，还有从一般类中继承下来的属性和行为。尽管继承下来的属性和行为是隐藏的，但无论在概念上还是在实际使用效果上，都是这个类的属性和行为。当这个特殊类又被它更下层的特殊类继承时，它继承来的和自己定义的属性和方法又被下一层的特殊类继承下去。因此，继承具有传递性，体现了客观世界中特殊与一般之间的关系。

在继承中，需要明确这样两个概念：子类和父类。

子类：指的是通过继承创建的新类，称为“子类”或者“派生类”。

父类：指的是被继承的类，称为“基类”、“父类”或“超类”。

继承的过程，就是从一般到特殊的过程。继承性提供了父类和子类之间共享数据和方法的一种机制。继承表示的是类之间的一种关系，在定义和实现一个类的时候，可以通过一个已经存在的类来创建新类，把这个已经存在的类作为父类，将其所定义的内容作为自己的内容的一部分，并加入一些新的内容。如图 2.2 所示表示了父类 A 和它的子类 B 之间的继承关系，箭头从子类 B 指向父类 A。子类 B 由继承部分(C)和增加部分(D)组成。

继承性分为单重继承和多重继承两类。

单重继承：指的是一个子类只有一个父类。

多重继承：指的是一个子类可以有多个父类。单重继承和多重继承时父类和子类之间的关系如图 2.3 所示，其中图 2.3(a)表示的是单重继承，图 2.3(b)表示的是多重继承。

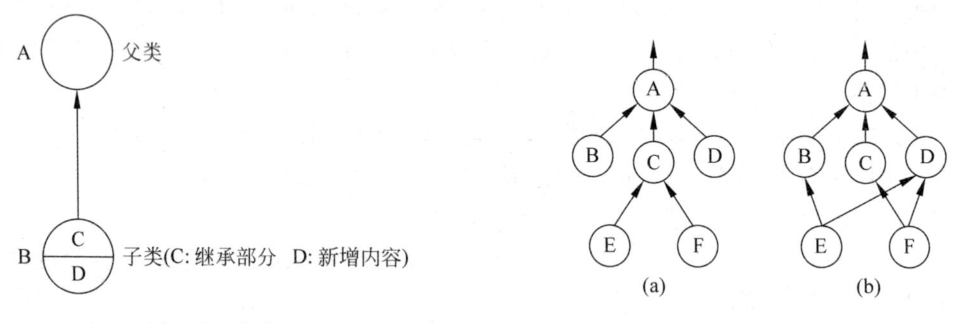

图 2.2　继承

图 2.3　继承性

单重继承所表示的类之间的关系类似一棵树。在图 2.3 中，每个类都只有一个父类，如类 A 是最顶层的父类，类 B、C 和 D 是类 A 的子类，类 C 是类 E 和 F 的父类。多重继承所表示的类之间的关系比单重继承复杂，一个类可以有多个父类对应，如图 2.3(b)中的类 E 和 F，其中类 E 的父类是类 B 和 D，而类 F 的父类是类 C 和 D。

此外，继承关系是可传递的，如图 2.3(a)中的类 F 继承类 C，而类 C 继承类 A，因此类 F 也继承了类 A，所以类 F 也是类 A 的子类，是间接的子类，类 C 则是类 A 的直接子类。

在软件开发过程中，继承性体现的是软件模块的可重用性和独立性，可以缩短软件的开发周期，提高软件的开发效率，并为日后的维护和修改软件提供了便利。因为如果要修改某个模块的功能，只需在相应的类中进行一些变动，而它派生的所有类都自动地、隐含地做了相应的改动。

综上所述，继承真实地反映了客观世界中事物的层次关系，通过类的继承，能够实现对问题的深入抽象描述，反映出事物的发展过程。继承性是面向对象程序设计语言不同于其他语言的最主要的特点。

2.1.6　多态

客观世界的事物具有特性，可以以不同的形态存在，在面向对象程序设计中也参考了客观世界的多态性特点。

也就是说类具有多态性，它体现了在不同的对象收到相同的消息后，可以产生多种不同的行为方式。多态性使得同一个属性或行为在父类及其各派生类中可以具有不同的语义。例如，在一般类“几何图形”中定义了“计算图形面积、周长或绘制图形”等行为，但是这些行为并不具备具体的含义，也就是说还不确定要计算什么几何图形的面积或者是绘制一个什么样的图形。根据一般类再定义特殊类如“矩形” 、“正方形”、“圆”和“梯形”等，它们都继承了父类“几何图形”的“计算图形面积、周长或绘制图形”等行为，因此自动具有了“计算面积或绘制图形”的功能，但每个特殊类的功能却不一样，一个是要计算矩形的面积或画出一个矩形，另一个是计算正方形的面积或是要画出一个正方形等功能。这样的计算面积或绘图的消息发出后，矩形、正方形等类的对象接收到这个消息后各自执行不同的计算面积或绘图函数。如图 2.4 所示的就是多态性的表现。

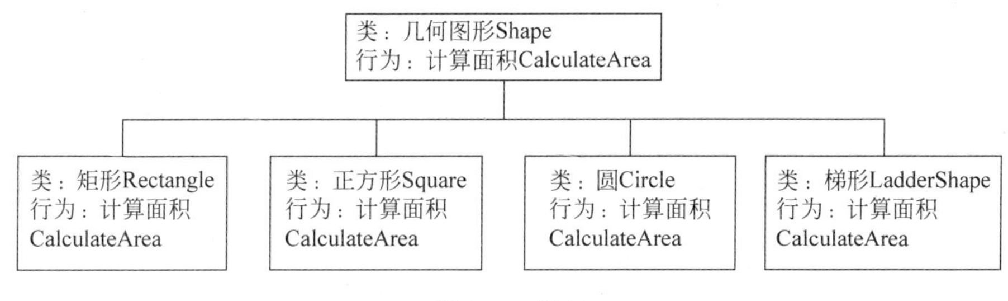

图 2.4　多态

具体来说，多态性(Polymorphism)是指类中同一函数名对应多个功能相似的不同函数，可以使用相同的调用方式来调用这些具有不同功能的同名函数，这些同名的函数可以是参数的个数或是类型不同，但是函数名相同，当进行调用的时候，根据所传的数据选定相应的函数，从而去执行不同的功能。

在面向对象程序设计中通过继承性和多态性的结合，可以生成许多类似但是功能却各不相同的对象。根据继承性的特点，这些对象共享一些相似的特征，并显出自己的特性；根据多态性，针对相同的消息，不同对象可以具有特殊的表现形式，实现个性化的设计。

2.1.7　消息

在面向对象程序设计中，对象之间要进行数据的传递，那么对象之间靠什么来传递数据？对象之间是通过消息进行通信的，多个对象之间通过传递消息来请求或提供服务，从而使一个软件具有更强大的功能。

在面向对象的系统中，把“请求”或“命令”抽象成“消息”，当系统中的其他对象请求这个对象执行某个服务时，就将一个消息发送给另一个对象，接收到消息的对象将消息进行解释，然后响应这个请求，完成指定的服务。通常，把发送消息的对象称为发送者，把接收消息的对象称为接收者。通常，一个消息由以下几部分组成。

(1) 提供服务的对象名。

(2) 服务的标识，即方法名。

(3) 输入信息，即实际参数。

(4) 响应结果，即返回值或操作结果。

消息是实现对象之间进行通信的一种机制，对于一个对象可以接收不同形式的多个消息，并产生不同的结果；相同形式的消息可以发送给不同的对象，并产生不同的结果；在发送消息的时候可以不考虑具体的接收者，对象可以对消息做出响应，也可以拒绝消息，也就是说不是必须要对消息做出响应。

2.2 面向对象开发

面向对象方法(简称为 OO)具有很强的类的概念,因此它能很直观地模拟人类对客观世界的认识方式,这样也就能模拟人类在认知过程中的由一般到特殊或由特殊到一般的归纳功能,前面介绍的类的概念既能够反映出对象的本质属性,又提供了实现对象共享机制的理论根据。

如果遵照面向对象方法的思想进行软件系统的开发,其过程共分成以下 4 个阶段。

(1) 系统调查和需求分析,分析问题并求解。

对用户的开发需求以及要开发的系统所面临的问题进行调查和研究。针对复杂的问题领域,抽象出对象及其属性和方法。这一个阶段通常称为面向对象分析(OOA)。

(2) 整理问题:对第一阶段的结果进一步抽象、归类整理。

对每一部分进行分别的具体的设计,先是进行类的设计,类的设计可能包含多个层次(利用继承、派生)。然后在这些类的基础之上,提出程序设计的思路和方法,对算法进行设计。在设计阶段,不牵扯某一种具体的计算机语言,而是用一种更通用的描述工具进行描述,这个阶段即为面向对象设计(OOD)。

(3) 程序实现。

利用面向对象的程序设计语言,进行系统的实现,即面向对象编程(OOP)。

(4) 系统测试。

系统开发好后,在交付用户使用前,必须对程序进行严格的测试。测试的主要目的就是发现程序中的错误,进行改正,使得系统更健壮。面向对象测试时,采用面向对象的方法进行测试,以类作为测试的一个基本单元。这个阶段称为面向对象测试(OOT)。

下面将对面向对象开发过程的 4 个阶段进行详细的描述。

2.2.1 系统调查和需求分析

面向对象的系统调查和需求分析阶段主要是提取系统的需求,也就是要分析出为了满足用户的需求,系统必须“做什么”(系统能提供的功能),而不是“怎么做”(系统如何实现)。

1. 分析过程概述

在进行系统调查和需求分析阶段,系统分析员要对需求文档进行分析。通过分析可以发现并对需求文档中的歧义性、不一致性进行修正,剔除那些冗余内容,挖掘系统中应该存在的潜在内容,弥补系统中的不足,从而使需求文档更完整和准确。

对需求文档进行了分析和整理后,为了给面向对象分析过程提供依据,要进行需求建模。这时系统分析员根据提取的用户需求,对用户的需求进行深入地理解,识别出问题领域内的对象,并分析对象之间的关系,抽象出目标系统需要完成的任务,这样就可以利用 OOA 模型准确地表示出来,即用面向对象观点建立对象模型、动态模型和功能模型。

进过需求的分析和建模,最后对所得的需要进行评审。通过用户、领域专家、系统分析员和系统设计人员的评审,并进行反复修改后,最终确定目标系统的需求规格说明。

2. 实例需求文档

需求文档也叫需求陈述或问题陈述。对于要开发的任何一个系统,需求陈述是首要任务。因为系统最终是要由用户使用，而在该过程中，主要是陈述用户的需求，即该系统应该“做什么”，而不是“怎么做”，即系统要完成的任务是什么，而不是解决问题的方法。

在进行需求陈述时，必须要清楚所要解决问题的目标。如果目标模糊，将会影响整个系统分析、设计和实现等后续开发阶段的所有工作。也就是说，需求质量的好坏直接影响到整个系统的质量，是很关键的过程，如果想准确表达用户的要求，在对需求进行陈述时需要分析人员和用户一起研究和讨论。

2.2.2 面向对象分析方法

面向对象的分析方法，指的是按照面向对象的概念和方法，在对任务的分析中，根据客观存在的事物以及事物之间的关系，归纳出相关的对象，包括对象的属性、行为及对象之间的联系，并将具有共同属性和行为的对象用一个类来表示。

通过面向对象的分析，建立一个能反映真实工作情况的需求模型。在这个阶段所形成的模型只是一个比较粗略的模型。OOA 所强调的是在系统调查资料的基础上，进行对象的归类分析和整理。

使用 OOA 方法对系统调查和需求分析进行分析处理时，一般要遵循前面讲述的抽象、封装、继承、消息通信等原则。

在用 OOA 具体地分析一个事物时，一般要分如下几个阶段。

1. 识别并筛选对象

按照对象的定义，对象应该是实际问题域中有意义的个体或概念实体。对象具有目标软件系统所关心的属性。并且对象应该以某种方式与系统发生关联，即对象必须与系统中其他有意义的对象进行消息传递，并提供外部服务。

通过对用户需求分析文档的分析可以找出所有的名词或名词短语，合并同义词，这些是极有可能成为对象的。除去具有动作含义的名词，这些动词将被描述为对象的操作而不是对象本身。

2. 标识对象的属性

属性是对问题域中对象性质的一个描述，对象在系统中所有可能的状态就是属性的取值。对象一般具有很多属性，但在分析阶段就要分析出对象的哪些属性是和系统紧密相关的。

在问题域中，如何能够识别出对象的哪些属性是有意义的？要识别出所关心的潜在属性，需要对问题领域涉及的知识进行深刻的理解。

在识别属性的过程中，对于问题领域中的某个实体，不但要求其取值有意义，而且它本身在系统中必须要是独立存在。这时应该将该实体作为一个对象，而不能作为另一对象的属性。此外，为了保持需求模型的简洁性，一般将省略对象的一些导出属性。例如，“年龄”可通过“出生日期”和系统当前时间导出，因此，不应该将“年龄”作为人的基本属性。

3. 识别对象的行为

对象的行为可以简单地理解为对象对外提供的所有的功能。比如说，在面向对象模型中，一个对象要处理另一个对象的请求、查询或命令，即响应外部的事件，要完成某项操作，这种操作将改变对象自身的属性值或系统的状态，这些都是对象的行为。当对象受到外部事件的刺激或接收另一个对象传来的消息后，为完成某项操作，响应外部事件，该对象可能又需要向其他对象发送消息。因此，可以把整个系统看成是对象之间的相互通信，以及在通信过程中引发的动作。

一般可以将对象的行为分为以下 3 类。

1）对象生命周期中的创建、维护、删除行为

例如，图书管理系统中的图书信息的创建，删除和修改等行为。

2）计算性行为

典型的计算性行为主要包括：利用基本的对象属性值计算派生出的属性值，以及为了响应其他对象的请求，完成某些数据处理功能，并将结果返回。这类计算性行为往往完成的是数据处理功能，即对象提供的外部的计算性行为。因此，分析人员可以根据在定义对象的外部行为时，针对其他对象发出的消息请求提取计算性行为。

3）监视性行为或称响应行为

为了提取对象的响应行为，分析人员需要对对象的主要状态进行定义。对于每一个状态，列出可能的外部事件，预期的反应，并进行适当的精化。例如，“图书”对象的状态可以为借出、库存等，在每一状态可处理的事件及预期反应可以表示为响应行为。

2.2.3 面向对象设计方法

面向对象的设计方法是面向对象方法中的一个中间过渡环节。其主要作用是对 OOA 分析的结果进行规范化的整理，以便为面向对象程序设计阶段打下基础。在 OOD 的设计过程中，主要进行如下几个过程。

1. 精化对象的定义规格

对于 OOA 所抽象出来的对象和类及在分析过程中产生的分析文档，在 OOD 过程中，根据设计要求对其进行整理和精化，使之更能符合面向对象程序设计的需要。整理和精化的过程主要包括两个方面：一方面是根据面向对象的概念模型，整理分析所确定的对象结构、属性和方法等内容，纠正错误的内容，删去不必要和重复的内容等。另一方面是进行分类整理，这样便于下一步数据库设计、程序处理模块设计。整理的方法主要是进行归类，即对类和对象、属性、方法和结构等进行归类。

2. 数据模型和数据库设计

数据模型的设计是对系统中的类和对象的属性、方法等内容的确定，消息连接的方式、系统访问数据模型的方法等的确定。最后将每个对象实例化数据都映射到面向对象的库结构模型中。

3. 优化

OOD 的优化设计过程是从另一个角度对分析结果和处理业务过程的整理归纳，优化包括对象和结构的优化、抽象、集成。对象和结构的模块化表示 OOD 提供了一种范式，这种范式支持对类和结构的模块化。集成化使得单个构件有机地结合在一起，相互支持。

2.3 软件建模概述

模型提供了系统的蓝图，可以包括详细的计划，也可以包括从很高的层次考虑系统的总体计划。一个好的模型包括那些有广泛影响的主要元素，而忽略那些与给定的抽象水平不

相关的次要元素。每个系统都可以从不同的方面用不同的模型来描述，因而每个模型都是一个在语义上闭合的系统抽象。模型可以是结构性的，强调系统的组织。它也可以是行为性的，强调系统的动态方面。

建模是为了能够更好地理解正在开发的系统。通过建模，要达到如下 4 个目的。

(1) 模型有助于按照实际情况或按照所需要的样式对系统进行可视化。

(2) 模型能够规约系统的结构或行为。

(3) 模型给出了指导构造系统的模板。

(4) 模型对做出的决策进行文档化。

2.3.1 软件建模的概念

模型是对现实存在的实体进行抽象和简化，模型提供了系统的蓝图。模型过滤了非本质的细节信息，使问题更容易理解。抽象是一种允许我们处理复杂问题的方法。为建立复杂的软件系统，必须抽象出系统的不同视图，使用精确的符号建立模型，验证这些模型是否满足系统的需求，并逐渐添加细节信息把这些模型转变为实现。这就是软件建模。这样的一个过程就是软件模型形成的过程，软件建模是捕捉系统本质的过程，把问题领域转移到解决领域的过程。

软件建模是开发优秀软件的一个核心工作，其目的是把要设计的结构和系统的行为联系起来，并对系统的体系结构进行可视化和控制。可视化建模是使用一些图形符号进行建模，可以捕捉用户的业务过程，可以作为一种很好的交流工具，可以管理系统的复杂性，可以定义软件的架构，还可以增加重用性。

2.3.2 软件建模的用途

现在的软件越来越大，大多数软件的功能都很复杂，使得软件开发只会变得更加复杂和难以把握。解决这类复杂问题最有效的方法之一就是分层理论，即将复杂问题分为多个问题逐一解决。软件模型就是对复杂问题进行分层，从而更好地解决问题。这就是为什么要对软件进行建模的原因。有效的软件模型有利于分工与专业化生产，从而节省生产成本。为了降低软件的复杂程度，便于提早看到软件的将来，便于设计人员和开发人员交流从而使用了软件建模技术。对于软件人员来说，模型就好像是工程人员的图纸一样重要。只是目前来看软件模型在软件工程中的重要性还远远没有达到图纸在其他工程中的地位。

2.3.3 软件建模的优点

软件建模主要有以下几个优点。

(1) 使用模型便于从整体上、宏观上把握问题，以便更好地解决问题。

(2) 软件建模可以加强软件工作人员之间的沟通，便于提早发现问题。

(3) 模型为代码生成提供依据，帮助人们按照实际情况对系统进行可视化。

(4) 模型允许人们详细说明系统的结构或行为，给出了一个指导人们构造系统的模板，并对人们做出的决策进行文档化。

小　　结

面向对象程序设计是一种新兴的程序设计方法,或者是一种新的程序设计规范,它使用对象、类、继承、封装、消息等基本概念来进行程序的设计。在面向对象方法中需要明确什么是对象,类,以及类的相关特征。

对象(Object)是面向对象的基本构造单元,是系统中用来描述客观事物的一个实体,一个对象由一组属性和对属性进行操作的一组方法组成。一个类定义了一组大体上相似的对象。一个类所包含的方法和数据描述一组对象的共同行为和属性。

在早期阶段,软件开发所面临的问题一般比较简单,从任务分析到编写程序,再到程序的调试,难度都不是太大,可以由一个人或一个小组来完成。随着软件规模的迅速增大,软件人员面临的问题十分复杂,需要考虑的因素很多,需要将软件整个开发过程规范化,明确软件开发过程中每个阶段的任务,在保证前一个阶段正确性的情况下,再进行下一个阶段的工作。这就是软件工程学需要研究和解决的问题。

面向对象的软件工程一般包括面向对象分析、面向对象设计、面向对象编程和面向对象测试。

如果设计一个规模大的软件,就要严格按照面向对象软件工程的几个阶段进行开发,如果所处理的是一个比较简单的问题,可以不必严格按照以上几个阶段进行,往往由程序设计者按照面向对象的方法进行程序设计,包括类的设计和程序的设计。

习　　题

1. 什么是对象？对象具有什么特征？
2. 简述面向对象的开发过程。
3. UML 在面向对象开发过程中起到的作用是什么？
4. 什么是建模？建模有什么优点？
5. 什么是面向对象技术？

第3章 UML 建模工具简介

随着 UML 的提出与发展，建模工具也越来越多。每一个软件开发者都希望找到适合自己的、拥有自己所需要的功能并且尽可能简单的建模工具。为此，本章主要介绍几种应用比较广泛、在建模工具中颇具影响力的工具。

- 几种常见的 UML 建模工具
- 简单建模工具 StarUML 的安装及配置
- 利用 StarUML 的建模过程

随着人类社会的发展，技术的进步，项目越来越复杂，需要参与的人也越来越多。但是人脑本身是有局限性的，考虑问题的时候不可能面面俱到。特别是软件项目，有可能今天要加个按钮，明天要加个报表，后天又要加个其他的内容，这就给软件开发造成了不稳定性，从事过软件开发的人都知道，这种不稳定性意味着有可能为了实现一个功能，之前花了大半年时间设计的整个代码都要重新编写，或者因为不同人对代码的修改，让代码乱到无法修改的地步。

为此，软件项目的管理就被提上了日程。软件项目把软件开发维护过程中的需求分析、系统结构设计、代码实现、系统测试及系统改进各个环节都进行了规范化。而 UML 就是为此而设计的一种图形化描述工具。所以说，实现 UML 的工具就会充分体现结构简明，容易理解，标准清楚。

3.1 常用 UML 建模工具

面向对象的软件建模工具应对软件系统的模型进行可视化、构造和文档化。一套面向对象的软件建模工具应该给予特定的概念和表示方法，通过对建模人员进行过程性支持、辅助进行建模外，还要安装规范生产相应的开发文档，尽可能多地生成代码。面向对象的软件建模工具应该具有以下功能。

(1) 绘图。

(2) 存储。

（3）一致性检查。

（4）对模型进行组织。

（5）导航。

（6）写作支持。

（7）代码生成。

（8）逆向项目。

（9）集成。

（10）支持多种抽象层和开发过程。

（11）文档生成。

（12）脚本编程。

在 UML 的发展中有很多工具被使用，其中比较有代表性的有 Rational Rose、PowerDesigner 等，这里提出 4 种工具加以介绍。

3.1.1 Rational Rose

Rational Rose 是 Rational 公司出品的一种面向对象的统一建模语言的可视化建模工具，用于可视化建模和公司级水平软件应用的组件构造。Rose 是直接从 UML 发展而诞生的设计工具，它的出现就是为了对 UML 建模的支持。

Rational Rose 包括统一建模语言（UML）、OOSE 和 OMT。其中，统一建模语言（UML）由 Rational 公司三位世界级面向对象技术专家 Grady Booch、Ivar Jacobson 和 Jim Rumbaugh 通过对早期面向对象研究和设计方法的进一步扩展得来，它为可视化建模软件奠定了坚实的理论基础。

Rational Rose 是一个完全的，具有能满足所有建模环境（Web 开发，数据建模，Visual Studio 和 C++）需求能力和灵活性的一套解决方案。Rose 允许开发人员、项目经理、系统项目师和分析人员在软件开发周期内将需求和系统的体系架构转换成代码，消除浪费的消耗，对需求和系统的体系架构进行可视化，理解和精练。通过在软件开发周期内使用同一种建模工具可以确保更快更好地创建满足客户需求的可扩展的、灵活的并且可靠的应用系统。

Rational Rose 的两个受欢迎的特征是它的提供反复式发展和来回旅程项目的能力。Rational Rose 允许设计师利用反复发展（有时也叫进化式发展），因为在各个进程中新的应用能够被创建，通过把一个反复的输出变成下一个反复的输入（这和瀑布式发展形成对比，在瀑布式发展中，在一个用户开始尝试之前整个项目被从头到尾地完成）。然后，当开发者开始理解组件之间是如何相互作用和在设计中进行调整时，Rational Rose 能够通过回溯和更新模型的其余部分来保证代码的一致性，从而展现出被称为“来回旅程项目”的能力，Rational Rose 是可扩展的，可以使用下载附加项和第三方应用软件，它支持 COM/DCOM（ActiveX），JavaBeans 和 CORBA 组件标准。

Rational Rose 不是单纯的绘图工具，它专门支持 UML 的建模，有很强的校验功能，能检查出模型中的许多裸机错误，还支持多种语言的双向项目，特别是对当前比较流行的 Java 的支持非常好。Rose 早期没有对数据库端建模的支持，但现在的版本中已经加入数据库建模的功能。它提供了一个叫“Data Modeler”的工具，利用它可将对象模型转换成数据模型，也可以将现有的数据模型转换成对象模型，从而实现两者之间的同步。

具体来说，Data Modeler 具有以下功能。

(1) 将对象模型转换成数据模型，即将类映射到数据库的表，构成传统的 E-R 图；

(2) 将数据模型转换成对象模型；

(3) 利用数据模型生成数据库 DDL，也可以直接连接到数据库里，对数据库产生结果；

(4) 从现有数据库或 DDL 文件里生成数据模型；

(5) 将数据模型同 DDL 文件或现有数据库进行比较。

Rational Rose 包含多个版本。

(1) Rose Enterprise：支持用 C++、Java、Visual Basic 和 Oracle 生成代码，支持逆向项目。

(2) Rose Professional 系列：可以用一种语言生成代码。

(3) Rose Modeler：可以对系统生成模型，但不支持逆向项目，也不支持由模型转出代码。

Rational Rose 2003 的企业版(Rose Enterprise)的设计窗口如图 3.1 所示。

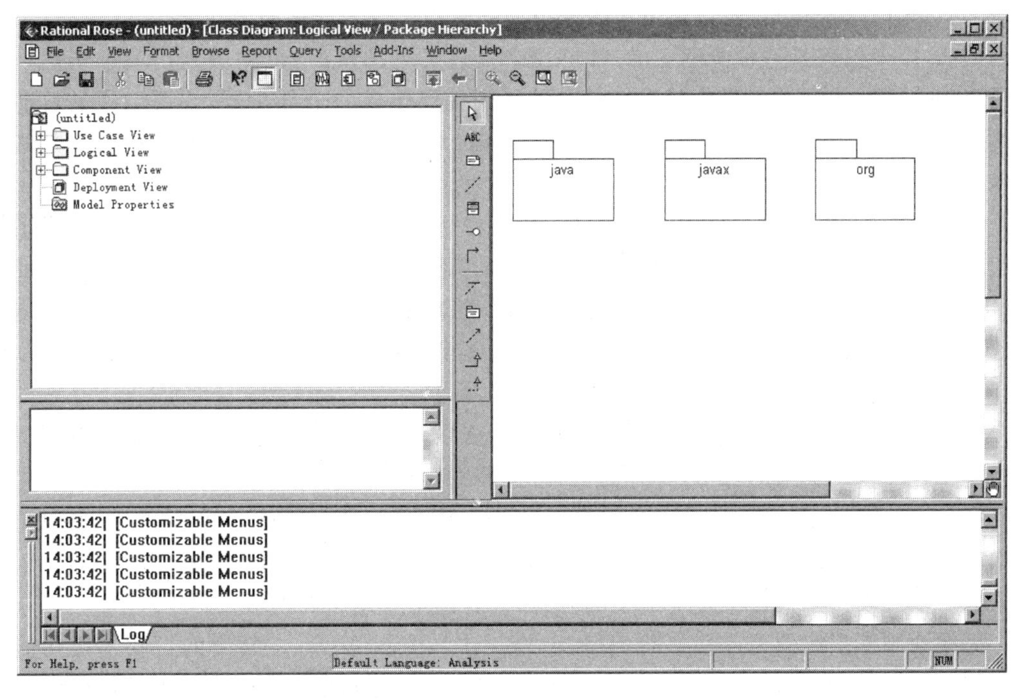

图 3.1 Rational Rose 设计窗口

作为一种建模工具，Rational Rose 是影响面向对象应用程序开发领域发展的一个重要因素。Rational Rose 自推出以来就受到了业界的瞩目，并一直引领着可视化建模工具的发展。越来越多的软件公司和开发团队开始或者已经采用 Rational Rose，用于大型项目开发的分析、建模与设计等方面。

从使用的角度分析，Rational Rose 易于使用，支持使用多种构件和多种语言的复杂系统建模；利用双向项目技术可以实现迭代式开发；团队管理特性支持大型、复杂的项目和大型而且通常队员分散在各个不同地方的开发团队。同时，Rational Rose 与微软 Visual Studio 系列工具中 GUI 的完美结合所带来的方便性，使得它成为绝大多数开发人员的首选建模工具；Rose 还是市场上第一个提供对基于 UML 的数据建模和 Web 建模支持的工具。此外，Rose 还为其他一些领域提供支持，如用户定制和产品性能改进。

Rose 主要是对开发过程中的各种语义、模块、对象以及流程、状态等描述，主要体现在能够从各个方面和角度来分析和设计，使软件的开发蓝图更清晰，内部结构更明朗，但对数据库的开发管理和数据库端的迭代不是很理想。Rose 现在已经退出市场，不过仍有一些公司在使用。IBM 推出了 Rational Software Architect 来替代 Rational Rose。

3.1.2 Visio

Microsoft Office Visio 是微软公司出品的软件，Office Visio 提供了各种模板：业务流程的流程图、网络图、工作流图、数据库模型图和软件图，这些模板可用于可视化和简化业务流程、跟踪项目和资源、绘制组织结构图、映射网络、绘制建筑地图及优化系统。

Visio 有两个版本：Microsoft Office Visio Professional 和 Microsoft Office Visio Standard。Office Visio Standard 具备 Office Visio Professional 包含的许多功能，但是 Office Visio Professional 还包含更多图表类型的模板以及若干项高级功能。

Visio 原来仅仅是一种画图工具，能够用来描述各种图形（从电路图到房屋结构图），也是到 Visio 2000 才开始引进软件分析设计功能到代码生成的全部功能，它可以说是目前最能够用图形方式来表达各种商业图形用途的工具（对软件开发中的 UML 支持仅仅是其中很少的一部分）。

使用 Office Visio，可以轻松地将流程、系统和复杂信息可视化。Office Visio 提供了特定工具来支持 IT 和商务专业人员的不同图表制作需要。使用 Office Visio Professional 中的 ITIL（IT 基础设施库）模板和价值流图模板，可以创建种类更广泛的图表。使用预定义的 Microsoft SmartShapes 符号和强大的搜索功能可以找到合适的形状，而无论该形状是保存在计算机上还是网站上。

通过浏览简化的模板类别和使用大模板预览，在新增的“入门”窗口中查找所需的模板。使用“入门”窗口中新增的“最近打开的模板”视图找到最近使用的模板。

在 Office Visio Professional 中，打开新的“入门”窗口和使用新的“示例”类别，可以更方便地查找新的示例图表。查看与数据集成的示例图表，为创建自己的图表获得思路，认识到数据为众多图表类型提供更多上下文的方式，以及确定要使用的模板。

无须绘制连接线便可连接形状，只需单击一次，Office Visio 中新增的自动连接功能就可以将形状连接、使形状均匀分布并使它们对齐。移动连接的形状时，这些形状会保持连接，连接线会在形状之间自动重排。

Microsoft Office Visio 绘图和图表制作软件有助于 IT 和商务专业人员轻松地可视化、分析和交流复杂信息。它能够将难以理解的复杂文本和表格转换为一目了然的 Visio 图表。该软件通过创建与数据相关的 Visio 图表（而不使用静态图片）来显示数据，这些图表易于刷新，并能够显著提高生产率。使用 Office Visio 中的各种图表可了解、操作和共享企业内组织系统、资源和流程的有关信息。

Microsoft Office Visio Standard 2003 的设计窗口如图 3.2 所示。

Visio 与微软的 Office 产品能够很好地兼容，能够把图形直接复制或者内嵌到 Word 的文档中。但是对于代码的生成更多是支持微软的产品如 VB，VC++，MS SQL Server 等（这

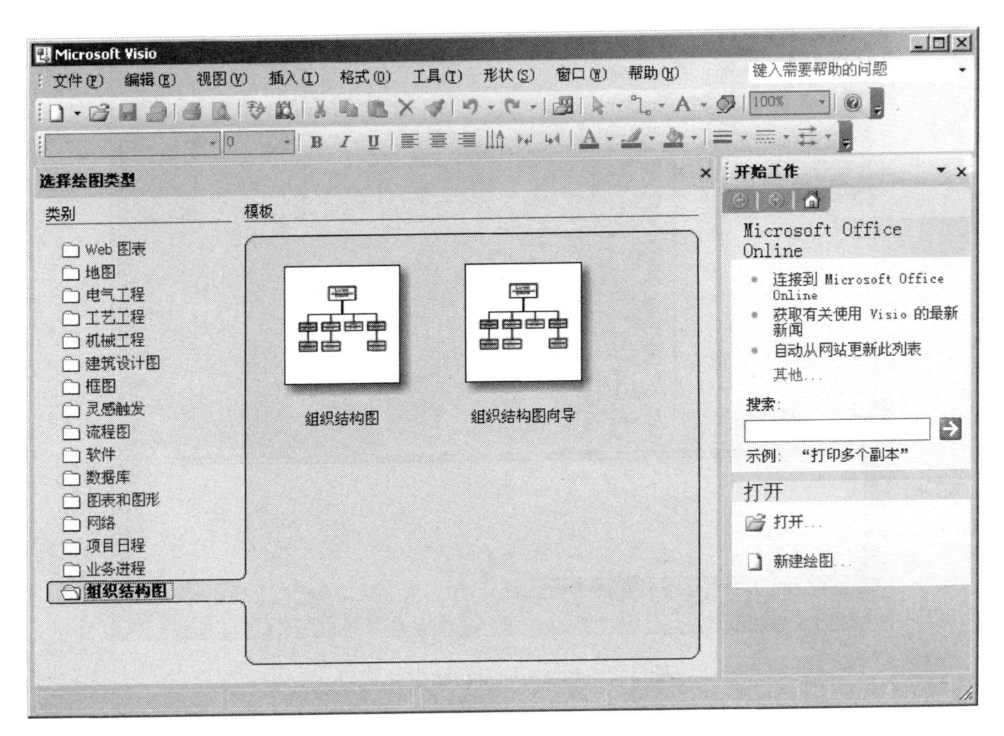

图 3.2 Microsoft Office Visio 设计窗口

也是微软的传统),所以用于图形语义的描述比较方便,但是用于软件开发过程的迭代开发则力不从心。

3.1.3 PowerDesigner

PowerDesigner 是 Sybase 公司的 CASE 工具集,使用它可以方便地对管理信息系统进行分析设计,它几乎包括数据库模型设计的全过程。利用 PowerDesigner 可以制作数据流程图、概念数据模型、物理数据模型,可以生成多种客户端开发工具的应用程序,还可为数据仓库制作结构模型,也能对团队设备模型进行控制。它可与许多流行的数据库设计软件,如 PowerBuilder、Delphi、VB 等相配合使用来缩短开发时间和使系统设计更优化。

PowerDesigner 开始是对数据库建模而发展起来的一种数据库建模工具,直到 7.0 版才开始支持面向对象的开发,后来又引入了对 UML 的支持。

PowerDesigner 是 Sybase 的企业建模和设计解决方案,采用模型驱动方法,将业务与 IT 结合起来,可帮助部署有效的企业体系架构,并为研发生命周期管理提供强大的分析与设计技术。PowerDesigner 支持六十多种数据库系统(RDBMS)/版本。PowerDesigner 运行在 Microsoft Windows 平台上,并提供了 Eclipse 插件。

PowerDesigner 的设计窗口如图 3.3 所示。

PowerDesigner 对数据库建模的支持非常好,支持了 90%左右的数据库,但对 UML 建模使用的各种图的支持不尽人意,虽然在近几个版本上有所加强,但使用它来进行 UML 开发的人并不是很多,很多人都是用它来进行数据库的建模。但不可否认的是,使用 UML 分析,PowerDesigner 可以生成代码,并对 Sybase 的产品、C++、Java、VB、C# 有很好的支持。

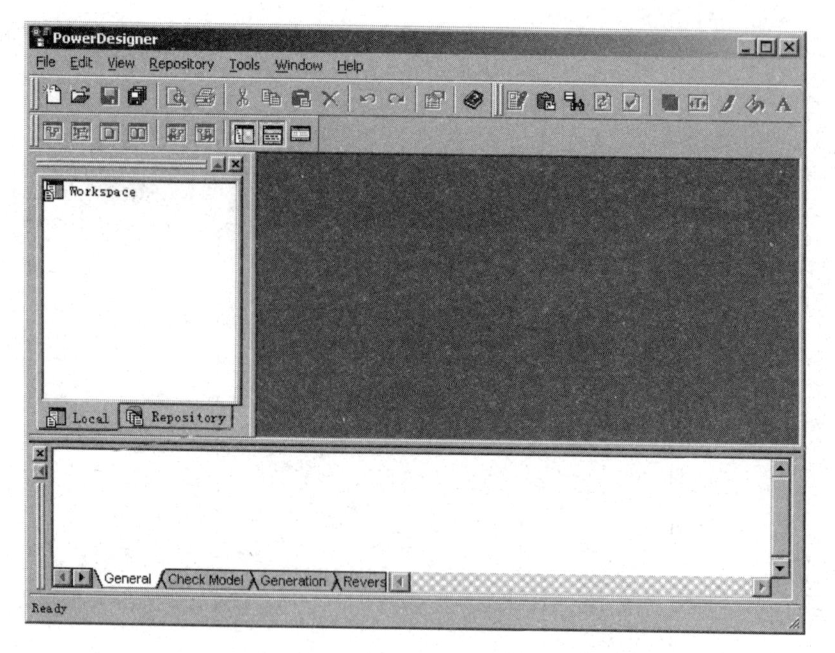

图 3.3 PowerDesigner 设计窗口

3.1.4 StarUML

StarUML(简称 SU),是一款开放源代码的 UML 开发工具,是由韩国公司主导开发出来的产品,可以直接到 StarUML 网站下载。

StarUML 是一种创建 UML 类图,生成类图和其他类型的统一建模语言(UML)图表的工具。StarUML 发展快、灵活、可扩展性强。

1. 可绘制 UML 中的常用图

UML2.0 分为两大类:结构图(Structure Diagram)和行为图(Behavior Diagram)共 13 种图。结构图用于对系统的静态结构建模,包括类图、组合结构图、构件图、部署图、对象图和包图;行为图用于对系统的动态行为建模,包括实例图、交互图(顺序图、通信图、交互概览图、计时图)、活动图和状态机图。StarUML 可支持这些图的绘制。

2. 完全免费

StarUML 是一套开放源码的软件,不仅免费自由下载,连代码都免费开放。

3. 多种格式

StarUML 遵守 UML 的语法规则,不支持违反语法的动作。

4. 双向工程

无论是把设计模型转换成代码,还是把代码转换为设计模型,都是一项非常复杂的工作。正向和逆向工程这两方面结合在一起,定义为双向工程。双向工程提供了一种机制,它使系统架构或者设计模型与代码之间进行双向交换。

(1) 正向工程把设计模型转换为代码框架,开发者不需要编写类、属性、方法代码。一般情况下,开发人员将系统设计细化到一定的级别,然后应用正向工程。

(2) 逆向工程是指把代码转换成设计模型。在迭代开发周期中,一旦某个模型作为迭代的一部分被修改，采用正向工程把新的类、方法、属性加入代码；同时，一旦某些代码被修改，采用逆向工程，将修改后的代码转换为设计模型。

StarUML 可以依据类图的内容生成 Java、C++、C＃代码，也能够读取 Java、C++、C＃代码反向生成类图。逆向工程有两个主要用途，其一，是就有的源码反转成图之后，可以构建 UML 模型的方式继续将新的设计添加上去；其二，是想要解析源码时，可以通过反转的类图来理解，不再需要查看一行又一行的代码，这将节省大量的时间和精力。

5. 支持 XMI

StarUML 接受 XMI 1.1、1.2 和 1.3 版的导入导出。XMI（XML-based Metadata Interchange）是一种以 XML 为基础的交换格式，用以交换不同开发工具所生成的 UML 模型。

6. 导入 Rose 文件

StarUML 可以读取 Rational Rose 生成的文件，让原先 Rose 的用户可以转而使用免费的 StarUML。早期，Rational Rose 是市场占有率最高的 UML 开发工具，同时也是相当昂贵的工具。由于 Rational Rose 非常闻名，后来被 IBM 收购了。

7. 支持模式

支持 23 种 GoF 模式（Pattern），以及三种 EJB 模式。GoF 模式出自于 Erich Gamma 等 4 人合著的 *Design Patterns: Elements of Reusable Object-Oriented Software* 一书，其内列出了 23 种软件模式，可解决软件设计上的特定问题。StarUML 也支持三种常用的 EJB 模式，分别为 EntityEJB、MessageDrivenEJB、SessionEJB。

StarUML 设计窗口如图 3.4 所示。

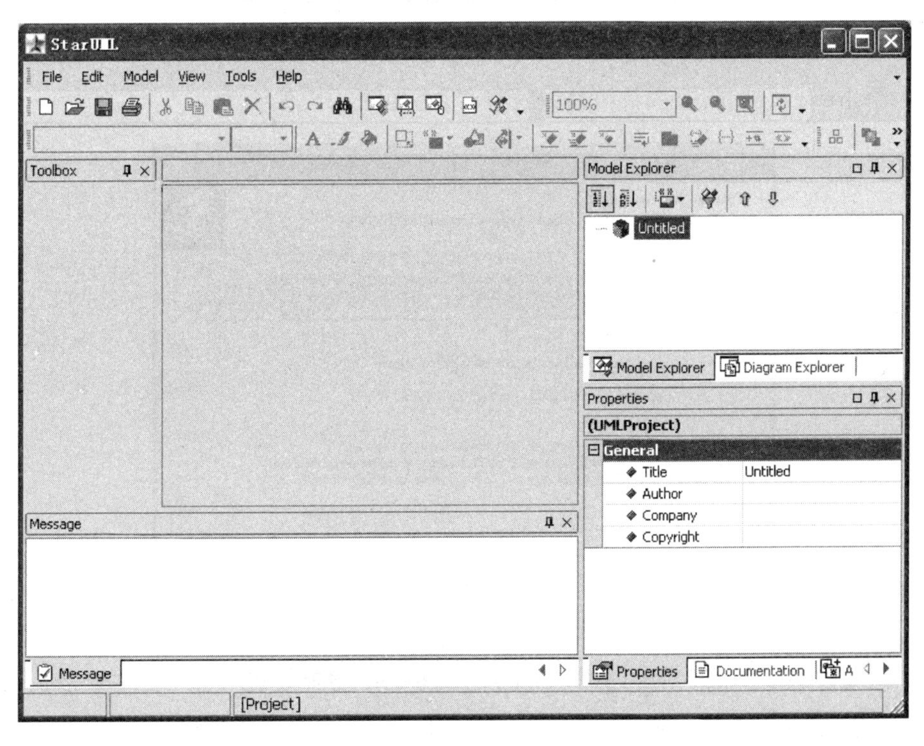

图 3.4　StarUML 设计窗口

3.2 StarUML 安装与配置

3.2.1 StarUML 的安装

首先下载 StarUML 安装包，本章及本书中介绍的是 StarUML5.0.2 版本，也是现在用的最多的版本。

（1）双击启动 staruml-5.0-with-cm.exe，进入安装向导界面，如图 3.5 所示。

图 3.5　StarUML5.0.2 安装界面

（2）单击 Next 按钮，进入许可协议选择界面，如图 3.6 所示。

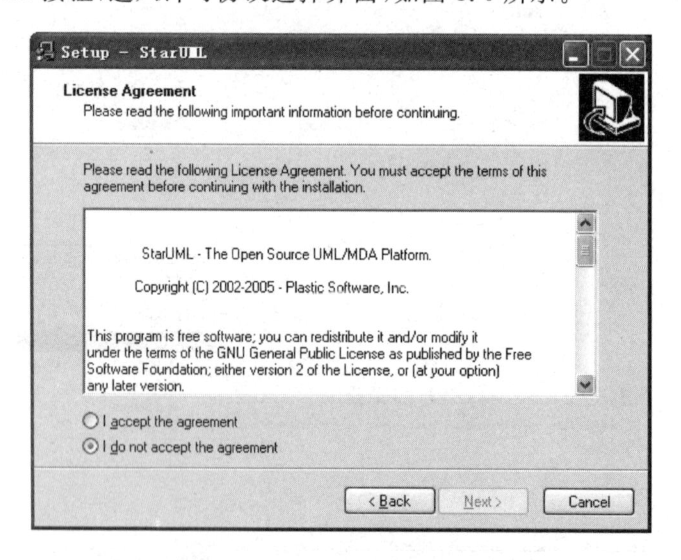

图 3.6　License Agreement 界面

（3）阅读完相关条约后选择第一个单选按钮，出现 Next 按钮后单击它，即进入安装路径的设置页面，如图 3.7 所示。

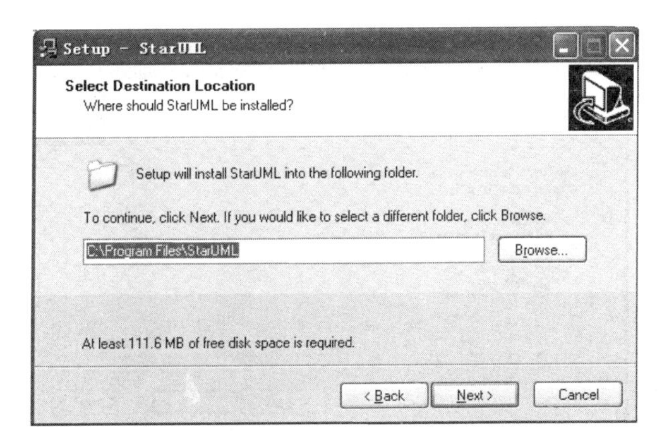

图 3.7　Select Destination Location 界面

(4) 图 3.7 对话框中的路径是默认路径，修改路径时需要单击 Browse 按钮，选择所需要的安装路径即可。选择好路径后就可以单击 Next 按钮进入选择菜单的程序文件夹中，如图 3.8 所示。

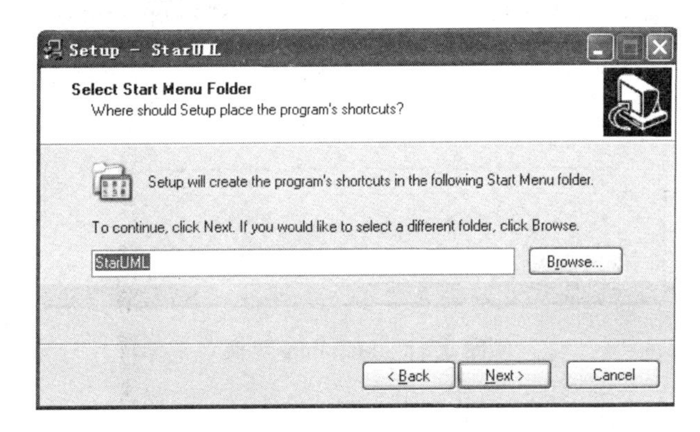

图 3.8　Select Start Menu Folder 界面

(5) 选择默认值，单击 Next 按钮进入如图 3.9 所示的界面。

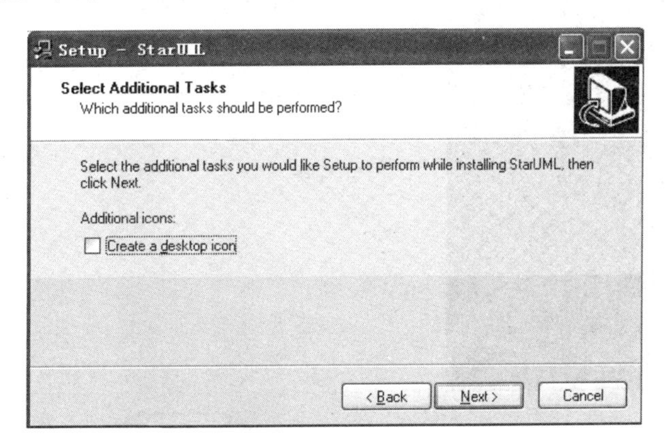

图 3.9　Select Additional Tasks 界面

(6) 在该图中，可以在桌面上创建 StarUML 的快捷图标，当然根据自己的喜好可以选择也可不选。处理完后单击 Next 按钮，进入如图 3.10 所示的界面。

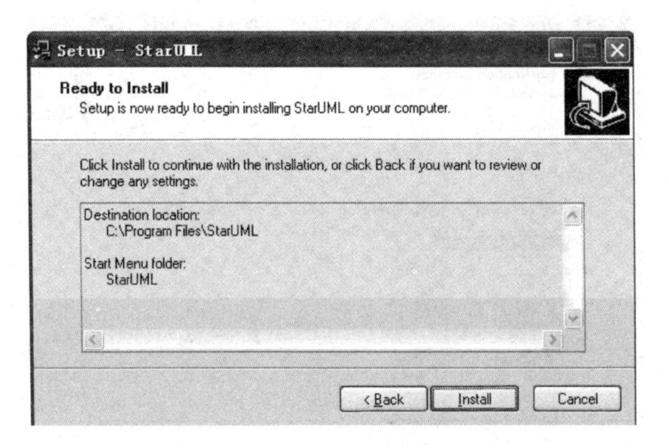

图 3.10　Ready to Install 界面

（7）该图提示给用户安装之前用户所做的操作。如果想进行修改则单击 Back 按钮；如果确认没有问题则单击 Install 按钮，开始安装，安装界面如图 3.11 所示。

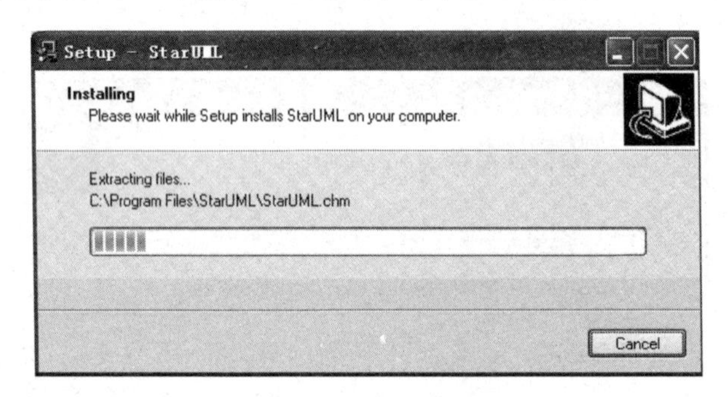

图 3.11　Installing 界面

（8）安装成功后的界面如图 3.12 所示。

图 3.12　安装成功

如果选中复选框则单击 Finish 按钮后，StarUML 即可运行，如图 3.4 所示。

3.2.2 StarUML 的配置

为了能与面向对象的程序设计语言相关联，实现双向工程，需要在 StarUML 中配置 profile 属性。

打开 StarUML 设计界面，通过 Model/Profile... 菜单设置工程所需的 profile。设置成功后就决定了工程所使用的规则和约定。根据语言的关联，可以选择适合的项，这里为了与 Java 语言关联，必须包含 Java Profile 项，如图 3.13 所示。

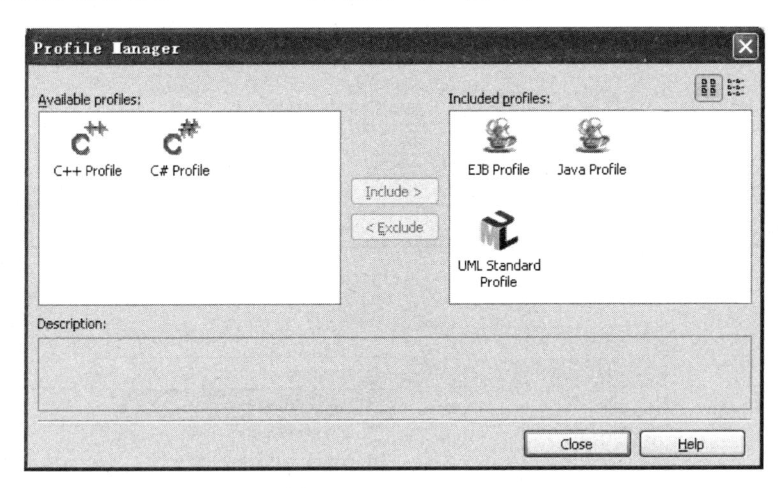

图 3.13　Profile Manager 对话框

3.3 使用 StarUML 建模

StarUML 支持 UML 语法规则检验，正反向 Java、C++、C# 工程，并且支持多种图片格式导出。同时它支持 23 种 GOF(Gang of Four)模式以及三种 EJB(Enterprise Java Bean)模式。

3.3.1 StarUML 主界面

StarUML 的开发界面主要由工具箱、绘图区、模型资源管理器和属性区等构成。具体结构如图 3.14 所示。

3.3.2 StarUML 的模型、视与图

StarUML 中清晰地区分了模型(Model)、视(View)与图(Diagram)的概念。模型是包含软件模式信息的元素。视则是模型中信息的可视表达法，图则是表示用户特定设计思想的可视元素的集合。

UML2.0 包含 13 种图：类图、组合结构图、构件图、部署图、对象图、包图、活动图、顺序图、通信图、交互概览图、计时图、用例图和状态机图。

在 StarUML 开发中选择 Add Diagram 命令可以弹出如图 3.15 所示的菜单以供设计时选择。

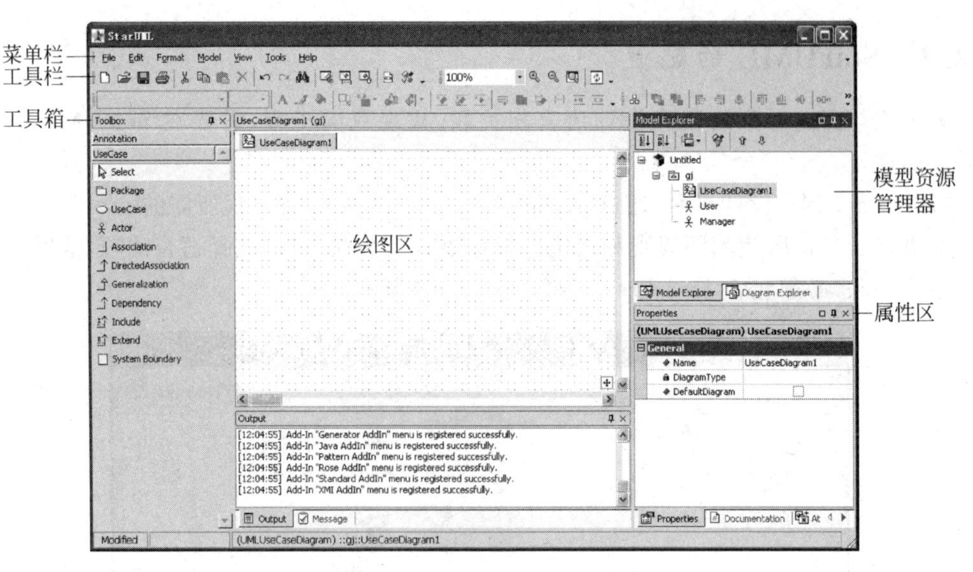

图 3.14　StarUML 界面结构

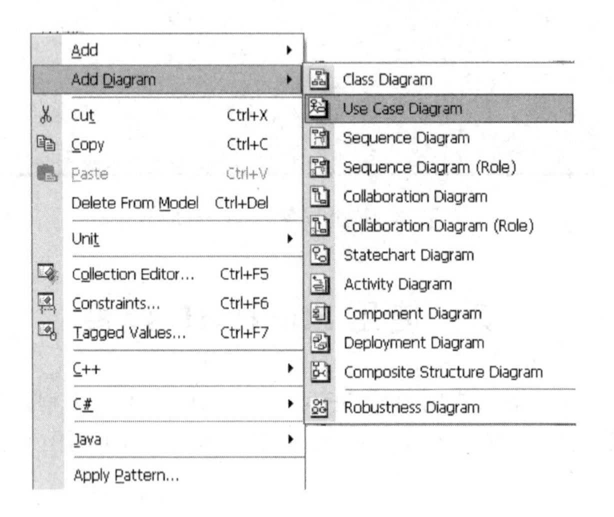

图 3.15　StarUML 图

3.3.3　StarUML 建模的基本过程

1. 创建或打开项目(工程)

在 StarUML 中,项目是基本的管理单位。一个项目可以管理一个或多个软件模型,它是在任何软件模型中都存在的顶级的包。一般地说,一个项目保存在一个文件中。一个项目包含并管理如表 3.1 所示的三种子元素。

表 3.1　项目结构表

项目子元素	描　　述
模型(Model)	管理一软件模型的元素
子系统(Subsystem)	管理表示子系统的模型的元素
包(Package)	管理元素所需的最一般的元素

1）创建新项目

启动 StarUML 或在设计窗口中选择 File→New Project By Approach...选项，弹出如图 3.16 所示的 New Project By Approach 对话框。从项目列表中选择合适的方法后单击 OK 按钮（建议不要选 Set As Default Approach 复选框），即可打开 StarUML 窗口，如图 3.4 所示。

另外，还可以选择 File→New Project，采用默认的方法创建项目。如果之前在环境中修改过默认方法，则以最后一次修改为准。

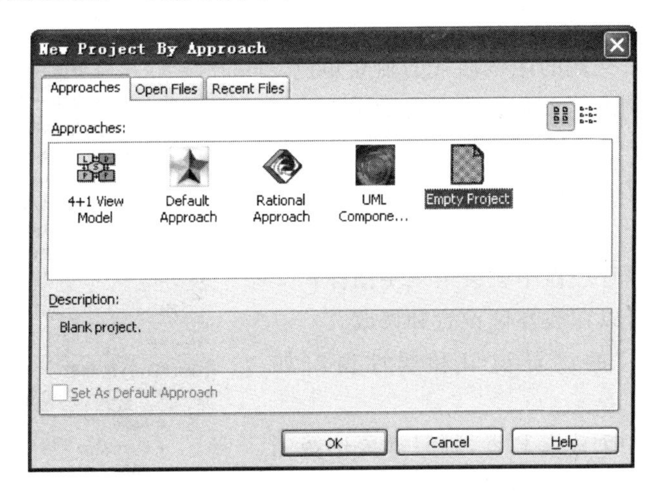

图 3.16　New Project By Approach 对话框

2）打开项目

为了继续已保存的项目，项目文件必须先打开。

选择 File→Open...，打开项目对话框，选择一个项目文件（.UML），单击 Open 按钮即可打开。

2. 设置 Profile

为了与 Java 语言交互，设置 Profile 属性，界面如图 3.13 所示。

3. 创建模块

模块是一种包，它提供了对 StarUML 功能与特征的扩充。模块的创建可以是几种新扩充元素的结合。不但可以为某用途对一个独立的模块配置扩充元素，而且还可以在同一模块中创建同一类型的扩充元素。

StarUML 的模块具有以下功能。

（1）扩展主菜单或弹出菜单。

（2）添加新方法（Approach）。

（3）添加新轮廓（Profile）。

（4）通过构造型（Stereotype）或表示法（Notation）的扩充添加新元素。

（5）通过 COM 服务器或简单的脚本文件实现新的功能。

（6）与其他应用程序集成。

（7）其他的插件（Add-In）功能。

在项目中创建三个元素的方法相同，如果添加模块，需要选择图 3.4 窗口中右侧的

Model Explorer 小窗口中的 Untitled 模块。通过 Model 主菜单或右击选定的模型，可以选择 Add→Model 命令，默认名称为 Model1，在其属性区可以修改所需要的名称，如 tsgl。

4. 创建参与者和用例

1）创建参与者

参与者定义了在与实体交互时该实体的用户可以发挥作用的一套清楚的角色。参与者可以被认为是对于每个用来交流的用例而言的独立角色。

如果在创建用例图之前创建参与者，则需要经过以下步骤进行。

（1）通过 Model 主菜单或右击选定模型，选择 Add→Actor 命令；

（2）在模型资源管理器中就会出现图标；

（3）相关属性可以在属性区设置和修改。

例如，“借阅者”的浏览窗口和属性窗口如图 3.17 所示。

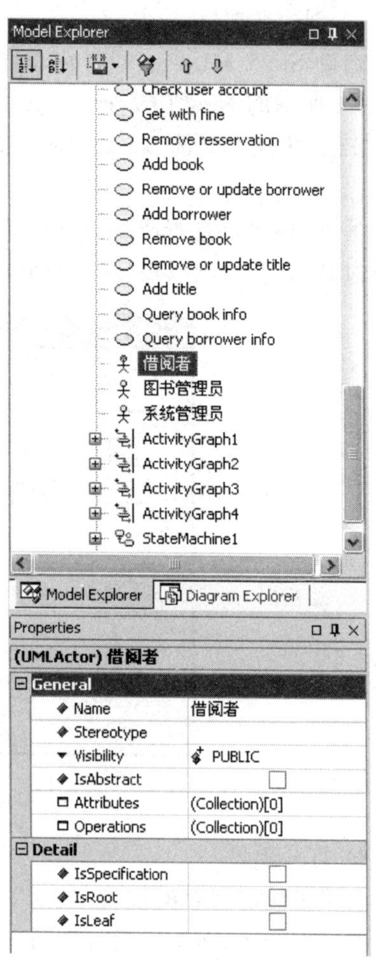

图 3.17 “借阅者”的 Model Explorer 和 Properties 窗口

如果在用例图中创建参与者，则只需要选择工具箱中的 Actor 元素即可，具体操作同其他元素的添加相同，参见下文。

2）创建用例

用例构造用于定义系统行为或者其他的语义实体而不展示其内部结构。每个用例指定一系列行为，包括变体，可执行的实体，与参与者实体交互。

其创建过程与参与者类似，不再赘述。

5. 创建类

根据需要，同创建参与者的方式一样创建类。在创建类时需要为其创建属性及操作，也就是 Java 语言中类体中的变量和方法。具体操作步骤如下。

1）对类创建属性或操作

在设计图中，右击图中的类目标，在弹出菜单中选择 Add 中的 Attribute（被标识为绿色）或 Operation（被标识为红色）命令，为其创建属性或操作，也可以通过其属性窗口的 Attributes 或 Operation 后的按钮进行创建。

2）对属性或操作设置数据类型

在窗体右下角的 Properties 窗口中，找到 Type 输入框，输入属性或操作的类型。其中由于类的封装性和类内部使用的规范性，其内部数据（属性）都是私有的。所以，在 Properties 面板中将属性设置为 Private。

在属性区中常见的属性类型及描述形式如表 3.2 所示。

表 3.2　常见属性

属性类型	描　述
Name 名称	表示模型元素名称
Stereotype 构造型	表示模型元素的构造型
TypeExpression 类型表达式	特殊类型的表达式
String 字符串	表示字符串
Boolean 布尔	表示真假值
Enumeration 枚举	在各字面值中选一
Reference 引用	表示特定元素
Collection 集合	表示多个元素(通过集合编辑器可编辑)

6. 创建图

在 StarUML 中提供了常用的 11 种图,其类型及描述如表 3.3 所示。

表 3.3　StarUML 的 11 种图

图类型	描　述
类图 Class Diagram	类图是各种类相关的元素静态关系的可视表示。类图不仅包含类,而且还包含接口、枚举、包和各种关系、实例及其联系
用例图 Use Case Diagram	用例图是特定系统或对象中用例及外部角色间关系的可视表示。用例表示系统功能以及系统是如何同外部角色交互的
顺序图 Sequence Diagram	顺序图表示实例的交互。它是 InteractionInstanceSet 的直接表示,CollaborationInstanceSet 是 InteractionInstanceSet 内实例交互的集合。而顺序图是面向实例表达式的顺序角色图是面向 ClassifierRole 表达式的
顺序图(角色) Sequence Diagram (Role)	顺序角色图表示角色概念间的交互。它是交互的直接表示,是协作关系内 ClassifierRoles 的信息交互。同时,顺序图是面向实例的交互,而顺序角色图是面向 ClassifierRoles 的交互
通信图 Collaboration Diagram	通信图表示实例间的协作。它是 CollaborationInstanceSet 内部的实例的协作模型的直接表示。协作角色图是面向类元角色(ClassifierRole)的表示法,而通信图是面向实例的表示法
通信图(角色) Collaboration Diagram (Role)	协作角色图表示角色概念间的协作。在通信图中,它是类元角色的协作模型的直接表示。通信图是面向实例的表示法,协作角色图是面向类元角色的表示法
状态图 Statechart Diagram	状态图是通过状态及其转换表示的特定对象的静态行为。尽管一般地说状态图用于表示类的实例的行为,但它还可以用于表示其他元素的行为
活动图 Activity Diagram	活动图是状态图的一种特殊形式,适合于表示动作执行流。活动图通常用于表示工作流,常用于类、包和操作等对象
构件图 Component Diagram	构件图表示软件构件之间的依赖。组成软件构件的那些元素和实现软件的那些元素都可以用构件图来表示
部署图 Deployment Diagram	部署图表示物理计算机和设备硬件元素及分配给它们的软件构件、过程对象
Select 组合结构图 Composite Structure Diagram	组合结构图是一种表示类元内部结构的图。它包含在系统与其他部分的交互点

其中还有 UML 中的对象图就是类图的一个实例，没有单独的设计图形，在第 5 章中会有详细介绍。

1）创建图

（1）从模型资源管理器选择相应的模型；

（2）右键单击选择 Add Diagram 菜单，选择对应的图的类型后图就创建出来了。

例如，在模型 tsgl 中创建了一个包 tsg，该包中一个主要的参与者“图书管理员”的用例图如图 3.18 所示。

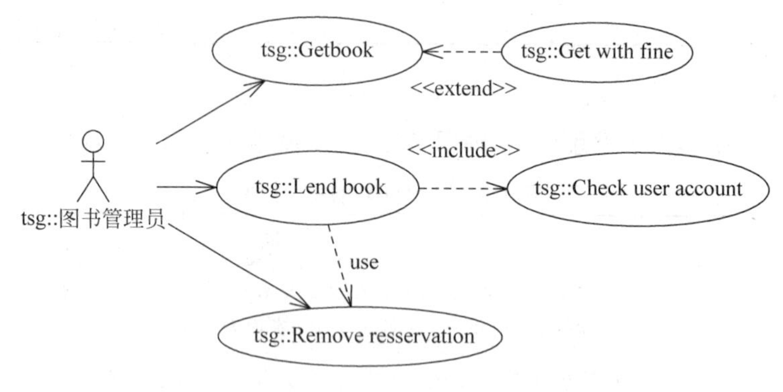

图 3.18　图书管理员用例图

2）图中添加元素

为了在图中创建新元素，必须先打开图。不同类型的图，工具箱中包含的元素不同。每种图中可用的图元素也彼此不同。

（1）从工具箱中选择要创建的元素类型。

（2）在图中单击要创建元素的位置。可以通过拖动鼠标选择一区域确定新元素的大小，如果两个元素之间需要连接到一起，要认真、准确地操作，否则可能会弹出如图 3.19 所示的错误提示。

图 3.19　元素连接提示错误

另外，也可以一次创建多个元素。

（1）从工具箱中双击要创建的元素类型；

（2）在工具箱对应的元素类型后会出现一个红色的🔒图标，表明被锁住(Lock)了；

（3）在绘图区可以连续创建多个元素；

（4）创建完多个元素后，在工具箱中选择 Select，则消除该功能。

7. 保存项目

从 File 菜单中选择 Save 命令，所有资料只有一个单一的项目文件(*.uml)，所以目前应该只有一个文件生成。保存对话框如图 3.20 所示。

8. 导出

选择 File 菜单中的 Export Diagram 命令可以将图表导出，通过选择合适的文件类型保存为其他格式，例如图片等，如图 3.21 所示。

图 3.20　保存对话框

图 3.21　导出图书管理员用例图

3.4　双向工程

无论是从模型生成代码还是从代码生成模型，都是一项非常复杂的工作。StarUML 将正向和逆向工程结合在了一起，并且提供了一种在描述系统的架构或设计和代码的模型之间进行双向交换的机制。

3.4.1　正向工程

正向工程(代码生成)是指从模型直接产生一个代码框架，这将为程序员节约很多用于编写类、属性、方法代码的琐碎的工作时间。但是这不等同于不用编写代码了，而是存在了一个框架，这个框架可以使开发人员思路更清晰。在 StarUML 中，可以将模型中的一个或多个类图转换为 Java、C++ 、C＃源代码的过程。

生成 Java 代码的具体步骤如下。

(1) 单击 Tools→Java 菜单，选择 Generate Code 命令，如图 3.22 所示。

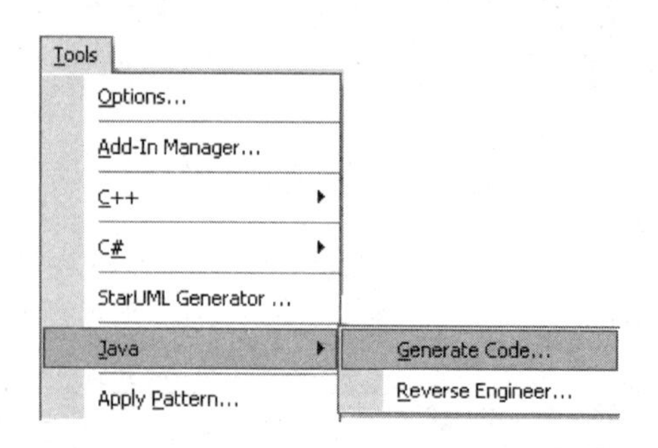

图 3.22　Generate Code 菜单

(2) 从 Java Code Generation 对话框中选择设计模块，如图 3.23 所示，单击 Next 按钮。

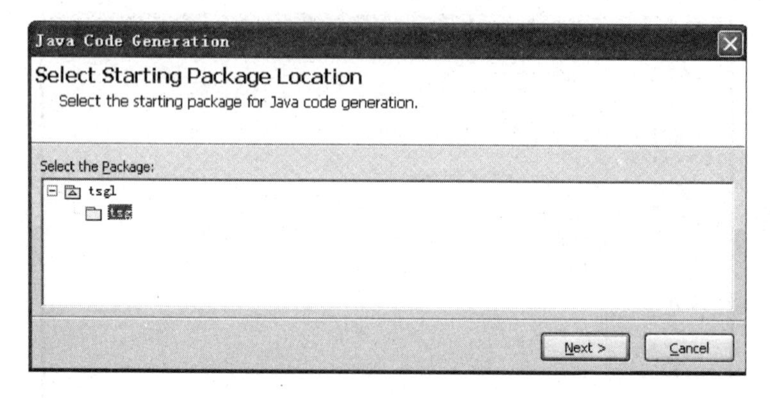

图 3.23　选择设计模块

(3) 为了使模块或者图的所有类都生成 stub code，单击 Select All 按钮，如图 3.24 所示，然后单击 Next 按钮。

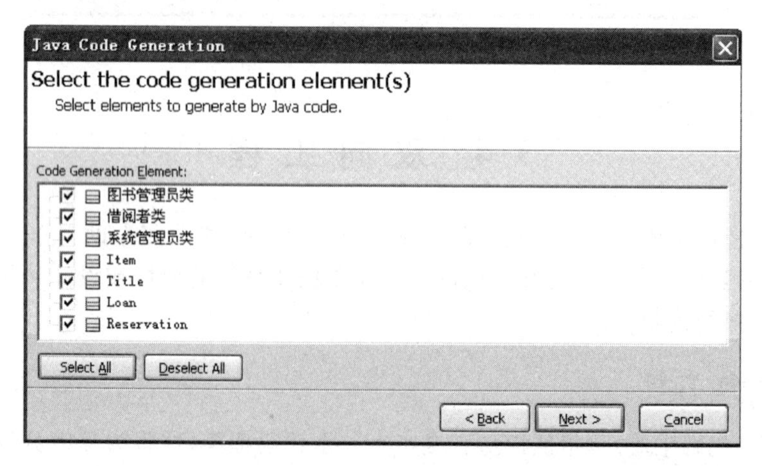

图 3.24　选择类

(4) 选择一个有效的输出路径，如图 3.25 所示，单击 Next 按钮。

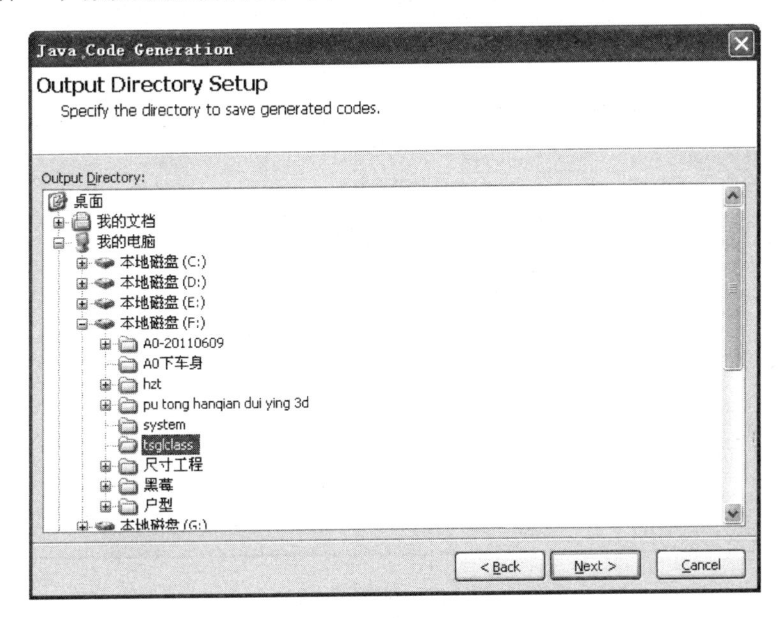

图 3.25　选择输出路径

(5) 在弹出的 Option Setup 对话框中选中 Generate the Documentation by JavaDoc 和 Generate empty Java Doc 复选框，如图 3.26 所示，单击 Next 按钮。

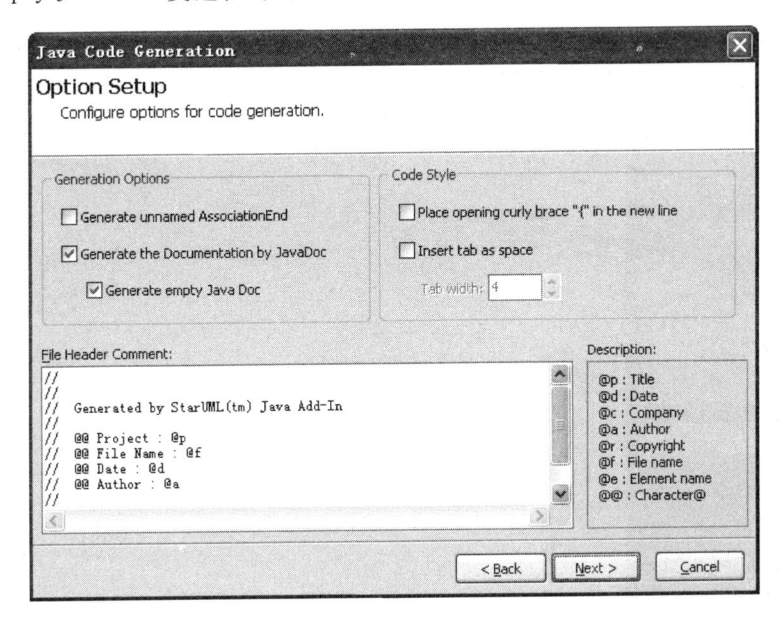

图 3.26　设置选项

(6) 弹出 Java code generated successfully 的提示，说明现在 StarUML 已将图产生了代码，如图 3.27 所示，单击“确定”按钮退出提示框。

(7) 单击 Code Generation 对话框中的 Finish 按钮后就可以编辑生成的代码，以增加应用，如图 3.28 所示。

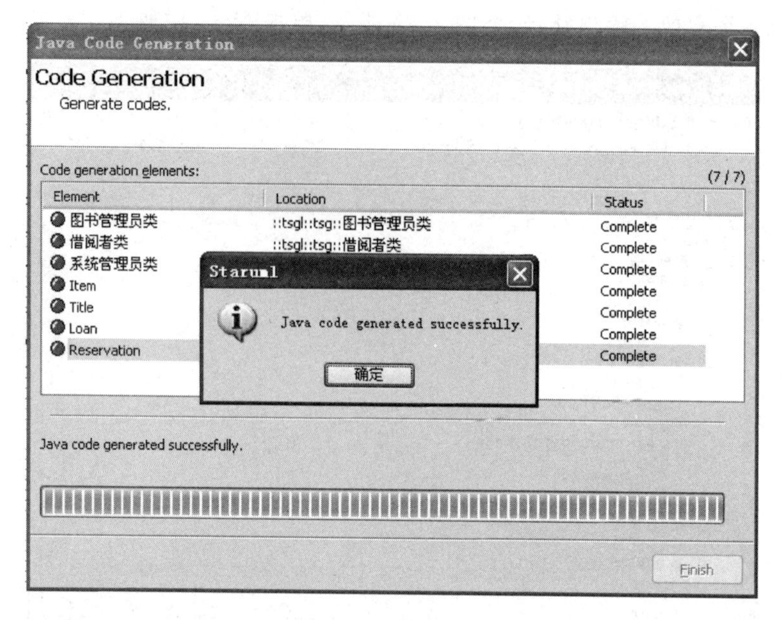

图 3.27　代码生成

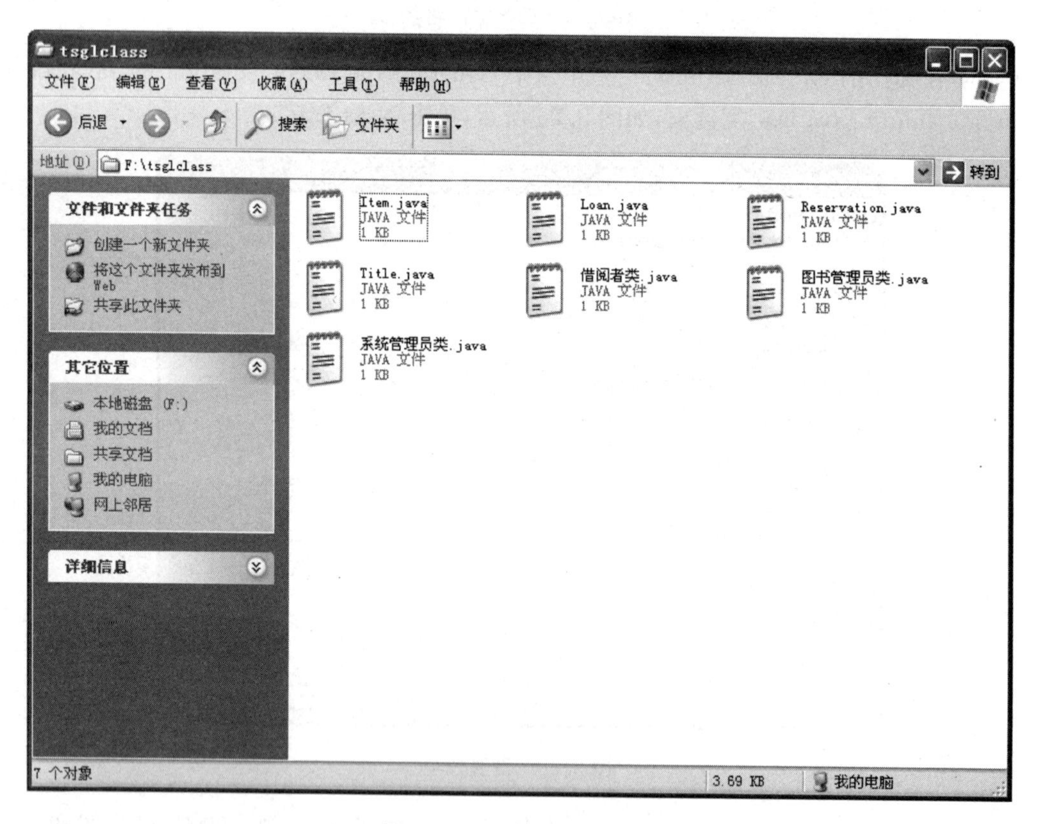

图 3.28　生成的 Java 文件

相应的文件中包含图中对应的属性及操作，即 Java 中类的变量和方法。借阅者类 Java 文件如图 3.29 所示。

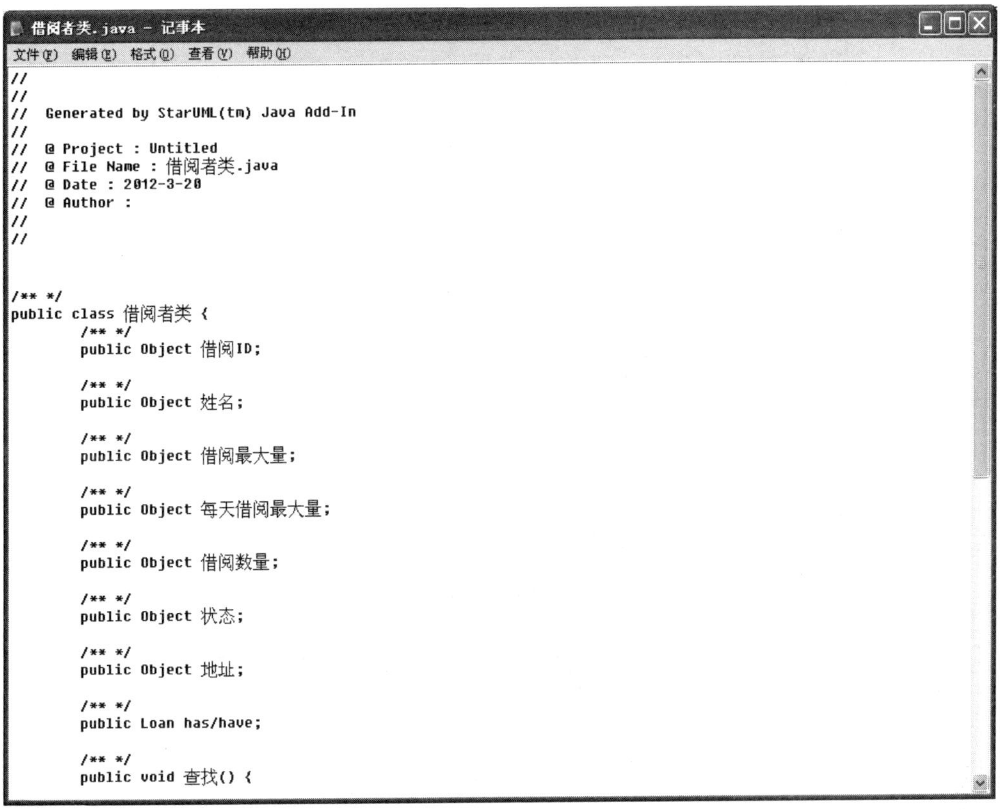

```
借阅者类.java - 记事本
文件(F) 编辑(E) 格式(O) 查看(V) 帮助(H)
//
//
//  Generated by StarUML(tm) Java Add-In
//
//  @ Project : Untitled
//  @ File Name : 借阅者类.java
//  @ Date : 2012-3-20
//  @ Author :
//
//


/** */
public class 借阅者类 {
	/** */
	public Object 借阅ID;

	/** */
	public Object 姓名;

	/** */
	public Object 借阅最大量;

	/** */
	public Object 每天借阅最大量;

	/** */
	public Object 借阅数量;

	/** */
	public Object 状态;

	/** */
	public Object 地址;

	/** */
	public Loan has/have;

	/** */
	public void 查找() {
```

图 3.29 借阅者类 Java 文件

从图 3.29 中不难看出，生成的 Java 文件格式非常标准，这样帮助开发人员查看和编写，在此基础上可以按照功能需求对其方法进行实现。对于可能涉及并生成的接口其方法是抽象的，因此没有代码。在添加代码过程中如果需要对其增加注释，需要注意的是要按照生成注释的规范进行，因为其注释风格是 JavaDoc 风格，这部分内容在 Java 书中有详细解释。

3.4.2 逆向工程

逆向工程是分析 Java 代码，然后将其转换到模型的类的过程。StarUML 可以从现有的 Java 代码创建一个类图，这被称为“reverse engineering”，当从现有的代码生成图表，或者修改了生成的代码，并且想在图表中反映出来时，就要启用逆向工程了。

通过图表或者文本编辑器去反复工作的过程，是面向对象编程中的一个基本过程，被称为 round-trip engineering。

其逆向工程的实现步骤如下。

(1) 单击 Tools→Java 菜单，选择 Reverse Engineer...命令，如图 3.22 所示。

(2) 选择 Java 代码所在的目录，并单击 Add 或 Add All 按钮，将它们包括在逆向工程过程中，如图 3.30 所示，然后单击 Next 按钮。

(3) 选择需要的类加入模块，如图 3.31 所示，然后单击 Next 按钮。

(4) 在弹出的 Option Setup 对话框中选择 public、package、protected 和 private 复选框。同样，选中 Create the field to the Attribute 单选按钮。其他可以不用选中，如图 3.32 所示。

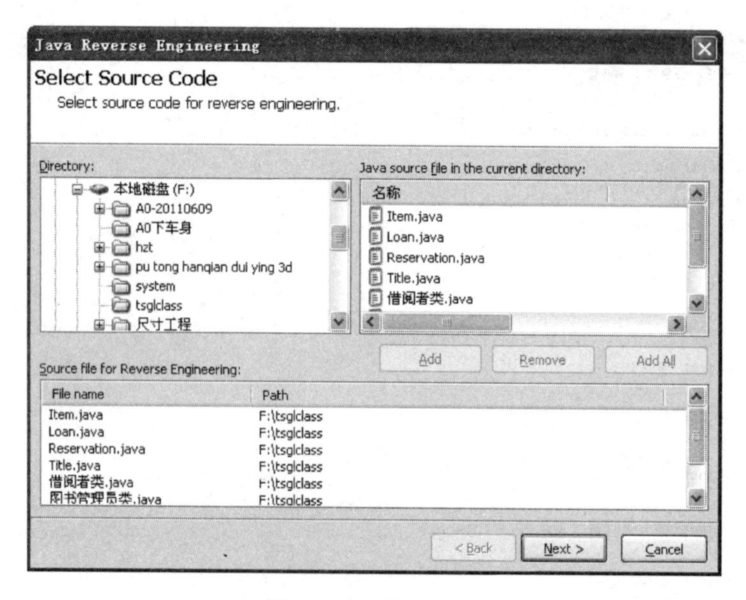

图 3.30　选择源代码

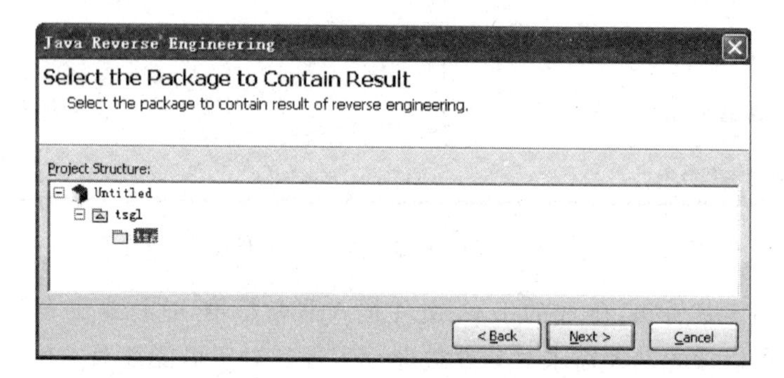

图 3.31　添加模块中

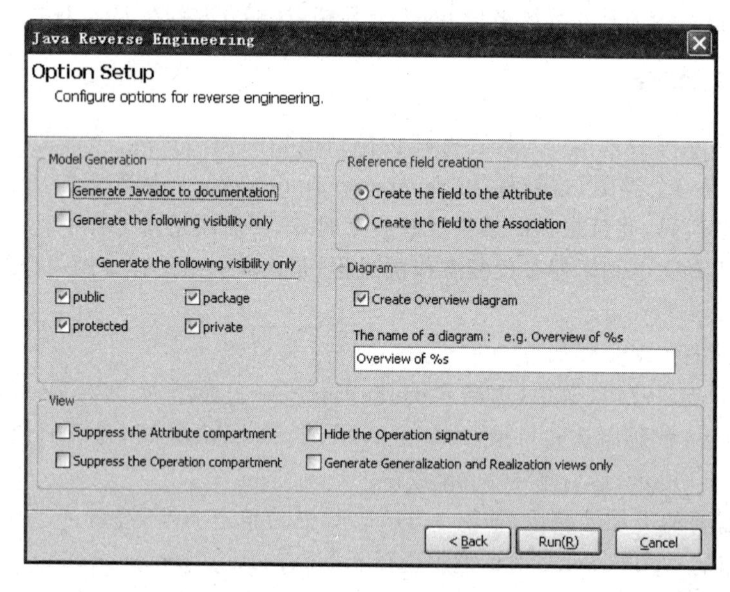

图 3.32　属性设置

(5) 对选项做了检查后，单击 Run 按钮。

(6) 弹出 Java reverse engineering has been completed successfully 提示信息，表示逆向工程已成功，如图 3.33 所示，单击"确定"按钮，再单击 Reverse Engineering 对话框中的 Finish 按钮。

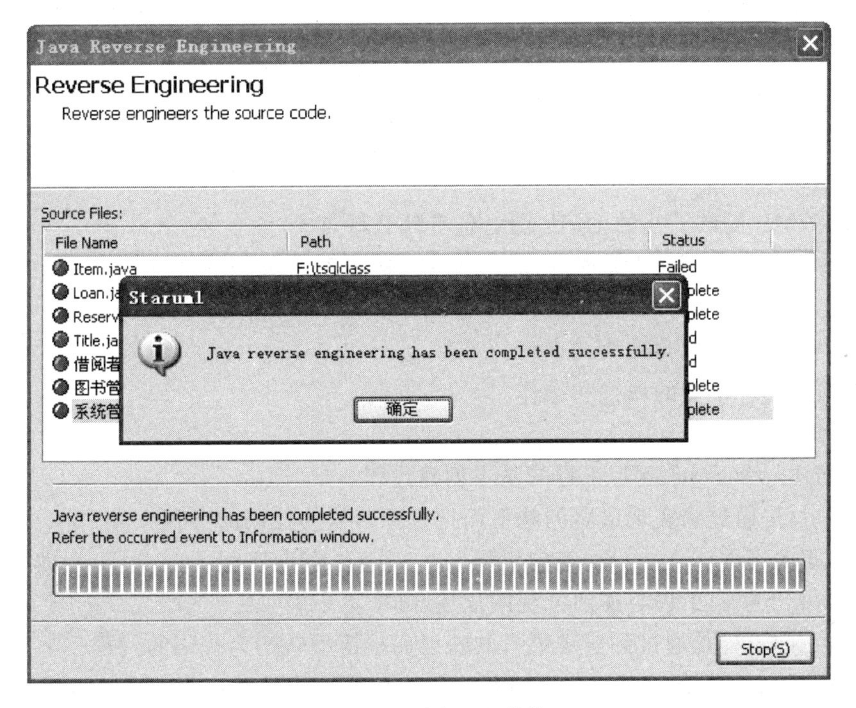

图 3.33　逆向工程转换

StarUML 会向模块中添加导入的类，但并不是原项目中的图，如图 3.34 所示。可以从 Model Explorer 拖动即可添加到项目图中。

图 3.34　生成的类

小　　结

本章主要介绍了 Rational Rose、PowerDesigner、Visio 和 StarUML 4 种常用的 UML 开发工具，其中重点介绍了比较简单、易用且开源的 StarUML。从使用工具的角度介绍了 StarUML 的安装和配置过程，重点介绍了 StarUML 的建模过程。

习　　题

1. StarUML 提供了几种 UML 图？各有什么特点？
2. 在 StarUML 中可以实现双向工程吗？要实现 Java 语言的工程需要进行怎样的设置？
3. 一个项目工程包含几个元素？
4. 如何添加一个类的属性和操作？
5. 如何添加图？
6. 请描述一个 StarUML 工程的基本创建过程。
7. （　　）是通过到实现语言的映射而把模型转换为代码的过程。

   A. 正向工程　　B. 逆向工程　　C. 前向工程　　D. 后向工程
8. 下面关于正向工程与逆向工程的描述，哪个不正确？（　　）

   A. 正向工程是通过到实现语言的映射而把模型转换为代码的过程

   B. 逆向工程是通过从特定实现语言的映射而把代码转换为模型的过程

   C. 正向工程是通过从特定实现语言的映射而把代码转换为模型的过程

   D. 正向工程与逆向工程可以通过 StarUML 支持来实现

第4章 用例和用例图

用例是一种建模技术，对于正在新建的系统，用例主要用于描述系统应该具备什么样的功能；对于已经存在的系统，用例则反映了系统能够完成什么样的功能。创建用例模型是通过开发者与客户或者最终的使用者共同协商完成的，他们要反复讨论需求的规格说明，明确系统的基本功能，为后阶段的设计和开发工作打下一个良好的基础。

本章通过多个例子，为读者提供了用例建模的全面介绍。通过一些简单的、熟悉的、易于理解的小案例，进行用例分析，加深了对用例建模中的一些基本概念的理解，并能在实际中应用。

重点理解用例建模的相关概念，掌握参与者和用例的基本概念、理解并掌握用例之间的关系：关联关系、泛化关系、包含关系、扩展关系。能够正确地分析系统的需求并进行用例建模。

4.1 用例和用例图的概念

用例模型的基本组成部分有用例、角色(或参与者)和系统。用例用于描述系统的功能，也就是从用户的角度来说，系统具体应包含哪些功能，帮助分析人员理解系统的行为，它是对系统功能的宏观的、整体的描述，一个完整的系统通常包含许多用例，每个用例具体说明应完成的功能；参与者是指那些与系统进行交互的外部实体，通常它是系统的一个用户，但它也可以是其他系统或硬件设备，总之凡是需要与系统进行交互的任何实体都可以称作参与者，用例往往必须向参与者传递一些数值，这些数值是参与者在系统中获得的信息。

在用例模型中系统仿佛是实现各种用例的一个“黑盒子”，用户只关心该系统实现了哪些功能，并不需要知道其内部的具体实现细节，比如系统是如何做的用例，是如何实现的。用例模型主要应用在工程开发的初期阶段，在进行系统需求分析时使用，通过分析描述使开发者明确需要开发的系统功能。

使用用例的主要目的如下。

(1) 明确系统应具备什么功能，这些功能是否满足客户的基本需求，并与系统开发人员达成一致。

(2) 为系统的功能提供清晰一致的描述，用例模型应用于系统开发的整个过程，为后阶段的系统设计和开发工作打下良好的基础。

(3) 为系统测试打下基础,可以用于验证最终实现的系统所完成的功能是否符合客户的最初需求。

(4) 通过从需求的功能用例出发跟踪进入到系统中具体实现的类和方法,可以检查其是否正确。例如,通过下面这种方法可以简化对系统的修改和扩展:首先修改用例模型,针对受到影响的用例,找到相应的系统设计和实现部分,对其进行相应的修改即可。

用例图(Use Case Diagram)是显示一组用例、参与者以及它们之间关系的一种图。

用例图在 UML 中是非常特别的图形元素,它描述了用户希望如何使用一个系统。通过用例图可以知道谁将是系统相关的用户,他们希望系统提供什么样的服务,以及他们需要为系统提供的服务。

用例图从用户的角度而不是开发者的角度来描述对软件产品的需求,分析产品所需的功能和动态行为。用例图常用来对需求进行建模,用例图在系统的整个分析、设计和开发阶段是非常重要的,它的正确与否直接影响到客户对最终实现的产品的满意度。用例图被广泛使用在各种开发活动中,但它最常用于描述系统以及子系统。

其中,用例图的主要作用如下。

(1) 用来描述将要开发系统的功能需求和系统的使用场景。

(2) 作为设计和开发过程的基础,促进各阶段开发工作的进展。

(3) 用于验证与确认系统需求。

画好用例图是系统从软件需求到最终实现的第一步。下面将具体介绍用例图中的各个组成元素。

用例图由如下几个元素组成,如图 4.1 所示。

(1) 参与者(Actor):也称为角色,它代表系统的用户。

(2) 系统边界(System Scope):它确定系统的范围。

(3) 用例(Use Case):它代表系统提供的服务。

(4) 关联(Association):它表示参与者与用例间的关系。

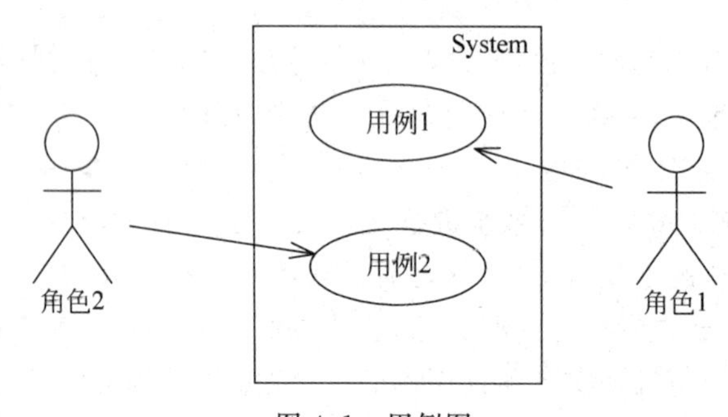

图 4.1　用例图

说明:从图 4.1 中可以看出,所有的用例都放置在系统边界内,表明它属于一个系统。参与者则放在系统边界的外面,表明参与者并不属于系统。但是参与者负责直接(或间接地)驱动与其相关联的用例的执行。

4.1.1　参与者

参与者(也可以称为角色,Actor)是系统外部的一个人或者物,它以某种方式参与了系统的执行过程。参与者不是特指人，是指系统以外的，在使用系统或与系统交互中所扮演的角色。因此参与者可以是人，可以是事物，也可以是时间或其他系统等。还有一点需要注意的是，参与者不是指人或事物本身，而是表示人或事物在系统中所扮演的角色。例如，张明是图书馆的管理员，他参与图书管理系统的交互，这时他既可以作为管理员这个角色参与管理，也可以作为借书者向图书馆借书，在这里张明扮演了两个角色，是两个不同的参与者，即管理员和借阅者。因此，在“图书管理系统”中“借阅者”和“系统管理员”都是参与者。

参与者在UML中通常以一个直立人的图形符号来表示，如图4.2所示。参与者是用例图的一个重要组成部分，它代表参与系统交互的用户、设备或另一个系统。

其中，参与者的作用如下。

(1) 建立系统的外部用户模型。

(2) 对系统边界之外的对象进行描述。

角色1

图4.2　参与者

【例4-1】 客户给销售员发来传真订货，销售员下班前将当日订货单汇总输入系统。谁是系统的参与者？

分析：根据参与者的定义可知，此系统的参与者是销售员。

由于参与者实际上就是类，因此参与者之间也具有继承关系（但在分析设计阶段，一般使用泛化关系来表示继承关系）。参与者之间的泛化关系表示一个一般性的参与者（称为父参与者）与另一个较为特殊的参与者（称为子参与者）之间的联系。子参与者继承了父参与者的行为和含义，还可以增加自己独有的行为和含义，子参与者可以出现在父参与者能出现的任何位置上。通常，将某些参与者的共同行为描述成为超类，而某一具体的参与者仅仅把其所特有的那部分行为定义一下就可以了，子参与者和父参与者的通用行为则不必重新定义，只要继承超类中相应的行为即可。参与者之间的泛化关系用带空心三角形箭头的实线来表示，箭头端指向超类。

【例4-2】 在需求分析中常见的权限控制问题，一般的用户只可以使用一些常规的操作，如查询等；而管理员除了常规操作之外还需要进行一些系统管理工作，如一些关键数据的增加、删除、修改等，操作员既可以进行常规操作又可以进行一些配置操作。

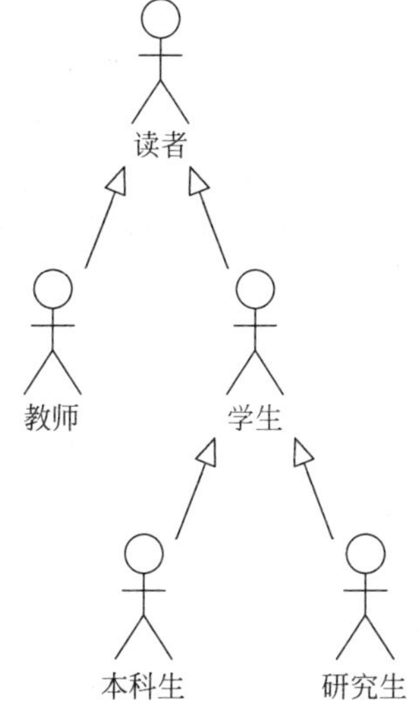

图4.3　图书管理系统参与者之间的泛化关系

从例4-2的描述中会发现管理员和操作员都是一种特殊的用户，他们拥有普通用户所拥有的全部权限，此外他们还有自己独有的权限。这里可进一步把普通用户和管理员、操作员之间的关系抽象成泛化(Generalization)关系，管理员和操作员既可以继承普通用户的全部特性（包括权限），他们又可以有自己独有的特性（如操作、权限等）。这样可以简化用例模型，使之更易于理解。

例如，在“图书管理系统”中，可以认为“读者”是“学生读者”和“教师读者”的泛化，而“学生读者”还可以具体化为“本科生读者”和“研究生读者”；同样，“图书管理员”也是“采购员”、“编目员”及“借阅人员”的泛化。图4.3表示出了参与者之间的泛化关系。

4.1.2 用例

需求获取(Requirement Elicitation)是需求分析阶段的主体部分,其主要的工作就是要建立待开发系统的模型,而用例就是用于建立这种模型的最好方法。用例最初由Ivar Jackboson博士提出,后来被融合到UML的规范之中,成为描述需求的标准化体系。

用例是代表系统中各个项目相关人员之间根据系统的行为所达成的契约。用例描述了在不同条件下,针对某一项目相关人员的请求,系统对其做出的响应。也就是说用例指的是对一组动作的描述,系统通过执行这些动作将对用例的参与者产生可以看到的结果,用来描述参与者可以感受到的系统服务或功能。

例如,在图书管理系统中,用户可以进行"查询图书的基本信息","借书"以及"还书",管理员可以对图书的基本信息进行管理,如"新增图书信息"、"修改图书信息"、"删除图书"等操作。即这些操作都是系统提供的服务(功能),因此,这些都可以独立成为一个用例。执行这些操作的都是人(即参与者)。

用例在UML中通常用一个椭圆图形符号来表示,如图4.4所示。

图4.4 用例符号

例如,在文字处理程序中,"设置正文的字体为宋体"是一个用例,在图书管理系统中"新增图书信息"、"借书"和"还书"也是用例,在超市管理系统中的"进货"也是一个用例,如图4.5所示。在这里可以看出,用例可大可小,有的用例可能比较简单,而有的可能就很复杂,如"设置正文的字体为宋体"这个用例就比较简单,很容易实现,但是对于"进货"和"借书"这样的用例相对就比较复杂,可能需要花一些时间才能够实现。

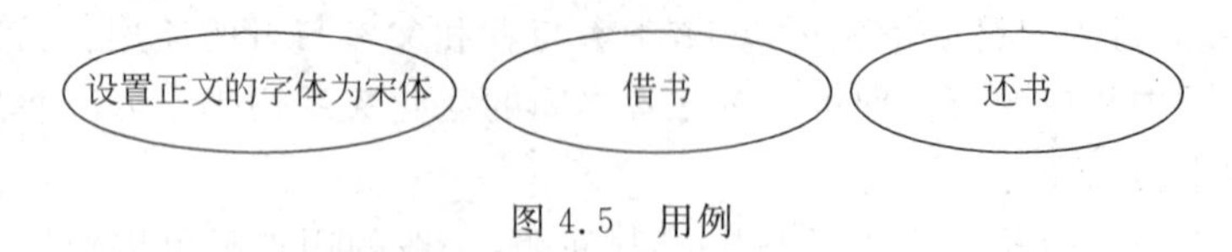

图4.5 用例

根据上面的例子可以看出,使用用例进行系统的需求分析时具有如下一些特点。

(1) 用例是从系统的使用角度描述系统中的信息,即在系统的外部所能看到的系统的功能,而不是考虑系统内部对该功能的具体实现方式。

(2) 用例描述了用户提出的一些可见需求,对应一个具体的用户目标。使用用例可以促进与用户的沟通,正确地理解需求,同时也可以用来划分系统与外部实体的界限,是面向对象分析与设计的起点,是类、对象、操作的来源。

(3) 用例通常由某个参与者来执行。

(4) 用例把执行的结果反馈给参与者。

(5) 用例在功能上具有完整性,即它从参与者接受输入,产生的结果最终再输出给参与者。

4.1.3 用例描述

从软件开发的角度,用例就是需求的文字性描述,主要是说明系统如何工作的功能性或行为性需求。用例图只是简单地用图形的方式描述了一下系统。实际上,用例是文本形式,不是图形。用例是作为人与人之间,尤其是没有受过专门培训的人员之间互相交流的一种手段。因此,编写用例的首选形式通常是简单的文本。因此对于每个用例,还需要有详细的说明，这样就可以让别人对这个系统有一个更加详细的了解，这时就需要编写用例描述。

对于用例描述的内容，一般没有硬性规定的格式，但一些必需或者重要的内容还是必需要写进用例描述里面的。用例描述一般包括：用例编号、用例概述（说明）、前置（前提）条件、基本事件流、其他事件流、异常事件流、后置（事后）条件等，如表 4.1 所示。

表 4.1　用例描述模板

用例编号	为用例制定一个唯一的编号，通常格式为 UCxx	
用例名称	让读者一目了然地知道用例的目标，应为一个动词短语	
用例概述	指用例的目标，对用例概要性的描述	
范围	用例的设计范围	
主参与者	该用例的主要参与者，在此列出名称，并对其进行简要的描述	
次要参与者	该用例的次要参与者，在此列出名称，并对其进行简要的描述	
项目相关人利益说明	项目相关人	利益
	项目相关人员的名称	从该用例获取的利益
	……	……
前置条件	指的是启动该用例应该满足的条件	
后置条件	指的是该用例完成之后，将执行什么动作	
成功保证	描述当前目标完成后，环境会发生什么变化	
基本事件流	步骤	活动
	1	描述触发事件到目标完成以及清除的步骤
	2	其中可以包含子事件流，以子事件流编号来表示
扩展事件流	1a	1a 表示是对 1 的扩展，其中应说明条件和活动
	1b	其中可以包含子事件流，以子事件流编号来表示
子事件流	对多次重复的事件流可以定义为子事件流，这也是抽取被包含用例的地方	
规则与约束	对该用例实现时需要考虑的业务规则、非功能需求、设计约束等	

例如，在图书管理系统中，"新增图书信息"是用例，对其详细的描述如表 4.2 所示。

表 4.2　新增图书用例描述

用例名：新增书籍信息
用例标识号：UC001
简要说明：录入新购书籍信息，并保存到系统中。
前置条件：用户进入图书管理系统。
基本事件流：图书管理员向系统发出"新增书籍信息"的请求；系统要求图书管理员选择要新增的书籍是计算机类还是非计算机类。

续表

其他事件流：无
异常事件流：如果输入的书名有重名现象，则显示出重名的书籍，并要求图书管理员选择修改书名或取消输入；图书管理员选择取消输入，则结束用例，不存储到系统中；图书管理员选择修改书名后，继续判断是否存在重名现象。
后置条件：完成新书信息的录入和存储。
注释：无

综上所述，理论上可以把一个系统的所有用例都画出来，但是在实际开发过程中，进行用例分析时只需要把那些重要的、交互过程复杂的用例找出来。用例并不是系统的全部需求，用例描述的只是功能性方面的需求。

上面主要介绍了参与者和用例这两个概念，参与者之间存在泛化的关系，那么，参与者和用例之间存在什么样的关系呢？

关联用于表示参与者和用例之间的对应关系，它表示参与者使用了系统中的哪些服务（用例），或者说系统所提供的服务（用例）是被哪些参与者所使用的。

下面通过一个具体而简单的用例图，即"图书管理系统"用例图，如图 4.6 所示，说明了参与者和用例之间的关系。在图 4.6 的用例图中主要涉及参与者、用例以及两者之间的关联关系。

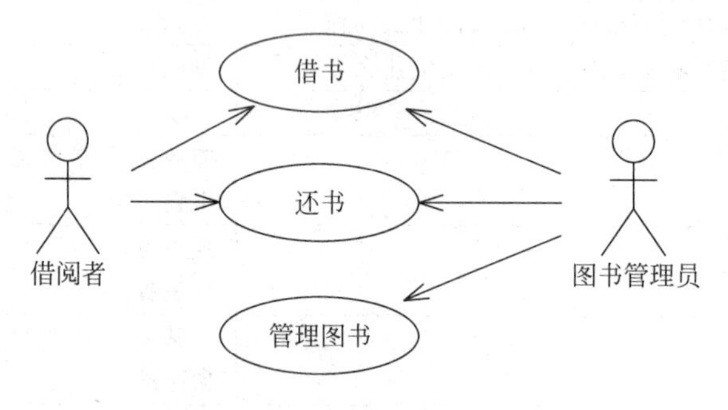

图 4.6　图书管理系统用例图

4.2　用例之间的可视化表示

用例除了与参与者有关联关系外，用例之间也存在着一定的关系，如泛化关系、包含关系、扩展关系等。

4.2.1　包含关系

包含关系指的是两个用例之间的关系，其中一个用例（称为基本用例，Base Use Case）的行为包含另一个用例（称为包含用例，Inclusion Use Case）的行为。也就是说基本用例会用到包含用例，表示基本用例中重用包含用例中的步骤。在 UML 图中，使用带虚线箭头表示，并在线上标有≪include≫，如图 4.7 所示。

在包含关系中，箭头的方向是从基本用例到包含用例，也就是说，基本用例是依赖于包含用例的。

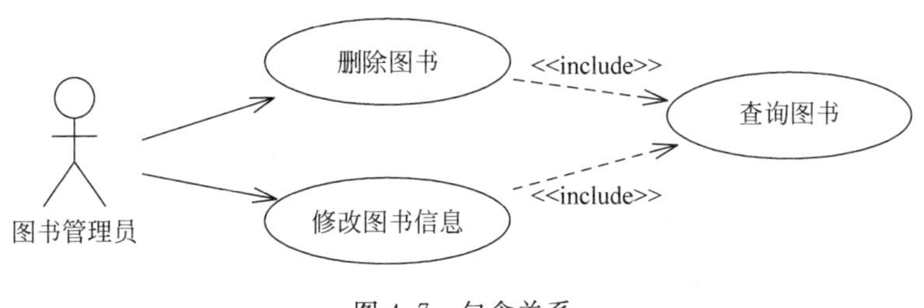

图 4.7　包含关系

4.2.2　扩展关系

扩展(extend)关系的基本含义与泛化关系类似。extend 关系是对基本用例的扩展,基本用例是一个完整的用例,即使没有子用例的参与,也可以完成一个完整的功能。extend 的基本用例中将存在一个扩展点,只有当扩展点被激活时,子用例才会被执行。在扩展关系中,对于扩展用例(Extension Use Case)有更多的规则限制,即基本用例必须声明若干"扩展点"(Extension Point),而扩展用例只能在这些扩展点上增加新的行为和含义。扩展关系是从扩展用例到基本用例的关系,它说明扩展用例定义的行为如何插入到基本用例定义的行为中。也就是说,扩展用例并不在基本用例中显示。

在以下几种情况下,可使用扩展用例。

(1) 表明用例的某一部分是可选的系统行为(这样,就可以将模型中的可选行为和必选行为分开)。

(2) 表明只在特定条件(如例外条件)下才执行的分支。

(3) 表明可能有一组行为,其中的一个或多个可以在基本用例中的扩展点处插入。所插入的行为和插入的顺序取决于在执行基本用例时与主角进行的交互。

在 UML 图中,使用带虚线箭头表示,并在线上标有≪extend≫。如图 4.8 所示,在还书的过程中,只有在例外条件(读者遗失书籍)的情况下,才会执行赔偿遗失书籍的分支。

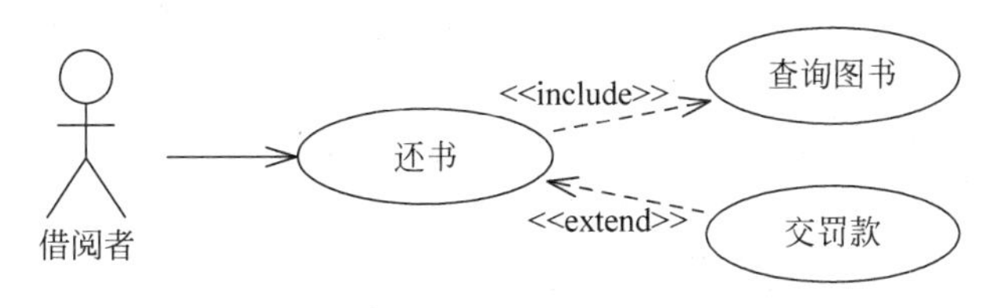

图 4.8　扩展关系

4.2.3　泛化关系

泛化关系指的是一般与特殊的关系。当多个用例共同拥有一种类似的结构和行为的时候,可以将它们的共性抽象成为父用例,其他的用例作为泛化关系中的子用例。在用例的泛化关系中,子用例是父用例的一种特殊形式,子用例继承了父用例所有的结构、行为和关系,用例之间的泛化关系如图 4.9 所示。

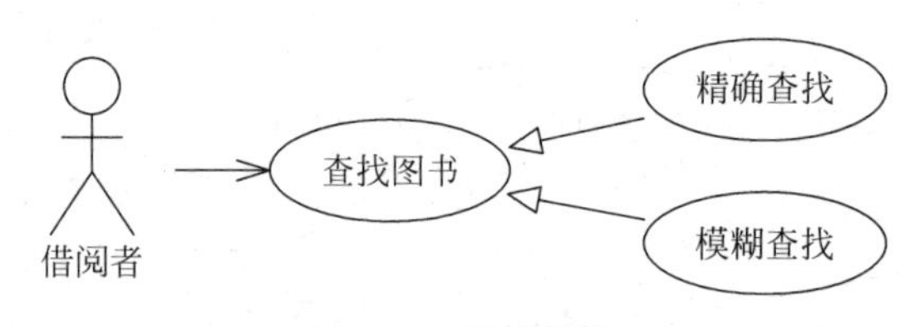

图 4.9 泛化关系

4.2.4 分组关系

在一些用例图中，用例的数目可能很多，这时就需要把这些用例组织起来。这种情况在一个系统包含很多子系统时就会出现。另一种可能就是，当你按顺序和用户会谈，收集系统需求时，每个需求必须用一个单独的用例来表达，这时就需要某种方式来对这些需求进行分类。

最直接的方法就是把相关的用例放在一个包中组织起来。一组用例可以放在一个文件夹中。

综上所述，用例之间存在着一定的关系，这些关系既有联系又有区别，在扩展关系中，基本用例是一个完整的用例，即是可以独立存在的用例。一个基本用例执行时，可以执行，也可以不执行扩展部分。

在包含关系中，基本用例可能是也可能不是一个完整的用例。在执行基本用例时，一定会执行包含用例(Inclusion Use Case)部分。

如果需要重复处理两个或多个用例时，可以考虑使用包含关系，实现一个基本用例对另一个用例的引用。

当处理正常行为的变型而且只是偶尔描述时，可以考虑只用泛化关系。

当描述正常行为的变型而且希望采用更多的控制方式时，可以在基本用例中设置扩展点，使用扩展关系。

4.3 用例图建模技术及应用

在传统的软件开发方法和早期的面向对象开发方法中，描述系统的功能需求都是使用自然语言。这样的做法使得系统没有一个统一的格式，随意性很大，容易产生理解上的歧义和不准确性。使用 UML 的用例图模型来做系统的需求，这些问题就得到了很好的解决。在前面已经详细地介绍了用例、用例图以及相关的一些概念，下面将利用上面的基础知识，结合具体的案例“图书管理系统”，根据系统的需求，创建用例图模型。

创建用例图模型主要包括以下三部分内容。

(1) 识别出系统中的角色和用例。

(2) 区分用例之间的先后次序。

(3) 创建用例图模型结构。

1. 识别出系统中的角色和用例

创建用例图的第一项任务是要找出系统中的角色和用例。

这项任务通常是由系统分析员，通过与用户进行沟通来完成的。通过与用户之间的交流，提出问题，了解他们的业务需求。对于这些业务需求，需要向用户提出一些问题以得到所需要的答案。这些需求和得到的答案将成为创建用例图的基础信息。

1）如何从系统中识别出角色

获取系统用例首先要找出系统的角色。如何识别系统的角色？可以从系统要完成的业务中识别系统的角色。

通过与用户的交流，让用户回答一些问题来识别角色。可以参考以下问题。

(1) 谁将使用系统的主要功能？

(2) 谁需要系统的支持以完成其日常工作任务？

(3) 谁负责维护、管理并保持系统正常运行？

(4) 系统需要处理哪些硬设备？

(5) 系统需要和哪些外部系统交互？

(6) 系统运行产生的结果谁比较感兴趣？

这几个问题的答案往往包括所有与系统相关的用户。进一步分析这些用户，以及他们在系统中承担的作用就可以得到角色。

下面以一个具体的案例"图书管理系统"为例来详细地分析说明进行用例建模的三部分内容。

图书管理系统涉及读者信息管理、借阅信息管理、图书信息管理等多方面的信息管理。系统的使用对象为图书管理员和读者。他们在使用系统时，各拥有不同的权限，以完成各自需要的工作。

在图书管理系统中，图书管理员要为每个读者建立借阅账号，用于记录读者的个人基本信息和图书的借阅信息；读者的账号信息建立成功后，给读者发借阅证，这时读者就可以凭借该借阅证进行图书的借阅，或是通过网络进行图书信息的查询和检索。

读者在借阅图书时，需要出示借阅证，输入借阅证号，验证借阅证的有效性及是否可续借，无效则向读者提示原因，如"卡号不对"、"已借满，不能续借"等，有效则显示读者的基本信息，例如读者的个人资料以及借阅图书的历史信息等，读者提出借阅申请后，管理员对借阅的图书进行登记。

相应地，当读者归还图书信息时，也需要对借阅证进行有效性的验证，如果不对，给读者提示相应的信息，验证通过后，显示读者的基本信息和借阅的图书信息等；读者向管理员归还图书，管理员验证无误后，删除读者对该书的借阅信息，如果超期，则读者需要缴纳一定的罚款才能归还。

此外，当涉及图书信息变更时，例如，新增图书信息或是图书毁坏程度很大需要报损不能再使用时，图书管理员就需要将图书进行入库或是注销处理。同理，当有新增的借阅者或是要注销借阅者信息时也要做相应的处理。

以上是图书管理系统中的需求分析，根据上述的内容可以确定在一个图书管理系统中包含的主要功能有：图书基本信息的管理、图书借阅管理和借阅者信息的管理三部分。其中，图书管理员能进行增加图书基本信息、删除图书信息；增加借阅者信息、删除借阅者信息；借书和归还图书记录的管理；查询借阅者信息和图书的基本信息等操作。而普通读者可以实现修改个人信息(如登录密码，或其他个人信息等)；查询个人借阅信息和检索图书信息的操作。

进行用例建模需要完成三部分内容，第一个内容是要找出系统中的参与者，可以通过与用户的沟通，回答一些问题来辅助找出系统中的参与者。

经过分析：通过回答上面几个问题，如表 4.3 所示，找出系统中的参与者。

表 4.3 找出系统中参与者

问题	回答
谁将使用系统的主要功能？	图书管理员和借阅者(读者)
谁需要系统的支持以完成其日常工作任务？	图书管理员
谁负责维护、管理并保持系统正常运行？	图书管理员
系统需要处理哪些硬设备？	无
系统需要和哪些外部系统交互？	无
系统运行产生的结果谁比较感兴趣？	图书管理员和借阅者(读者)

根据表 4.3 可得出图书管理系统的主要角色有图书管理员和借阅者(读者)。

2) 如何从系统中识别用例

用例的获取是需求分析阶段的主要任务之一。但对于一个大系统，要直接列出用例清单常常是十分困难的。这时可先列出角色清单，再对每个角色列出它的用例，问题就会变得容易得多。在识别出了角色之后，就可以通过回答下述问题来帮助识别用例。

(1) 每个角色执行的操作有什么？

(2) 什么角色将要创建、存储、改变、删除或读取系统中的信息吗？

(3) 什么用例会创建、存储、改变、删除或读取这个信息？

(4) 角色需要通知系统外部的突然变化吗？

(5) 系统需要通知角色正在发生的事情吗？

(6) 什么用例将支持和维护系统？

【例 4-3】 对图书管理系统进行需求分析以及第一部分得出的角色，可以得出每个角色相应的需求。

其中，图书管理员可实现如下操作。

(1) 增加、删除和修改图书基本信息；

(2) 增加、删除和修改读者信息；

(3) 借书、归还图书记录的管理；

(4) 查询读者基本信息、图书的基本信息。

普通读者可以实现如下操作。

(1) 修改个人信息(如登录密码，或其他个人信息等)；

(2) 查询个人借阅信息和检索图书。

基于图书管理员和读者角色及其需求，通过回答前面的问题，可以建立如下用例。

(1) 借阅图书；

(2) 归还图书；

(3) 新增图书；

(4) 删除图书；

(5) 修改图书；

(6) 查询图书。

针对图书管理系统中常用的借书、还书、新增图书、注销图书、新增读者、删除读者等典型的用例详细的描述如下。

(1) 借阅图书用例描述

借阅图书是图书管理系统中的一项基本功能，当读者能有效地登录到系统后就可以浏览图书的信息,进行借阅。借阅图书用例的描述如表 4.4 所示。

表 4.4 借阅图书用例描述

用例名称	借阅图书
用例编号	UC002
用例说明	借阅证如果想从系统中借书时,则向系统提出请求,输入相应的信息进行验证,通过后方可借书
参与者	读者
前置条件	读者成功登录图书管理系统
事件流	1. 输入借阅证号
	如果正确则提示"输入密码"
	如果不正确则提示"输入有误,请重新输入!"
	2. 输入密码
	如果登录成功,则显示读者可借阅的图书信息,并提示超期未还的图书信息
	如果失败,则提示"密码有误!"
	3. 输入要借阅的图书编号
	如果该读者已经借满,提示"已经借满,请先归还!"
	如果可以正常借阅,提示"确定要借阅该书吗?"
	4. 读者单击"确定"按钮,则增加一条借阅记录
	如果放弃,则单击"取消"按钮
后置条件	借阅图书成功后,在图书管理系统中保存该借阅记录

(2) 还书用例描述

还书是借书的逆过程,即要归还读者借阅的图书,还书用例描述如表 4.5 所示。

表 4.5 还书用例描述

用 例 名 称	归 还 图 书
用例编号	UC003
用例说明	读者要归还其借阅的图书
参与者	读者
前置条件	读者成功登录图书管理系统
事件流	1. 输入借阅证号
	如果正确则提示"输入密码"
	如果不正确则提示"输入有误,请重新输入!"
	2. 输入密码
	如果登录成功,则显示读者可借阅的图书信息,并提示超期未还的图书信息
	如果有超期的图书,调用"计算罚金"
	如果丢失图书,调用"计算丢失罚金"
	如果失败,则提示"密码有误!"
	3. 输入要归还的图书编号
	如果输入错误,提示"未借该书!"
	如果可以正常借阅,提示"确定要归还该书吗?"
	4. 读者单击"确定"按钮,则读者的该条借阅记录消失
	如果放弃,则单击"取消"按钮
后置条件	还书成功后,在图书管理系统中删除借阅记录

(3) 新增图书用例描述

新增图书用例如表4.2所示。

(4) 注销图书用例

图书管理系统中对图书进行管理,图书有可能因为某些原因而损坏,不能再使用时,需要将其注销,注销图书用例描述如表4.6所示。

表4.6 注销图书用例描述

用例名称	注销图书
用例编号	UC004
用例说明	图书管理员将系统中损坏严重的图书进行注销
参与者	图书管理员
前置条件	管理员成功登录图书管理系统的图书信息管理
事件流	1. 单击"注销图书"按钮
	2. 查询要注销图书的借阅信息
	如果该图书被借阅则提示"图书已经被借阅,不能注销!",如果该图书已经被注销过,能不能注销
	如果该图书没有被借阅,则提示"确定要注销此书吗?"
	3. 单击"确定"按钮注销图书
	如果不能肯定要注销图书,则单击"取消"按钮返回
后置条件	注销图书成功后,在图书管理系统中将不能查询到该图书信息

(5) 新增读者用例描述

当读者是第一次到图书馆来办理图书借阅证时,图书管理员要将其基本信息录入到系统中,便于对借阅者信息进行统一的管理,新增读者用例描述如表4.7所示。

表4.7 新增读者用例描述

用 例 名 称	新 增 读 者
用例编号	UC005
用例说明	图书管理员对第一次办理借阅证的借阅者信息进行管理
参与者	图书管理员
前置条件	管理员成功登录图书管理系统中的借阅者信息管理
事件流	1. 单击"新增读者"按钮
	2. 将读者的基本信息如姓名、电话、年龄等信息录入到系统中
	录入成功后,发放借阅证
后置条件	新增读者成功后,在图书管理系统中就可以查询到该读者信息,并能进行图书借阅

(6) 删除读者用例描述

当读者因为某些原因,不需要从图书管理系统中进行图书借阅时,应该注销该读者,删除读者用例描述如表4.8所示。

表 4.8　删除读者用例描述

用例名称	删除读者
用例编号	UC006
用例说明	图书管理员对需要注销的读者进行管理
参与者	图书管理员
前置条件	管理员成功登录图书管理系统中的借阅者信息管理
事件流	1. 查询读者的借阅信息
	如果读者有未还的图书记录，提示“读者有借阅的图书未还，不能删除！”
	2. 单击“删除读者”按钮
	提示“删除后将不能再借阅图书，确定删除吗？”
	3. 单击“确定”按钮删除读者
	如果不能肯定要注销读者，则单击“取消”按钮返回
	4. 将读者的基本信息如姓名、电话、年龄等信息录入到系统中
	5. 注销该读者的借阅证
	6. 删除成功后，退出系统
后置条件	删除读者成功后，在图书管理系统中就不能查询到该读者信息，不能进行图书借阅

2. 区分用例优先次序

某些用例必须在其他用例之前完成，因为它们之间要相互依赖。例如，在系统借阅图书之前，必须记录图书的基本信息。因此很明显新增图书是最重要的用例。

3. 构建用例图模型

将已确定并细化的角色和用例放入用例图中。此时，再借助包含、扩展和泛化的关系给出用例之间的结构模型。

在系统需求分析中需考虑：系统用例图模型需要哪些视图，每个视图包含什么内容？视图中成员是否需构成包？下面针对上述的图书管理系统，为其建立系统的用例图模型。

【例 4-4】　图书管理系统用例图

图书管理系统按其业务功能分成读者管理、图书管理、借书、还书和用户管理等几部分，这些职能对应于系统不同组织部门。

1）系统参与者

图书管理系统针对的对象是读者，图书管理员可以对图书信息进行管理。图 4.10 是图书管理系统参与者分析的用例图。其中，参与者“读者”是抽象角色。

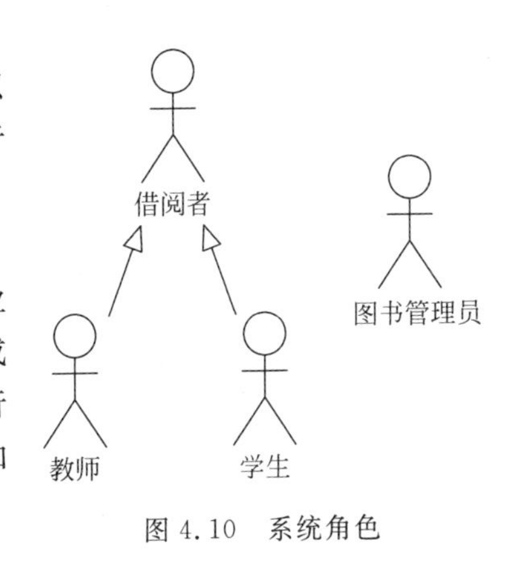

图 4.10　系统角色

2）图书管理

图书馆中的图书根据需求进行更新是一项日常业务，因此在设计该系统时，也要为此设计用例，管理员成功登录图书管理系统的书籍信息管理子系统，可以进行图书的新书入库、删除、修改等。图书管理的用例图如图 4.11 所示。

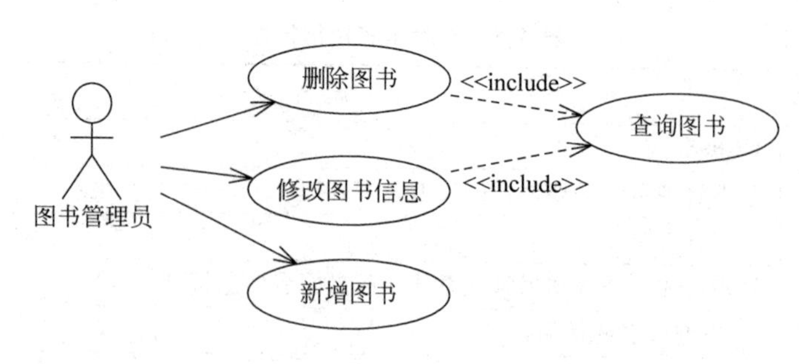

图 4.11　图书管理用例图

3）图书借阅和还书用例图

从图书馆借阅图书，是图书馆提供的一项基本服务。在图书馆系统的建模过程中，将这一行为抽象为一个用例。读者通过系统验证后，成功登录系统进行图书的借阅和归还。

图书的借阅和归还用例图如图 4.12 所示。

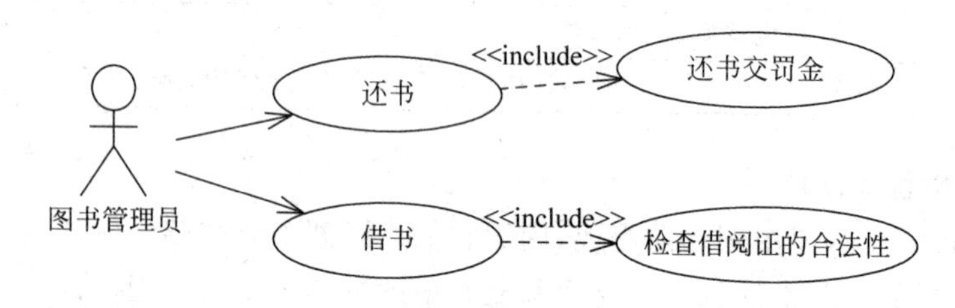

图 4.12　图书借阅和归还用例图

综上所述，图书管理系统的整体用例图如图 4.13 所示。

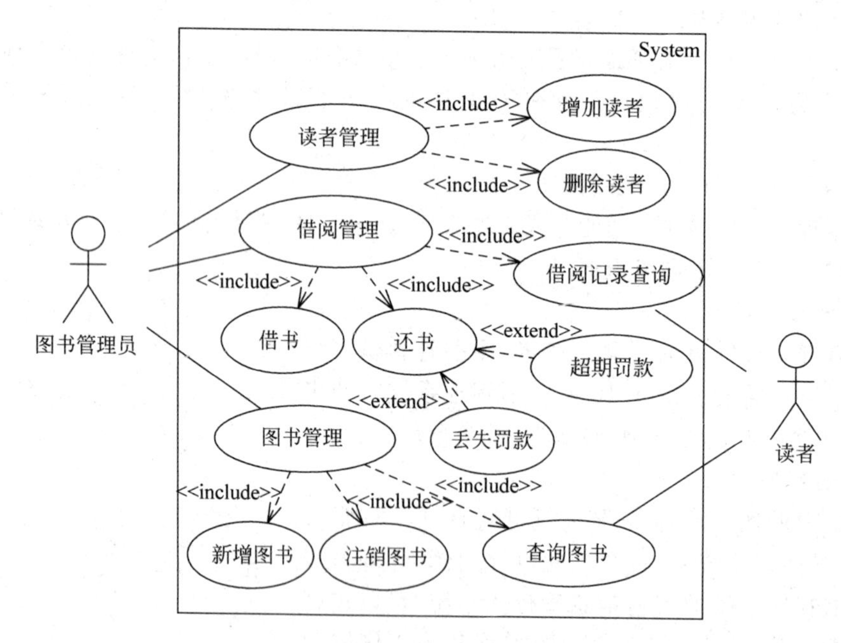

图 4.13　图书管理系统整体用例图

【例 4-5】 超市进销存管理系统用例图

1）超市进销存系统的需求

超市进销存系统的需求共包含销售管理、库存管理、订货管理和统计分析几部分。

（1）销售管理

① 售货员接受顾客订购，输入顾客购买的商品，计算总价。

② 顾客付款并接收清单。

③ 售货员保存顾客购买商品的记录清单。

（2）库存管理

① 库存管理员每天进行盘点一次。

② 库存管理员当发现库存商品有损坏时，及时到相关部门报损。

③ 在供应商的商品到货时，库存管理员首先检查商品是否合格，并将合格的商品入库处理；当商品进入卖场时，进行商品出库处理。

④ 经理、订货员根据需要进行库存商品的模糊查询或详细查询。

（3）订货管理

① 订货员用新商品供应商信息更新供应商数据库的信息。

② 订货员统计库存商品是否低于库存下限，然后制作订货单。

（4）统计分析

① 经理能够使用系统的统计功能，了解商品销售情况、库存情况、供应商情况，以便进行合理的营销策略。

② 经理按市场情况适时变动商品价格。

2）建立超市进销存系统的用例图模型

超市进销存管理系统按其业务功能分成订货管理、销售管理、库存管理和统计分析 4 部分，这些功能对应于系统的不同组织部门。

（1）系统角色

超市服务的对象是顾客，超市系统内部员工可以按人员的职能进行分类。图 4.14 是超市进销存管理系统中角色分析的用例图。其中，"员工"和"管理员"角色是抽象角色。

（2）超市进销存管理系统的顶层用例图

超市进销存管理系统中设计的角色有员工，是顶层抽象角色，主要包括管理员和售货员角色。其中管理员也是抽象角色，包括：库存管理员、统计分析员和订货员。每个角色对应于系统不同的功能。

售货员主要是针对系统中的销售管理；订货员主要负责订单的管理；库存管理员针对的是系统中的库存管理；统计分析员主要是进行系统中的所有统计查询；系统中所有的角色在使用系统提供的功能时都需要进行身份的验证。超市进销存管理系统的顶层用例图如图 4.15 所示。

（3）销售管理子系统的用例图

销售管理子系统主要涉及的人员有售货员和顾客。售货员可以提取商品信息，主要包括更新商品信息，当产生销售时更新销售信息。而针对顾客可以浏览商品信息，打印购物清单。销售管理子系统的用例图如图 4.16 所示。

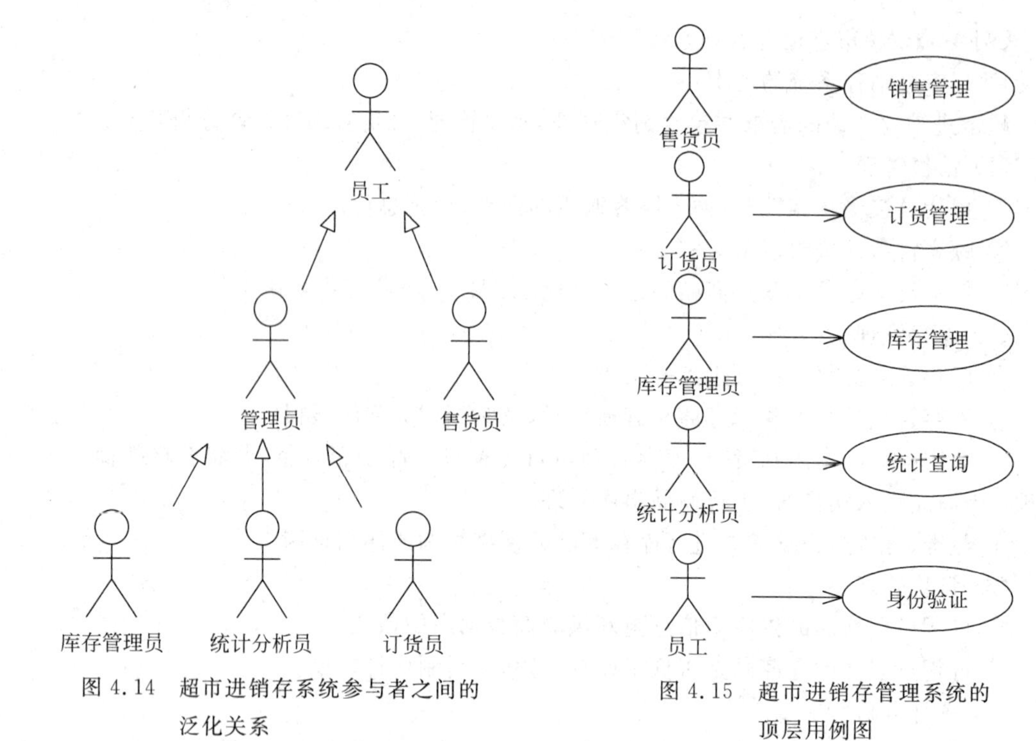

图 4.14 超市进销存系统参与者之间的泛化关系

图 4.15 超市进销存管理系统的顶层用例图

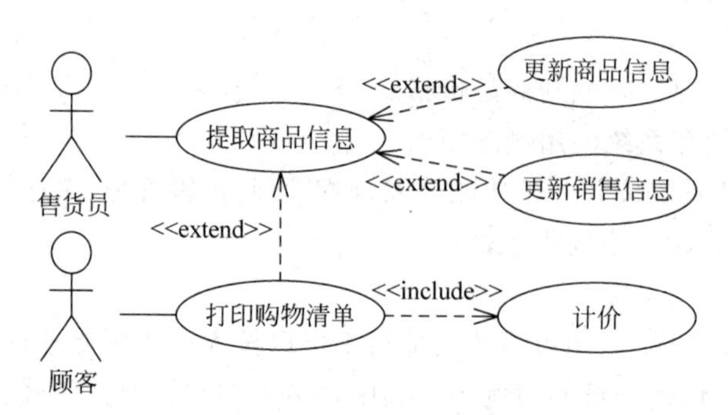

图 4.16 销售管理子系统的用例图

（4）订货管理子系统的用例图

订货管理子系统的用例图如图 4.17 所示。

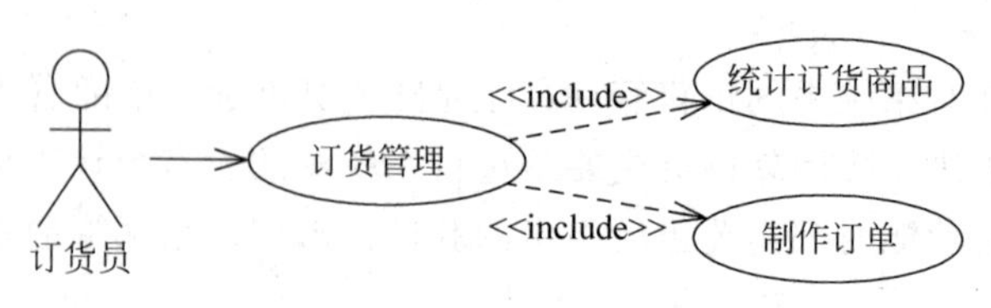

图 4.17 订货管理子系统的用例图

（5）库存管理子系统的用例图

库存管理子系统的用例图如图 4.18 所示。

（6）统计分析子系统的用例图

统计分析子系统的用例图如图 4.19 所示。

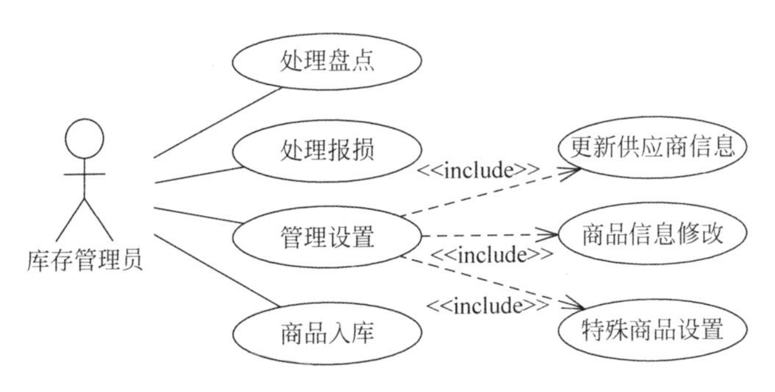

图 4.18　库存管理子系统的用例图

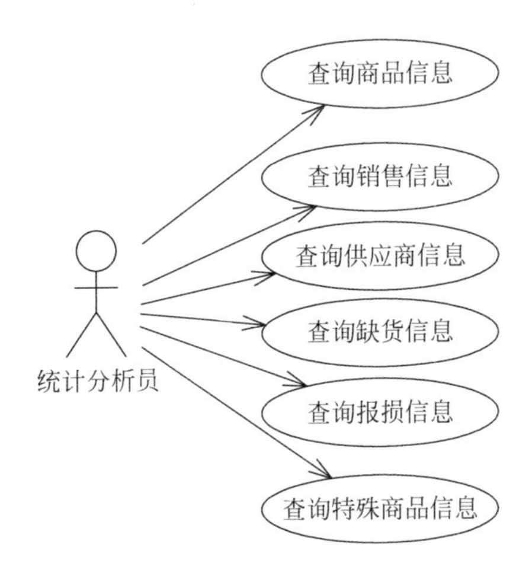

图 4.19　统计分析子系统的用例图

(7) 身份验证子系统的用例图

身份验证子系统的用例图如图 4.20 所示。

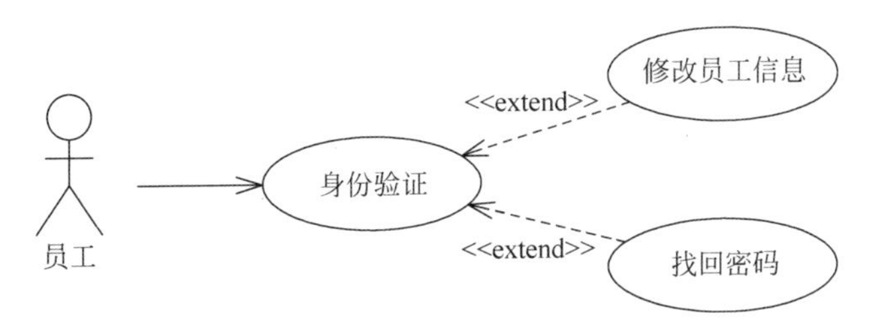

图 4.20　身份验证子系统的用例图

小　　结

用例建模是实现系统需求分析的一个很好的方法,使得系统分析员和用户之间能够更好地沟通系统的需求。用例图是显示一组用例、参与者及它们之间关系的图。其中,参与者在 UML 中通常以一个直立人的图形符号来表示;用例在 UML 中通常用一个椭圆图形符号来表示。

用例与参与者之间具有关联关系，此外，用例之间也存在着泛化关系、包含关系、扩展关系等。

面向对象和用例是 UML 中两个非常重要的基础概念，在本章中主要介绍的是通过举例并结合案例进行系统的用例建模，从第 4 章开始将逐步详细地介绍 UML 中其他的几种图。

习　　题

1. 什么是参与者？如何确定系统的参与者？
2. 什么是用例？如何确定系统的用例？
3. 用例之间有哪些关系？对每一种关系，请举出一个实际的例子，并画出用例图。
4. 试画出学生选课系统的用例图。
5. 学生管理系统中有一个模块是报到登记，具体流程是：在新生入校报到时，进行新生信息登记，记录学生的报到资料、个人基本情况的输入、查询、修改等。

问题：写出在上述需求描述中出现的 Actor 并根据上述描述绘制其用例图。

第5章 类图和对象图

类图在UML的静态机制中是重要的组成部分,它不但是设计人员关心的核心,更是实现人员关注的重点。建模工具也主要根据类图来产生代码。类图在UML的9个图中占据了一个相当重要的地位。

类图是用来显示系统中的类、接口及它们之间的静态结构和关系的一种静态模型,它用于描述系统的结构。类图的建模贯穿系统的分析和设计阶段的始终,通常从用户能够理解的用例开始建模,最终到系统开发小组能够完全理解的类。本章将重点介绍类图和对象图及其相关的概念。

重点理解类图和对象图的相关概念,掌握类的定义以及类的可视化表示。理解并掌握类之间的关系:依赖关系、泛化关系、关联关系和实现关系。理解对象的基本概念及对象的可视化表示。能够利用类图正确地描述系统结构。

5.1 类图和对象图概述

5.1.1 类图概述

类是对一组具有相同属性、操作、关系和语义的对象的抽象。主要包括名称部分(Name)、属性部分(Attribute)和操作部分(Operation)。在UML中类用一个矩形框表示,它包含三个区域,最上面是类名、中间是类的属性、最下面是类的方法,如图5.1所示。

类名
+属性
+操作()

图5.1 类

1. 名称

每个类都必须有一个能和其他类进行区分的名称,类的名称部分是不能省略的,其他组成部分可以省略。名称(Name)是一个文本串,类的命名要求为由字符、数字、下划线组成的唯一的字符串即可。表示方法有以下两种。

(1) 简单名:如图5.2中的Account,它只是一个单独的名称。

(2) 全名:也称为路径名,就是在类名前面加上包的名称,例如Business::Account。

2. 属性

属性描述了类在软件系统中代表的事物(即对象)所具备的特性。类可以有任意数目的属性,也可以没有属性。类如果有属性,则每一个属性都必须有一个名字(如图 5.2 中的 Account 类中的 balance 属性),另外还可以有其他的描述信息,如可见性、数据类型、默认值等,如图 5.2 所示。

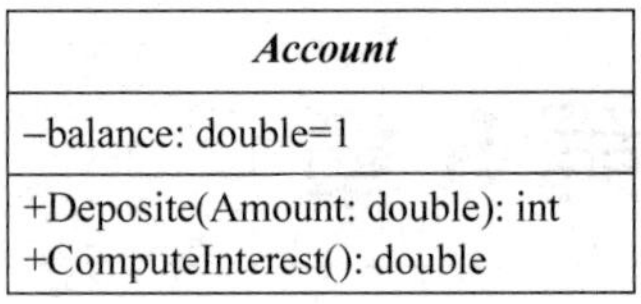

Account
-balance: double=1
+Deposite(Amount: double): int +ComputeInterest(): double

图 5.2　类说明

在 UML 中,类属性的语法为:

```
[可见性]属性名[:类型][=初始值][{属性字符串}]
```

(1) 可见性:类中属性的可见性主要包括公有(Public)、私有(Private)和受保护(Protected)。在 UML 中,用"+"表达公有类型,用"-"表达私有类型,而用"#"表达受保护类型。UML 的类中不存在默认的可见性,如果没有显示任何一种符号,就表示没有定义该属性的可见性。

(2) 属性名:每个属性都必须有一个名字以区别于类中的其他属性,是类的一个特性。属性名由描述所属类的特性的名词或名词短语组成。按照 UML 的约定,单字属性名小写。如果属性名包含多个单词,这些单词要合并,且除了第一个单词外其余单词的首字母要大写。

例如,在图 5.2 中 balance 是属性名,是私有属性。

(3) 类型:说明属性的数据类型。在类的图标里,可以指定每个属性值的类型。可能的类型包括字符串(string)、浮点型(float)、整型(int)和布尔型(boolean)(以及其他的枚举类型)。指明类型时,需要在属性值后面加上类型名,中间用冒号隔开。还可以为属性指定一个默认值。

(4) 初始值:为了保护系统的完整性,防止漏掉取值或被非法的值破坏系统的完整性,可以设定属性的初始值。图 5.2 中的 balance 属性的数据类型是 double,且初始值等于"1"。

(5) 属性字符串:属性字符串用来指定关于属性的其他信息,例如某个属性应该是永久的。任何希望添加在属性定义字符串值但又没有合适地方可以加入的规则,都可以放在属性字符串里。

3. 操作

操作是对类的对象所能做的事务的一个抽象。一个类可以有任意数量的操作或者根本没有操作。类如果有操作,则每一个操作也都有一个名字,其他可选的信息包括可见性、参数的名字、参数类型、参数默认值和操作的返回值的类型等。

在 UML 中,类操作的语法为:

```
[可见性]操作名[(参数表)][:返回类型][{属性字符串}]
```

(1) 可见性:类中操作的可见性主要包括公有(Public)、私有(Private)、受保护(Protected)和包内公有(Package)。在 UML 中,公有类型用"+"表示,私有类型用"-"表示,受保护类型则用"#"表示,而包内公有类型用"~"表示。

(2) 操作名：用来描述所属类的行为的动词或动词短语。

(3) 参数表：一些按顺序排列的属性定义了操作的输入。是可选的，即操作不一定必须有参数才行。

参数的定义方式："名称：类型"。若存在多个参数，将各个参数用逗号隔开。参数可以具有默认值。

(4) 返回类型：是可选的，即操作不一定必须有返回类型。绝大部分编程语言只支持一个返回值。具体的编程语言一般要加一个关键字 void 来表示无返回值。

(5) 属性字符串：在操作的定义中加入一些除了预定义元素之外的信息。

像前面给类的属性指定附加信息一样，也可以给操作指定附加信息。在操作名后面的括号中可以说明操作所需要的参数和参数的类型。有一种操作叫函数(Function)，它在完成操作后要返回一个返回值。可以指明函数的返回值及返回值的类型。

例如，图 5.2 中共有两个操作，分别是 Deposite(Amount:double):int 和 ComputeInterest()。其中，mount:double 是参数列表，int 是操作返回值的类型。

4. 职责

在操作列表框下面的区域，可以用来说明类的职责。职责位于操作部分下面的区域，可以用来说明类要做什么或说明另一个类的信息。类的职责可以是一个短语或一个句子。在 UML 中，把职责列在类图底部的分隔栏中。如图 5.3 中，借阅者类的职责是借阅者可以从图书管理系统中借阅图书和将图书归还。

5. 约束

说明类的职责是消除二义性的一种非形式化的方法，形式化的方法是使用约束。约束指定了该类所要满足的一个或多个规则。在 UML 中，约束是用{}的格式写在类的边上，指定个别属性的取值范围。

括号中的文本指定了该类所要满足的一个或者多个规则。例如，假设想指定借阅者类的类别只能是教师、学生或者行政管理人员(也就是说给借阅者类的"类别"属性加上约束)，可以在借阅者类图标的旁边写一个约束"{类别＝教师 or 学生 or 行政管理人员}"，如图 5.3 所示。

【例 5-1】 在图书管理系统中的借阅者类，类名为借阅者，共有 5 个属性：借阅证号、是否有借阅资源、姓名、性别和类别；操作有借书和还书，如图 5.3 所示。

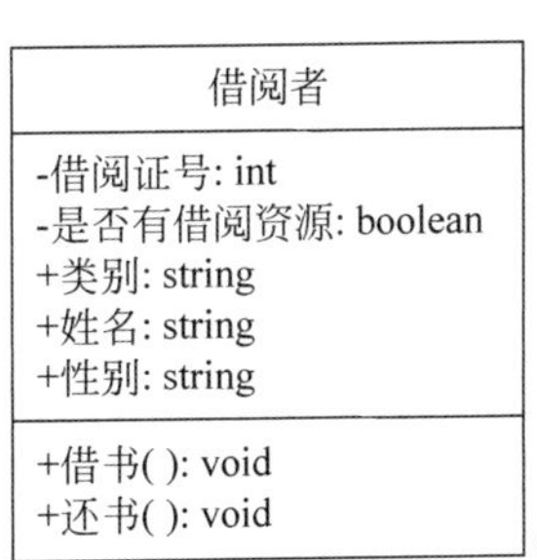

图 5.3　借阅者类

在图 5.3 中，借阅者是类的名称，5 个属性中，借阅证号、是否有借阅资源是私有属性(Private)，类型分别为 int 和 boolean。姓名、性别和类别属性是公有属性，类型都是 string。两个操作都是公有的(Public)，均没有返回值。

图 5.2 中的 Account 类，用 C++实现的程序如下。

```
class Account
{
public:
  virtual double Deposite(double Amount);
  virtual double ComputInterest();
private:
  double balance = 1;
};
```

5.1.2 对象图概述

类图是描述类、接口、协作及它们之间关系的图，用来显示系统中各个类的静态结构。类图是定义其他图的基础，在类图基础上，可以使用状态机图、通信图、构件图和配置图等进一步描述系统其他方面的特性。前面详细地介绍了类的基本概念，下面将针对对象进行具体的介绍以及将类和对象进行比较。

1. 什么是对象

对象指的是一个单独的、可确认的物体、单元或实体，它可以是具体的也可以是抽象的，在问题领域里有确切定义的角色。换句话说，对象是边界非常清楚的任何事物。一个对象通常包含以下几部分。

标识(名字)：为了将一个对象与其他的对象区分开，通常会给对象起一个“标识”，也就是“对象名”。

状态(属性)：对象的状态包括对象的所有属性(通常是静态的)和这些属性的当前值(通常是动态的)。

行为(方法，事件)：没有一个对象是孤立存在的，对象可以被操作，也可以操作别的对象。而行为就是一个对象根据它的状态改变和消息传送所采取的行动和所做出的反应。

人们经常会将对象和类的概念混淆，对象和类的区别如下。

(1) 对象是一个存在于时间和空间中的具体实体，而类仅代表一个抽象，抽象出对象的“本质”。

(2) 类是共享一个公用结构和一个公共行为对象集合。

(3) 类是静态的，对象是动态的；类是一般化，对象是个性化；类是定义，对象是实例；类是抽象、对象是具体。

2. 对象图

对象图(Object Diagram)描述的是参与交互的各个对象在交互过程中某一时刻的状态。对象图可以被看作是类图在某一时刻的实例。在 UML 中，对象图使用的是与类图相同的符号和关系，因为对象就是类的实例，如图 5.4 所示。

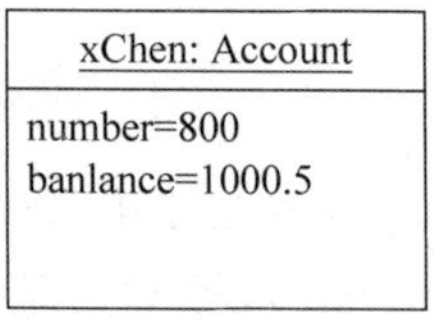

对象图主要包括以下几部分。

对象名：由于对象是一个类的实例，因此其名称的格式是“对象名：类名”，这两个部分是可选的，但如果是包含类名，则必须加上“：”，另外为了和类名区分，还必须加上下划线。

xChen: Account
number=800 banlance=1000.5

图 5.4 对象图

属性：由于对象是一个具体的事物，因此所有的属性值都已经确定，因此通常会在属性的后面列出其值。

对象图和类型在 UML 图形表中很相似，但是二者也存在着区别，如表 5.1 所示。

表 5.1 类图和对象的区别

类　图	对　象　图
类具有三个分栏：名称、属性和操作	对象只有两个分栏：名称和属性
在类的名称分栏中只有类名	对象的名称形式为“对象名：类名”，匿名对象的名称形式为“：类名”
类的属性分栏定义了所有属性的特征	对象则只定义了属性的当前值，以便用于测试用例
类中列出了操作	对象图中不包括操作，因为对于属于同一个类的对象而言，其操作是相同的
类使用关联连接、关联使用名称、角色、多重性及约束等特征定义。类代表的是对对象的分类所以必须说明可以参与关联的对象的数目	对象使用链连接，链拥有名称、角色，但是没有多重性。对象代表的是单独的实体，所有的链都是一对一的，因此不涉及多重性

5.1.3 接口

接口(Interface)是描述类的部分行为的一组操作，它也是一个类提供给另一个类的一组操作。通常接口被描述为抽象操作，也就是只用标识(返回值、操作名称、参数表)说明它的行为，而真正实现部分放在使用该接口的对象中，也就是说接口只负责定义操作而不具体地实现。

接口的模型表示法和类大致相同，都是用一个矩形图标来代表。和类的不同之处在于，接口只是一组操作，没有属性。在 UML 图形上，接口的表示和类图的表示类似，只是在最上面的一层类名前加描述<<interface>>，或是简化表示，用一个圆圈表示，如图 5.5 所示。

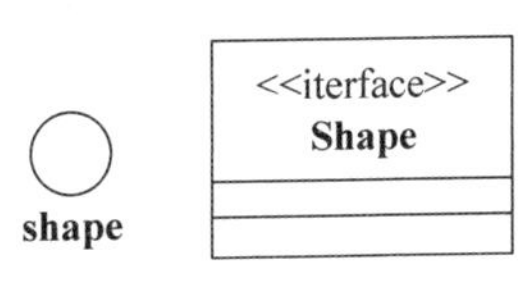

图 5.5 接口

5.1.4 抽象类

抽象类是包含一种或多种抽象方法的类，它本身不需要构造实例。定义抽象类后，其他类可以对它进行扩充并且通过实现其中的抽象方法，使抽象类具体化。在 UML 中抽象类的图形表示和类图一样，只是在最上面一层的类名前加描述<<abstract>>或是在类的属性描述上设置该类为抽象类，抽象类的类名用斜体表示。如图 5.2 所示的 Account 类被定为抽象类，其类名以斜体表示。

接口与抽象类非常相似，例如，两者都不能产生实例对象，都可以作为一种定义使用。但接口和抽象类仍有本质的不同，这些不同包括以下几个方面。

(1) 抽象类可以包含某些实现代码，但接口没有任何实现部分；

(2) 抽象类可以包含属性而接口没有；

(3) 接口可以被结构继承，但抽象类不行；

(4) 抽象类可以有构造函数和析构函数，而接口都没有；

(5) 抽象类可以继承其他类和接口而接口仅能继承接口；

(6) 接口支持多继承而抽象类仅支持单继承。

5.2 类之间的关系

关系是指事物之间的联系。在面向对象的建模中，类之间最常见的关系有：依赖关系、泛化关系、关联关系和实现关系。在图形上，把关系画成一条线，并用不同的线来区别关系的种类。

5.2.1 依赖关系

依赖关系(Dependency)表示两个或多个模型元素之间语义上的关系。它表示了这样一种情形，对于一个元素(服务提供者)的某些改变可能会影响或提供消息给其他元素(使用者)，即使用者以某种形式依赖于其他类元。在UML图形上，把依赖画成一条有向的虚线，指向被依赖的事物。当要指明一个事物使用另一个事物时，就使用依赖。依赖关系如图5.6所示。

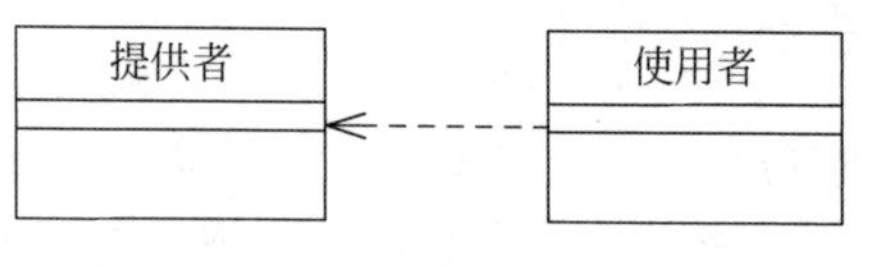

图5.6 依赖关系

UML定义了4种基本依赖，分别是使用依赖、抽象依赖、授权依赖和绑定依赖。

(1) 使用依赖。使用依赖是一种非常直接的关系，它通常表示使用者使用服务提供者所提供的服务实现它的行为。使用依赖关系的说明如表5.2所示。

表5.2 使用依赖关系的说明

依赖关系	功 能	关键字
使用	声明使用一个模型元素需要用到另一个已经存在的模型元素，这样才能正确实现使用者的功能(包括调用、参数、发送和实例化)	use
调用	声明一个类调用其他类的操作的方法	call
参数	声明一个操作和它的参数之间的关系	parameter
发送	声明信号发送者和信号接收者之间的关系	send
实例化	声明用一个类的方法创建了另一个类的实例	instantiate

(2) 抽象依赖。抽象依赖建模表示使用者和提供者之间的关系，它依赖于在不同抽象层次上的事物。共有三种类型的抽象依赖：跟踪依赖(≪trace≫)、精化依赖(≪refine≫)和派生依赖(≪derive≫)，如表5.3所示。

表5.3 抽象依赖关系的说明

依赖关系	功 能	关键字
跟踪	声明不同模型中的元素之间存在一些连接，但是不如映射精确	trace
精化	声明具有两个不同语义层次上的元素之间的映射，即在不同的抽象层次对相同概念的类进行建模时，要使用精化(refine)。例如，在分析阶段，有Customer类，在设计阶段时要将Customer类进行精化，详细到可以实现的程度	refine
派生	声明一个实例可以从另一个实例导出，当对两个属性或两个关联建模时(其中一个是具体的，一个是概念的)，要使用派生。例如，Person类可以有BirthDate属性(具体的)和Age属性(概念的，可以从BirthDate中导出，因此在类中不必另外表示)。可以用派生依赖表示Age和BirthDate间的关系，表明Age是从BirthDate属性派生的	derive

(3) 授权依赖。授权依赖表达了一个事物访问另一个事物的能力。提供者可以规定使用者的权限,这是提供者控制和限制对其内容访问的方法。主要有三种类型的授权依赖:访问依赖(≪ access ≫)、导入依赖(≪ import ≫和友元依赖(≪ friend ≫)。授权依赖的说明如表 5.4 所示。

表 5.4　授权依赖关系的说明

依赖关系	功　能	关键字
访问	允许一个包访问另一个包的内容	access
导入	允许一个包访问另一个包的内容并为被访问包的组成部分增加别名	import
友元	允许一个元素访问另一个元素,不管被访问的元素是否具有可见性	friend

(4) 绑定依赖。它表明对目标模板使用给定的实际参数进行实例化。当对模板类的细节建模时,要使用绑定(≪ bind ≫)。例如,模板容器类和这个类的实例之间的关系被模型化为绑定依赖。绑定包括一个映射到模板的形式参数的实际参数列表。绑定依赖关系的说明如表 5.5 所示。

表 5.5　绑定依赖关系的说明

依赖关系	功　能	关键字
绑定	为模板参数指定值,生成一个新的模型元素	bind

【例 5-2】 在图 5.7 中模板类 Stack＜T＞定义了栈相关的操作;IntStack 将参数 T 与实际类型 int 绑定,使得所有操作都针对 int 类型的数据。

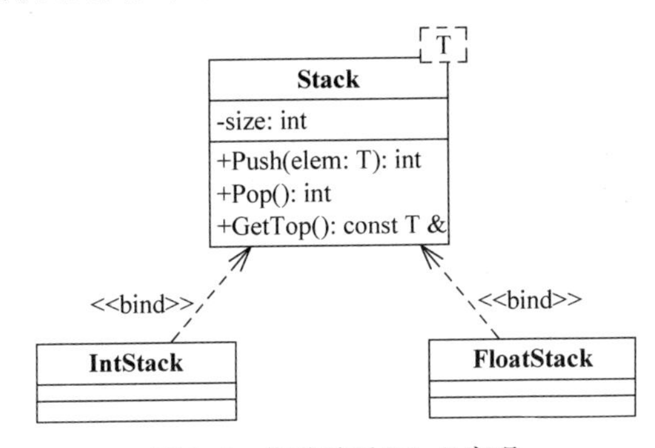

图 5.7　依赖关系(bind)实现

例 5-2 中表示的 bind 依赖关系,使用 C++生成的程序如下。

```
template < typename T >
class Stack
{
private:
  int size;
public:
  int Push(T elem);
  int Pop();
  const T& GetTop();
};

typedef Stack < float > FloatStack;
```

5.2.2 泛化关系

泛化关系(Generalization)是一种存在于一般元素和特殊元素之间的分类关系,它只使用在类型上,而不是实例上。在类中,一般元素被称为超类或父类,而特殊元素被称为子类。在 UML 中,泛化关系用一条从子类指向父类的空心三角箭头表示,如图 5.8 所示。

【例 5-3】 在图 5.9 中 Account 类是抽象类,SavingsAccount 类是子类,继承父类的方法。

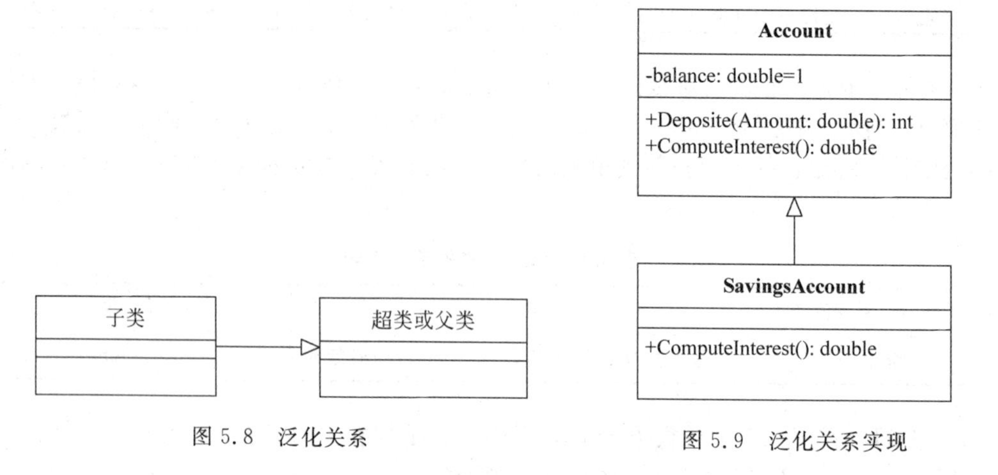

图 5.8 泛化关系　　图 5.9 泛化关系实现

例 5-3 中表示的泛化关系,使用 C++生成的程序如下。

```
class SavingsAccount : public Account
{ };
```

5.2.3 关联关系

关联关系(Association)是一种结构关系,它指明一个事物的对象与另一个事物的对象之间的联系。也就是说,关联描述了系统中对象或实例之间的离散连接。给定一个连接两个类的关联,可以从一个类的对象联系到另一个类的对象。关联的两端都连接到一个类在理论上也是合法的。在 UML 图形中,关联关系用一条连接两个类的实线表示。

例如,类 Library(图书馆类)与类 Book(书类)就是一种一对多的关联,这表明每一个 Book 实例仅被一个 Library 实例所拥有。此外,给定一个 Book,能够找到它所属的 Library,给定 Library,能够找到它的全部 Book,如图 5.10 所示。

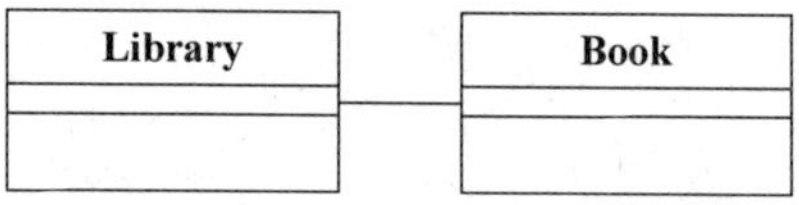

图 5.10 关联关系

图 5.10 中表示的关联关系,使用 C++生成的程序如下。

```
//类 Library 的源码
public class Library
{
```

```
    public Book  theBook;
    public Library() { }
}
//类 Book 的源码
public class Book
{
    public Library  theLibrary;
    public Book() { }
}
```

在 UML 中,有 4 种可应用到关联的基本修饰:关联名、关联端的角色、关联端的多重性和聚合。

1. 关联名即名称

名称用来描述关联的性质,通常使用一个动词或动词短语来命名关联,因为它表明源对象正在目标对象上执行的动作。为了消除名称含义的歧义,UML 中提供了一个指引读者名称方向的三角形,并给名称一个方向。

例如,在图书管理系统中的书与书目记录之间存在着一种关联关系。这种关联关系可以称为"拥有",方向是指向书目类,如图 5.11 所示。

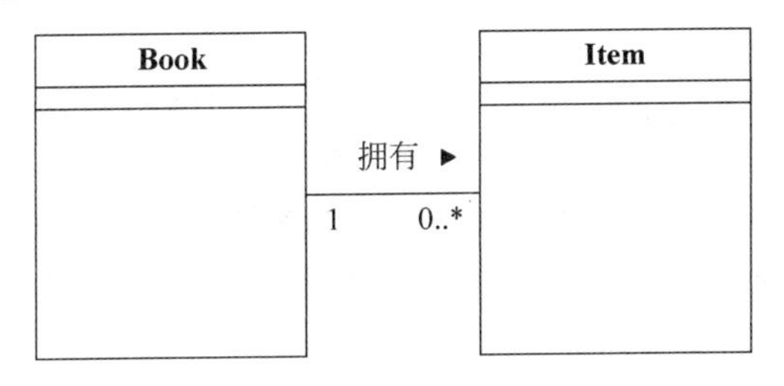

图 5.11 关联关系名称设置

此外,在描述关联关系时,可以分别给关联的两端命名,如果关联的端点已经明确地有了名称,则不需要给关联关系取名。如果一个类有多个关联关系,为了进行区分,使用关联名或是关联端点名。如果一个关联有多个端点在一个类上,则需要给关联端点命名进行区分。

2. 角色

当一个类处于关联的某一端时,该类就在这个关系中扮演了一个特定的角色。它呈现的是对另一端的职责。可以显式地命名一个类在关联中所承担的角色。关联端点承担的角色称为端点名(或角色名),端点名称是名词或名词短语,以解释对象是如何参与关联的。关联关系的角色设置如图 5.12 所示。

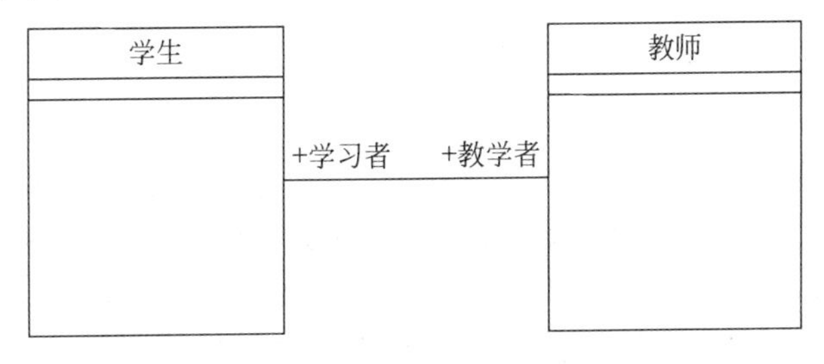

图 5.12 关联关系角色设置

3. 多重性

关联表示了对象间的结构关系。有时在建模时需要说明一个关联的实例中有多少个相互连接的对象。即多重性是指有多少对象可以参与该关联。可以表达一个取值范围、特定值、无限定的范围或一组离散值。

格式："minimum..maximum"(均为 int 型)。

赋给一个端点的多重性表示该端点可以有多少个对象与另一个端点的一个对象关联，可以是一对一(one-to-one)、一对多(one-to-many)、一对一或多(one-to-one or more)、一对零或一(one-to-zero or one)、一对有限间隔(one-to-a bounded interval,例如,一对 5～10)、一对 n(one-to-exactly n),或者一对一组选择(one-to-a set of choices,例如,一对 9 或 10)。

例如,以典型的大学课程为例,一门课程由一名教师来讲授。课程和教师之间就是一个一对一(one-to-one)的关联。然而,对于一个研讨教学课程来说,在一个学期中可以由好几名教师来讲授这门课程。在这种情况下,课程和教师之间是一个一对多(one-to-many)的关联。

UML 使用星号(*)来代表许多(more)和多个(many)。在一种语义中,两点代表 Or(或)关系,例如"1..*"代表一个或者多个。在另一种语义中,Or 关系用逗号来表示,例如"5,10"代表 5 或者 10。如图 5.11 所示就是一对零或多。

4. 聚合

两个类之间的简单关联表示了两个同等地位类之间的结构关系,这样说明这两个类是同一级别的,一个类并不比另一个类显得重要。在实际建模中,往往需要对"整体/部分"的关系进行描述,一个类描述了一个较大的事物("整体"),它由较小的事物("部分")组成。聚合关系正是表示整体和部分关系的关联。聚合描述了"has-a"的关系,意思是整体对象拥有部分对象。实质上,聚合就是一种特殊的关联。

在 UML 中,聚合被表示为在整体的一端用一个空心菱形修饰的简单关联。

例如,在对学校的组织结构进行建模时,学校和系部之间就存在着这种"整体/部分"的关系,因为一所学校里肯定会设置多个系部。如图 5.13 所示,在 UML 中聚合关系用带空心的实线来表示,其中头部指向整体。

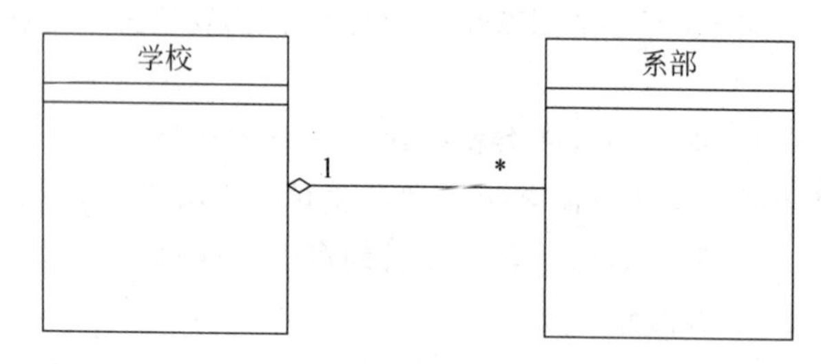

图 5.13　聚合

5. 组合关系

需要注意的是,聚合的含义完全是概念性的,空心菱形只是把整体和部分区别开,简单的聚合没有改变整体和部分之间跨越关联的导航含义,也不与整体和部分的生命周期相关。组合关系是聚合关系中的一种特殊情况,是更强形式的聚合,又被称为强聚合。在组合中,成员对象的生命周期取决于聚合的生命周期,聚合不仅控制着成员对象的行为,而且控制着成员对象的创建和撤销。这就意味着，在组合式聚合中，一个对象在一个时间内只能是一个组合的一部分。例如在图 5.14 中一个菜单只属于一个窗口。此外，在组合式聚合中，整体要对它的各个组成部分进行处置，也就是说整体必须管理它的部分的创建和撤销。例如，在图 5.14 中，在创建一个菜单时，必须将它附加到一个它所属的窗口中，相应地，当撤销一个窗口时，窗口必须要依次撤销它的菜单和按钮。

在 UML 中，组合关系用带实心菱头的实线来表示，其中头部指向整体，如图 5.14 所示。

6. 导航性

正如对象是类的实例一样，关联也有自己的实例。导航性描述的是一个对象通过链(关联的实例)进行导航访问另一个对象，即对一个关联端点设置导航属性意味着本端的对象可以被另一端的对象访问。可以在关联关系上加箭头表示导航方向，如图 5.15 所示。

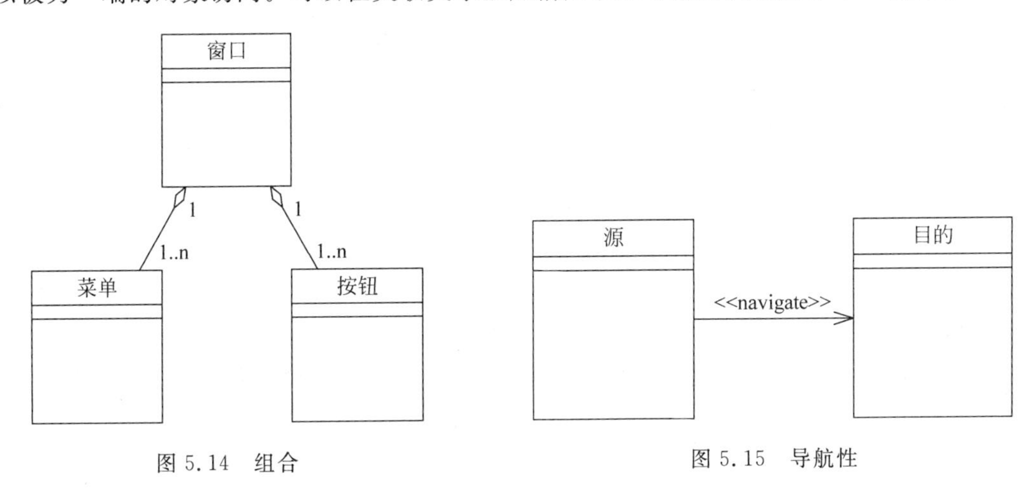

图 5.14　组合　　　　图 5.15　导航性

导航共分为以下两类。

(1) 单向关联(Unidirection Association)：只在一个方向上可以导航的关联，用一条带箭头的实线来表示。

(2) 双向关联(Bidirection Association)：在两个方向上都可以导航的关联，用一条没有箭头的实线来表示。另外，使用导航性可以降低类之间的耦合度，这也是好的面向对象分析与设计的目标之一。

7. 关联类

在两个类之间的关联中，关联本身可以有特征。即关联和类一样，也可以有自己的属性和操作。此时，这个关联实际上是个关联类(Association Class)。例如，在图 5.16 中的 Company 和 Person 之间的雇主/雇员关系中，有一个描述该关系特征的 Job 类，它只和一对 Company 和 Person 有关联。在图中 Company 类和 Person 类是存在关系的，二者存在关系是由于工作。要想表示 Company 类和 Person 类之间的关联关系，关键是工作岗位和该岗位的工资，如果没有关联类 Job，那么就需要将工资属性放在 Person 类或是 Company 类中，显然是不合适的。因此，需要将工资属性放在关联关系上，这就是为什么要设计关联类。在图 5.16 中，Job 既是一个关联关系，也是一个关联类，主要用于描述 Company 类和 Person 类之间的关系。

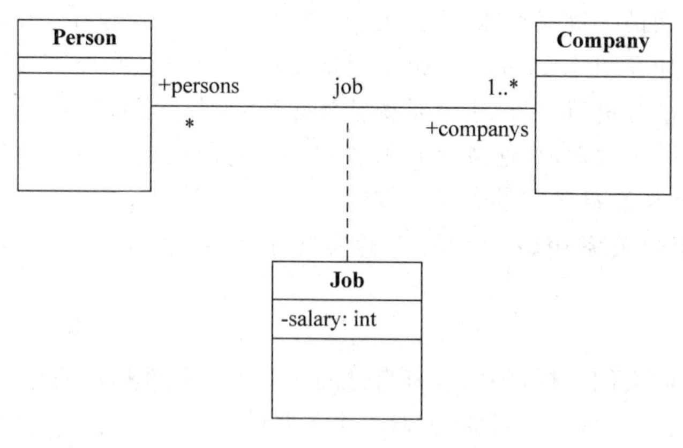

图 5.16　关联类

因此，关联类是同时具有类和关系特征的模型元素，一个关联类可以看成是一个拥有类特性的关联，也可以看成是一个拥有关联特性的类。关联类的可视化表示方式与一般的类相同，但是要用一条虚线把关联类和对应的关联线连接起来。关联类也可以与其他类关联。

8. 约束

由于两个类之间的一个关联可能对应有一个规则。可以通过关联线附近加注一个约束来说明这个规则。UML 中提供了一种简便、统一和一致的约束（Constraint），是各种模型元素的一种语义条件或规则。例如，一个 BankTeller（银行出纳员）为一个 Customer（顾客）服务，但是服务的顺序要按照顾客排队的次序进行。在模型中可以通过在 Customer 类附近加上一个花括号括起来的“Order”（有序）来说明这个规则（也就是指明约束），如图 5.17 所示。

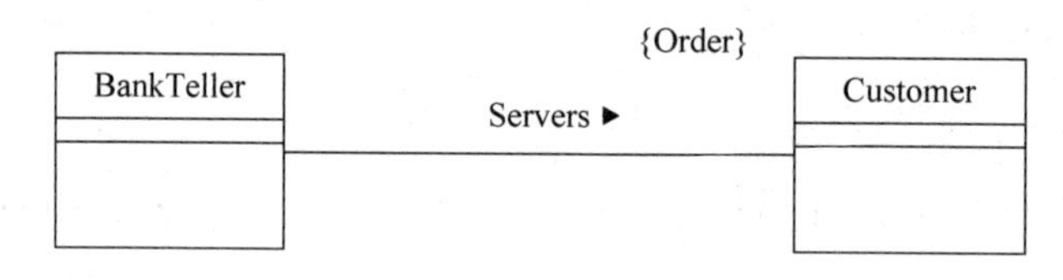

图 5.17　关联约束

另一种类型的约束是 Or（或）关系，通过在两条关联线之间连一条虚线，虚线之上标注{or}来表示这种约束。

5.2.4　实现关系

实现将一种模型元素与另一种模型元素连接起来，比如类和接口。泛化和实现关系都可以将一般描述与具体描述联系起来。泛化将同一语义层上的元素连接起来，并且通常在同一模型内。实现关系则将不同语义层内的元素连接起来，通常建立在不同的模型内。

实现关系通常在两种情况下被使用：在接口与实现该接口的类之间；在用例及实现该用例的协作之间。

在 UML 中，实现关系的符号与泛化关系的符号类似，用一条带指向接口的空心三角箭头的虚线表示。如图 5.18 所示的是实现关系的一个示例。

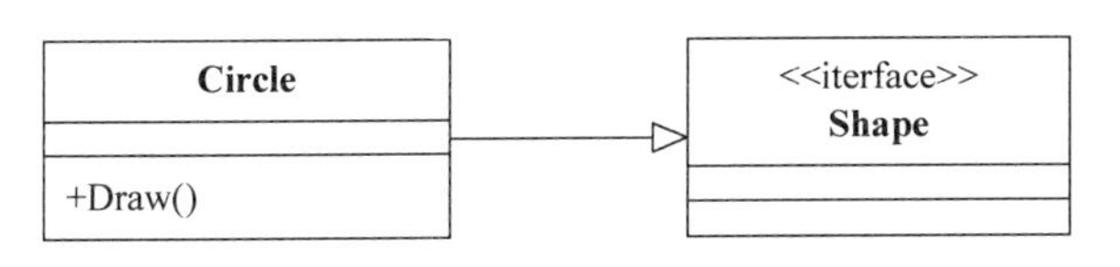

图 5.18 实现关系

实现关系还有一种省略的表示方法，即接口表示为一个小圆圈，并和实现接口的类用一条线段连接，如图 5.19 所示。

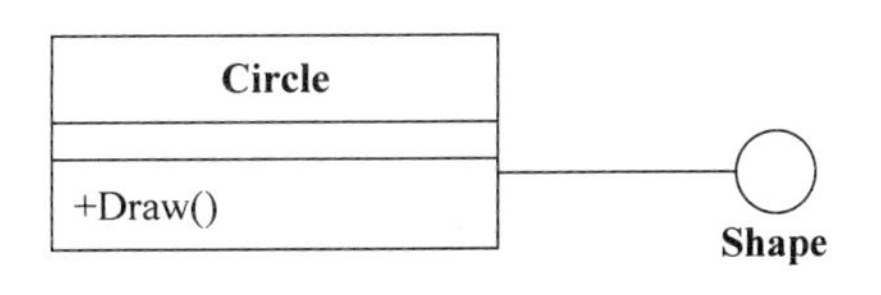

图 5.19 实现关系省略表示

图 5.19 中的实现关系，用 C++实现的程序如下所示。

```
class Shape
{
public:
    virtual void Draw() = 0;
};
class Circle : public Shape
{
public:
      void Draw();
private;
      Point ptCenter;
      int nRadius;
};
```

5.3 类图的建模技术及应用

在软件开发不同阶段使用具有不同的抽象层次的类图，即概念层、说明层和实现层。在 UML 中，从开始的需求分析到最终的设计类，类图也是围绕着这三个层次的观点来进行建模的。类图建模是先建立概念层到说明层，进而到实现层，随着抽象层次的逐步降低并逐步细化的过程。下面从层次的角度来说明建立类图的过程。

1. 概念层类图

概念层的类图描述的是现实世界中对问题领域的概念理解，类图中表达的类与现实世界的问题领域有着明显的对应关系，类之间的关系也与问题领域中实际事物的关系有着明显的对应关系。在概念层类图阶段很少考虑或者几乎不需要考虑类的实现问题。

概念层类图中的类和类关系和最终的实现类并不一定有直接和明显的对应关系，在概念层上，类图着重于对问题领域的概念化理解，而不是实现。因此，类名通常都是问题领域中实际事物的名称，并且独立于具体的编程语言。例如，圆形类的概念层类图表示如图 5.20 所示。

2. 说明层类图

在说明层阶段主要考虑的是类的接口部分，而不是实现部分。这个接口可能因为实现环境、运行特性等有多种不同的实现。图 5.21 是一个说明层类的表示。

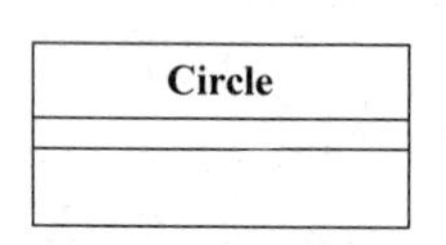

图 5.20　概念层类图

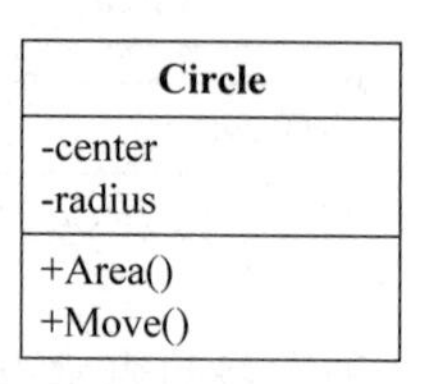

图 5.21　说明层类图

3. 实现层类图

真正需要考虑类的实现问题是在实现层类图阶段。提供实现的细节，在实现层阶段的类的概念才是真正的严格意义上的类。它揭示了软件实体的构成情况。说明层的类有助于人们对软件的理解，而实现层的类是最常用的，如图 5.22 所示。

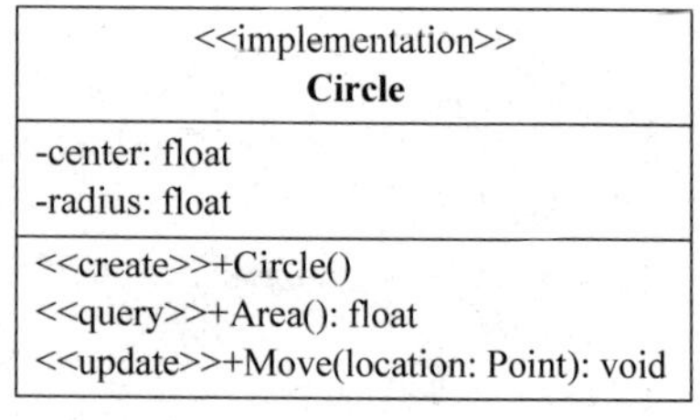

图 5.22　实现层类图

使用 UML 对系统进行建模时，最终的目标是识别出系统中所有必需的类，并分析这些类之间的关系，类的识别贯穿于整个建模过程，分析阶段主要识别问题域相关的类，在设计阶段需要加入一些反映设计思想、方法的类以及实现问题域所需要的类，在编码实现阶段，因为语言的特点，可能需要加入一些其他的类。

其中，建立类图的步骤如下。

(1) 研究分析问题领域，对系统进行需求分析，确定系统需求。

(2) 确定系统中的类，明确类的含义和职责以及确定类的属性和操作。

(3) 最后确定类之间的关系。

对系统进行建模时，对类的识别是一个需要大量技巧的工作，寻找类的一些方法包括：名词识别法；根据用例描述确定类；使用 CRC 分析法；对领域进行分析或利用已有领域分析结果得到类；利用 RUP 中如何在分析和设计中寻找类的步骤。

下面主要介绍几种类的识别方法。

1) 名词识别法

名词识别法的关键是识别系统问题域中的实体。对系统进行描述，描述应该使用问题域中的概念和命名，从系统描述中标识名词及名词短语，其中的名词往往可以标识为对象，复数名词往往可以标识为类。

2) 从用例中识别类

用例图是对系统进行需求分析建立的图形描述，实质上是一种系统描述的形式，自然可以根据用例描述来识别类。针对各个用例，可以提如下的问题来帮助我们识别系统中的类。

(1) 用例描述中有哪些实体？

(2) 用例的完成需要哪些实体进行合作？

(3) 用例执行过程中会产生并存储了什么信息？

(4) 用例要求与之关联的每个角色的输入是什么？

(5) 用例反馈与之关联的每个角色的输出是什么？

(6) 用例需要操作哪些硬设备?

在面向对象应用中,类之间传递的信息数据一种可能是将其映射为发送方的某些属性,一种可能就是该信息数据本身就是一个对象。综合不同的用例识别结果,就可以得到整个系统的类,在类的基础上,又可以分析用例的动态特性来对用例进行动态行为建模。

3) 使用 CRC 分析法

CRC(Class,Responsibilities,Collaboration)卡的最大价值在于把人们从思考过程模式中脱离出来,更充分地专注于对象技术。CRC 允许整个项目组的人员对系统的设计做出贡献。参与系统设计的人越多,能够收集到的信息也就越多。CRC 会议进行中,一些人模拟系统和对象交流,把消息传给其他的对象。通过一步步处理,问题很容易就被解决。

CRC 卡由三部分组成:类(Class)、职责(Responsibility)和协作(Collaborator)。

类:代表一系列对象的集合,这些对象是对系统设计的抽象建模,可以是一个人、一件物品等,类名写在整个 CRC 卡的最上方。

职责:包括这个类对自身信息的了解,以及这些信息将如何运用。诸如,一个人,他知道他的电话号码、地址、性别等属性,并且他知道他可以说话、行走的行为能力。这个部分在 CRC 卡的左边。

协作:指代另一个类,通过这个类获取我们想要的信息或者相关操作。这个部分在 CRC 卡的右边。

CRC 卡的示例如图 5.23 所示。

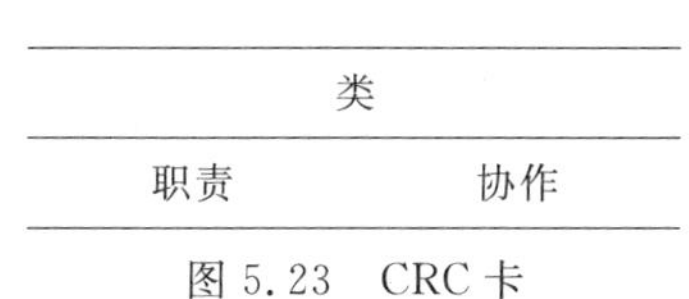

图 5.23 CRC 卡

创建 CRC 模型需要下面的步骤。

(1) 建立团队,包括客户、设计人员、分析人员和一个引导者。如果没有那么多人,那么可以是客户和你自己两个人。

(2) 找出客户需求中存在的名词和名词词组,把第一次想到的所有概念都写在白板或纸上。不管看起来这些概念是什么,都需要写下来。

(3) 筛选。把对象分为三类:核心对象(必须首先实现),可选的(目前不能确定),以及不需要的对象。再需要明确对象分类之间项目的范围。不属于本项目范围的对象可以使用轻量的 adapter 或 proxy 实现。这里可以加入对分析、设计模式的考虑和应用。

(4) 建卡。取出 CRC 卡,把核心类写在每一张卡上,把可选的类和排除的类分别写在不同的纸上。

(5) 角色扮演。最好是由一个团队来执行。每个人负责几个类。对每一个 Use Case 其中的情景,引导者指定从某一个人的类开始,某一个人看一看自己是否能够独立完成,如果不能完成,大家看一看手中的类,谁能完成,就站起来,宣布自己能够完成,以继续这个过程,每个人完成自己的职责就坐下。在这过程中不断修改类的责任,并写下协作者的名字。

4) 领域分析法

建立类图的过程就是对领域及其解决方案的分析和设计的过程。获取类也是依赖于每个人对领域的了解和理解的过程,有时需要和涉及的领域的专家进行合作,对要研究的领域进行仔细分析,抽象出领域中的概念、定义、含义及其相互的关系,分析出系统类,并用领域中的术语为类进行命名。因此,领域分析法是:通过对某一领域中的已有应用系统、理论、技术、开发历史等的分析和研究,来标识、收集、组织和表示领域模型及软件体系结构的过程,并得到最终的结果。

类图几乎是所有面向对象方法的支柱,应该如何使用类图呢?类图使用的好坏直接影响到系统结构的设计,因此在使用类图对系统进行建模时需要注意以下几点。

(1) 应该从简单概念开始创建类图,比如类的关系等。

(2) 在项目的不同开发阶段,使用不同的观点来创建类图。如果处于分析阶段应该画概念层类图,在软件设计阶段,应该画说明层类图,当针对某个特定的技术实现时应该画实现层类图。

(3) 不要为每个事物都画一个模型,应该把精力放在关键的领域。使用类图的最大危险是过早地着眼于实现的细节,为了避免这个问题,应该将重点放在概念层和说明层。

下面以学生管理系统为例,利用第二种方法从用例图的角度来进行系统类图的建模。

利用用例图对系统进行类图建模,在第二种方法中介绍了如何从用例图中分析类,学生成绩管理系统中的用例图如图 5.24 所示。

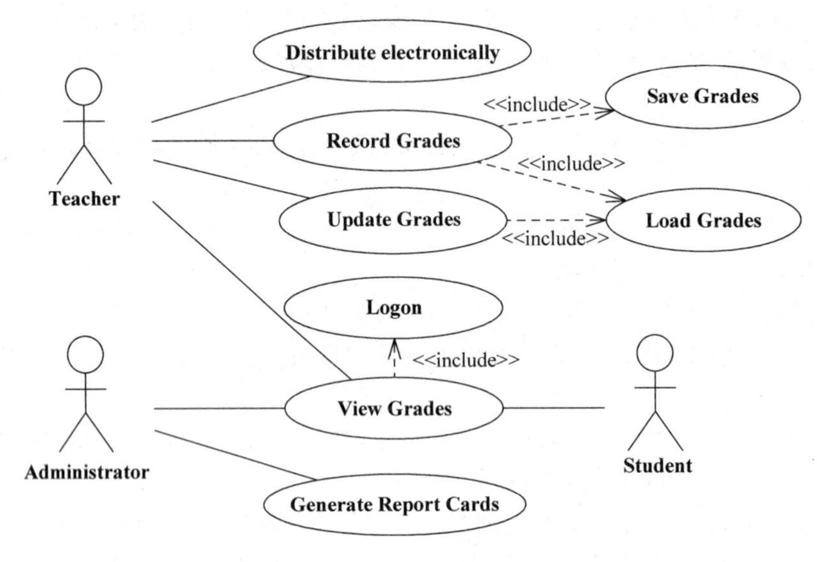

图 5.24　学生成绩管理系统的用例图

根据用例图进行类图的建模主要是确定系统需要的类以及类之间的关联和主要类的属性的描述。

(1) 确定类和关系

根据用例图进行类图的建模首先要做的是通过分析用例图确定类及其关系。找到第一批类,确定类中的内容。

根据如图 5.24 所示的用例图,在系统中首先可以确定成绩 Grades 类和记录成绩单的 ReportCard 类。其次,通过参与者名称来确定附加的类。在学生成绩管理系统中和成绩记录相关联的参与者有教师、学生和系统管理员,因此可以确定 Teacher 类,Student 类和 Administrator 类。

确定了系统中的主要类后,下面通过用例图来确定各个功能应该所属的类。

在图 5.24 中共有 8 个用例,分别是发布成绩单(Distribute Electronically)、记录分数(Record grades)、更新分数(Update grades)、保存分数(Save grades)、上传分数(Load grades)、登录(Logon)、查看分数(View grades)和生成成绩单(Generate report cards)。

① 发布成绩单。将学生成绩以报表的方式发布给学生,属于 ReportCard 类。

② 记录分数。记录学生的成绩,属于 Grades 类。

③ 更新分数。修改学生的成绩,属于 Grades 类。

④ 保存分数。将学生的成绩保存,属于 Grades 类。

⑤ 上传分数。上传学生的成绩,属于 Grades 类。

⑥ 登录。登录到系统。

⑦ 查看分数。记录学生的成绩,属于 Grades 类。

⑧ 生成成绩单。将学生的成绩生成报表,属于 ReportCard 类。

在用例图中的 8 个用例中首先发现登录没有所属的类。因此需要添加一个 Logon 类来处理 logon 用例。

通过上述的分析,目前在学生管理系统中共有 Grades 类,Teacher 记录、更新、查看 Grades 类,ReportCard 类,Teacher 类,Student 类,Administrator 类和 Logon 类,共 6 个类,这 6 个类之间的关系如下。

① Administrator 类需要查看 Grades 类、生成 ReportCards 类。

② Student 类查看 Grades 类。

③ ReportCards 类包含 Grades 类。

通过上述关系的分析,可以初步确定类之间的关系如图 5.25 所示。

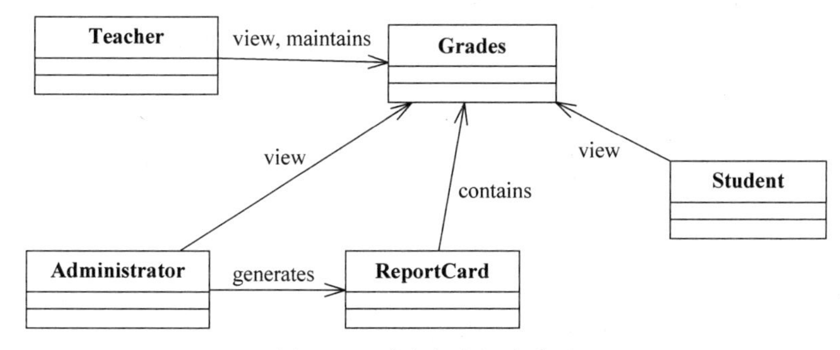

图 5.25 类之间的初步关系

如果想要进行录入成绩、修改成绩、上传成绩和浏览成绩等操作,学生成绩管理系统的用户需要登录到相应的系统中才能执行相应的操作,因此需要进一步细化系统的类及类之间的关系。增加了 WebSite 类和 Logon 类,其中 WebSite 类主要是用于对系统的网址信息进行记载的类。系统中的用户通过登录到系统才能浏览成绩,在登录系统的时候要进行身份的验证,即需要授权访问。对学生管理系统中的类之间的关系进一步细化后如图 5.26 所示。

下面通过添加类之间的多重性让类图的信息更加详细,并且对类图进行调整以便保证没有冗余的类和关系。细化后的类图如图 5.27 所示。

(2) 确定属性和操作

根据以上的分析确定了学生成绩管理系统中的类及类之间的关系,下面根据已经建好的类和关系为系统中的类开始添加属性和操作以便提供数据存储和需要的功能来完成系统功能,如图 5.28 所示。

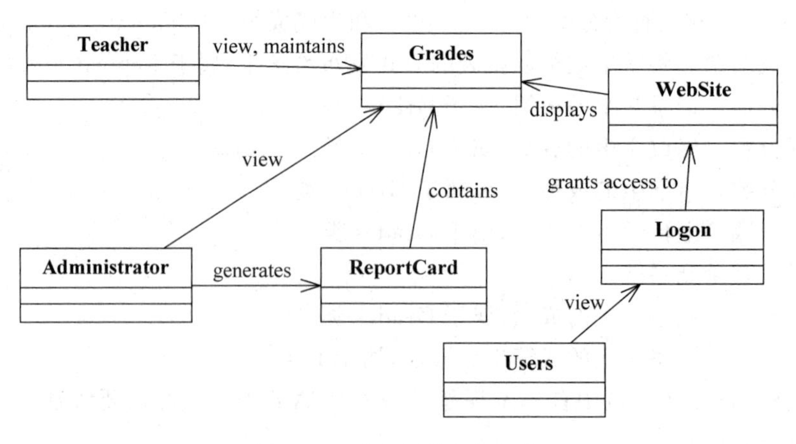

图 5.26　类之间关系的细化

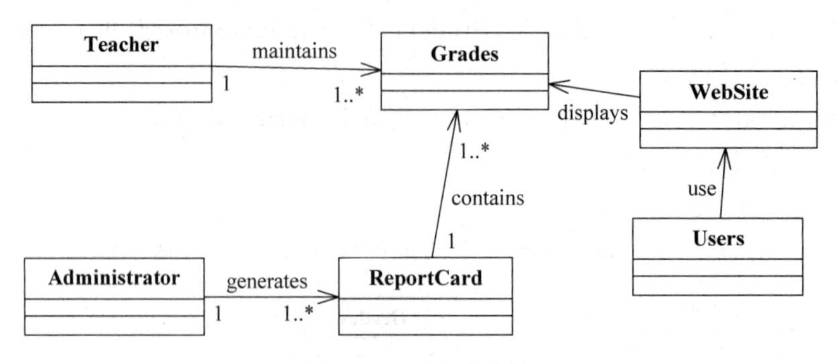

图 5.27　增加多重性

在图 5.28 中表示参与者的类没有描述其属性和操作，这并不表示该类没有属性和操作，而是在表示类图时不需要将其细化。

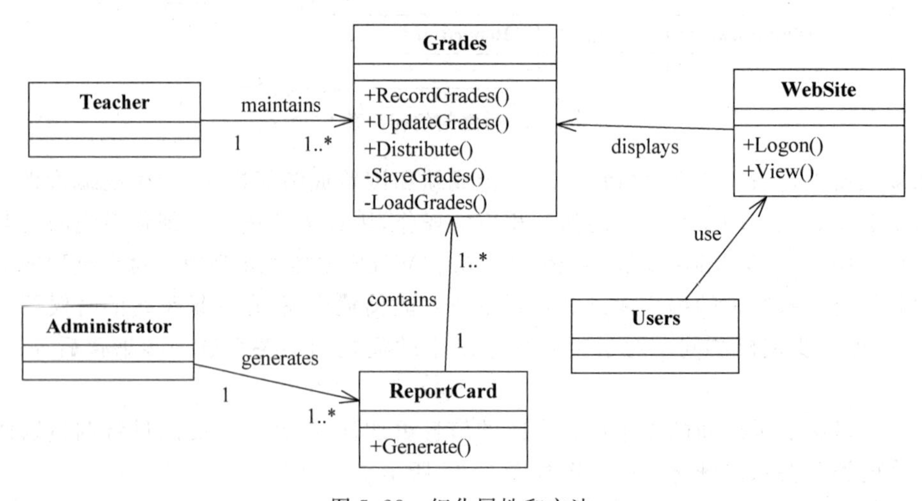

图 5.28　细化属性和方法

最后，为属性和操作提供参数、数据类型和初始值。学生成绩管理系统的类图如图 5.29 所示。

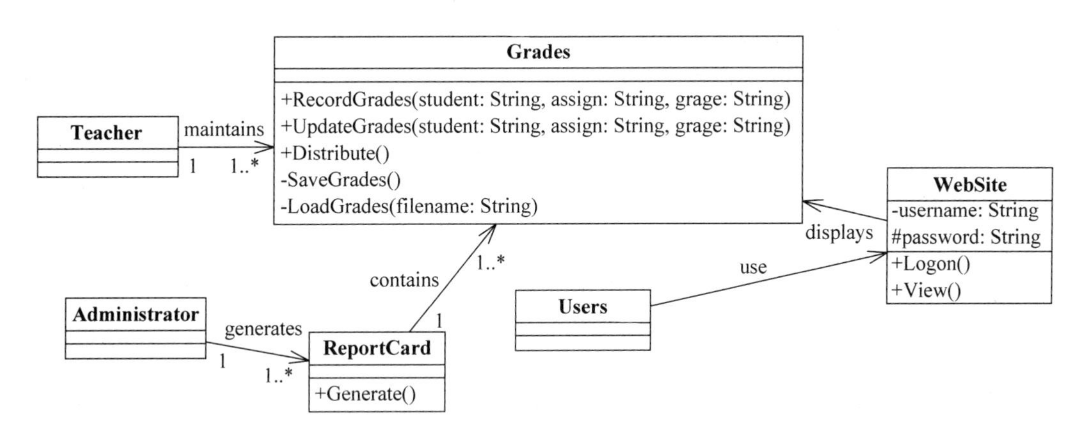

图 5.29　学生成绩管理系统类图

根据第 3 章中对图书管理系统的需求分析及用例图的描述，下面从类图的角度来分析图书管理系统中的类，以及类之间关系和类图的实现。

根据上面的分析在图书管理系统中涉及的主要类及类的作用如表 5.6 所示。

表 5.6　图书管理系统中的类说明

编号	类　名　称	类　说　明
1	Admin	对图书管理系统进行系统管理和借书还书处理的管理员
2	Administrator	对图书管理系统进行系统管理的管理员
3	Librarian	对图书管理系统进行图书借书和还书管理的管理员
4	Book	图书基本信息
5	BookType	图书类别信息
6	Borrow	记录图书借阅者借书还书信息
7	Reader	借阅者基本信息
8	ReaderType	借阅者类别信息
9	Store	图书在图书馆中的存放位置信息
10	Reserve	借阅者预订图书信息

在表 5.6 中共有 10 个类，下面将对主要的 Reader、Borrow、Book、ReaderType、Store 和 BookType 类分别进行详细的介绍。

① Reader 类

Reader 类主要用于描述借阅者基本信息，主要包含 6 个属性和 4 个操作，如图 5.30 所示。Reader 类的属性主要有以下几个。

- r_id：借阅证号，类型为字符串 String，Private 属性。
- r_name：借阅者姓名，类型为字符串 String，Private 属性。
- r_date：录入日期，类型为日期 Date，Private 属性，默认值是系统的当前日期。
- rt_id：借阅者类型 ID，类型为字符串 String，Private 属性。
- r_status：状态，类型为字符串 String，Private 属性，默认是“可用”。

Reader
-r_id: String
-r_mame: String
-r_date: Date
-rt_id: String
-r_status: String=“可用”
-r_quantity: int=0
+add()
+update()
+delete()
+lock()

图 5.30　Reader 类

• r_quantity：借阅的数量，类型为整型 int，Private 属性，默认是 0。

Reader 类的方法主要有以下几个。

• add()：增加借阅者信息。
• update()：修改借阅者信息。
• delete()：删除某个借阅者信息。
• lock()：锁定借阅者。

② Borrow 类

Borrow 类主要用于描述图书借阅者的借书还书信息记录，主要包含 5 个属性，如图 5.31 所示。Borrow 类的属性主要有以下几个。

br_id：借阅信息的 ID 号，类型为字符串 String，Private 属性。

r_id：借阅证号，类型为字符串 String，Private 属性。

barCode：图书在图书馆中的存放位置信息的 ID，类型为字符串 String，Private 属性。

outDate：图书借出日期，类型为日期 Date，Private 属性。

inDate：还书日期，类型为日期 Date，Private 属性。

③ Book 类

Book 类是主要用于描述图书基本信息的类，主要包含 9 个属性和 7 个方法，如图 5.32 所示。Book 类的属性主要有以下几个。

Borrow
-br_id: String -r_id: String -barCode: String -outDate: Date -inDate: Date

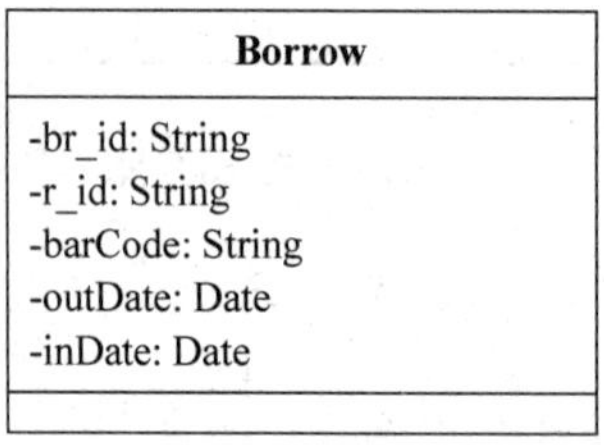

图 5.31　Borrow 类

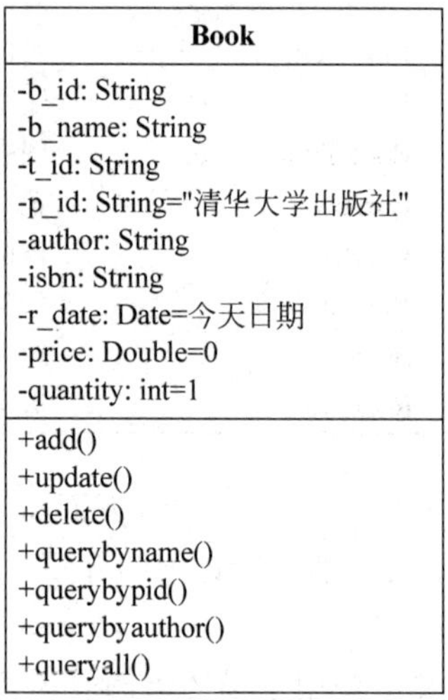

Book
-b_id: String -b_name: String -t_id: String -p_id: String="清华大学出版社" -author: String -isbn: String -r_date: Date=今天日期 -price: Double=0 -quantity: int=1
+add() +update() +delete() +querybyname() +querybypid() +querybyauthor() +queryall()

图 5.32　Book 类

• b_id：图书编号，类型为字符串 String，Private 属性。
• b_name：图书名称，类型为字符串 String，Private 属性。
• t_id：图书类别编号，类型为字符串 String，Private 属性。
• p_id：图书出版社，类型为字符串 String，Private 属性，默认值是“清华大学出版社”。
• author：图书作者，类型为字符串 String，Private 属性。
• isbn：图书的 ISBN 编号，类型为字符串 String，Private 属性。

• r_date：录入日期，类型为日期 Date，Private 属性，默认值是系统的当前日期。
• price：图书的价格，类型为浮点型 Double，Private 属性，默认是 0。
• quantity：图书的数量，类型为整型 int，Private 属性，默认是 1。

Book 类的方法主要有以下几个。

• add()：增加图书的基本信息。
• update()：修改图书的基本信息。
• delete()：删除某个图书的基本信息。
• querybyname()：根据图书的名称查询图书的基本信息。
• querybypid()：根据图书的出版社查询图书的基本信息。
• querybyauthor()：根据图书的作者查询图书的基本信息。
• queryall()：查询所有的图书信息。

④ ReaderType 类

ReaderType 类主要用于描述借阅者类别信息，主要包含 5 个属性和 3 个方法，如图 5.33 所示。ReaderType 类的属性主要有以下几个。

• rt_id：借阅者类别 ID，类型为字符串 String，Private 属性。
• rt_name：借阅者类别名，类型为字符串 String，Private 属性。
• maxQuantity：该类别的借阅者允许借阅图书的最大数量，类型为整型 int，Private 属性，默认是 50。
• maxDays：该类别的借阅者允许借阅图书的最多天数，类型为整型 int，Private 属性，默认是 60。
• finePerDay：该类别的借阅者借阅图书超期罚款的每天应缴金额，类型为浮点型，Private 属性。

ReaderType 类的方法主要有以下几个。

• add()：增加借阅者类别信息。
• update()：修改借阅者类别信息。
• delete()：删除某个借阅者类别信息。

⑤ Store 类

Store 类主要用于描述图书在图书馆中的存放位置信息，主要包含 4 个属性和两个方法，如图 5.34 所示。Store 类的属性主要有以下几个。

ReaderType

-rt_id: String
-rt_name: String
-maxQuantity: int=50
-maxDays: int=60
-finePerDay: Double

+add()
+update()
+delete()

图 5.33　ReaderType 类

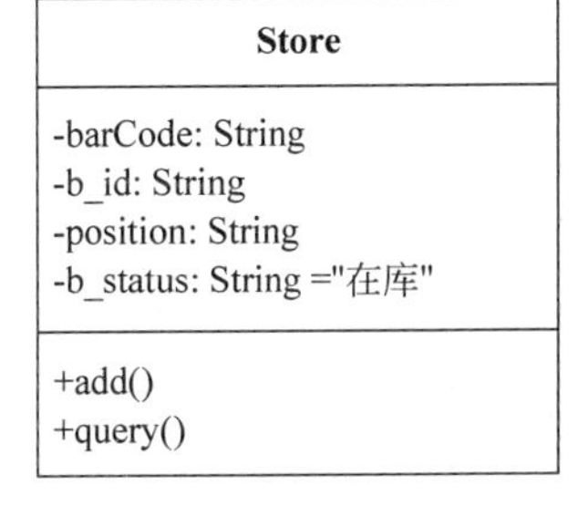

图 5.34　Store 类

- barCode：图书位置信息 ID，类型为字符串 String，Private 属性。
- b_id：图书编号，类型为字符串 String，Private 属性。
- position：图书位置信息的描述，类型为字符串 String，Private 属性。
- b_status：图书在图书馆中的状态，类型为字符串 String，Private 属性，默认是“在库”。

Store 类的方法主要有以下几个。

- add()：将图书入库。
- query()：查询图书在库存中的状态。

⑥ BookType 类

BookType 类主要用于描述图书类别信息，主要包含两个属性和两个方法，如图 5.35 所示。BookType 类的属性主要有以下几个。

- t_id：图书类别编号，类型为字符串 String，Private 属性。
- t_name：图书类别名称的描述，类型为字符串 String，Private 属性。

BookType
-t_id: String -t_name: String
+add() +delete()

图 5.35　BookType 类

BookType 类的方法主要有以下几个。

- add()：增加图书的类别信息。
- delete()：删除图书类别信息。

上面介绍了图书管理系统中的主要类及主要类的属性和方法，根据前面介绍的类之间关系的描述，结合图书管理系统的主要类，确定了各主要类之间的关系如表 5.7 所示。

表 5.7　图书管理系统中类之间的关系

编号	类 A	类 B	关系
1	Admin	Administator	泛化
2	Admin	Librarian	泛化
3	Reader	ReaderType	组合
4	Reader	Book	普通关联
5	Reader	Borrow	普通关联
6	Reader	Reserve	普通关联
7	Borrow	Book	普通关联
8	Book	BookType	组合
9	Book	Store	普通关联
10	Reserve	Book	普通关联

最后，整个图书管理系统的类图描述如图 5.36 所示。

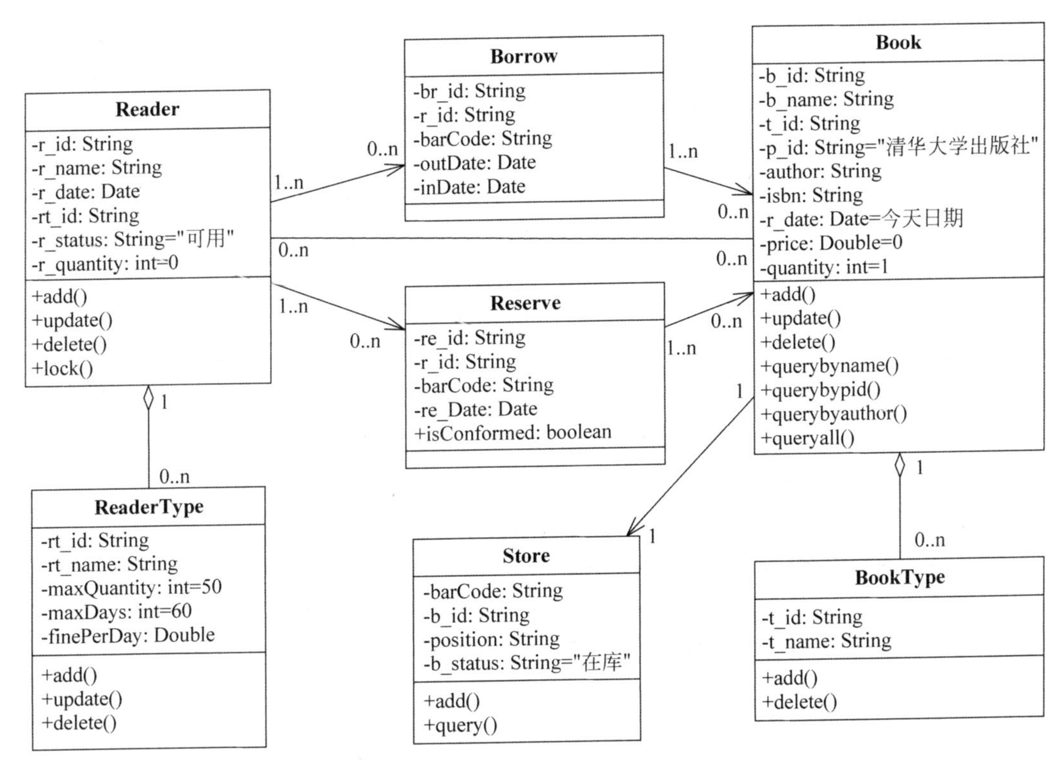

图 5.36　图书管理系统类图

小　　结

类图在 UML 的静态机制中是重要的组成部分，它不但是设计人员关心的核心，更是实现人员关注的重点。建模工具也主要根据类图来产生代码。类图在 UML 的 9 个图中占据了相当重要的地位。

类图是用来显示系统中的类、接口及它们之间的静态结构和关系的一种静态模型，它用于描述系统的结构。类图的建模贯穿系统的分析和设计阶段的始终，通常从用户能够理解的用例开始建模，最终到系统开发小组能够完全理解的类。在本章中详细地介绍了类、类之间的关系，以及针对实际系统如何创建类图模型，此外还介绍了对象和对象图及其相关的概念。

在 UML 中类图的标志是由一个矩形表示。类名字、属性、操作和职责都在区域中有各自的方框。可以使用构造型来组织属性和操作名列表。可以使用类的省略表示法，只表示出类的一部分属性和操作。这样可以使类图比较清晰。

可以在类图的矩形框中指定属性的类型和初始值，还可以指明操作执行时所需要的参数和参数的类型。为了减少描述类时的二义性，可以对类施加约束。UML 还允许对模型元素附加注释来说明有关模型元素更多的附加信息。

类表达的是领域知识中的词汇。与客户或者领域中的专家交谈可以发现一些类模型中的名词和可能成为操作的动词。可以用类图来促进和客户的进一步交流，以揭示出更多的领域知识。

在软件开发不同阶段使用具有不同的抽象层次的类图，即概念层、说明层和实现层。在UML中，从开始的需求分析到最终的设计类，类图也是围绕着这三个层次的观点来进行建模的。类图建模是先建立概念层到说明层，进而到实现层，随着抽象层次的逐步降低并逐步细化的过程。在本章中采用从用例图的角度来对系统进行类图的建模，并以学生成绩管理系统和图书管理系统为例进行了类图建模的描述。

习　题

1. 试论述类与用例的区别。
2. 试比较边界类与实体类的异同。
3. 试运用本节所学的静态建模技术找出用户管理模块中的所有的类。
4. 请找出学生管理系统中学生注册用例的实体类，边界类，控制类。
5. 什么是依赖？它与关联有什么区别？
6. 什么是泛化？泛化是否就是类的继承？如果不是请说明理由。
7. 试论述聚合和组合的异同。

第6章 顺序图和通信图

在标识出系统的类图之后，仅给出了实现用例的组成结构，还需要描述这些类的对象是如何交互来实现用例功能的。即不但需要把用例图模型转化为类图模型，还要将它转化为交互图模型。交互图表示类（对象）如何交互来实现系统行为。交互图是顺序图、通信图、交互概览图和时序图的总称，其中顺序图和通信图是最主要的组成。本章主要介绍这两种图。

本章要点

- 顺序图和通信图的定义
- 顺序图和通信图的基本内容
- 以两个实例介绍顺序图和通信图的建模过程

定义了一个工程的用例，就可以用它们来指导系统的进一步开发。用例的实现描述了相互影响的对象的集合，这些对象将支持用例的所有功能。在UML中，用例的实现用交互图(Interaction Diagram)来指定和说明。交互图通过显示对象之间的关系和对象之间处理的消息实现系统的动态建模。

6.1 顺序图

6.1.1 顺序图概述

顺序图(Sequence Diagram)是强调消息时间顺序的交互图，它描述了对象之间传送消息的时间顺序，用于表示用例中的行为顺序。顺序图将交互关系表示为一个二维图。横向轴代表了在协作中各独立对象的类元角色。纵向轴是时间轴，时间沿竖线向下延伸。

顺序图主要用于按照交互发生的一系列顺序，显示对象之间的这些交互。很像类图，开发者一般认为顺序图只对他们有意义。然而，一个组织的业务人员会发现，顺序图显示不同的业务对象如何交互，对于交流当前业务如何进行很有用。除记录组织的当前事件外，一个业务级的顺序图能被当作一个需求文件使用，为实现一个未来系统传递需求。在项目的需求阶段，分析师能通过提供一个更加正式层次的表达，把用例带入下一层次。那种情况下，用例常常被细化为一个或者更多的顺序图。

组织的技术人员能发现，顺序图在记录一个未来系统的行为应该如何表现中，非常有用。在设计阶段，架构师和开发者能使用图，挖掘出系统对象间的交互，这样充实整个系统设计。

顺序图的主要用途之一，是把用例表达的需求，转化为进一步、更加正式层次的精细表达。用例常常被细化为一个或者更多的顺序图。顺序图除了在设计新系统方面的用途外，它们还能用来记录一个存在系统（称它为“遗产”）的对象现在如何交互。当把这个系统移交给另一个人或组织时，这个文档很有用。

Java 应用程序由许多类所构成，是 Java 实现面向对象应用程序的核心。类图主要描述 Java 应用程序中各种类之间的相互静态关系，如类的继承、抽象、接口及各种关联。要利用 UML 设计 Java 应用程序，仅使用类图来描述这些静态关系，利用可视化工具，要实现 Java 应用程序的代码自动生成，是远远不够的。还必须描述各种类相互之间的协作关系、动态关系，如时间序列上的交互行为。其中，UML 顺序图就是用来描述类与类之间的方法调用过程（或消息发送）是如何实现的。

在 UML 图中，顺序图与用例图和类图之间关系如图 6.1 所示。

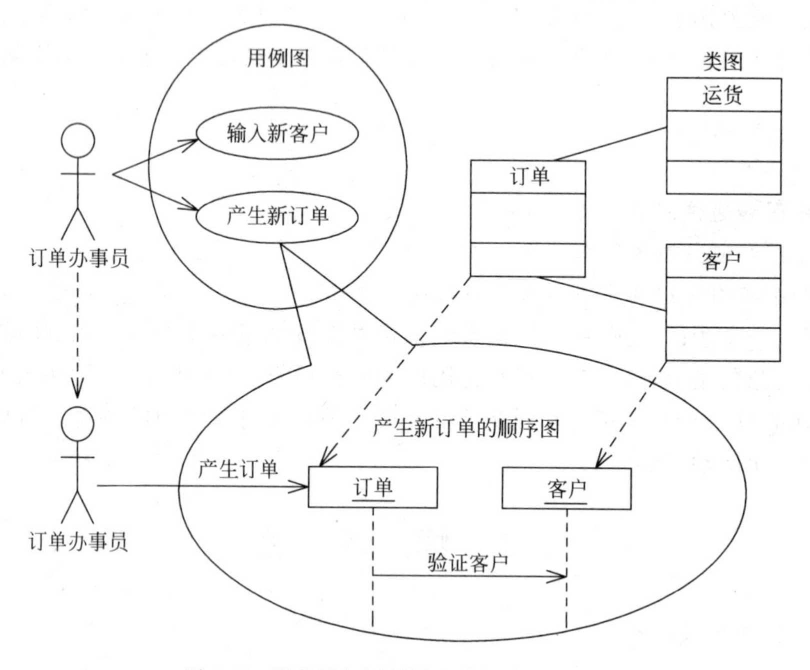

图 6.1　顺序图与用例图和类图之间关系图

6.1.2　顺序图的基本内容

顺序图中包括的建模元素主要有：角色（Actor）、对象（Object）、生命线（Lifeline）、激活（Activation）、消息（Message）等。

1. 角色

系统角色（Actor）可以是人或其他的系统或者其子系统。

2. 对象

顺序图中的对象（Object）在概念上和它在类图中的定义是一致的，它们之间可以进行交互，交互的顺序按时间的顺序。在顺序图中对象用矩形框表示，对象名带有下划线。

对象包括三种命名方式，如图 6.2 所示。

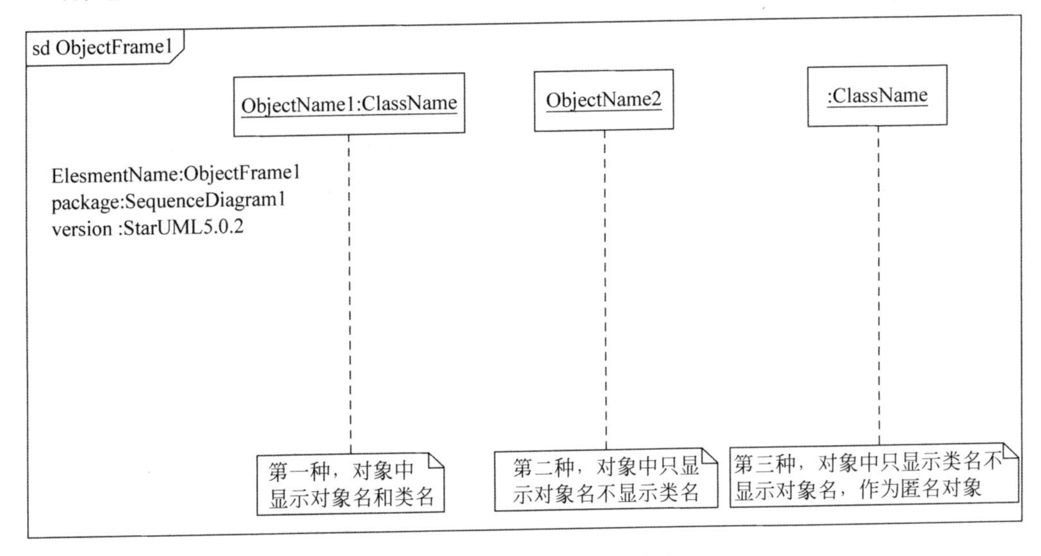

图 6.2 顺序图中对象命名框架

其中，

第一种方式包括对象名和它所属的类名，中间用冒号隔开；

第二种方式只显示对象名不显示类名；

第三种方式只显示类名不显示对象名，即表示它是一个匿名对象，这样参与交互的并不限于特定的对象，而是适应于该类的任何对象。

其中，图 6.2 中最外层是框架元素，对于顺序图，图的标签由文字"sd"开始。当使用一个框架元件封闭一个图时，图的标签需要按照以下的格式：图类型图名称。

若对象置于顺序图的顶部，在交互初对象就已经存在，若对象的位置不在顶端，则表示对象是在交互的过程中被创建的。如图 6.3 所示的对象 Object1 和 Object2 的位置不同。

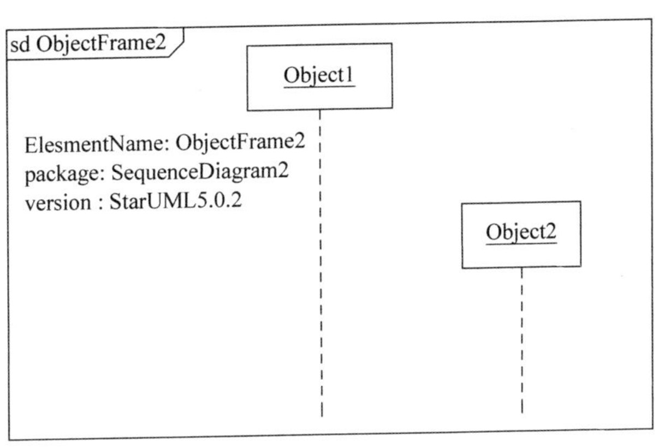

图 6.3 对象的位置

对象的左右顺序并不重要，但是为了图的清晰整洁，通常应遵循以下原则。

(1) 把交互频繁的对象尽可能地靠拢。

(2) 把初始化整个交互活动的对象(有时是一个参与者)放置在最左边。

3. 生命线

生命线(LifeLine)代表顺序图中对象在一段时间内的存在。生命线在顺序图中表示为从对象图标底部中心位置向下延伸的一条虚线(但事实上 UML2 中定义的生命线可以用实线来表示)。

生命线是一个时间线,其所用的时间取决于交互持续的时间。每个对象的底部都带有生命线,对象与生命线结合在一起被称为对象的生命线,参看图 6.2。

对象在生命线上的两种状态:休眠状态和激活状态。

4. 激活期

激活期(Activation)也被称为控制焦点,代表顺序图中的对象执行一项操作的时期,是顺序图中表示时间段的符号,在这个时间段内对象将执行相应的操作。在 UML 中,用小矩形表示,被称为激活条或控制期,对象就是在激活条的顶部被激活的,在完成自己的工作后被去激活,如图 6.4 所示。

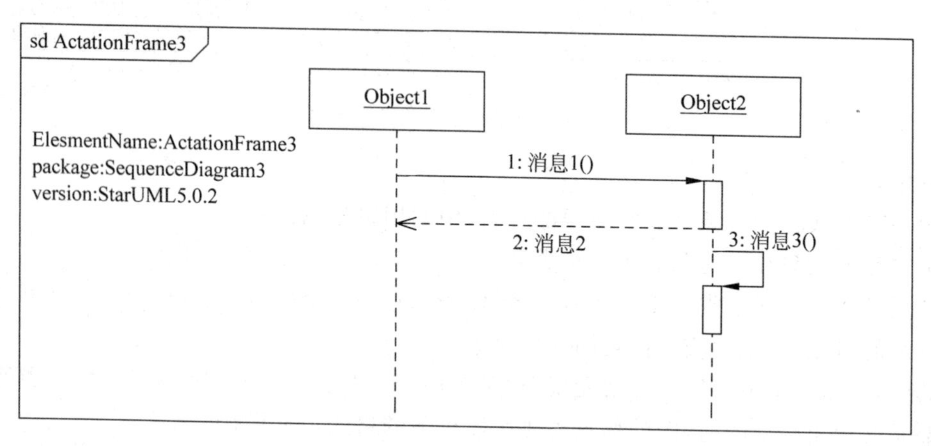

图 6.4 激活期

激活矩形的长度表示出激活的持续时间。矩形长度只是激活期长短的一个粗略表示,而没有精确的要求。基本是从发出一条消息开始,到接收到最后一条消息结束。持续时间通常以一种大概的、普通的方式来表示。这意味着生命线中的每一段虚线通常不会代表具体的时间单元,而是试图表示一般意义上的持续时间。

5. 消息

消息(Message)是对象之间某种形式的通信,在垂直生命线之间,用带有箭头的线并附以消息表达式方式表示。它可以激发某个操作、唤起信号或导致目标对象的创建或撤销。一个对象到另一个对象的消息用跨越对象生命线的消息线表示。对象还可以发送消息给它自己,即消息线从自己的生命线出发又回到自己的生命线。

UML 用从一条生命线开始到另一条生命线结束的箭头来表示一个消息。消息在图中生命线的上下位置决定了它的传递时间。消息可以用消息名及参数来标识,也可带有顺序号。

消息的一般表示方法如图 6.5 所示。

图中消息的阅读顺序是严格自上而下的。对象之间的交互是通过互发消息来实现的,一个对象可以请求或要求另一个对象做某件事件。消息从源对象指向目标对象,消息一旦发送便将控制从源对象转移到目标对象。

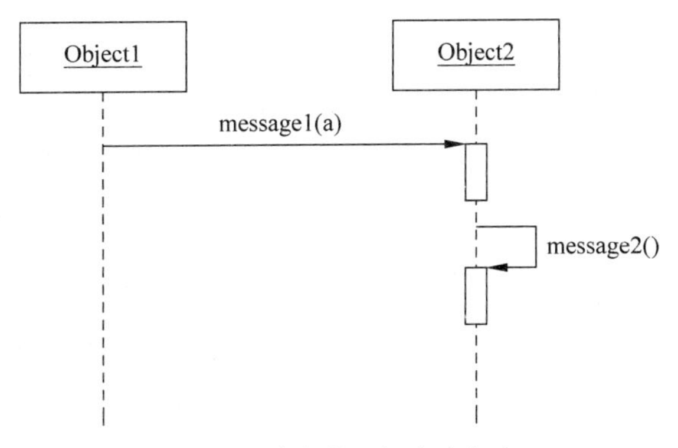

图 6.5　消息的一般表示方法

在 UML 中，消息的箭头形状代表了消息的类型。消息的类型分为同步消息，异步消息和同步且立即返回消息三种。

1）同步消息

仅当发送者要发送一个消息而且接收者已经做好接收这个消息的准备时才能传送的消息称为同步消息（Synchronous Message），即发送者和接收者同步。

UML 用一个带有实心箭头的实线来表示这种类型的消息，如图 6.6 所示。通常，这种情况包含来自接收者的一个返回消息。

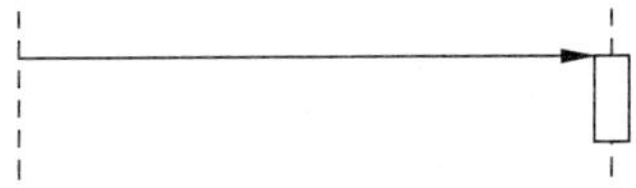

图 6.6　同步消息符号

同步消息最常见的情况是调用，即消息发送者对象在它的一个操作执行时调用接收者对象的一个操作，此时消息名称就是被调用的操作名称。

假定有如下一个顺序图，如图 6.7 所示。

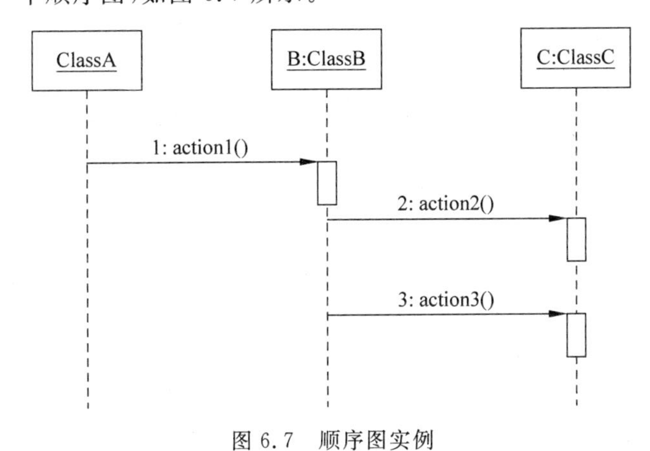

图 6.7　顺序图实例

则可能的情形为 ClassA 类具有类型为 ClassB 的属性，ClassB 类具有 action1 的方法及类型为 ClassC 的属性；ClassC 类具有 action2 和 action3 的方法。类 ClassC 和 ClassB 的定义片段如下。

```
class ClassC{
public void action2()
```

```
{
}
public void action3()
{
}
}
public  class ClassB
{
private ClassC C = new ClassC();
public void action1()
{
C. action2();
C. action3();
}
}
```

注：在图中显示的消息可以带有参数，但本部分采用 StarUML 开发工具，其参数不显示出来，而是放在属性窗口的 Arguments 中。同样地，消息也可以有返回值，放在 Return 属性中。

2）异步消息

发送者不管接收者是否做好了接收准备都可以发送的消息称为异步消息(Asynchronous Message)。消息发送者通过消息把信号传递给消息的接收者，然后继续自己的活动，不等待接收者返回消息或者控制。异步消息的接收者和发送者是并发工作的。

UML 用一个两条线箭头的实线来表示这种类型的消息，如图 6.8 所示。

3）返回消息

返回消息(Return Message)表示从过程调用返回。

UML 用一个带开放箭头的虚线来表示这种消息。如图 6.9 所示。返回消息是可选择的，它依赖建模的具体/抽象程度，一般为了顺序图阅读方便，每个消息都有返回消息。箭头指向来源的生命线，在这条虚线上面，可以放置操作的返回值。

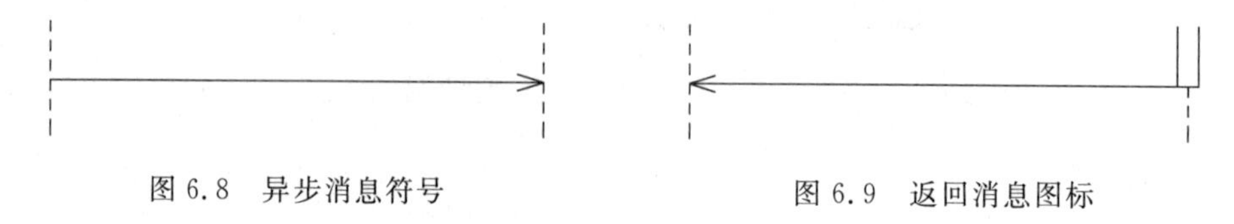

图 6.8　异步消息符号　　　　图 6.9　返回消息图标

另外，在消息的创建过程中还存在一些其他的内容，比如说创建对象、撤销对象、自关联消息等。

1）创建对象

一个对象可以通过发送消息来创建另一个对象，即创建(create)对象，如图 6.10 所示。对象在创建消息发生后才能存在，对象的生命线也是在创建消息后才存在。

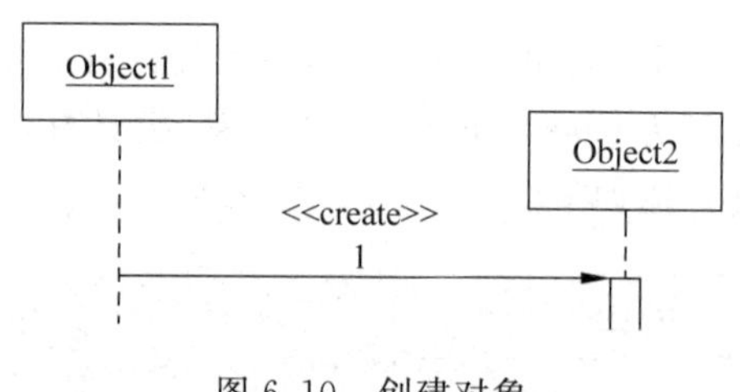

图 6.10　创建对象

2）撤销对象

当一个对象被删除或自我删除时，该对象用

“×”标记，即撤销(destroy)对象，如图 6.11 所示。

3) 自关联消息

自关联消息(Self-Message)表示方法的自身调用及一个对象内的一个方法调用另外一个方法，如图 6.12 所示。

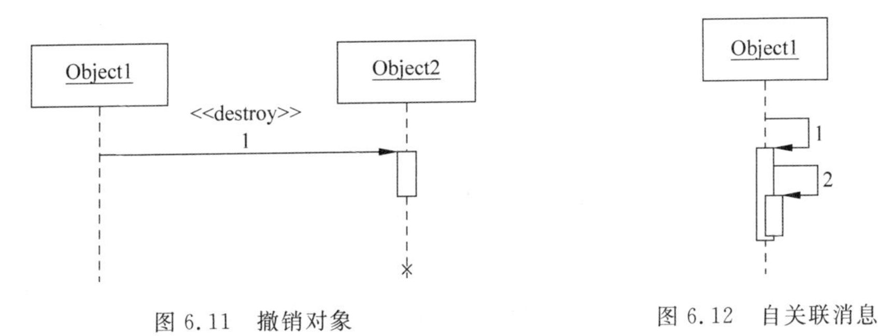

图 6.11　撤销对象　　　　图 6.12　自关联消息

6.1.3　约束

当为对象的交互建模时，有时需要在某种条件满足时消息才会传递给对象。约束在 UML 图中用作控制流。一个约束只能被分配到一个单一消息。UML1.x 中，为了实现约束条件，需要在消息名前加入约束条件，并放于“[]”中。约束条件用于描述代码中 if 语句结构。

例如，若 b=1 调用类 Object2 的 message1 方法；若 b=2 则调用类 Object3 的 message2 方法，如图 6.13 所示。

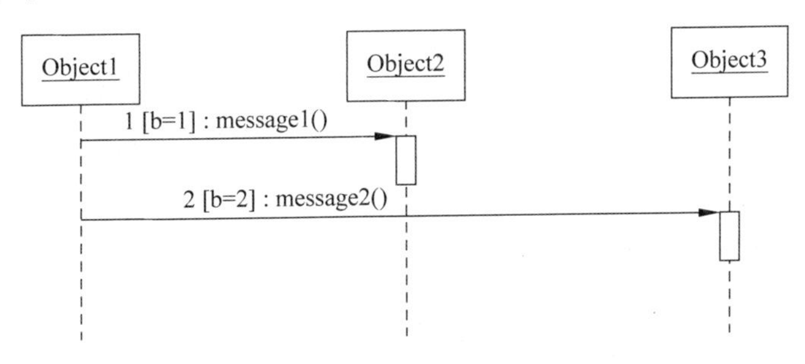

图 6.13　条件约束

另外，通过这种方式还可以实现循环。循环约束是描述代码中的 for、while 之类的语句块。循环约束需要在方法名前加“*[]”，其中“*”代表循环，“[]”代表循环条件。

例如，i 从 0 到 n 循环执行类 Object2 的 message3 方法，如图 6.14 所示。

在 UML2.0 中，这种约束被称为组合片段(Combined Fragment)，这种片段有 12 种类型，具体描述如表 6.1 所示。使用组合片段机制可以为顺序图增加一定程度的处理逻辑。一个组合片段是一个或者多个封装在一个框架中并且在一定的命名环境中执行的顺序。

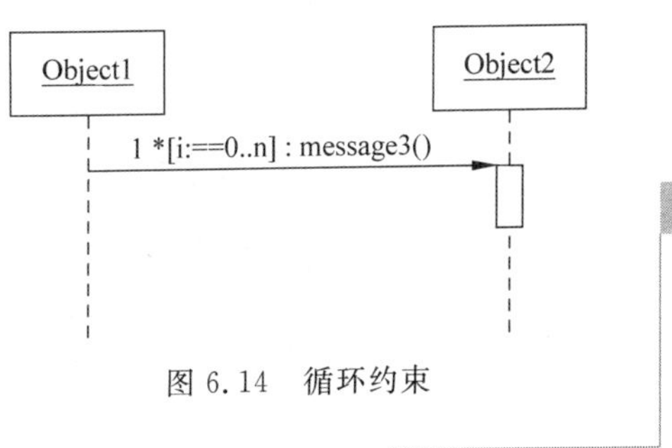

图 6.14　循环约束

表 6.1 约束片段

片段类型	片段描述
seq	强迫交互按照特定的顺序执行
alt	在一组行为中根据特定的条件选择某个交互，模型为 if…else
opt	表示可选，模型为 switch
break	提供了和编程语言中的 break 类似的机制
par	支持交互片段的并发执行
strict	明确定义了一组交互片段的执行顺序
loop	说明交互片段会被重复执行
region	在组合片段中优先于其他交互片断发生的交互
neg	封装了一系列无效的消息，即不应该的交互
assert	标志了在交互片段中作为事件唯一的合法继续者的操作数
ignore	明确定义了交互片段不应该响应的消息
consider	明确标识了应该被处理的消息

在实际创建中需要将 Combined Fragment 组件放在顺序图中，然后在其 InteractionOperator 属性中选择对应的符号即可。例如循环片段的一个实例，如图 6.15 所示。

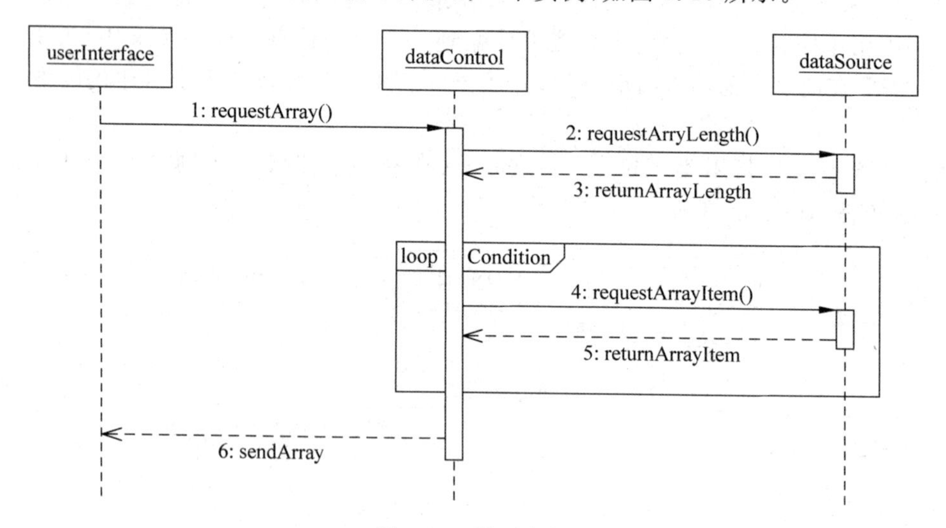

图 6.15 循环片段

当然，这些类型片段可以复合在一起，如图 6.16 所示。

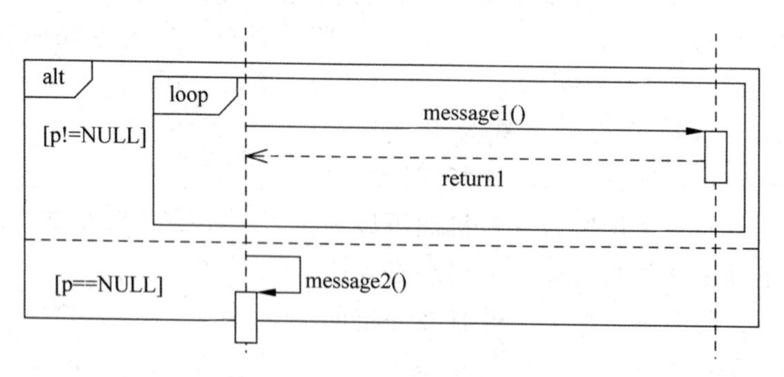

图 6.16 多种组合片段

6.1.4 顺序图的建模技术及应用

使用顺序图对系统建模时,可以遵循如下策略。

(1) 设置交互语境,这些语境可以是系统、子系统、操作、类、用例和协作的一个脚本。

(2) 通过识别对象在交互中扮演的角色,根据对象的重要性,将其按从左向右的方向放置在顺序图中。

(3) 设置每个对象的生命线。一般情况下,对象存在于交互的整个过程,但它可以在交互过程中创建和撤销。

(4) 从引发某个交互的信息开始,在生命线之间按从上向下的顺序画出随后的信息。

(5) 设置对象的激活期,这可以可视化实际计算发生时的时间点、可视化消息嵌套等。

(6) 如果需要设置时间或空间约束,可以为每个消息附上合适的约束。

(7) 给控制流的每个消息附上前置或后置条件,这可以更详细地说明这个控制流。

根据以上策略,画顺序图的一般步骤如下。

(1) 确定交互的范围。

(2) 确定参与交互过程的活动者与对象。

(3) 确定活动者、对象的生存周期。

(4) 确定交互中产生的消息。

(5) 细化消息的内容。

【例 6-1】 大家比较熟悉那种能够遥控锁车、开锁、打开后备箱的钥匙。当按下"锁车"按钮的时候,汽车会自动上锁,闪动一下车灯并发出一声蜂鸣,说明车门上锁了。这里涉及三个类:CarOwner(车主)、CarKey(车钥匙)和 Car(车)。现在就用这样一个实例介绍顺序图的设计。

(1) 应用场景

该建模场景的描述如下。

① 从 CarOwner 到 CarKey 的请求,要求 CarKey 实现 getButtonPress(b)操作,登记下 CarOwner 按下的按钮(通常用 b 引用)。

② CarKey 发送消息给 Car,通知 Car 实现其 pressKeyMessage(b)操作,如果按下的按钮 b 是"lock",Car 就会向自己发送执行 lock()操作的请求。然后,Car 发送两个信号 BlinkLights 和 Beep 给 CarOwner。

(2) 实现

首先,绘出三个匿名对象,它们分别是 CarOwner、CarKey 和 Car 的实例。把它们放在顺序图的最顶层,然后从每个对象绘出一条生命线,如图 6.17 所示。

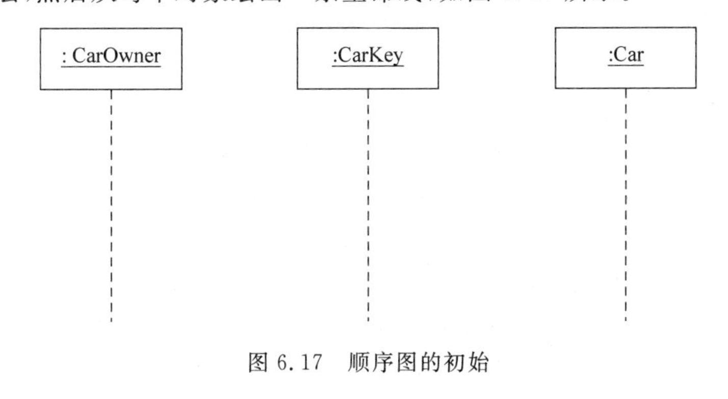

图 6.17 顺序图的初始

根据场景描述,绘制顺序图如图 6.18 所示。

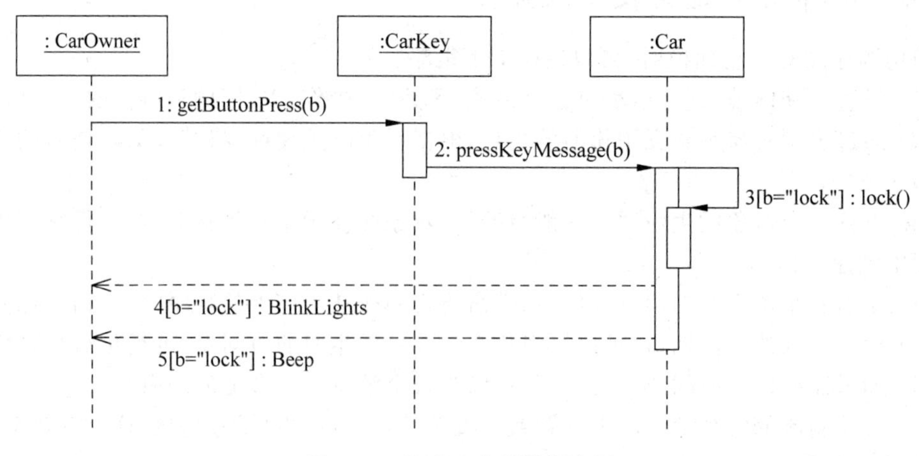

图 6.18　汽车和车钥匙顺序图

【例 6-2】 ATM 取款看起来是个很简单的事情,从插入银行卡开始按照提示输入密码,选择"取款",输入数额到提出现金,但是整个过程中各个对象之间要涉及很多的消息。

(1) 应用场景

ATM 取款应用场景描述如下。

① 银行储户将 ATM 卡插入读卡机 insertCard();
② 读卡机将信息传给客户管理 acceptCard();
③ 客户管理提出查询密码 checkPass();
④ 显示屏显示给银行储户需要输入密码 inputPassRequest();
⑤ 储户在输入设备输入密码 inputPass();
⑥ 输入设备将输入的密码传递给客户管理 transPass();
⑦ 客户管理请求事务管理确认密码的合法性 requestPassLegal();
⑧ 事务管理确认密码的合法性返给客户管理 passLegal();
⑨ 客户管理通过显示屏询问服务类别 queryKind();
⑩ 显示屏要求储户输入服务类别请求 showServiceRequest();
⑪ 储户输入取款请求 inputTakeRequest();
⑫ 输入设备向客户管理发出取款请求 takeRequest();
⑬ 客户管理提出取款金额 qureyMoney();
⑭ 输入设备向客户管理发出取款数额请求 showMoneyRequest();
⑮ 储户输入取款数额 inputMoney();
⑯ 输入设备将储户输入的数额传递给客户管理 transMoney();
⑰ 客户管理确认取款额数返给显示屏 queryMoney();
⑱ 显示屏呈现给储户确认信息 showOKRequest();
⑲ 储户输入确认信息 inputOK 给输入设备;
⑳ 输入设备将确认信息传递给客户管理 OKInformation;
㉑ 客户管理请求事务管理确认数额的合法性 requestMoneyLegal();
㉒ 事务管理确认密码的合法性返给客户管理 moneyLegal();

㉓ 事务管理向点钞机发出出钞请求 requestTake()；

㉔ 点钞机出钞票 outMoney()；

㉕ 储户取出钞票 takeMoney；

㉖ 取卡 outCard。

(2) 实现

在整个场景中，用到 7 个对象，分别是“银行储户”、“读卡机”、“显示屏”、“输入设备”、“客户管理”、“点钞机”、“事务管理”。它们之间通过消息传递，使其功能正常运行。对应的顺序图如图 6.19 所示。

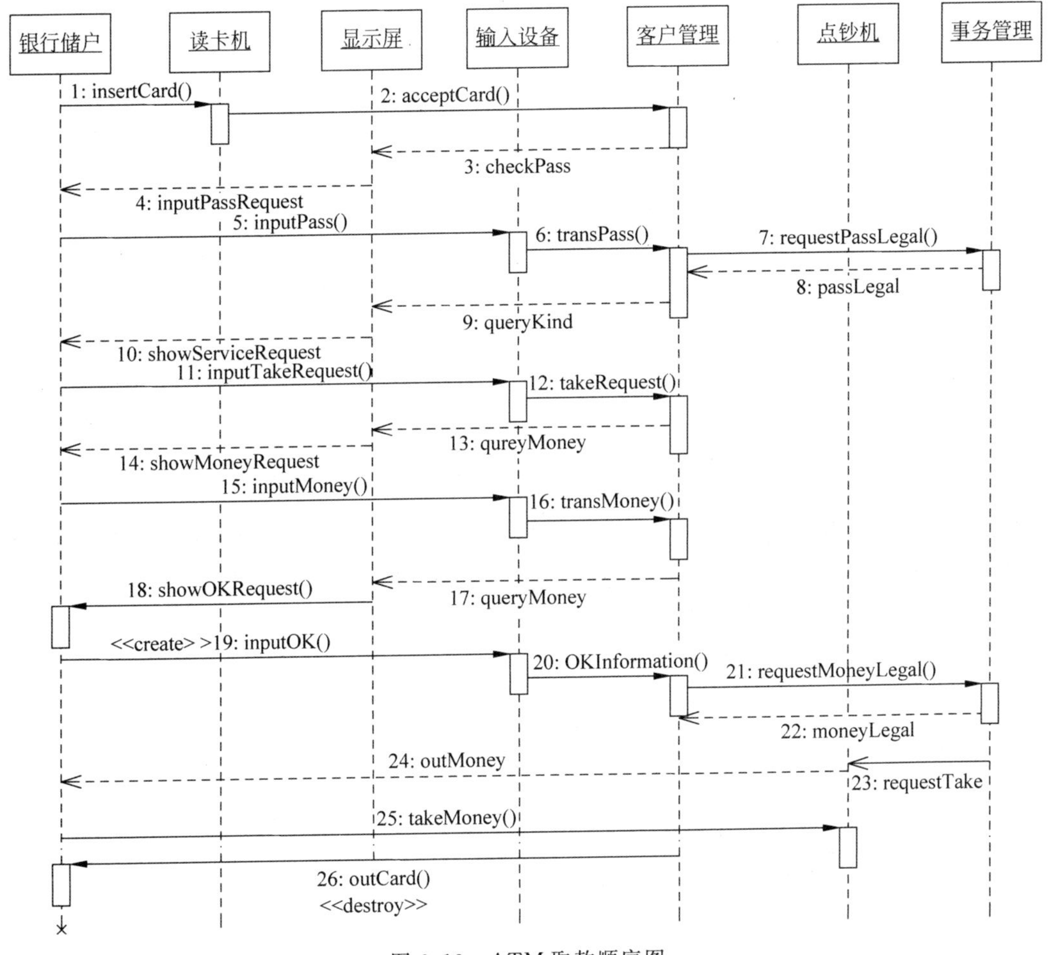

图 6.19 ATM 取款顺序图

【例 6-3】 在前面几章以图书管理系统为例进行了分析，并且已经对其静态图进行了建模。

由于图书管理员、系统管理员以及借阅者三个参与者的参与，以及对图书的操作内容较多，图书管理系统中的顺序图相对较多，比如有图书管理员处理借书顺序图、图书管理员处理还书顺序图、借阅者查询书目顺序图、系统管理员添加图书顺序图、系统管理员删除书目的顺序图、系统管理员添加借阅者账户的顺序图等。

以下分别介绍这几种顺序图的创建。

(1) 图书管理员处理借书顺序图

图书管理员收到借阅者的借书申请时,首先验明借阅者的身份,如果没有问题,则查找借阅书目,如果借阅者没有超出最大借阅数量,则开始借阅并更新书籍列表信息,借阅成功。

图书管理员处理借书顺序图如图 6.20 所示。

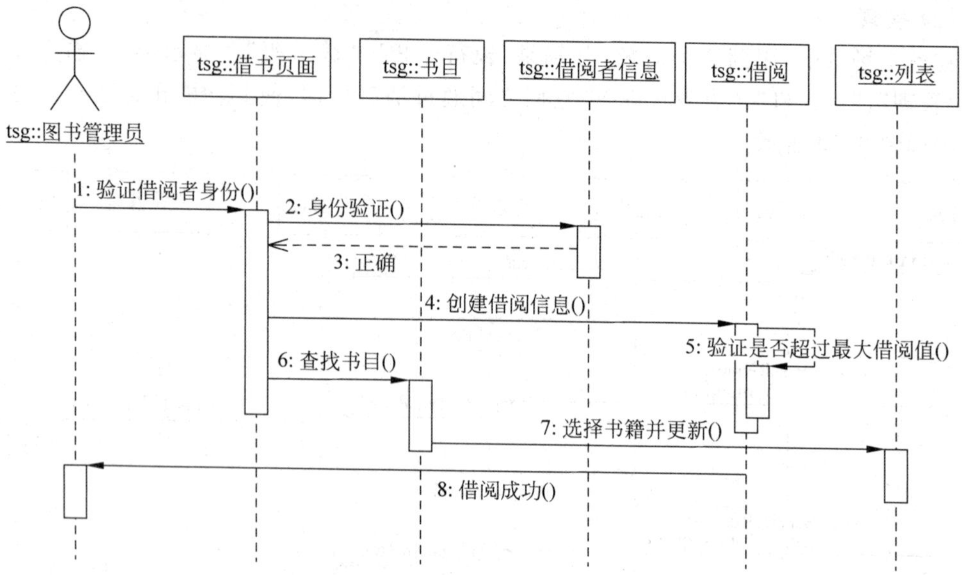

tsg::图书管理员
tsg::借书页面
tsg::书目
tsg::借阅者信息
tsg::借阅
tsg::列表
1: 验证借阅者身份()
2: 身份验证()
3: 正确
4: 创建借阅信息()
5: 验证是否超过最大借阅值()
6: 查找书目()
7: 选择书籍并更新()
8: 借阅成功()

图 6.20 图书管理员处理借书顺序图

(2) 图书管理员处理还书顺序图

在图书管理系统中,图书管理员处理还书时,借阅者首先向图书管理员发出还书请求,图书管理员将读者的信息和所要还的书籍信息发送到数据库,由系统检查用户的合法性,当借阅者的信息和书籍的信息都得到确认后,工作人员修改书籍信息和借阅者信息,将结果显示处理,完成还书操作,其顺序图如图 6.21 所示。

tsg: : 借阅者
tsg: : 图书管理员
tsg::还书页面
tsg::列表
tsg::借阅
1: 请求还书()
2: 还书操作()
3: 核对书籍列表()
4: 核对成功
5: 更新书籍列表()
6: 更新借阅()

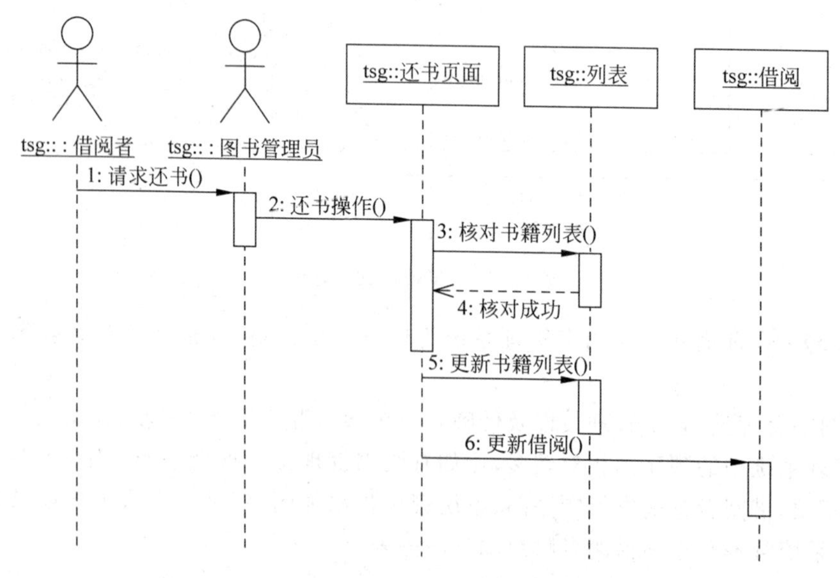

图 6.21 图书管理员处理还书顺序图

(3) 借阅者查询书籍顺序图

在该系统中,借阅者可以登录页面,查询书籍。其查询书籍的顺序图如图 6.22 所示。

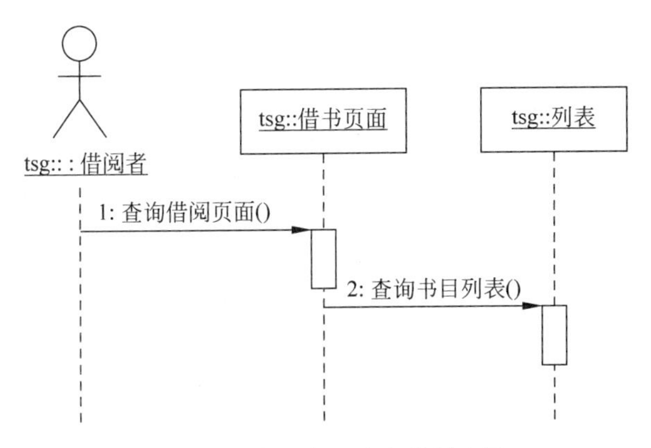

图 6.22　借阅者查询书籍顺序图

(4) 系统管理员添加图书顺序图

在图书管理系统中,要添加一本新的书籍,系统管理员需要在页面上进行选择添加操作,页面会将管理员的请求发送到书目中进行搜索,该书是否为新书,如果为真则将其加入书籍列表中。具体的顺序图如图 6.23 所示。

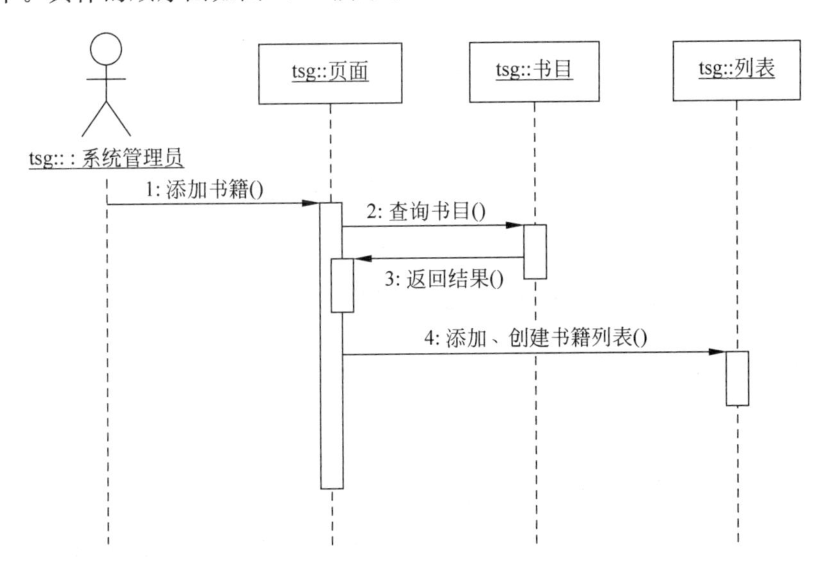

图 6.23　系统管理员添加图书顺序图

(5) 系统管理员删除书目的顺序图

当书籍需要报废处理时,系统管理员可以登录到后台管理,查找到对应的书目,在书籍列表中进行删除,该书目对象彻底销毁。其顺序图如图 6.24 所示。

(6) 系统管理员添加借阅者账户的顺序图

在该系统中,如果有新的借阅者,则由系统管理员登录后台页面,添加借阅者信息。其顺序图如图 6.25 所示。

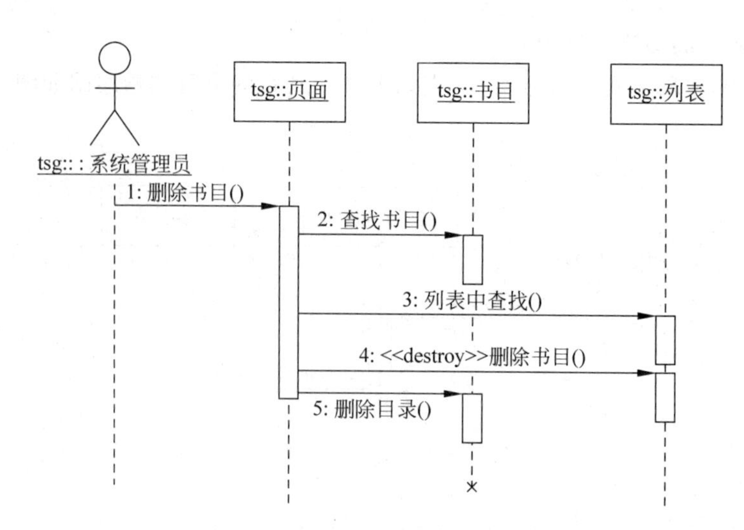

图 6.24 系统管理员删除书目的顺序图

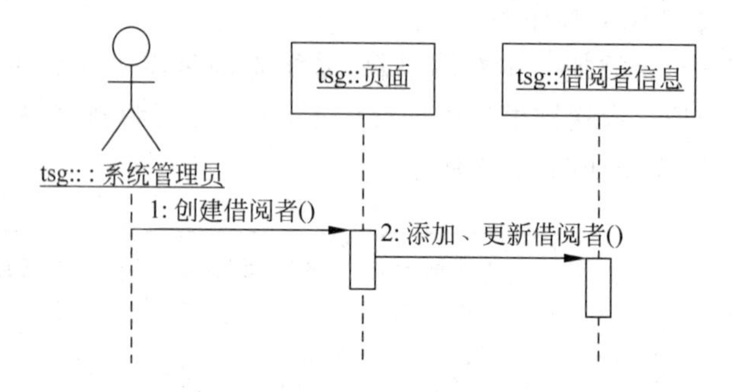

图 6.25 系统管理员添加借阅者账户的顺序图

6.2 通 信 图

顺序图按照时间顺序描述了对象间的交互,但是它过于强调交互的时间,而削弱了对象之间的静态连接关系的重视。通信图则强调了参与交互作用的对象的组织。

6.2.1 通信图概述

通信图(Collaboration Diagram /Communication Diagram,也叫合作图。注:UML2.0以后不再用协作图说法,而是明确定义为“通信图”,即 Communication Diagram,而“协作”作为一个结构事物用于表达静态结构和动态行为的概念组合,表达不同事物相互协作完成一个复杂功能。故 UML2.0 以后通信图不再是协作图,没有专门的“协作图”,只有“协作”)是一种交互图(Interaction Diagram),强调的是发送和接收消息的对象之间的组织结构。一个通信图显示了一系列的对象和在这些对象之间的联系及对象间发送和接收的消息。对象通常是命名或匿名的类的实例,也可以代表其他事物的实例,例如协作、组件和节点。使用通信图来说明系统的动态情况。通信图使描述复杂的程序逻辑或多个平行事务变得容易。

通信图显示某组对象如何为了由一个用例描述的一个系统事件而与另一组对象进行协作的交互图。使用通信图可以显示对象角色之间的关系，如为实现某个操作或达到某种结果而在对象间交换的一组消息。如果需要强调时间和序列，最好选择序列图；如果需要强调上下文相关，最好选择通信图。

通信图用于显示对象之间如何进行交互以执行特定用例或用例中特定部分的行为。设计员使用通信图和顺序图确定并阐明对象的角色，这些对象执行用例的特定事件流。它们是主要的信息来源，用于确定类的职责和接口。

与顺序图不同，通信图显示了对象之间的关系。顺序图和通信图表述的是相似的信息，但表述的方式却不同。通信图显示对象之间的关系，它更有利于理解对给定对象的所有影响，也更适合过程设计。

通信图的格式决定了它们更适合在分析活动中使用。它们特别适合用来描述少量对象之间的简单交互。随着对象和消息数量的增多，理解通信图将越来越困难。此外，通信图很难显示补充的说明性信息，例如时间、判定点或其他非结构化的信息，而在顺序图中这些信息可以方便地添加到注释中。

通信图是用于描述系统的行为，是如何由系统成分协作实现的图。所谓协作是指在一定的语境中一组对象及用以实现某些行为的这些对象间的相互作用。它描述了这样一组对象为实现某种目的而组成相互合作的“对象社会”。通信图可以表示类操作的实现。

通信图作为一种给定语境中描述协作中各个对象之间的组织交互关系的空间组织结构图形化方式，在使用其进行建模时，可以将其作用分为以下三个方面。

第一，通过描绘对象之间消息的传递情况来反映具体的使用语境的逻辑表达。一个使用情境的逻辑可能是一个用例的一部分，或是一条控制流，这和顺序图的作用类似。

第二，显示对象及其交互关系的空间组织结构。通信图显示了在交互过程中各个对象之间的组织交互关系及对象彼此之间的链接。与顺序图不同，通信图显示的是对象间的关系，并不侧重交互的顺序，它没有将时间作为一个单独的维度，而是使用序列号来确定消息及并发线程的顺序。

第三，通信图的另外一个作用是表现一个类操作的实现。通信图可以说明类操作中使用到的参数、局部变量及返回值等。当使用通信图表现一个系统行为时，消息编号对应了程序中嵌套调用结构和信号传递过程。

6.2.2 通信图的基本内容

通信图强调参与一个交互对象的组织，它由以下基本元素组成：活动者、对象、链接和消息。

1. 活动者

活动者(Actor)发出主动操作的对象，负责发送初始消息，启动一个操作。

2. 对象

对象(Object)是类的实例，负责发送和接收消息。一个协作代表了为了完成某个目标而共同工作的一组对象。对象的角色表示一个或一组对象在完成目标的过程中所应该起的作用。通信图中的对象与顺序图中的对象元素概念基本相同，表示方式也相同，只不过没有生命线，而且在通信图中，无法表示对象的创建和撤销，所以对象在通信图中的位置没有限制。

在通信图中，可以按照以下方式使用对象。

第一，可以不指定对象的类，通常先制作只带有对象的通信图，而后指定它们的类；

第二，可以给对象命名，但如果要区分同一个类的不同对象，则应该给对象命名；

第三，如果对象的类主动参与了协作，则可以将类本身在通信图中表现出来。

3. 链接

链接(Link)用线条来表示。链接表示两个对象共享一个消息，位于对象之间或参与者与对象之间。

表示两个或多个对象间的独立连接，是关联的实例。通信图中，关联角色是与具体语境有关的暂时的类元之间的关系，关系角色的实例也是链。链表示为一个或多个相连的线或弧。

4. 消息

消息(Message)的含义与顺序图中的消息基本类似。在通信图中，不带有消息的通信图标明了交互作用发生的上下文，而不表示交互。它可以用来表示单一操作的上下文，甚至可以表示一个或一组类中所有操作的上下文。如果关联线上标有消息，图形就可以表示一个交互。

消息用来描述系统动态行为，它是从一个对象向另一个或几个对象发送信息，或由一个对象调用另一个对象的操作。由三部分组成：发送者，接收者，活动。消息用带标签的箭头表示，它附在链上。链连接了发送者和接收者，箭头所指方向为接收者。每个消息包括一个顺序号以及消息的名称，其中顺序号标识了消息的相关顺序。消息的名称可以是一个方法，包含名字，参数表，返回值。

利用消息可以完成很多任务，可以顺序执行、添加条件限制发送、创建带有消息的对象实例和执行迭代。

1) 序列化

序列化消息只需要在消息前添加序列号，默认情况下即可。这也是最简单的方式，消息会按照要执行的顺序排序，如图 6.26 所示。

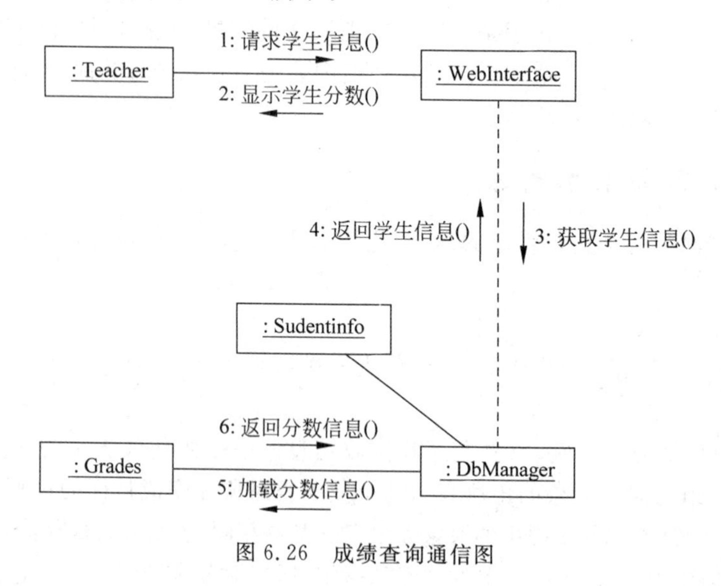

图 6.26　成绩查询通信图

2）控制点条件

控制点条件用来根据消息表达式的计算结果来限制消息的发送。控制点包含在消息中，在序列 ID 号和消息文本之间。

例如，如果 B 计算结果为真，那么 ObjectA 将会把消息 operator1 发送给 ObjectB；如果 C 计算结果为真，那么 ObjectA 将会把消息 operator2 发送给 ObjectC；其他条件下不会发送任何消息，如图 6.27 所示。

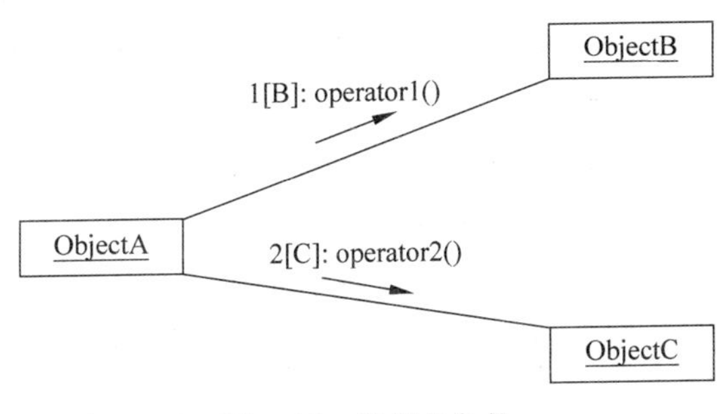

图 6.27　控制点条件

3）创建实例

就像在顺序图中看到的一样，消息也可以用来在通信图中创建对象实例。为此，一个消息将会发送到新创建的对象实例。对象使用“new”构造类型，消息使用“create”构造类型，以便让读者清楚对象是在运行中创建的，如图 6.28 所示。

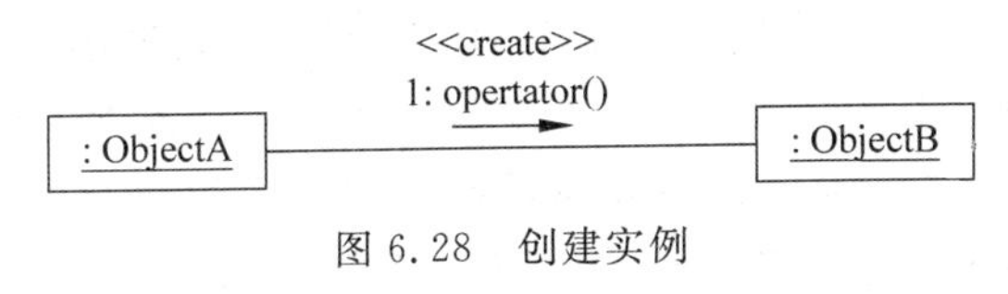

图 6.28　创建实例

4）发送给多对象的消息

一个对象可能会向同一个类的多个对象同时发送一个消息。在通信图中，多对象(Multiple Object)用“一叠向后延伸的多个对象图标”表示。在多对象前面可以加上用“[]”括起来的条件，前面加一个“*”，用来说明消息发送给多个对象，如图 6.29 所示。

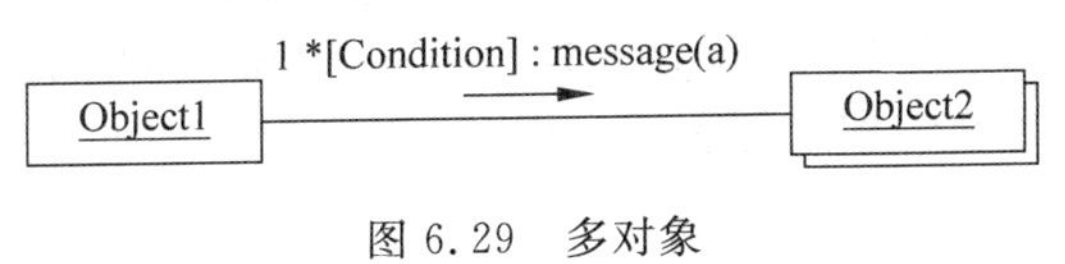

图 6.29　多对象

有时，按顺序发送消息是很重要的。例如，银行出纳员(Bank Clerk)要按照顾客排队的次序为顾客(Customer)服务。可以用“while”条件表达出消息的顺序(例如“line position＝1...n”)，如图 6.30 所示。

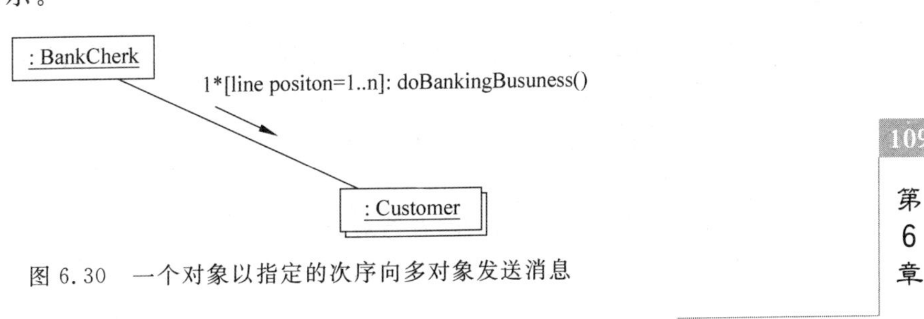

图 6.30　一个对象以指定的次序向多对象发送消息

5）返回结果

消息可能是要求某个对象进行计算并返回结果的值。例如，一个顾客对象可能请求一个计算器（Calculator）对象计算某项商品的总价，包括该项商品的价格和税款。

UML 提供了返回值的表示法。返回值的名字在最左，后跟赋值号“：＝”，接着是操作名和操作的参数。对计算商品价格这个例子，可以表示成：totalPrice ：＝ compute（itemPrice，salesTax）。图 6.31 说明了在通信图中的返回值的表示法。

表达式中赋值号的右边部分被称为消息型构（Message Signature）。

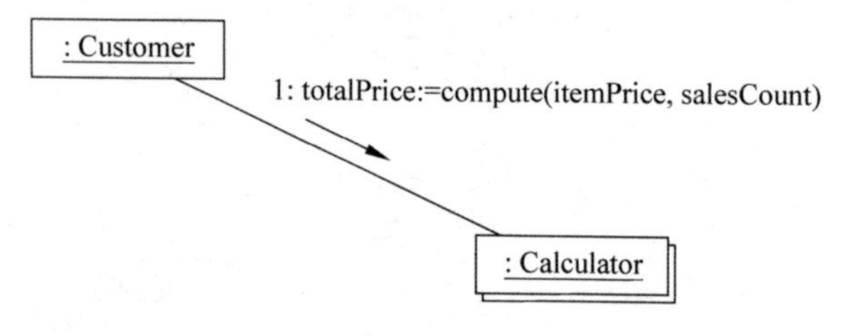

图 6.31　一个包含返回值表示法的通信图

6）构造型

构造型（Stereotype）可以在现有的 UML 元素的基础上创建新的元素。构造型用两对尖括号括起来的一个名称来表示，这个括号叫作双尖括号。这个被括起来的名称叫作关键字（Keyword）。

有时候，UML 会创建新的模型。这时，UML 并不是为某事物创建一个全新的符号，而是把一个关键字添加到已有的元素中。这个关键字表明了该元素的用法与其原来的意图多少有些不同。接口（Interface）是一个没有属性而只有操作的类，它是使用构造型的一个例子，它是可以在整个模型中反复使用的一组行为。无须发明一个新的 UML 元素来表示接口，UML 可以在类图标中类名的上面加一个<< interface >>关键字来表示接口，如图 6.32 所示。

<<interface>>
接口

图 6.32　UML2.0 接口

构造型的概念在使用 UML 建模工具的时候很有用。建模工具的一个重要特点是具备“字典”的功能，能够跟踪在模型中创建的所有的元素，包括类、用例、构件等。字典只能够对已有的元素和基于这些元素的构造型有效。因此，构造型允许创建一些新的东西并把它们存储到字典中。

当使用 UML 的时候（尤其是使用 UML 建模工具的时候），将会发现 UML 中有很多内建的构造型和预定义的关键字（如<< component >>、<< interface >>等）。

6.2.3　通信图建模技术及应用

对系统动态行为建模，当按组织对控制流建模时，一般使用通信图，与顺序图一样，一个单独的通信图只能显示一个控制流。

使用通信图建模时可以遵循如下策略。

（1）确定交互过程的上下文。

（2）确定参与交互过程的活动者与对象。

（3）如果需要，为每个对象设置初始特性。

(4) 确定活动者、对象之间的链接。一般先确定关联的链接,因为这是最主要的,它代表了结构的链接。然后需要确定其他链接,用合适的路径构造型修饰,这表达了对象间是如何互相联系的。

(5) 从引发该交互过程的初始消息开始,将每个消息附到相应的链接上,可以用带小数点的编号来表达嵌套。

(6) 细化消息内容。比如需要说明时间或空间的约束,可以用适当的时间或空间约束来修饰每个消息。

【例 6-4】 在例 6.1 中有一个汽车与汽车钥匙的例子,本部分以它的场景描述,绘制通信图。

首先,确定属于通信图的元素,即对象: CarKey、CarOwner、Car。

其次,建模这些元素之间的关系,着手建模早起阶段的通信图,在类元之间添加链接和关联角色。例如,CarOwner 按下 CarKey 的按钮表示了 CarOwner 的请求,CarKey 发送消息给 Car,通知 Car 实现其 pressKeyMessage(b)操作。

最后建模实例层的通信图,需要把类角色修改为对象实例,并且制定执行用例的消息序列,如图 6.33 所示。

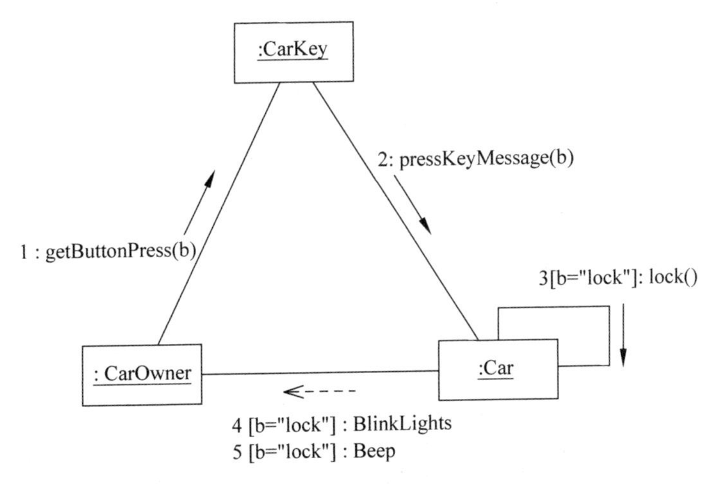

图 6.33 汽车和车钥匙通信图

在开发工具中,顺序图和通信图是可以相互转换的。

【例 6-5】 在例 6.2 顺序图中有一个 ATM 取款的例子,本部分以它的场景描述,绘制通信图,如图 6.34 所示。

【例 6-6】 在例 6.3 中对图书馆管理系统的顺序图进行了建模,在本部分将顺序图转换成对应的通信图。

(1) 图书管理员处理借书通信图

图书管理员处理借书通信图如图 6.35 所示,其与图 6.20 对应的顺序图表述相似,可以相互转换。

(2) 图书管理员处理还书通信图

图书管理员处理还书通信图如图 6.36 所示,其与图 6.21 对应的顺序图表述相似,可以相互转换。

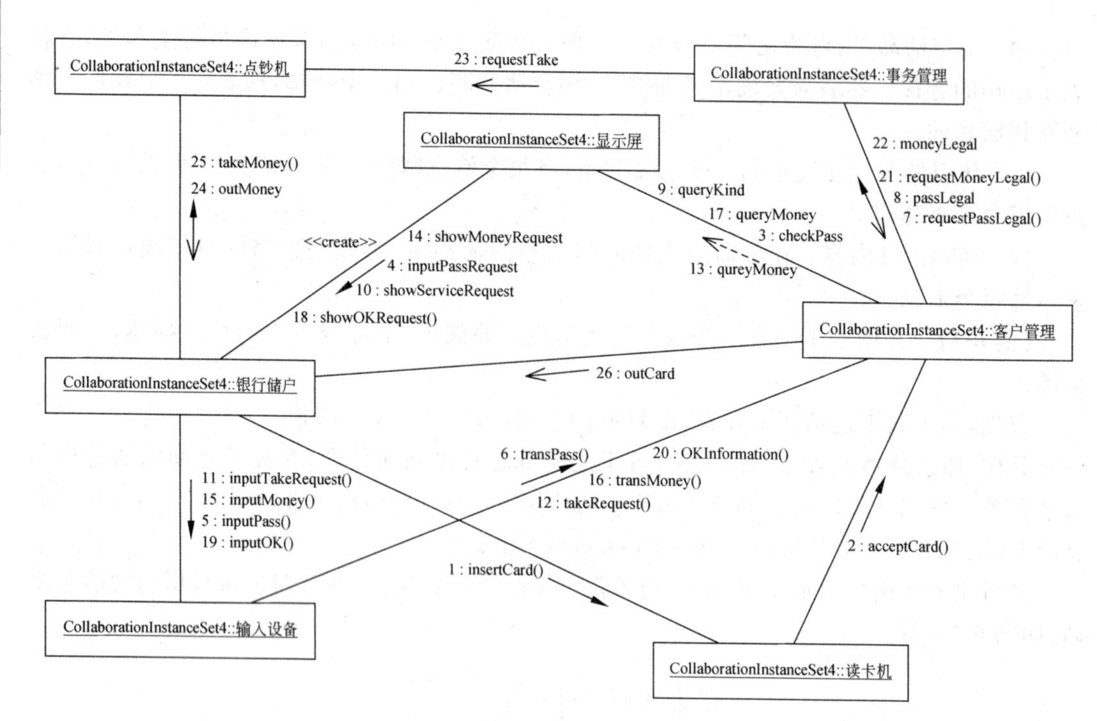

图 6.34　ATM 取款成功通信图

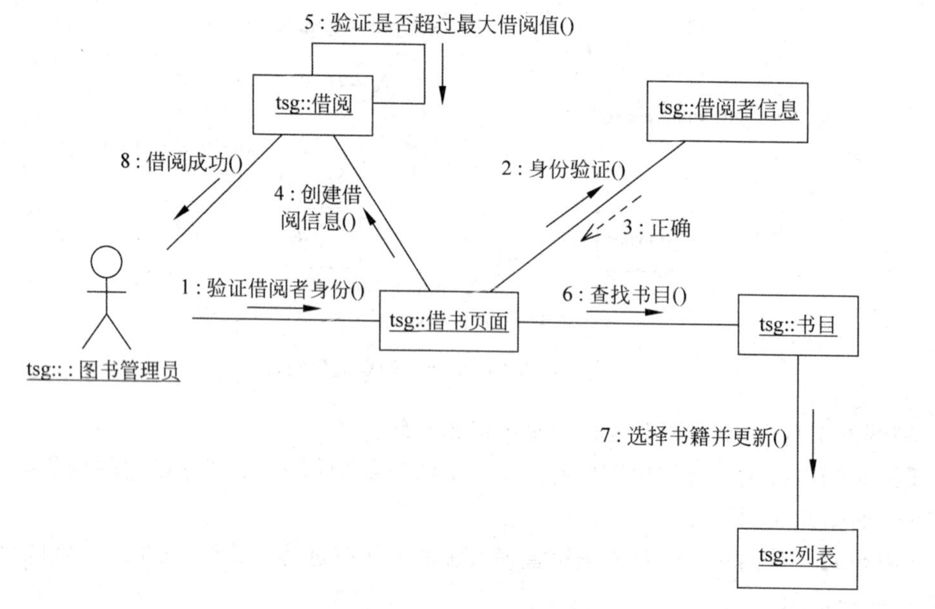

图 6.35　图书管理员处理借书通信图

(3) 借阅者查询书目通信图

阅者查询书目通信图如图 6.37 所示，其与图 6.22 对应的顺序图表述相似，可以相互转换。

(4) 系统管理员添加图书通信图

系统管理员添加图书通信图如图 6.38 所示，其与图 6.23 对应的顺序图表述相似，可以相互转换。

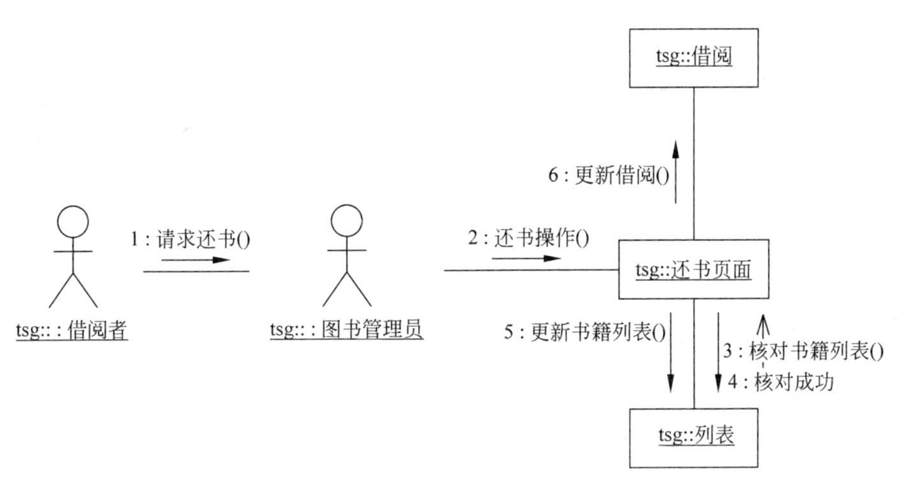

图 6.36　图书管理员处理还书通信图

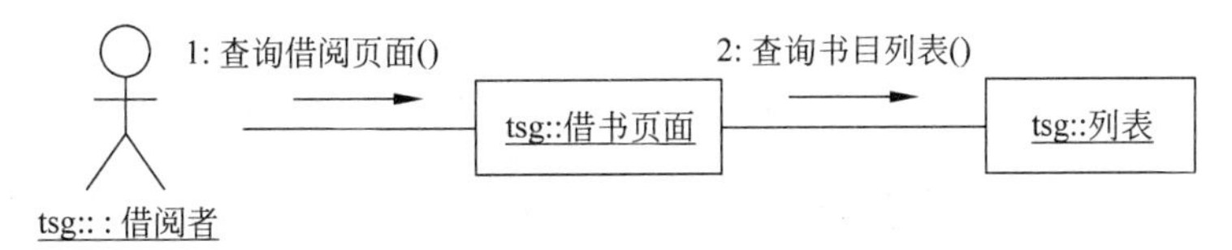

图 6.37　借阅者查询书目通信图

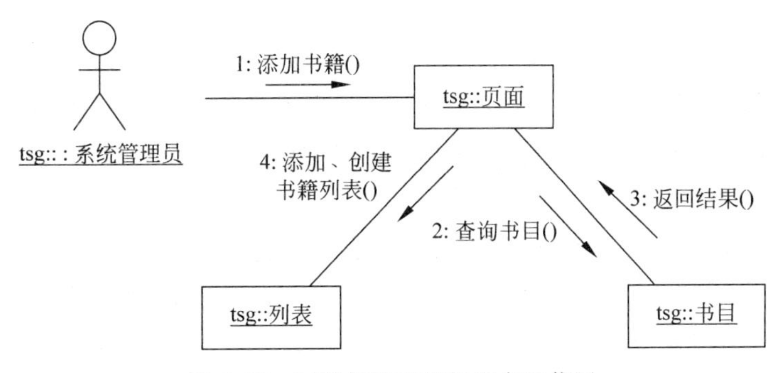

图 6.38　系统管理员添加图书通信图

（5）系统管理员删除书目的通信图

系统管理员删除书目的通信图如图 6.39 所示，其与图 6.24 对应的顺序图表述相似，可以相互转换。

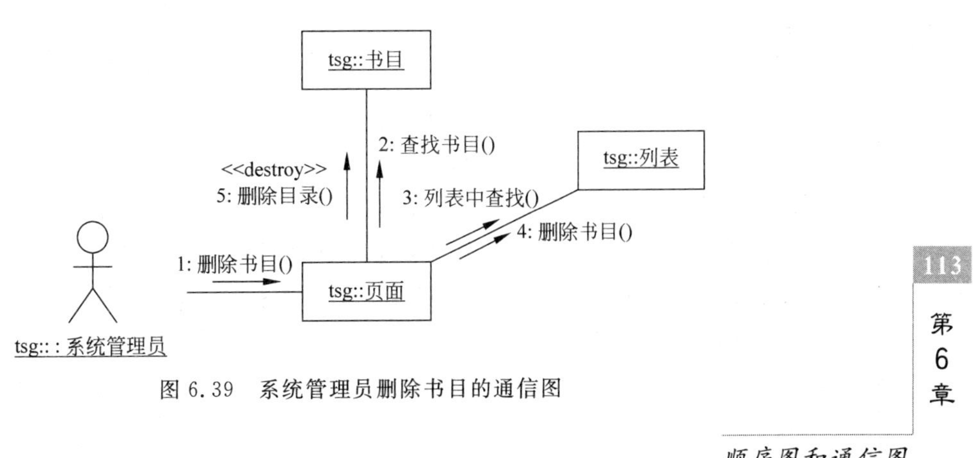

图 6.39　系统管理员删除书目的通信图

(6) 系统管理员添加借阅者账户的通信图

系统管理员添加借阅者账户的通信图如图 6.40 所示,其与图 6.25 对应的顺序图表述相似,可以相互转换。

其中,消息编号用来表示一个消息的时间顺序,通过消息的顺序编号可以更清楚地看出各消息之间的时间顺序,以及相互之间的关系。

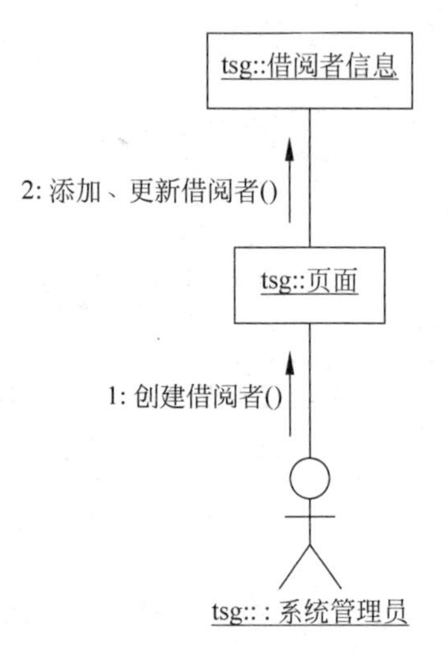

图 6.40　系统管理员添加借阅者账户的通信图

6.2.4　顺序图与通信图的比较

从面向对象的角度来看,系统的功能是由一组对象通过相互发送消息来完成的,顺序图和通信图就是通过描述这样的对象和消息来描述系统的动态行为的。通信图和顺序图作为交互图都表示出了对象间的交互作用,两者都直观地规定了发送对象和接收对象的责任,并且都支持所有的消息类型,在耦合性上两者都可以作为衡量的工具。两者在语义上是等价的,它们之间可以进行相互转换。多数的 UML 工具支持顺序图与通信图之间的相互转换,而不丢失任何信息。也就是只要设计出其中一种图就可以转换成另外一种图。

但是两者在使用及细节上又有所区别,综合起来,两者有以下特点。

顺序图清楚地表示了交互作用中的时间顺序,但没有明确表示对象间的关系。顺序图可以反映对象的生命周期,但是通信图不能。通信图清楚地表示了对象间的关系,但时间顺序必须从顺序号获得。

(1) 侧重点不同。顺序图是强调消息的时间顺序的交互图,图像上是一张表,对象沿 X 轴排列,消息沿 Y 轴按时间顺序排序;通信图是强调发送和接收消息的对象之间的组织结构的交互图,图形上是定点和弧的结合。

(2) 顺序图可以反映对象的创建、激活、销毁等生命周期,通信图没有。

(3) 通信图能反映动作路径,消息必须有顺序号,但是顺序图没有。

在实际应用中,如果需要清楚地表示交互作用中的时间顺序,则应该选择顺序图;如果更注重清楚地表示对象间的关系,则应该选择通信图。顺序图常常用于表示方案,而通信图用于过程的详细设计。

小　　结

UML 顺序图将交互关系表示为一个二维图。纵轴是一个时间轴,时间沿竖线向下延伸。横向轴代表了在协作中各个独立对象的类元角色。类元角色都具有生命线。在对象交互的表示中加入了时间维。在顺序图中,对象位于图的顶部,从上到下表示时间的流逝。每个对象都有一个垂直向下的对象生命线。消息用连接对象生命线之间的带箭头连线代表。

(1) 顺序图用来表示用例中的行为顺序，当执行一个用例行为时，顺序图中的每条消息对应了一个类操作或状态机中引起转换的事件。

(2) 顺序图展示对象之间的交互，这些交互是指在场景或用例的事件流中发生的。

(3) 顺序图的重点在消息序列上，也就是说，描述消息是如何在对象间发送和接收的、表示对象之间传送消息的时间顺序。

(4) 浏览顺序图的方法是从上到下查看对象间交换的消息。

顺序图可供不同种类的用户使用，用户可以从顺序图中看到业务过程的细节；分析人员可以从顺序图中看到处理流程；开发人员可以看到需要开发的对象和对这些对象的操作；软件测试工程师可以看到过程的细节，并根据这个过程开发测试案例。

通信图是表达顺序图中所有信息的另一种 UML 图。通信图和顺序图是语义等价的。尽管如此，这两种图在建立系统的模型时都很有用。顺序图是按照时间组织，通信图是按照对象之间的联系组织。

通信图展示了对象和对象之间的关联，还展示了对象之间的消息传递。链接旁的消息箭头代表一个消息，带有编号的标签显示出消息的内容，消息前的序号代表消息发送的时间顺序。

条件的表示与在顺序图中相同——将条件表达式用方括号括起来加在图中。消息之间有从属关系。通信图中的消息序号命名方案与技术文章中的标题和子标题的命名类似——使用圆点来说明嵌套的层次。

通信图中可以表示出一个对象按照指定的次序(或无次序)向一组对象发送消息。还可以表示拥有消息控制流的主动对象，以及消息之间的同步。

习　　题

1. 顺序图由角色、对象、生命线、激活和(　　)组成。
   A. 关系　　B. 消息　　C. 用例　　D. 实体
2. 顺序图中消息有几种类型?
3. 返回消息是必需的吗?
4. 顺序图中的消息顺序号是必需的吗?
5. 在顺序图和通信图中，分别应该如何表示“循环”结构?
6. 通信图由哪些基本元素组成? 各有什么含义?
7. 顺序图和通信图有什么关联?
8. 关于通信图的描述，下列哪个不正确?(　　)
   A. 通信图作为一种交互图，强调的是参加交互的对象的组织
   B. 通信图是顺序图的一种特例
   C. 通信图中有消息流的顺序号
   D. 在 StarUML 工具中，通信图可在顺序图的基础上转换生成
9. 一个对象和另一个对象之间，通过消息来进行交互。消息交互在面向对象的语言中即(　　)。
   A. 方法实现　　B. 方法嵌套　　C. 方法调用　　D. 方法定义

10. UML 中，对象行为是通过交互来实现的，是对象间为完成某一目的而进行的一系列消息交换。消息序列可用两种图来表示，分别是(　　)。

A. 状态图和顺序图　　B. 活动图和通信图
C. 状态图和活动图　　D. 顺序图和通信图

第7章 状态机图和活动图

状态机图和活动图，用于UML中建立动态模型，主要描述系统随时间变化的行为，这些行为是用从静态视图中抽取的系统的瞬间值的变化来描述的。在对象的生命期建模中，状态机图和活动图都是有用的。一个状态机图显示了一个状态机，展示的是单个对象内从状态到状态的控制流。状态机图通过对类的对象的生存周期建立模型来描述对象随时间变化的动态行为。活动图是一种特殊形式的状态机，用于对计算机流程和工作流程建模。活动图从本质上说是一个流程图，展现跨过不同的对象从活动到活动的控制流。与传统的流程图不同的是，活动图能够展示并发和控制分支。

- 状态机图的基本概念
- 状态机图的应用
- 活动图的基本概念
- 活动图的应用

7.1 状态机图

7.1.1 状态机图概述

状态机图是系统分析的常用工具之一，它通过建立类对象的生存周期模型来描述对象随时间变化的动态行为。

所有对象都有状态，状态是对象执行了一系列活动的结果，当某个事件发生后，对象的状态将发生变化。对象从产生到结束，可以处于一系列不同状态。在任一给定的时刻，一个对象总是处于某一特定的状态。例如，一个人的成长过程按年龄可以是新生儿、婴儿、儿童、少年、青年、中年和老年人。一个电灯可以处于开或关状态。一台洗衣机可以处于浸泡、洗涤、漂洗、脱水或者关机等状态。

UML状态机图中的状态是指在对象的生命周期中满足某些条件、执行某些活动或等待某些事件时的一个条件或状况。状态用圆角矩形表示，初态(Initial States)用实心圆点表示，终态(Final States)用圆形内嵌圆点表示。

状态机图由状态、转换、事件、活动和动作 5 部分组成，是展示状态与状态转换的图。通常一个状态机图依附于一个类，并且描述一个类的实例。状态机图包含一个类的对象在其生命周期期间的所有状态的序列以及对象对接收到的事件所产生的反应。它是状态节点通过转移连接的图，描述了一个特定对象的所有可能状态，以及由于各种事件的发生而引起状态之间的转移。大多数面向对象技术都使用状态机图来描述一个对象在其生命周期中的行为。图 7.1 显示了图书馆中图书对象的状态机图。

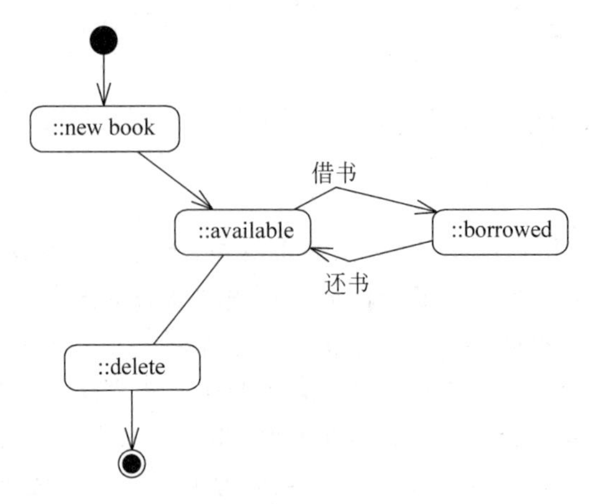

图 7.1　图书馆书籍的状态机图

一个图书对象从它的起始点开始，首先是“新书”状态(new book)，然后是“可以借阅”(available)的状态，如果有读者将书借走，则该书的状态为“已借出”状态(borrowed)，如果图书被归还图书馆，图书的状态又变为“可以借阅”状态。图书馆如果放弃该图书对象的收藏，则图书对象处于“删除”状态(delete)，最后到达“终止”状态。

状态机图用初始状态表示对象创建时的状态，每一个状态机图只有一个初始状态，用实心圆点表示。每一个状态机图可能有多个终止状态，用一个实心圆外加一个圆圈表示。

培训班招生“开始”后有学员“注册”，学期开始后“开始上课”，当课程结束经过“期终考”后，培训班结束，进入“终态”。第二种可能是“注册”的学员都取消了注册，培训班也进入结束状态。第三种情况是学员“注册”，学期开始后“开始上课”，学员有中途退学的，图的中心有一个判断点，如果有学员退学，则需要判断是否还有学员继续学习：如果还有，则培训班继续，否则只好被迫停止。一个培训班的状态机图如图 7.2 所示。

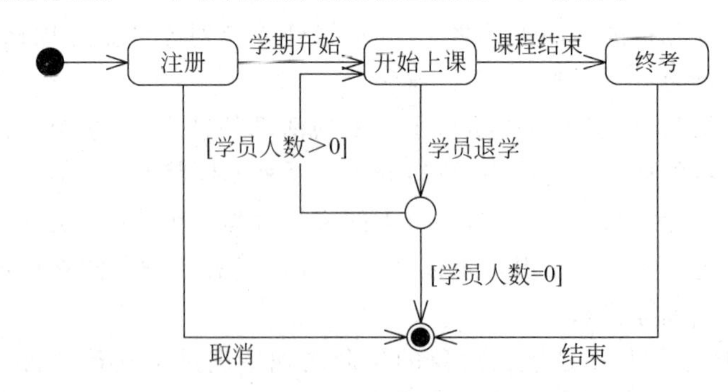

图 7.2　培训班状态机图

7.1.2 状态机图的基本元素

通常创建一个 UML 状态机图是为了研究类、角色、子系统或组件的复杂行为。状态机图用于显示状态机、使对象达到这些状态的事件和条件，以及达到这些状态时所发生的操作。是描述一个实体基于事件反应的动态行为，显示了该实体如何根据当前所处的状态对不同的事件做出反应的。状态之间的过渡事件(Event)，对应对象的操作。事件有可能在特定的条件下发生，在 UML 中这样的条件称为警戒条件(Guard Condition)。发生事件时的处理称为动作(Action)。从一个状态到另一个状态之间的连线称为转移(Transitions)。状态机图通常包含如下内容。

1. 状态

状态定义对象在其生命周期中的条件或状况。

2. 转换

对象的状态之间的转移叫转换，它包括事件和动作。

7.1.3 状态

一个对象的状态可能包含子状态或其他一些更加详细的内容。具体由以下 5 个部分组成：名称、进入/退出动作、内部转换、子状态和延迟事件。

1. 名称

名称(name)是将一个状态与其他状态区分开来的文本字符串；状态也可能是匿名的，这表示它没有名称。

2. 进入/退出动作

进入/退出动作(entry/exit action)表示进入/退出这个状态所执行的动作。入口动作的语法是 entry/执行的动作；出口动作的语法是 exit/执行的动作。每当进入或退出状态时，进入和退出操作将分别允许发出同一操作。这可以通过进入和退出操作来顺利地完成，而不必明确地将操作放在每个输入或输出转移上。动作与一个转移相关联，在较少的时间内完成，其操作具有原子性，也可以是动作序列，通常发生于状态的初始化、进入和退出时。进入和退出操作可能没有实参或警戒条件。位于模型元素的状态机顶层的进入操作可能具有特定的参数，这些参数代表了在创建该模型元素时状态机所接收到的实参。

3. 内部转换

内部转移(Internal Transition)使事件可以在不退出状态的情况下在状态内得到处理，从而可避免触发进入或退出操作。定义内部转换的原因是有时候入口/出口动作显得是多余的。例如，某状态的入口/出口分别是打开/关闭某文件，但如果用户仅仅是想更改该文件的文件名，那么，这里所定义的入口/出口动作显得多余，这时就可以使用内部转换，而不触发入口/出口动作的执行。内部转移可能会有带参数和警戒条件的事件，它们所代表的基本上是中断处理程序。

4. 子状态

UML 状态机图中嵌套在另外一个状态中的状态称为子状态(Sub State)，简单状态是没有子结构的状态。具有子状态(嵌套状态)的状态被称为组合状态。子状态可能被嵌套到任意级别。嵌套的状态机最多可能有一个初始状态和一个终止状态。

图书馆信息系统的图书查询的子状态如图 7.3 所示。

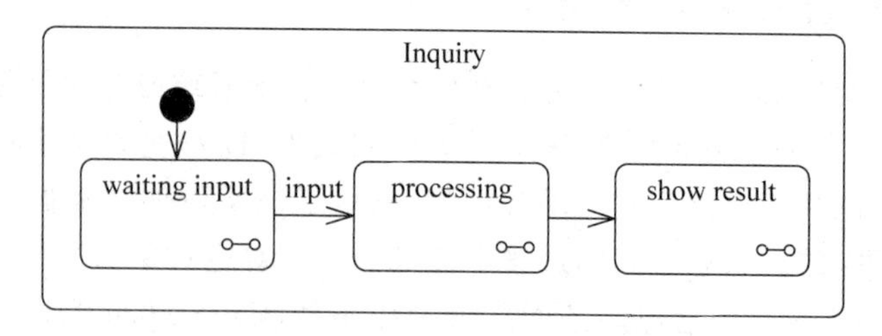

图 7.3 图书馆信息系统的图书查询的子状态

当人们通过计算机网络查询图书馆中某图书的有无时，需要在查询的客户端输入查询条件，客户端的查询状态又可以分成三个子状态：发送查询条件信息给主机服务器、等待查询结果和显示查询结果。

图 7.4 显示了 ATM 机处理过程(Active)的组合状态(复合状态)。

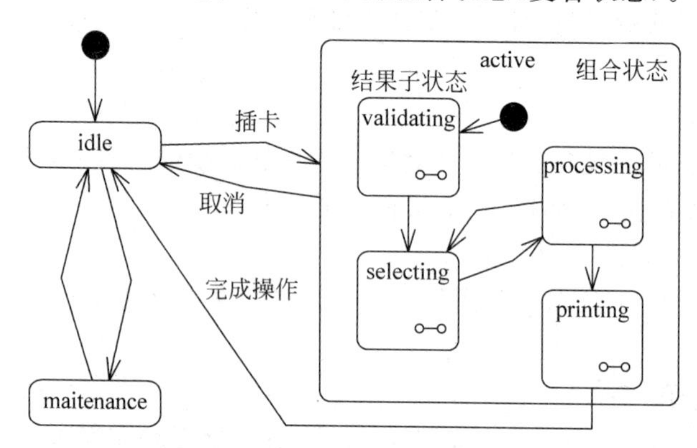

图 7.4 ATM 程序处理的组合状态

在使用 ATM 机的过程中，从"开始"ATM 机处于"空闲状态"(Idle)，当插入银行卡后，进入"处理过程"(Active)，处理结束后，返回"空闲状态"。"处理过程"状态是组合状态，包含 4 个子状态：银行卡验证(Validating)、选择项目(Selecting)、开始处理(Processing)和结果打印(Printing)。

转移的源状态是包含复合状态之外的源状态，其目标状态可能是复合状态或子状态。如果其目标状态是复合状态，嵌套的状态机就必须包括一个初始状态，在进入复合状态之后并在发出它的进入操作(如果有)之后，控制权将被传递给该初始状态。如果其目标状态是嵌套状态，那么，在发出复合状态的进入操作(如果有)并发出嵌套状态的进入操作(如果有)后，控制权将被传递给该嵌套状态。

从复合状态出发的转移可能会以复合状态或子状态作为它的源状态。在这两种情况下，控制权先离开嵌套状态(并在可能的情况下发出它的退出操作)，然后离开复合状态(并在可能的情况下发出它的退出操作)。其源状态为复合状态的转移基本上会中断嵌套状态机的活动。

除非另有指定，当转移进入复合状态时，嵌套状态机的操作将从初始状态开始重新执行(除非转移直接以子状态为目标)。历史状态使状态机可以重新进入在它退出复合状态之前的最后一个活动子状态。图 7.5 显示了如何使用历史状态的示例。

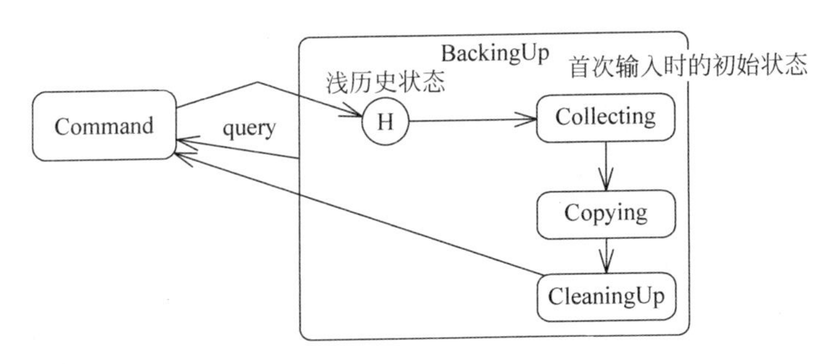

图 7.5　历史状态

1）顺序子状态

顺序子状态(Sequence Substate)顾名思义是按照顺序一个接着一个出现。如果一个复合状态的子状态对应的对象在其生命期内任何时刻都只能处于一个子状态，即不会有多个子状态同时发生的情况，这个子状态就叫顺序子状态。

分析子状态机图形用户界面(GUI)的"工作"状态(Working)，可以得到以下的状态序列。

(1) 等待用户输入，简单记为"等待"状态(Awaiting User Input)。

(2) 登记用户输入，简单记为"注册"状态(Registering User Input)。

(3) 显示用户输入，简单记为"显示"状态。

用户输入触发了从"等待"状态到"注册"状态的转移。"注册"状态内的活动引起了图形用户界面(GUI)到"显示"状态的转移。

图 7.6 说明了在图形用户界面(GUI)的"工作"状态中的顺序子状态。

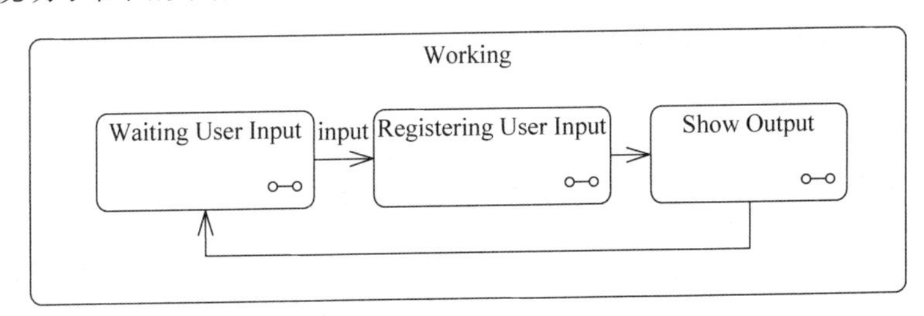

图 7.6　GUI 的 Working 状态中的顺序子状态

2）并发子状态

所有这些与前面的顺序子状态的转移同时进行。尽管每个状态序列是一组顺序子状态，但是两个状态序列之间是并发关系。并发子状态(Concurrent Substate)之间用虚线隔开，表示状态序列之间是并发关系。

图 7.7 显示了图形用户界面(GUI)处于"工作"状态时的子状态

在处于"工作"状态时，图形用户界面(GUI)并不是仅等待用户的输入。它还要监视系统的时钟或者有时定期更新应用程序的界面显示。例如，一个应用程序可能包括一个屏幕时钟，它的图形用户界面 GUI 需要定期被更新。

5. 延迟事件

延迟事件(Deferred Event)是其处理过程被推迟的事件，它们的处理过程要到事件不被延迟的状态被激活时才会执行。当该状态被激活时，将触发该事件，同时可能导致转移(好

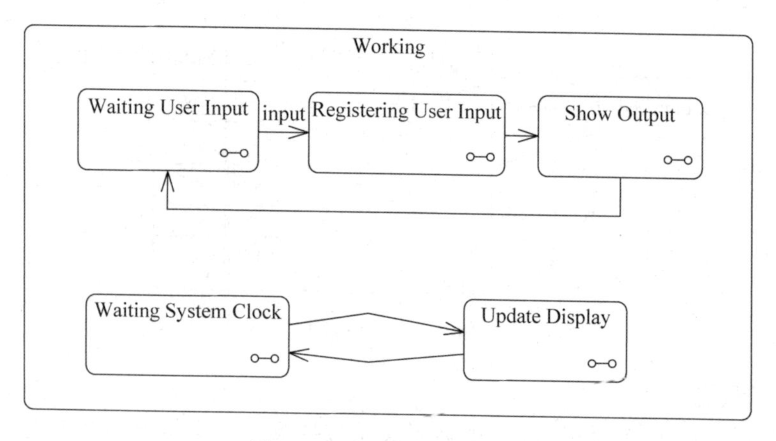

图 7.7 GUI 的并发子状态

像该事件刚刚发生)。要实施延迟的事件,需要有事件的内部队列,也就是延迟事件的一个列表,如果事件已发生但被列为延迟,它就会被添加到队列中。队列中的事件当前状态下不会处理。当对象进入了不会使事件延迟的状态时,将立即从该队列中取出这些事件。对于这些被延迟的事件,可以使用状态的延迟事件来建模。

7.1.4 转换

UML 状态机图中转换是两个状态之间的一种关系,表示对象将在源状态(Source State)或当前状态中执行一定的动作,并在某个特定事件发生而且某个特定的警界条件满足时进入目标状态。

转换是由如下 5 部分组成:源状态、触发事件、监护条件、动作和目标状态。

1. 源状态

转换是指状态机从一个状态到另外一个状态的转换,这种转换要接受触发事件或满足监护条件才能完成。对象在被激发前所处的状态就是转换的源状态。

2. 触发事件

转换的触发事件就是引起转变的事件,是转移的诱因,可以是一个信号、事件、条件变化和时间表达式。一个信号或调用可以带有参数,参数值可以由监护条件和动作的表达式的转换得到。

3. 监护条件

当转移的触发事件发生时,将对监护条件进行求值。监护条件是一个方括号括起来的布尔表达式,它被放在触发条件的后面。只要监护条件不重叠,就可能会有来自同一源状态并具有同一事件触发器的多个转移。在事件发生时,只为转移进行一次监护条件求值。如果值是“真”,则触发事件使转移有效。如果值是“假”,则不会引起转移。该布尔表达式可能会引用对象的状态。

4. 动作

当转换发生时,它对应的动作被执行。它是一个可执行的原子操作,也就是说动作是不可中断的,其执行时间是可忽略不计的。动作包括操作调用、向一个对象发送信号和另外一个对象的创建或撤销。它可以是包含一系列简单动作的动作序列。

5. 目标状态

转换使对象从一个状态转换到另一个状态。当转换完成后，对象的状态发生了变化，这时所处的状态就是转换的目标状态。在图形上，源状态和目标状态不同于初始状态和终止状态。源状态位于表示转换的箭头的起始位置的状态，目标状态位于表示转换的箭头所指的那个状态。

图 7.8 显示了状态机图中转换的 5 种元素构成。

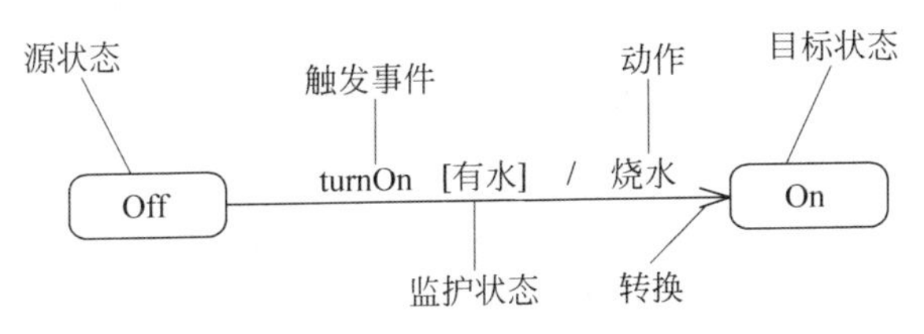

图 7.8 状态机图转换的元素

在用电磁炉烧开水的过程中，水的状态由源状态"Off"(不沸腾)转换为目标状态的"On"(沸腾)时，水壶中"有水"就是其监护条件，开启电源开关"turnOn"是其触发事件，进行"烧水"是状态转换的动作。

7.1.5 状态机图的建模技术及应用

状态机图用于对系统的动态方面建模。动态方面是指出系统体系结构中任一对象按事件排序的行为，这些对象可以是类、接口、组件和节点。当使用状态机图对系统建模时，可以在类、用例、子系统或整个系统的语境中使用状态机图，对类、用例和系统实例的行为建模。

状态机图表示某个类所处的不同状态和该类的状态转换信息。虽然每个类都有状态，但在系统活动期间仅对具有三个或更多潜在状态的类才画一个状态机图，进行状态机图描述。用状态机图对一个对象按事件排序的方法建模，状态机图是强调从状态到状态的控制流的状态机的简单表示。

根据状态机图在 UML 中的定义，使用状态机图的最常见的是对反应型对象，尤其是对类、用例或整个系统的实例的行为建模。反应型对象是指这个对象可能处于的稳定状态、从一个状态到另一个状态之间的转换所需的触发事件，以及每个状态改变时发生的动作。反应型对象具有如下的特点。

(1) 响应外部事件，即来自对象语境外的事件；

(2) 具有清晰的生命期，可以被建模为状态、迁徙和事件的演化；

(3) 当前行为和过去行为存在着依赖关系；

(4) 在对事件做出反应后，它又变回空闲状态，等待下一个事件。

使用状态机图对系统反应型对象建模时，应遵循如下策略。

(1) 选择状态机的语境(即建模对象)，不管它是类、用例或是整个系统。

(2) 选择这个对象的初态和终态。为了指导模型的剩余部分，可能要分别地说明初态和终态的前置条件和后置条件。

(3) 考虑对象可能在其中存在一段时间的条件，以决定该对象所在的稳定状态。从这个对象的高层状态开始，然后考虑它的可能的子状态。

(4) 在对象的整个生命周期中,决定稳定状态的有意义的顺序。

(5) 决定可能触发从状态到状态的转换的事件。将这些事件建模为触发者,它触发从一个合法状态序列到另一个合法状态序列的转换。

(6) 把动作附加到这些转换上,并且附加到这些状态上。

(7) 考虑通过使用子状态、分支、汇合和历史状态,来简化状态机图。

(8) 核实所有的状态都是在事件的某种组合下可达的。

(9) 核实不存在死角状态,即不存在那种不能转换出来的状态。

(10) 通过手工或通过使用工具跟踪状态机,核对所期望的事件序列以及它们的响应。

状态机图中的多数状态是活动状态,而且所有或多数转换是由源状态中的活动完成所触发的。状态机图显示的是从状态到状态的控制流。状态机图的符号集包括 5 个基本元素:初始起点,它使用实心圆来绘制;状态之间的转换,它使用具有开箭头的线段来绘制;状态,它使用圆角矩形来绘制;判断点,它使用空心圆来绘制;以及一个或者多个终止点,它们使用内部包含实心圆的圆来绘制。要绘制状态机图,首先绘制起点和一条指向该类的初始状态的转换线段。状态本身可以在图上的任意位置绘制,然后只需使用状态转换线条将它们连接起来。

绘制状态机图的理想步骤是:寻找主要的状态,确定状态之间的转换,细化状态内的活动与转换,用复合状态来展开细节。

图 7.9 显示了拨打电话工作的行为建模的过程。

首先,确定主要的状态,在这里电话开机时,处于空闲状态,当用户拨号呼叫某人时,话机进入拨号状态。如果呼叫成功则电话接通,电话处于通话状态,如果呼叫不成功,拨号失败,这时话机重新回到空闲状态。话机在空闲状态被呼叫,进入响铃状态。如果用户摘机接听电话,话机处于通话状态。完成通话挂机后话机回到空闲状态。如果用户没有摘机则话机处于继续响铃状态。如果用户拒绝来电,话机回到空闲状态。因此,拨打电话的过程可以总结出 4 个状态,即空闲、拨号、通话和响铃。

其次,确定拨打电话时的状态转换,如表 7.1 所示。

表 7.1　拨打电话状态转换表

出发状态	动　作	到达状态
空闲(idle)	拨号	拨号
空闲(idle)	来电	响铃
拨号(dialing)	拨号失败	空闲
拨号(dialing)	拨号成功	通话
通话(talking)	挂机	空闲
响铃(ringing)	摘机	通话
响铃(ringing)	无人接听	响铃
响铃(ringing)	拒接来电	空闲

根据状态的转换,画出状态转换图,如图 7.9 所示。

图 7.10 显示了航班机票预订系统的状态机图的建模过程。

首先,确定主要的状态:显然包括的状态主要有在刚确定飞机计划时,显然是没有任何预订的,并且在有人预订机票之前都将处于这种“无预订”状态。对订座而言显然有“部分预

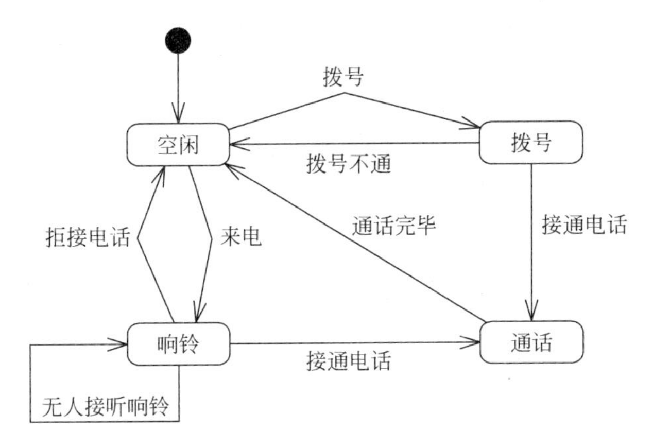

图 7.9　拨打电话工作的行为建模

订”和“预订完”两种状态。而当航班快要起飞时，显然要“预订关闭”。总结一下，主要有4种状态：无预订、部分预订、预订完以及预订关闭。

其次，确定状态间转换，见表7.2。

表 7.2　航班预订状态转换表

源目标	无预订	部分预订	预订完	预订关闭
无预订		预订()	不直接转换	关闭()
部分预订	退订(),使预订人=0		预订(),无空座	关闭()
预订完	不直接转换	退订()		关闭()
预订关闭	无转换	无转换	无转换	

根据表7.2，画出如图7.10所示航班预订状态机图。

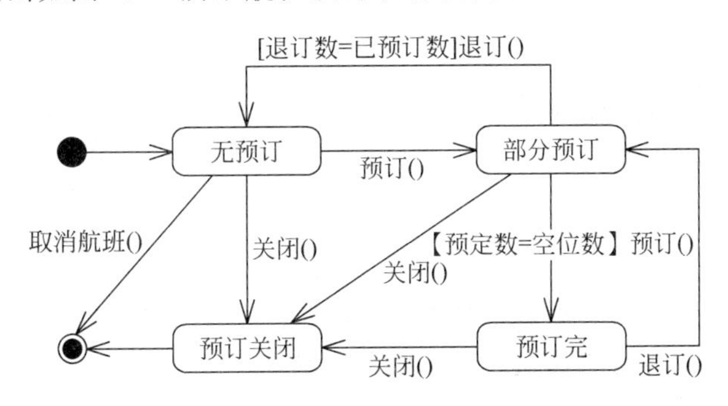

图 7.10　航班预订状态机图

图7.11显示了网上银行登录系统状态机图建模过程。登录要求提交个人社会保险号(SSN)和密码(PIN)经验证有效后登录成功。

首先，确定状态机图中的主要状态。登录过程包括以下状态：初态(Initial State)、获取社会保险号状态(Getting SSN)、获取密码状态(Getting PIN)、验证状态(Validating)、拒绝状态(Rejecting)和终态(Final State)。

其次，确定状态间转换，见表7.3。

表 7.3　网上银行登录系统状态转换表

出发状态	动　　作	到达状态
Initial State	移动鼠标到 SSN	Getting SSN
Getting SSN	按非 Tab 键，显示输入内容	Getting SSN
Getting SSN	按 Tab 键，或移动鼠标到 BIN	Getting PIN
Getting SSN	提交	Validating
Getting PIN	按非 Shift＋Tab 键，显示“ * ”	Getting PIN
Getting PIN	按 Shift＋Tab 键，或移动鼠标到 SSN	Getting SSN
Getting PIN	提交	Validating
Validating	验证提交信息有效，状态转移	Final State
Validating	验证提交信息无效，显示错误信息	Rejecting
Rejecting	退出	Final State
Rejecting	重试，清除无效的 SSN，PIN	Getting SSN

最后，根据表 7.3 网上银行登录系统状态转换表提供的状态的转换规律画出状态转换图，见图 7.11。

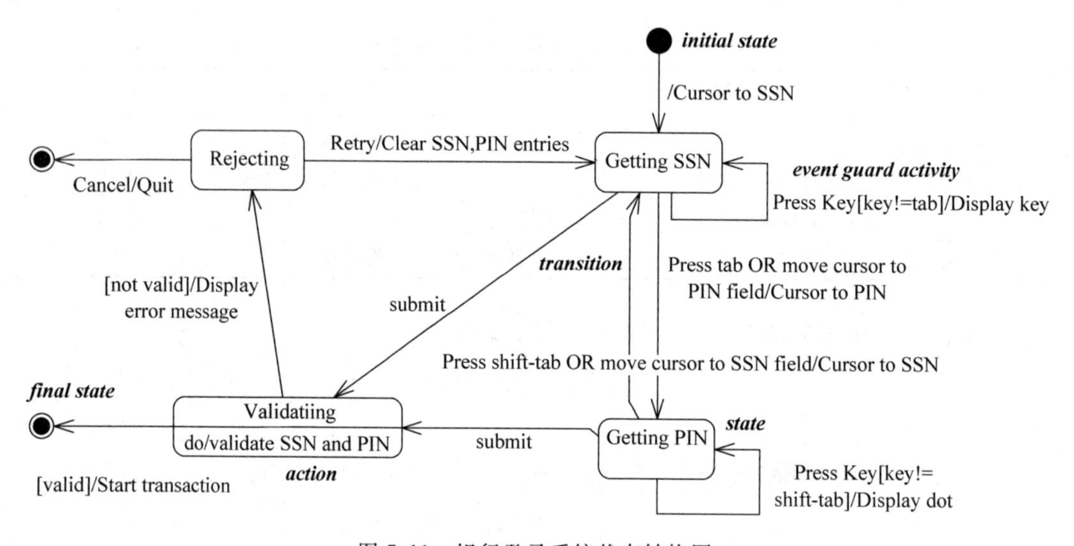

图 7.11　银行登录系统状态转换图

对对象生命周期建模：主要描述对象能够响应的事件、对这些事件的响应及过去对当前行为的影响。对反应型对象建模：这个对象可能处于的稳定状态、从一个状态到另一个状态之间的转换所需的触发事件，以及每个状态改变时发生的动作。状态机图既可以用来表示一个业务领域的知识，也可以用来描述设计阶段对象的状态变迁。

7.2　活　动　图

7.2.1　活动图概述

状态机是展示状态与状态转换的图。状态机有两种可视化的建模方式，分别为活动图和状态机图。在用例模型中，可以利用文本来描述用例的业务流程，但如果业务流程较为复杂，则可能会难以阅读和理解，这时需要用更加容易理解的方式(图形)来描述业务过程的工作流，在UML中将这类描述活动流程的图形称为活动图(Activity Diagram)。

需要说明的是动作(Action)与活动(Activity)的区别。动作与一个转移相关联，在较少的时间内完成，其操作具有原子性，通常发生于状态的初始化、进入和退出时。活动指一个状态机中进行的非原子的执行单元，它由一系列的可执行的原子计算组成，这些原子计算会导致系统状态的改变或返回一个值。活动与一个状态关联，当一个状态进入时开始，需要一段时间执行，可以被中断。

活动图被设计用于简化描述一个过程或者操作的工作步骤。活动用圆角矩形表示，接近椭圆。一个活动中的处理一旦完成，则自动引起下一个活动的发生。箭头表示从一个活动转移到下一个活动。和状态机图类似，活动图中的起点用一个实心圆表示，终点用一个实心圆外加一个圆圈表示。在一个活动图中，只有一个起始状态，可以有零个或多个终止状态。

图7.12的活动图说明了起点、终点、两个活动和转移的表示法。

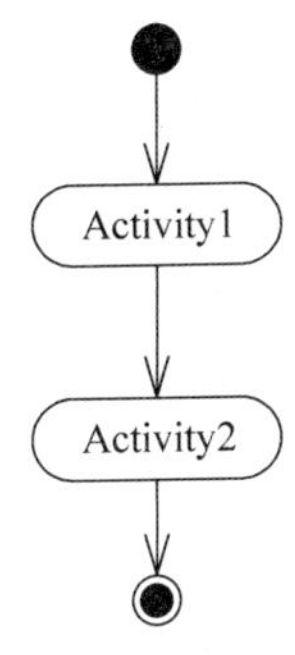

图7.12 从一个活动转移到另一个活动

活动图表示在处理某个活动时，两个或者更多类对象之间的过程控制流。它用来描述采取何种动作、做什么(对象状态改变)、何时发生(动作序列)及何处发生(泳道)。活动图可用于在业务单元的级别上对更高级别的业务过程进行建模，或者对低级别的内部类操作进行建模。活动图可以用作以下目的。

(1) 描述一个操作执行过程中所完成的工作(动作)，这是活动图最常见的用途。

(2) 描述对象内部的工作。

(3) 显示如何执行一组相关的动作，以及这些动作如何影响它们周围的对象。

(4) 显示用例的实例如何执行动作以及如何改变对象状态。

(5) 说明一次业务流程中的人(参与者)和对象是如何工作的。

7.2.2 活动图的基本元素

活动图的符号集与状态机图中使用的符号集类似。像状态机图一样，活动图也从一个连接到初始活动的实心圆开始。活动是通过一个圆角矩形(活动的名称包含在其内)来表示的。活动可以通过转换线段连接到其他活动，或者连接到判断点，这些判断点连接到由判断点的条件所保护的不同活动。结束过程的活动连接到一个终止点(就像在状态机图中一样)。活动图中的基本要素包括状态、转移、分支、分叉和汇合、泳道、对象流等。

7.2.3 动作状态

对象的动作状态是活动图中最小单位的构造块，表示原子动作。动作状态有以下三个特性。

(1) 原子性：即不能被分解成更小的部分。

(2) 不可中断性：即一旦开始就必须运行到结束。

(3) 瞬时性：即动作状态所占用的处理时间通常是极短的，甚至是可以被忽略的动作状态，使用带圆端的方框表示，如图 7.13 所示。

活动

图 7.13　动作状态机图示

7.2.4　活动状态

动作状态表示的是不可分割的原子动作，而活动状态则不同，它表示的是可以分割的动作。特点是：它可以被分解成其他子活动或动作状态，它能够被中断，占有有限的时间。活动状态可以理解为一个组合，它的控制流由其他活动状态或动作状态组成。

在 UML 中，动作状态和活动状态的图标没有什么区别，都是圆端的方框。只是活动状态可以有附加的部分，如可以指定入口动作、出口动作、动作状态以及内嵌状态机。

7.2.5　转移

转移是两个状态间的一种关系，表示对象将在当前状态中执行动作，并在某个特定事件发生或某个特定的条件满足时进入后继状态。在 UML 中用一条简单的带箭头的直线表示一个转移。箭头上可以带有监护条件表达式。

图 7.14 显示了打电话的过程中状态的转移。

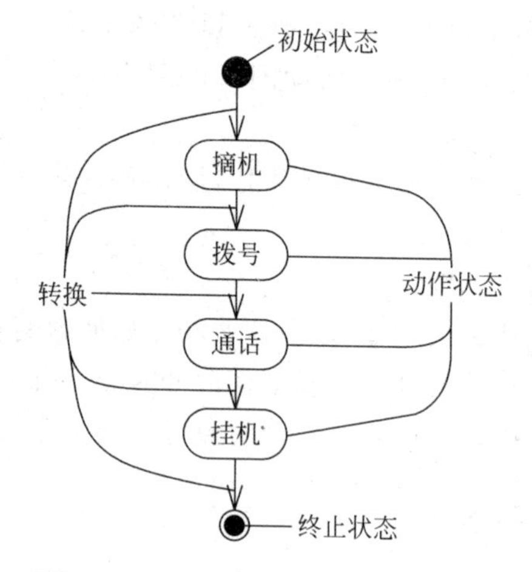

图 7.14　打电话活动图中状态的转移

7.2.6　分支

分支用于描述基于某个条件的可选择路径。一个分支可以有一个进入转移和两个或多个输出转移。在每条输出转移上都有监护条件表达式保护，当且仅当监护条件表达式为真时，该输出路径才有效。在所有输出转移中，其监护条件不能重叠，而且它们应该覆盖所有的可能性。UML 活动图中的分支用菱形表示。

图 7.15 显示了图书馆管理系统中需要提供对用户信息的修改功能。

当“输入读者姓名”后“从读者名册中查找读者信息”对读者用户信息进行查询的时候，符合查询条件的读者信息得到显示，可以根据权限开始“编辑读者信息”和“保存读者信息”

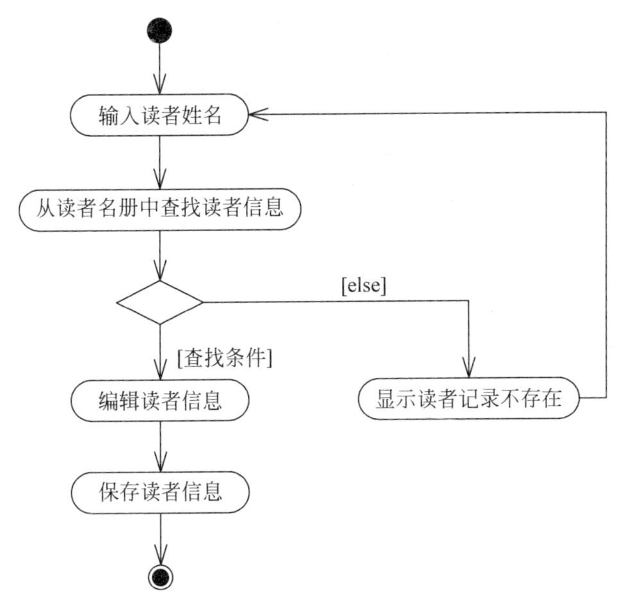

图 7.15　用户信息修改功能活动图

完成对读者信息的修改功能。如果不符合条件查询不到读者的信息，则“显示读者记录不存在”，返回查询的输入页面，重新进行查询工作。

7.2.7　分叉和汇合

对象在运行时可能会存在两个或多个并发运行的控制流，为了对并发的控制流建模，UML 中引入了分叉与汇合的概念。分叉用于将动作流分为两个或多个并发运行的分支，而汇合则用于同步这些并发分支，以达到共同完成一项事务的目的。

在 UML 中使用分叉和汇合表示并行发生的事件流。分叉表示把一个单独的控制流分成两个或多个并发的控制流。一个分叉可以有一个进入转移和两个或多个输出转移，每一个转移表示一个独立的控制流。汇合表示两个或多个并发控制流的同步发生，一个汇合可以有两个或多个进入转移和一个输出转移。分叉和汇合应该是平衡的。分叉和汇合在图形上都使用同步条来表示，同步条通常用一条粗的水平线表示。

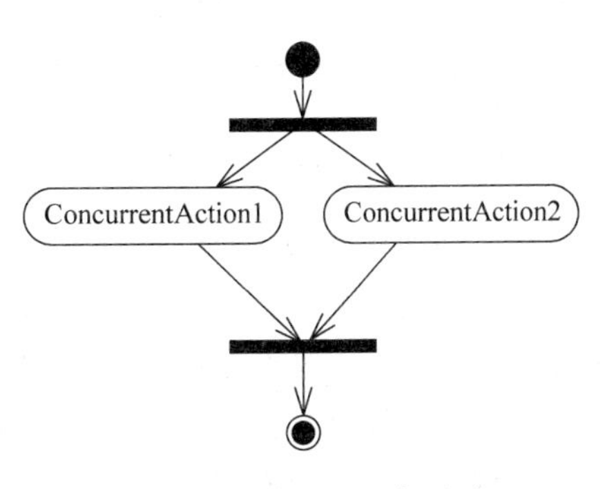

图 7.16　分叉和汇合图示

图 7.16 显示了分叉和汇合的图示。

7.2.8　泳道

泳道将活动图中的活动划分为若干组，并把每一组指定给负责这组活动的业务组织，即对象。每一组表示一个特定的类、人或部门，他们负责完成组内的活动。在活动图中，泳道区分了负责活动的对象，它明确地表示了哪些活动是由哪些对象进行的。在包含泳道的活动图中，每个活动只能明确地属于一个泳道。泳道用于表示实际执行活动的对象。

泳道是用垂直实线绘出，垂直线分隔的区域就是泳道。在泳道的上方可以给出泳道的名字或对象的名字，该对象负责泳道内的全部活动。泳道没有顺序，不同泳道中的活动既可以顺序进行也可以并发进行，动作流和对象流允许穿越分隔线。

图 7.17 显示了活动图的两个泳道。

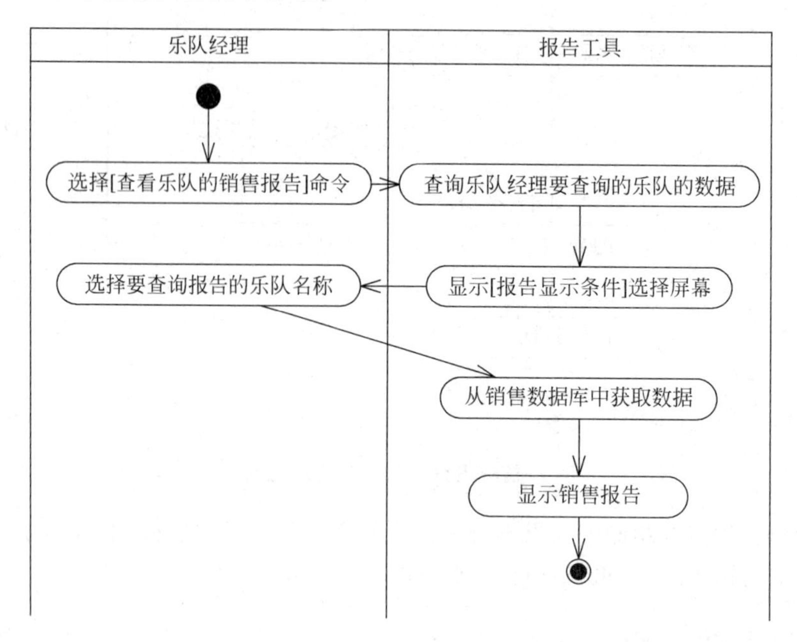

图 7.17 泳道图示

有两个对象控制着各自的活动：乐队经理和报告工具。整个过程首先从乐队经理选择查看他的乐队销售报告开始。然后报告工具检索并显示它管理的所有乐队，并要求它从中选择一个乐队。在乐队经理选择一个乐队之后，报告工具就检索销售信息并显示销售报告。该活动图表明，显示报告是整个过程的最后一步。

7.2.9 对象流

用活动图描述某个对象时，可以把所涉及的对象放置在活动图上，并用一个依赖将这些对象连接到对它们进行创建、撤销和修改的活动转移上。这种包括依赖关系和对象的应用被称为对象流。对象流是动作和对象间的关联。对象流可用于对下列关系建模：动作状态对对象的使用及动作状态对对象的影响。

对象流中的对象有以下特点。

（1）一个对象可以由多个动作操作。

（2）一个动作输出的对象可以作为另一个动作输入的对象。

（3）在活动图中，同一个对象可以多次出现，它的每一次出现表明该对象正处于对象生存期的不同时间点。

对象流用带有箭头的虚线表示。如果箭头是从动作状态出发指向对象，则表示动作对对象施加了一定的影响。施加的影响包括创建、修改和撤销等。如果箭头从对象指向动作状态，则表示该动作使用对象流所指向的对象。状态机图中的对象用矩形表示，矩形内是该对象的名称，名称下的方括号表明对象此时的状态。

图 7.18 显示了一个支付账单的对象流。

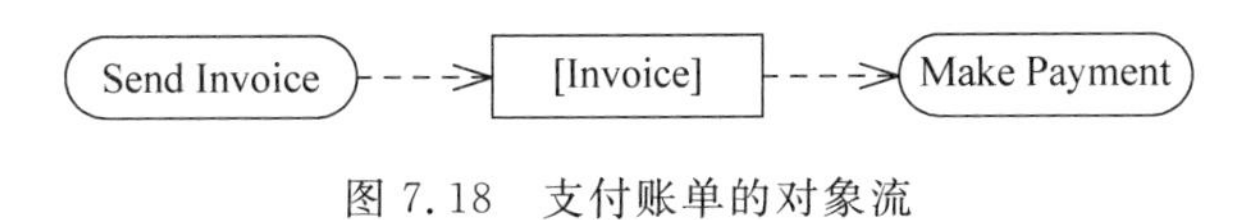

图 7.18　支付账单的对象流

7.2.10　活动图的建模技术及应用

活动图用于对系统的动态行为建模，在对一个系统建模时，通常有以下两种使用活动图的方式。

1. 为工作流建模

对工作流建模强调与系统进行交互的对象所观察到的活动。工作流一般处于系统的边界，用于可视化、详述、构造和文档化开发系统所涉及的业务流程。用于业务建模的时候，每一条泳道表示一个职责单位，该图能够有效地体现出所有职责单位之间的工作职责，业务范围及它们之间的交互关系、信息流程。建模时应遵循以下策略。

(1) 为工作流建立一个焦点，确定活动图所关注的业务流程。由于系统较大的原因，不可能在一张图中显示出系统中所有的控制流。通常，一个活动图只用于描述一个业务流程。

(2) 确定该业务流程中的业务对象。选择对全部工作流中的一部分有高层职责的业务对象，并为每个重要的业务对象创建一条泳道。

(3) 确定该工作流的起始状态和终止状态，识别工作流初始节点的前置条件和活动终点的后置条件，确定该工作流的边界，这可有效地实现对工作流的边界进行建模。

(4) 从该工作流的起始状态(初始节点)开始，说明随时间发生的动作和活动，并在活动图中把它们表示成活动状态或动作状态(活动节点)。

(5) 将复杂的活动或多次出现的活动集合归到一个活动状态节点，并对每个这样的活动状态提供一个可展开的单独的活动图来表示它们。

(6) 找出连接这些活动和动作状态节点的转换，从工作流的顺序开始，考虑分支，再考虑分岔和汇合。

(7) 如果工作流中涉及重要的对象，则也可以将它们加入到活动图中。如果需要描述对象流的状态变化，则需要显示其发生变化的值和状态。

符号集与状态机图中使用的符号集类似。像状态机图一样，活动图也从一个连接到初始活动的实心圆开始。活动是通过一个滑边矩形(活动的名称包含在其内)来表示的。活动可以通过转换线段连接到其他活动，或者连接到判断点，这些判断点连接到由判断点的监护条件所保护的不同活动。结束过程的活动连接到一个终止点(就像在状态机图中一样)。

图 7.19 描述了一个处理票务订单的用例执行过程的一般活动图。

从开始状态出发，生成订单(set up order)。接下来根据监护条件的不同决定执行不同的分支：如果是直接购买(single order)的情况下，执行分配座位(assign seats)和通过信用卡收款(charge credit card)并完成交易寄出票据(mail packet)。如果是订购(subscription)的情况下，不但执行分配座位(assign seats)并通过储蓄卡收款(debit account)，同时还能获得奖励(award bonus)，之后完成交易寄出票据(mail packet)。

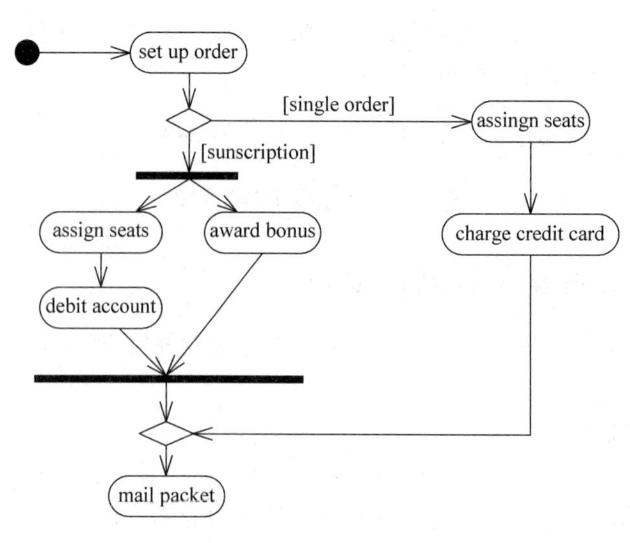

图 7.19　订单处理的简单活动图

图 7.20 显示了图书管理系统中借阅者的活动图，记录了借阅者的活动状态。

图 7.21 显示了图书管理员的活动图，记录了图书管理员的活动状态。

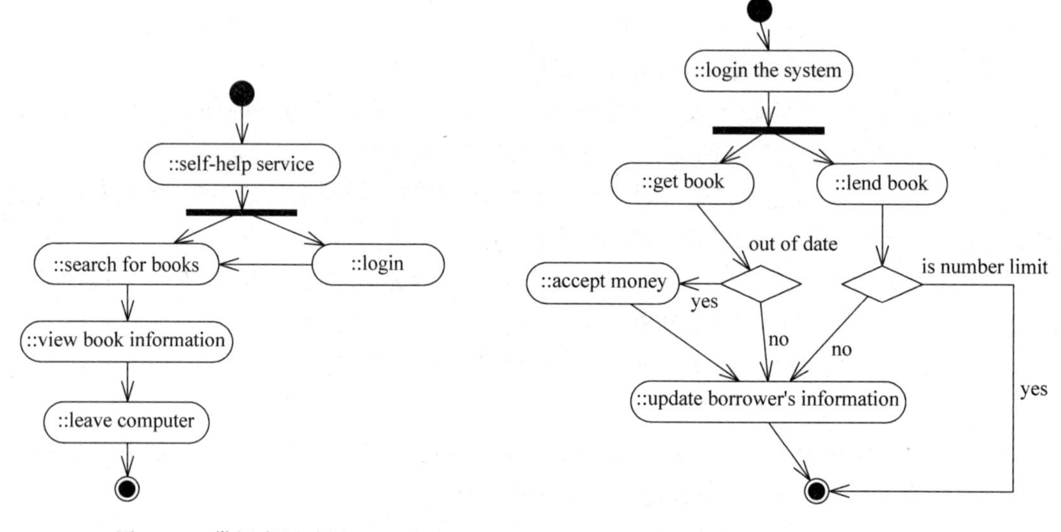

图 7.20　借阅者活动图

图 7.21　图书管理员活动图

系统管理员的活动图可以包含以下三个方面。

(1) 系统管理员维护借阅者账户的活动图，如图 7.22 所示。

(2) 系统管理员进行书目信息维护的活动图，如图 7.23 所示。

(3) 系统管理员维护书籍信息的活动图，如图 7.24 所示。

图 7.25 为带泳道的活动图，体现按活动职责(带泳道)的处理订单用例的活动图(模型中的活动按职责组织)。

活动被按职责分配到用线分开的不同区域(泳道)：顾客(Customer)、销售人员(Sales)和股票室(Stockroom)。

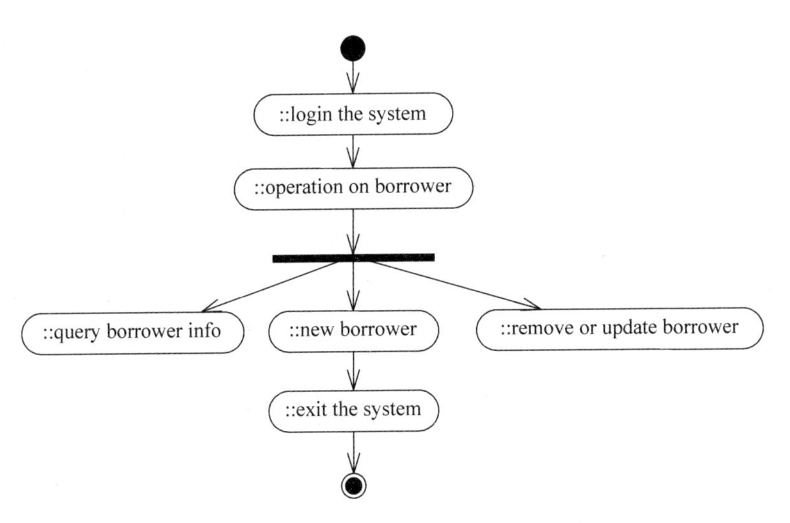

图 7.22　系统管理员维护借阅者账户的活动图

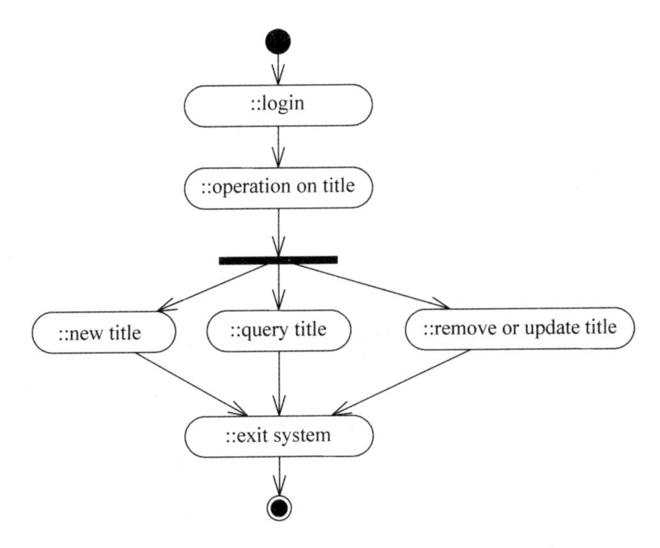

图 7.23　系统管理员进行书目信息维护的活动图

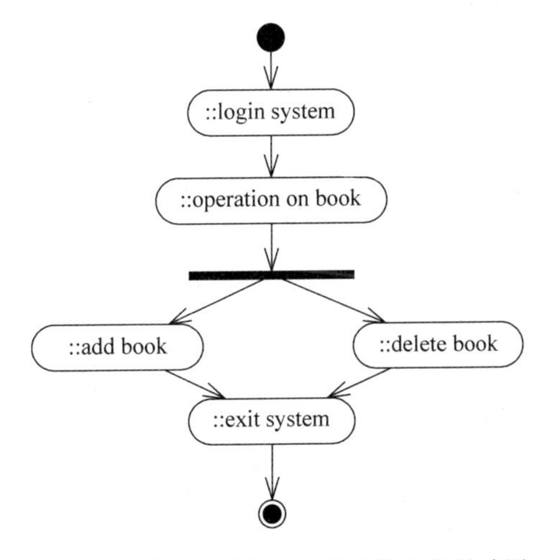

图 7.24　系统管理员维护书籍信息的活动图

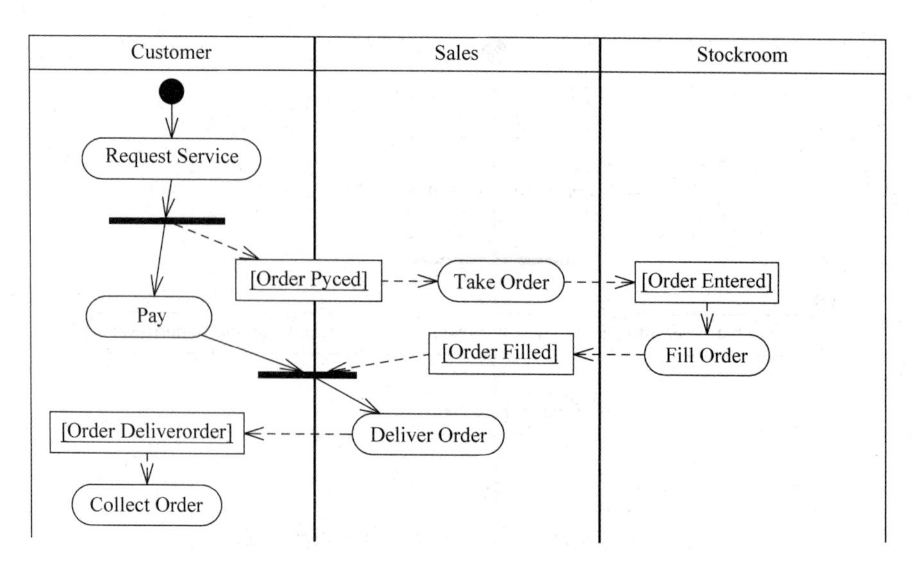

图 7.25　股票交易活动图

顾客(Customer)要求服务(Request Service),销售人员(Sales)负责接受订单(Take Order),并提交到股票室(Stockroom)。股票室(Stockroom)处理订单(Fill Order),同时顾客(Customer)付款(Pay),并由销售人员(Sales)送订单(Deliver Order)至 Customer 处。

2. 为对象的操作建模

在这种情况下活动图本质上就是流程图,它描述系统的活动、判定点和分支等部分。因此,在 UML 中,可以把活动图作为流程图来使用,用于对系统的操作建模。每一个对象占据一个泳道,而活动则是该对象的成员方法。建模时应遵循以下策略。

(1) 收集操作所涉及的抽象概念,包括操作的参数、返回类型、所属类的属性以及某些邻近的类。

(2) 识别该操作的初始节点的前置条件和活动终点的后置条件。也要识别在操作执行过程中必须保持的信息。

(3) 从该操作的初始节点开始,说明随着时间发生的活动,并在活动图中将它们表示为活动节点。

(4) 如果需要,使用分支来说明条件语句及循环语句。

(5) 仅当这个操作属于一个主动类时,才在必要时用分岔和汇合来说明并行的控制流程。

如图 7.26 所示的活动图为对象的操作建模,描述了求 Fibonacci 数列的第 n 个数的 fib 函数流程。Fibonacci 数列以 0 和 1 开头,以后的每一个数都是前两个数之和。

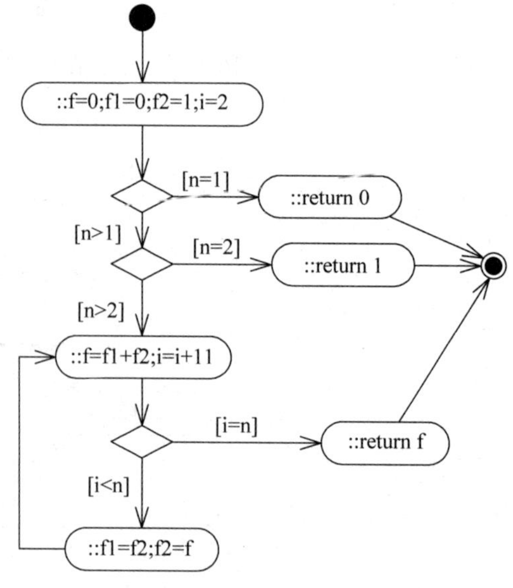

图 7.26　fib 函数活动图

虽然对 fib 函数的操作建模,但实际应用的时候使用编程语言来表达更为便捷和直接,只有当操作行为复杂的时候用活动图描述才有必要，图 7.26 中 Fibonacci 数列 0、1、1、2、3、5、8、13、21 …的 C 语言实现源代码如下。

```
#include< stdio.h>
long fibonacci(long);
main()
{
    long result,number;
    printf("enter an integer:");
    scanf(" % ld,&number");
    result = fib(number);
    printf("fib( % ld) = % ld\n",number,result);
    result 0;
}
long fib(long n)
{
    long f = 0,f1 = 0,f2 = 0;
    fi(n == 0||n == 1)
      return n;
    else
    {
       for(i = 2;i <= n;i++)
       {
          f = f1 + f2;
          f1 = f2;
      f2 = f;
       }
       return f;
    }
}
```

7.2.11 状态机图和活动图的比较

状态机图和活动图都是用于对系统的动态行为建模。状态机是展示状态与状态转换的图。通常一个状态机依附于一个类，并且描述这个类实例对接收到的事物的反应。状态机有两种可视化方式，分别是状态机图和活动图。如果强调对象的潜在状态和这些状态间的转换，一般使用状态机图；如果强调从活动到活动的控制流，一般使用活动图。活动图被设计用于描述一个过程或操作的工作步骤，从这方面讲，它可以算是状态的一种扩展方式，状态机图描述一个对象的状态以及状态的改变，而活动图除了描述对象状态外，更突出了它的活动。

小　　结

本章介绍了状态机图和活动图的基本概念、UML 表示法和建模的技术。在 UML 建模过程中，状态机图是非常必要的，它能帮助系统开发人员理解系统中对象的行为。而类和对象图只能展现系统的静态层次和关联，并不能表达系统的行为。而详细描述了对象行为的状态机图，可帮助开发人员构造出符合用户需求的系统。通过拨打电话工作、航班机票预订系统和网上银行登录系统来阐述了状态机图的绘制过程：确定状态，分析状态间的转换，细化活动与内部转化等过程完成状态，介绍了状态机图对对象的生命周期建模及对反应型对象的行为建模的功能和建模策略。

UML 中的活动图主要是个流图，它描述了从活动到活动的控制流，它还可以用来描述对象在控制流的不同点从一个状态转移到另外一个状态的对象流。对活动图的基本内容的讲解，主要包括动作状态、活动状态、转移、分支、分叉和汇合、泳道、对象流。并举例探讨了用活动图为工作流建模和操作建模的策略。

习　　题

1. 下面哪个不是 UML 中的静态视图？（　　）

A. 状态机图　　B. 用例图　　C. 对象图　　D. 类图

2.（　　）技术是将一个活动图中的活动状态进行分组，每一组表示一个特定的类、人或部门，他们负责完成组内的活动。

A. 泳道　　B. 分叉汇合　　C. 分支　　D. 转移

3. 下列关于状态机图的说法中，正确的是（　　）。

A. 状态机图是 UML 中对系统的静态方面进行建模的 5 种图之一

B. 状态机图是活动图的一个特例，状态机图中的多数状态是活动状态

C. 活动图和状态机图是对一个对象的生命周期进行建模，描述对象随时间变化的行为

D. 状态机图强调对有几个对象参与的活动过程建模，而活动图更强调对单个反应型对象建模

4. 对反应型对象建模一般使用（　　）图。

A. 状态机图　　B. 顺序图　　C. 活动图　　D. 类图

5. 请选择 UML 中合适的图来描述图书管理系统中图书馆业务功能模块。该模块包括借书，还书，预约借书等功能。

第8章 构件图和部署图

对面向对象系统的物理方面建模时使用两种图,一个是组建图,一个是配置图。

构件图是表示组件类型的组织及各种组件之间依赖关系的图。构件图通过对组件间依赖关系的描述来估计对系统组件的修改给系统可能带来的影响。构件图用于描述系统中软件的构成,但没有描述系统中与硬件有关的构成情况。

部署图则用于描述系统硬件的物理拓扑结构及在此结构上运行的软件。部署图可以显示计算节点的拓扑结构、通信路径、节点上运行的软件、软件包含的逻辑单元(对象、类等)。部署图是描述任何基于计算机的应用系统(特别是基于 Internet 和 Web 的分布式计算系统)的物理配置的有力工具。

本章重点理解实现视图的相关概念,掌握构件图和部署图的基本概念,掌握构件图和部署图的应用:逻辑部署和物理部署。并在简单的系统中应用构件图和部署图。

8.1 构件图

8.1.1 构件图概述

在对软件建模的过程中,可以使用用例图来表示系统的功能,使用类图来描述业务中的事物,使用活动图、交互图、状态机图来对系统动态行为建模。在完成这些设计后,分析人员就需要将这些逻辑设计图转化成实际的事物,如可执行文件、源代码、应用程序库等。在此过程中,有些组件必须重新建立,而有些组件则可以进行复用。现代软件开发是基于组件的,这种开发方式对群组开发尤为重要。因此,可以使用构件图来可视化物理组件及它们之间的关系,并描述其构造细节。

构件图是对面向对象系统的物理方面建模时使用的两种图之一(另一种图是部署图),用于描述软件组件及组件之间的组织和依赖关系。软件组件是软件系统的一个物理单元。作为一个或多个类的软件实现,组件驻留在计算机中。组件提供和其他组件之间的接口。在 UML1. x 中,数据文件、表格、可执行文件、文档和动态链接库等都被定义为组件。实际上,建模者习惯把这些东西划分为部署组件(Deployment Component)、工作产品组件

(Work Product Component)和执行组件(Execution Component)。UML2.0 则统称它们为工件(Artifact),也就是系统使用或产生的一段信息。组件定义了一个系统的功能。就好像一个组件是一个或多个类的实现一样,工件(如果它是可执行的)是一个组件的实现。构件图有利于:

(1) 帮助客户理解最终的系统结构。

(2) 使开发工作有一个明确的目标。

(3) 帮助开发组的其他人员理解系统。

(4) 复用软件组件。

关于复用软件组件是十分重要的,特别是在当今快节奏的商业竞争中,所建造的系统发挥功能越快,在竞争中获得的利益就越多。如果在开发一个系统中所构造的组件能够在开发另一个系统中被复用,那么就越有利于获得这种竞争利益。在建立组件模型的工作上花费一些努力有助于复用。

当处理组件的时候,必须处理组件的接口。对象对其他对象和外部世界隐藏了内部信息,这称作封装(Encapsulation)或信息隐藏(Information-hiding)。对象必须提供对外部世界的窗口,以便让其他对象(也可能是人)能够通过这个窗口请求这个对象执行它的操作。这个"窗口"就是对象的接口(Interface)。接口是一组操作,是一个类提供给其他类的一组操作。它使用户能够访问一个类的行为,并执行相关的操作。可以认为接口是只有操作的一个类,类中没有定义属性。接口既可用于概念建模也可用于物理实体建模。类的接口和软件实体(组件)的接口是相同的概念。对建模者来说,这就意味着类的接口表示方式和组件的接口表示方式完全相同,尽管 UML 的表示符号集对类和组件的表示符号做了区分,但是概念接口和物理实体接口的表示符号完全相同。关于组件和接口,一个重要的结论是只能通过组件的接口来使用组件中定义的操作。与类和类的接口相同,组件和组件的接口之间的关系也叫作实现。还有一个重要的结论:组件可以让它的接口被其他组件使用,以使其他组件可以使用这个组件中定义的操作。换句话说,一个组件可以访问另一个组件中所定义的服务。可以这样说,提供服务的组件呈现了一个提供的接口(Provided Interface),访问服务的组件使用了所需的接口(Required Interface)。接口在组件复用和组件替换中是一个非常重要的概念。可以用一个组件替换另一个组件,只要新组件符合旧组件的接口。

这里举一个来自计算机领域的例子。几年前,作者第一台计算机出了故障无法启动,检查发现是电源出了问题,修理部很快就从另外一台计算机上找来了拆下的型号类似的电源替换原来的电源,之所以能够这么做,是因为新的电源恰好能够和计算机的其他部件协同工作,尽管它是设计用在另外一台完全不同的计算机中的。这个例子也可以很好地说明复用。可以在一个系统中复用另一个系统的组件,只要新系统能够通过组件接口很好地访问复用的组件。如果能够对一个组件接口进行细化,以至于众多的其他组件都能够访问它,就可以在整个企业的开发项目中来复用这个组件。如果模型中的组件接口信息恰好可用,对于试图替代和复用一个组件的开发者来说,工作就简单得多了。否则,开发者还必须花费时间来逐步完成编码过程。

构件图用于静态建模,是表示组件类型的组织及各种组件之间依赖关系的图。构件图通过对组件间依赖关系的描述来估计对系统组件的修改给系统可能带来的影响。

构件图的组成元素包括组件(Component)、接口(Interface)和关系(Relationship),还可以包括包(Package)和子系统(Subsystem)。接下来的几节将对这些元素做详细介绍。

8.1.2 组件

1. 组件的基本概念和图形表示

组件是系统中遵从一组接口且提供实现的一个物理部件,通常指开发和运行时类的物理实现。组件常用于对可分配的物理单元建模,这些物理单元包含模型元素,并具有身份标识和明确定义的接口,其具有很广泛的定义,以下的一些内容都可以被认为是组件:程序源代码、子系统、动态链接库等。组件的图形表示法是把组件画成带有两个标签的矩形。每一个组件都必须有一个唯一的名称。

构件图的主图标是一个左侧附有两个小矩形的大矩形框。组件的名字位于构件图标的中央,名字本身是一个文本字符串,如图 8.1 所示。

如果组件属于一个包,可以在组件名称的前面加上包名,还可以在另外一个隔开区域里绘出组件的操作,即该操作可以驻留在组件中,图 8.2 示意了这种情况。

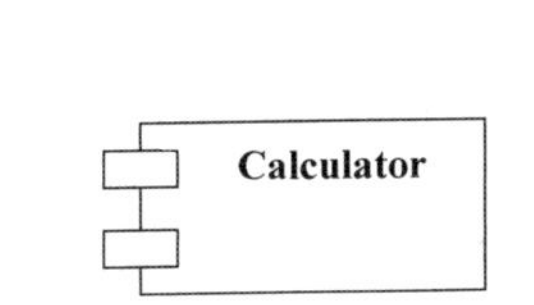

图 8.1 UML 中的构件图标

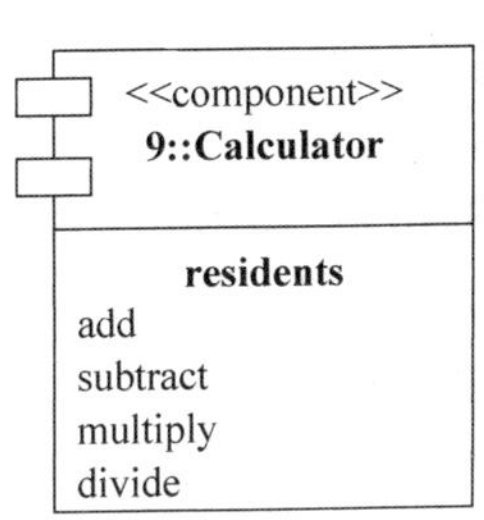

图 8.2 在构件图标中增加信息

2. 组件的类型

组件可以分为以下三种类型。

(1) 实施组件(Deployment Component)。实施组件是构成一个可执行系统必要和充分的组件,如动态链接库(DLL)、二进制可执行体(EXE)、ActiveX 控件和 JavaBean 组件等。

(2) 工作产品组件(Work Product Component)。这类组件主要是开发过程的产物,包括创建实施组件的源代码文件及数据文件,这些组件并不是直接地参加可执行系统,而是开发过程中的工作产品,用于产生可执行系统。

(3) 执行组件(Execution Component)。这类组件是作为一个正在执行的系统的结果而被创建的,如由 DLL 实例化形成的 COM+对象。

3. 组件与类的异同

一般来说,组件在许多方面都与类相同:两者都有名称;都可以实现一组接口;都可以参与依赖、泛化和关联关系;都可以被嵌套;都可以有实例;都可以参与交互。但是组件和类之间也有一些显著的差别。

(1) 类表示逻辑抽象,而组件表示存在于计算机中的物理抽象。简言之,组件是可以存在于可实际运行的计算机上的,而类不可以。

(2) 组件表示的是物理模块而不是逻辑模块,与类处于不同的抽象级别。组件是一组其他逻辑元素的物理实现(如类及其协作关系),而类只是逻辑上的概念。

(3) 类可以直接拥有属性和操作;而一般情况下,组件仅拥有只能通过其接口访问的操作。这表明虽然组件和类都可以实现一个接口,但是组件的服务一般只能通过其接口来访问。

8.1.3 接口

接口是一组用于描述类或组件的一个服务的操作,它是一个被命名的操作的集合,与类不同,它不描述任何结构(因此不包含任何属性),也不描述任何实现(因此不包括任何实现操作的方法)。每个接口都有一个唯一的名称。

组件的接口可以分为以下两种类型。

(1) 导出接口(Expert Interface):即为其他组件提供服务的接口,一个组件可以有多个导出接口。

(2) 导入接口(Import Interface):在组件中所用到的其他组件所提供的接口,称为导入接口,一个组件可以使用多个导入接口。

组件和组件的接口可以采用两种表示法。一种表示方法是将接口用一个矩形来表示,矩形中包含与接口有关的信息。接口与实现接口的组件之间用一条带空心三角形箭头的虚线连接,箭头指向接口(如图 8.3 所示)。

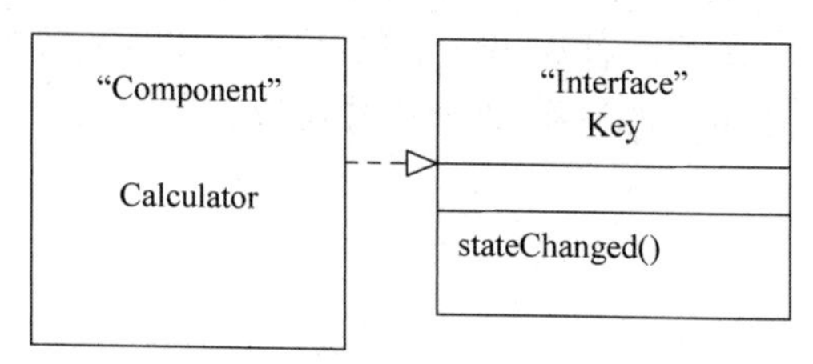

图 8.3　矩形接口及实现

图 8.4 是另一种表示法。可以用一个小圆圈来代表接口,用实线和组件连接起来。在这种语境中,实线代表的是实现关系。图中的组件名称是 Dictionary 字典。该组件向外提供两个接口,即两个服务:Spell-check 拼写检查,Synonyms 同义词。

除了实现关系以外,还可以在图中表示出依赖关系即组件和它用来访问其他组件的接口之间的关系。依赖关系用一个带箭头的虚线表示。可以在一张图中同时表示出实现和依赖关系,如图 8.5 所示。图 8.5 中使用了"球窝"符号。这里的"球"代表了提供的接口,"窝"代表了所需的接口。图中"Planner 计划者"构件向外提供一个"update 更新"接口服务。同时,该构件要求外部接口提供一个"reservations 预订"服务。

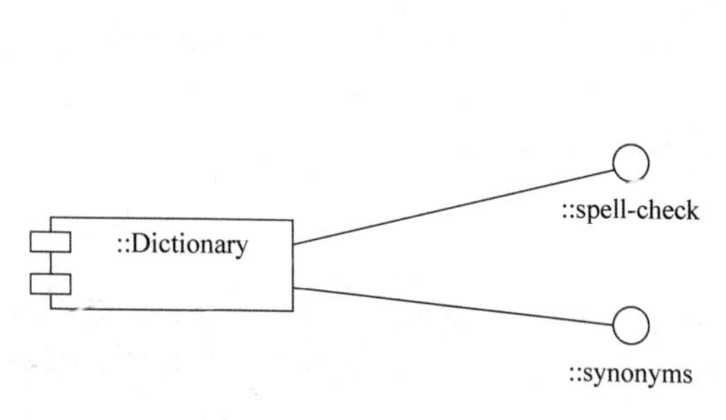

图 8.4　圆圈接口及实现

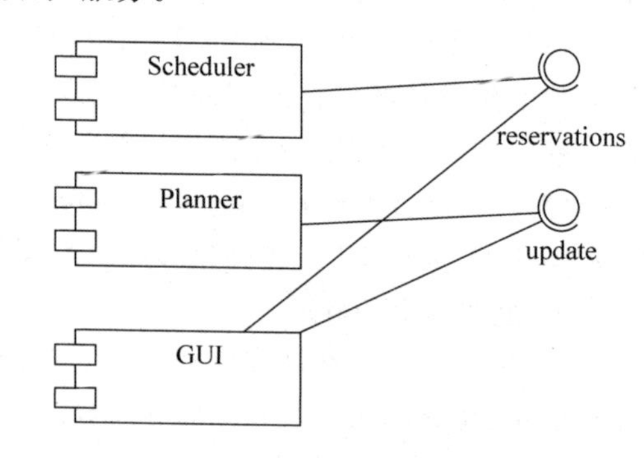

图 8.5　接口的实现和依赖关系

8.1.4 关系

关系是事物之间的联系,在面向对象的建模中,最重要的关系是依赖、泛化、关联和实现,但构件图中使用最多的是依赖和实现关系。

依赖关系是指组件依赖外部提供的服务(由组件到接口)。构件图中的依赖关系使用虚线箭头表示,如图 8.6 所示。

实现关系是指组件向外提供的服务。实现关系使用实线表示,如图 8.7 所示。实现关系多用于组件和接口之间。组件可以实现接口。

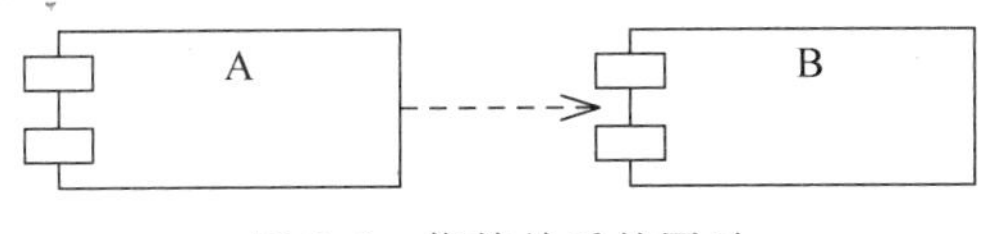

图 8.6 依赖关系的图示

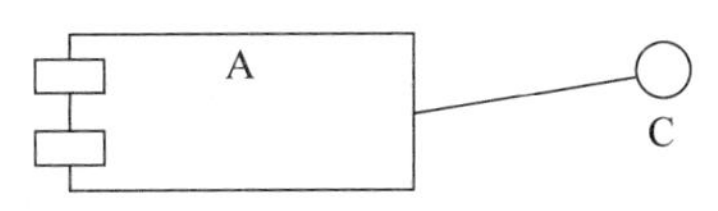

图 8.7 实现关系的图示

8.1.5 使用构件图对系统建模及应用

1. 构件图建模及绘图的步骤

使用构件图建模可按照下列步骤进行。

(1) 对系统中的组件建模;

(2) 定义相关组件提供的接口;

(3) 对它们间的关系建模;

(4) 对建模的结果进行精化和细化。

构件图是用来反映代码的物理结构。从构件图中,可以了解各软件组件(如源代码文件或动态链接库)之间的编译器和运行时依赖关系。使用构件图可以将系统划分为内聚组件并显示代码自身的结构。

根据静态结构设计中所得到的包图和类图进行分析,图书管理系统由图书管理系统界面、业务逻辑处理组件、数据库访问组件和数据库组成。

系统构件图如图 8.8 所示。

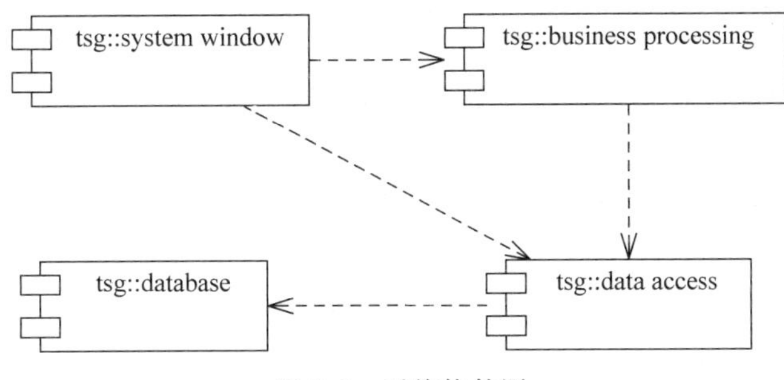

图 8.8 系统构件图

如图 8.9 所示,将整个“在线酒店预订子系统”作为一个构件,考虑其对外接口并确定子系统对外的接口。显然它首先需要提供用户界面;其次还需要与加盟的酒店系统连接,完成预订工作,就是提供了接入和输出接口。

图 8.10 显示如何确定子组件和接口,显然要有一个组件来实现用户界面,一个组件来完成与酒店系统的连接和预订,另外还应该有一个负责将用户的需求与酒店的供给进行匹配的“调度程序”子组件。

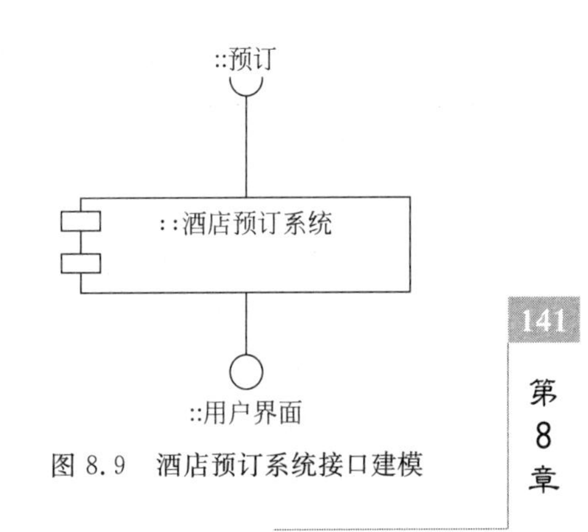

图 8.9 酒店预订系统接口建模

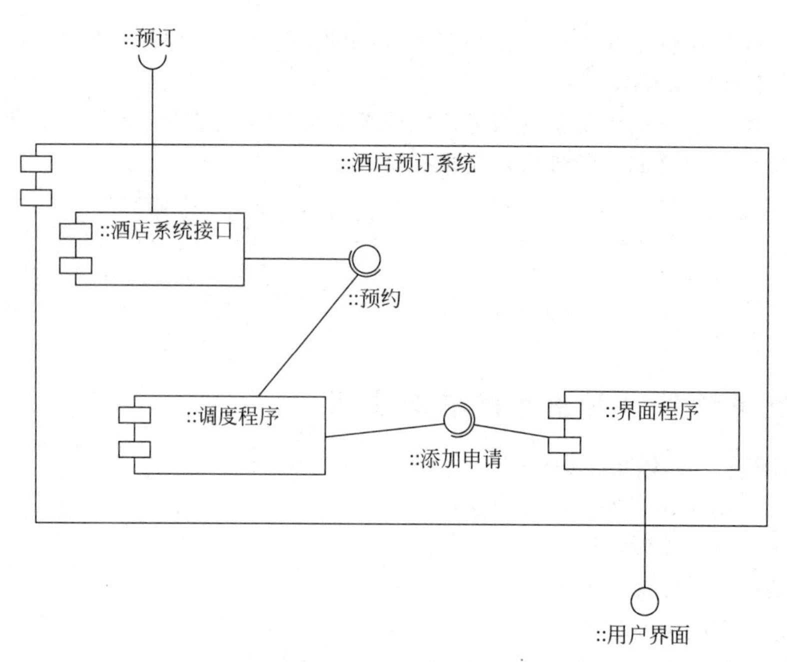

图 8.10 酒店预订系统建模子组件示意图

2. 构件图的几种使用方式

构件图用于对系统的静态实现视图建模，这种视图主要支持系统部件的配置管理。通常可以按下列 4 种方式之一来使用构件图。

1）对源代码建模

采用当前大多数面向对象编程语言，将使用集成化开发环境来分割代码，并将源代码存储到文件中。可以使用构件图来为这些文件的配置建模，并设置配置管理系统。

对源代码建模，要遵循如下的策略。

(1) 识别出感兴趣的相关源代码文件的集合，并把它们建模为组件。

(2) 对于较大的系统，利用包（文件夹）对其进行分组。

(3) 通过约束来表示源代码的版本号、作者和最后修改日期等信息，利用工具管理这个标记值。

(4) 用依赖关系来表示这些文件间编译的依赖关系，箭头指向为谁依赖谁。利用工具帮助产生并管理这些关系。

例如，图 8.11 中有 5 个源代码文件。文件 signal. h 是一个头文件，标记显示了版本号的值。这个头文件被其他两个文件（interp. cpp 和 signal. cpp）引用，这两个. cpp 文件都是体文件，其中一个文件（interp. cpp）有一个到另一个头文件（iraq. h）的编译依赖关系，而 device. cpp 又有一个到 interp. cpp 的编译依赖关系。有了这个图，跟踪变化的影响就容易多了。例如，源代码文件 signal. h 发生了变化将需要重新编译 signal. cpp、interp. cpp 及 device. cpp 这三个文件。该图也显示了 irq. h 文件将不受影响。

2）对可执行体的发布建模

软件的发布是交付给内部或外部用户的相对完整而且一致的组件系列。在组件的语境中，一个发布注重交付一个运行系统所必需的部分。当用构件图对发布建模时，其实是在对构成软件的物理部分（即部署组件）所做的决策进行可视化、详述和文档化。

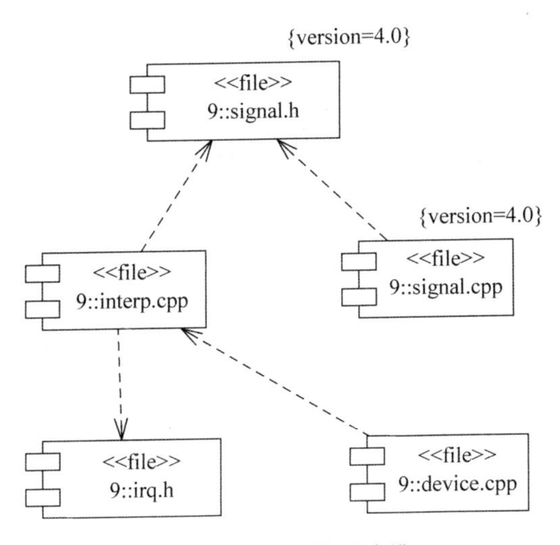

图 8.11　对源代码建模

对可执行程序的结构建模要遵循如下策略。

(1) 识别想建模的构件集合；

(2) 考虑集合中各构件的不同类型；

(3) 对这个集合中的每个构件，分析它们之间的关系。

例如，图 8.12 中体现了 callcenter.exe 对 sh_ttsu.dll 和 shp_a3.dll 这两个库的依赖。

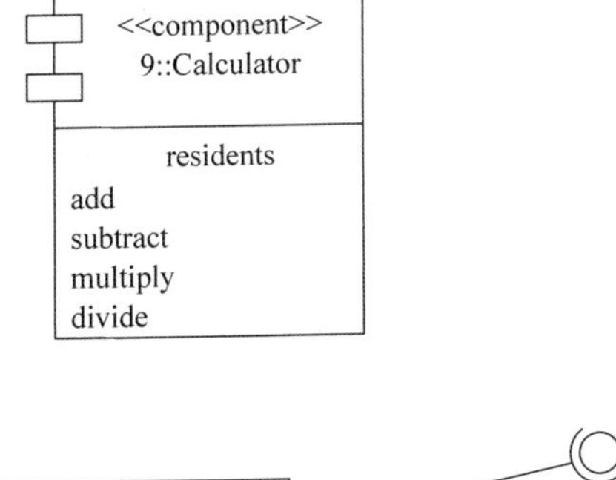

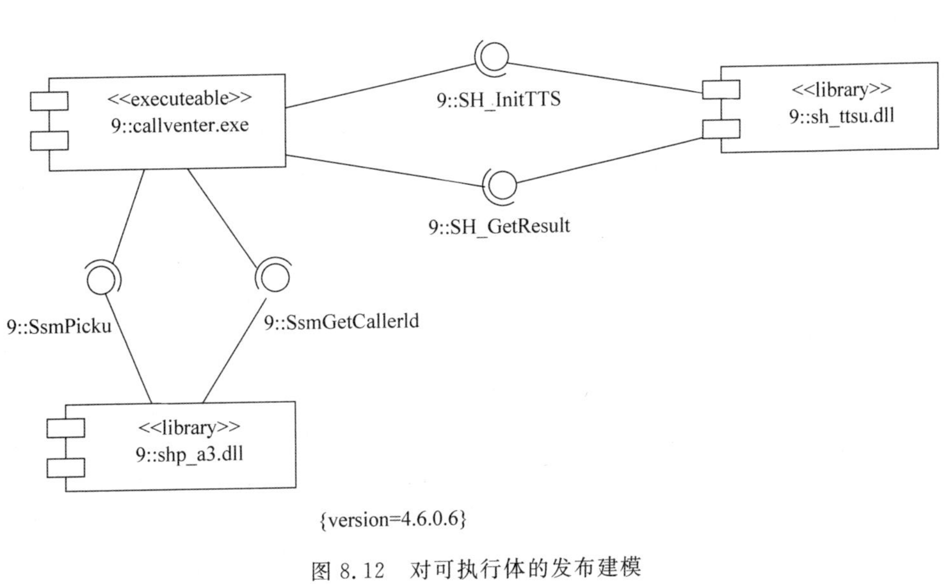

图 8.12　对可执行体的发布建模

3）对物理数据库建模

可以把物理数据库看作模式(Schema)在比特世界中的具体实现。实际上，模式提供了对永久信息的应用程序编程接口(API)，物理数据库模型表示了这些信息在关系型数据库的表中或者在面向对象数据库的页中的存储。可以用构件图表示这些以及其他种类的物理数据库。

4）对可适应的系统建模

某些系统是相对静态的，其组件进入现场、参与执行、然后离开。另外一些系统则是较为动态的，其中，包括一些为了负载均衡和故障恢复而进行迁移的可移动的代理或组件。可以将构件图与对行为建模的 UML 的一些图结合起来表示这类系统。

8.2 部 署 图

8.2.1 部署图概述

部署图(Deployment Diagram)用于静态建模，是表示运行时过程结点(Node)结构、组件实例及其对象结构的图。UML 部署图显示了基于计算机系统的物理体系结构。它可以描述计算机，展示它们之间的连接，以及驻留在每台机器中的软件。每台计算机用一个立方体来表示，立方体之间的连线表示这些计算机之间的通信关系。图 8.13 是部署图的一个例子。

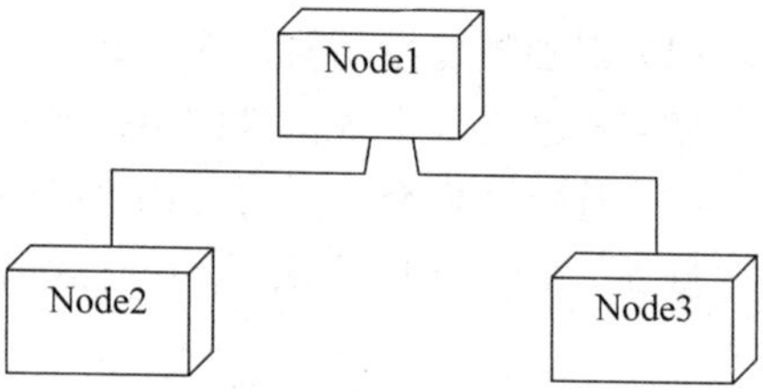

图 8.13 部署图

部署图可以显示计算结点的拓扑结构、通信路径、结点上运行的软件、软件包含的逻辑单元(对象、类等)。部署图是描述任何基于计算机的应用系统(特别是基于 Internet 和 Web 的分布式计算系统)的物理配置的有力工具。

构成部署图的元素主要是结点(Node)、组件(Component)和关系(Relationship)。下面将分别进行介绍。

8.2.2 结点

结点是存在于运行时并代表一项计算资源的物理元素，一般至少拥有一些内存，而且通常具有处理能力。它一般用于对执行处理或计算的资源建模，通常具有如下两方面内容：能力(如基本内存、计算能力和二级存储器)和位置(在所有必需的地方均可得到)。

在 UML1.x 中，结点被划分为两种类型：处理器(Processor)和设备(Device)。处理器是能够执行软件组件、具有计算能力的结点。设备是不能执行软件组件的外围硬件，没有计算能力的结点，通常是通过其接口为外界提供某种服务，例如，打印机、扫描仪等都是设备。尽管这种区分并没有在 UML1.x 中形式化，但是它很有用。

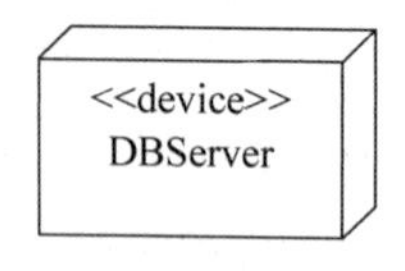

图 8.14 在 UML 中表示一个结点

在 UML2.0 中用立方体来表示一个结点(与 UML1.x 例图一样)。UML2.0 正式地把一个设备定义为一个执行工件(Artifact)的结点。为结点起一个名字，并添加关键字≪device≫来指明结点类型，尽管一般不需要这样做。图 8.14 显示了一个结点。

图 8.15 展示了对于在一个结点上部署的工件的三种建模方式。

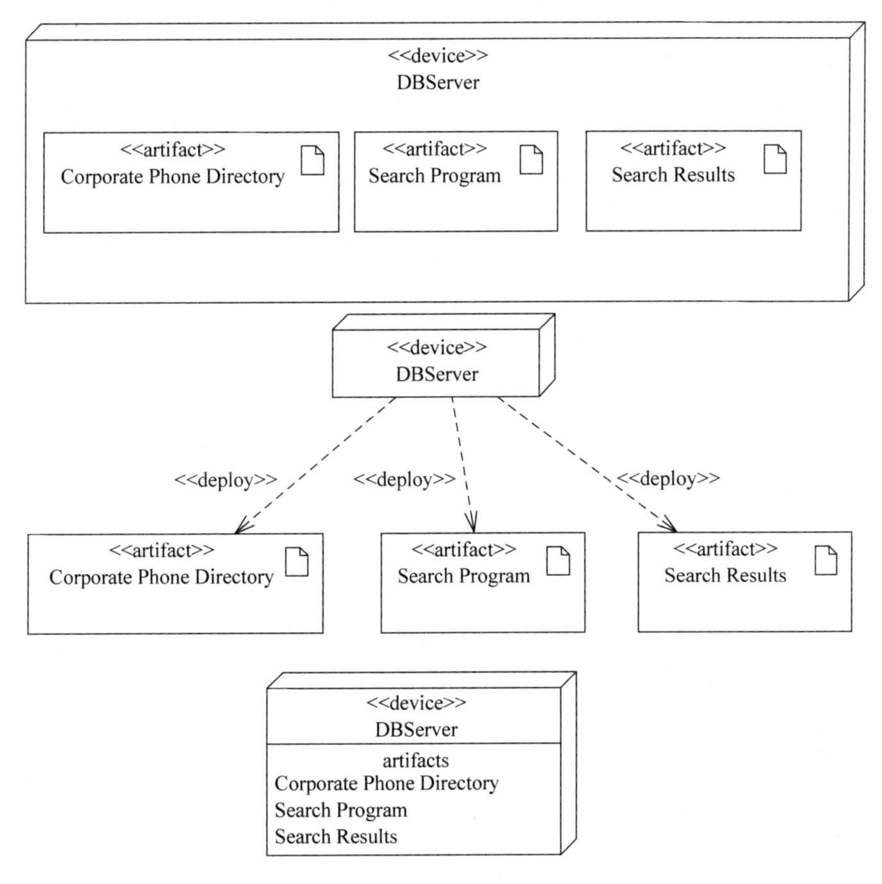

图 8.15 对于在一个结点上部署的组件的三种建模方式

连接两个立方体的一条线，表示了两个结点相连。一个连接不一定要是一段电线或电缆。也可以表示红外线或者通过卫星的无线连接。图 8.16 给出了结点间连接的例子。

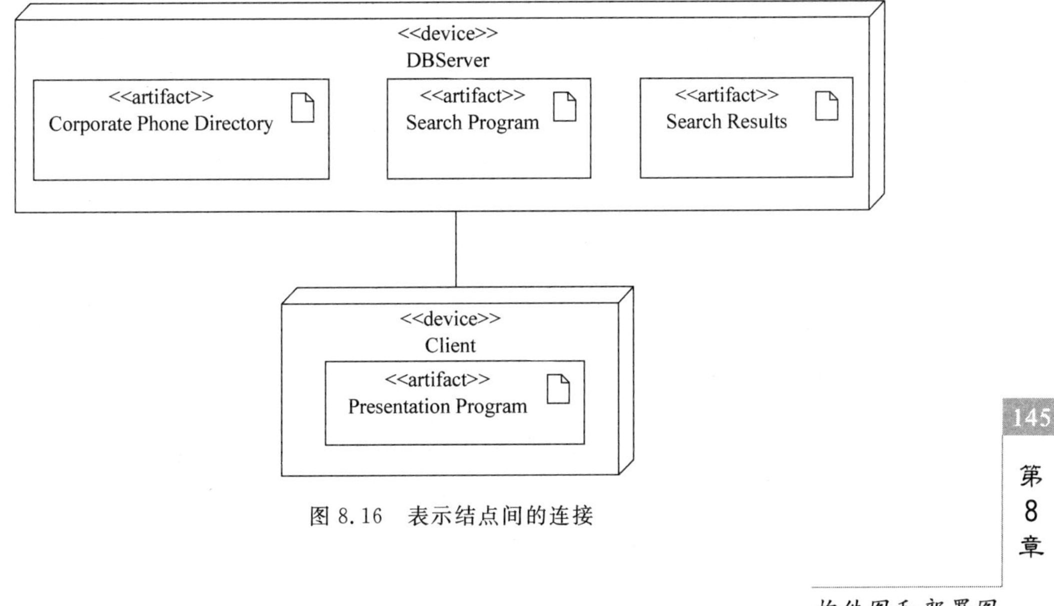

图 8.16 表示结点间的连接

UML2.0 对工件的强调带来了一系列和工件相关的概念，其中的一个就是部署说明(Deployment Specification)，也就是一个组件为另一个组件提供参数。一些调制解调器的连接过程中需要初始化命令，这就是一个典型的部署说明的例子。在这个例子中，部署说明就是一个字符串，用来设定调制解调器的某个属性的值。图 8.17 示意了如何对一个部署说明建模。

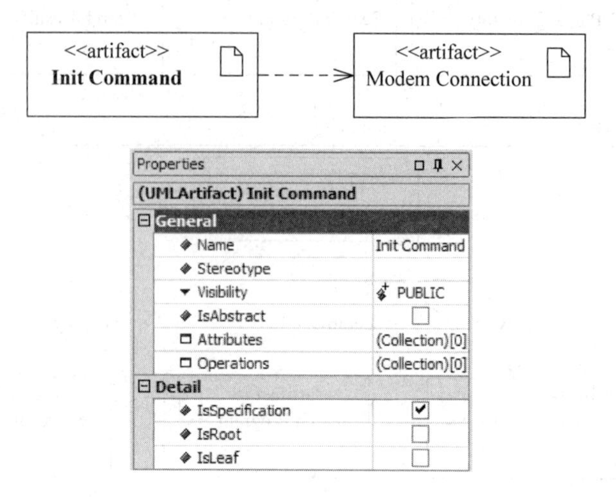

图 8.17　表示一个部署说明，以及它和它所参数化的组件的关系

8.2.3　组件

部署图中还可以包含组件，这里所指的组件就是 8.1 节中介绍的构件图中的基本元素，它是系统可替换的物理部件。

结点和组件的关系可以归纳为以下两点。

(1) 组件是参与系统执行的事物，而结点是执行组件的事物。简单地说就是组件是被结点执行的事物，如假设结点是一台服务器，则组件就是其上运行的软件。

(2) 组件表示逻辑元素的物理模块，而结点表示组件的物理部署。这表明一个组件是逻辑单元(如类)的物理实现，而一个结点则是组件被部署的地点。一个类可以被一个或多个组件实现，而一个组件也可以部署在一个或多个结点上。

8.2.4　关系

部署图中也可以包括依赖、泛化、关联及实现关系。

部署图中的依赖关系使用虚线箭头表示。它通常用在部署图中的组件和组件之间，组件依赖外部提供的服务(由组件到接口)。图 8.18 示意了依赖关系。

实现关系是结点内组件向外提供服务，其表示符号是一条实线。关联关系是体现结点间通信关联，其表示符号也是一条实线，如图 8.19 所示。

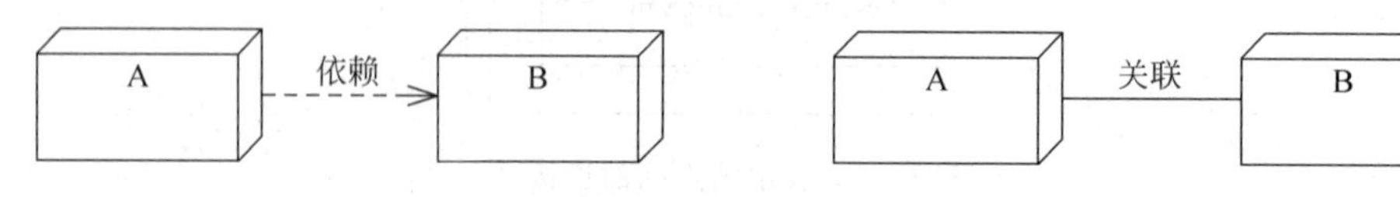

图 8.18　依赖关系图示

图 8.19　实现关系和关联关系符号

8.2.5 部署图的系统建模及应用

部署图用于对系统的静态部署视图建模。这种视图主要用来解决构成物理系统的各组成部分的分布、提交和安装。有些开发的系统不需要部署图，比如开发的软件是将运行在一台机器上而且只和该机器上已由宿主操作系统管理的标准设备(如键盘)相互作用，就不必要设计部署图。如果软件交互设备是物理地分布在多个处理器上的，则使用部署图有助于思考系统中软件到硬件的映射。

对系统静态部署视图建模时，通常将以下列三种方式之一使用部署图。

1. 对嵌入式系统建模

嵌入式系统是软件密集的硬件集合，其硬件与物理世界相互作用。嵌入式系统包括控制设备(如马达、传动装置和显示器)的软件，又包括由外部的刺激(如传感器输入、运动和温度变化)所控制的软件。可以用部署图对组成一个嵌入式系统的设备和处理器建模。嵌入式系统的部署图建模的策略为：识别对于系统而言唯一的设备和结点；重点在于对处理器和设备之间的关系建模；可以考虑对处理器和设备采用更直观的图标。图 8.20 为一个嵌入式部署图示例。

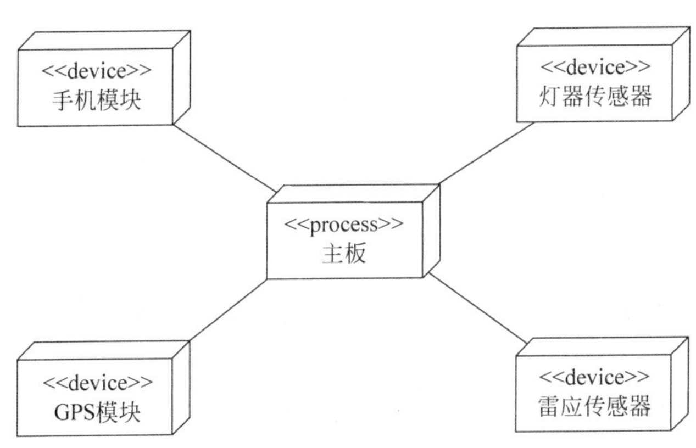

图 8.20 嵌入式部署图

2. 对客户/服务器系统建模

客户/服务器系统是一种常用的体系结构，它注重于将在客户机上的系统的用户界面和在服务器的系统永久数据清晰地分开。它要求对客户/服务器间的网络连接及系统中的软件组件在结点上的物理分布做出决策。可以用部署图对这种客户/服务器系统的拓扑结构建模。当开发的软件要运行在多台计算机上时，就必须决定如何将软件组件以合理的方式部署在各个结点。其中，客户/服务器结构就是一种典型的分布式系统模型，它包含三层 B/S 结构、两层 C/S 结构。图 8.21 为客户/服务器系统部署图的应用。

一个 UML 部署图描述系统的软件如何映射到将要执行它们的硬件上，用来显示系统中软件和硬件的物理架构，是一个运行时的硬件结点以及在这些结点上运行的软件的静态结构模型。图书管理系统的部署图如图 8.22 所示。

3. 对全分布式系统建模

广泛意义上的分布式系统通常是由多级服务器构成。这种系统中一般存在着多种版本的软件组件，其中的一些版本的软件组件甚至可以在结点间迁移。构造这样的系统，需要对

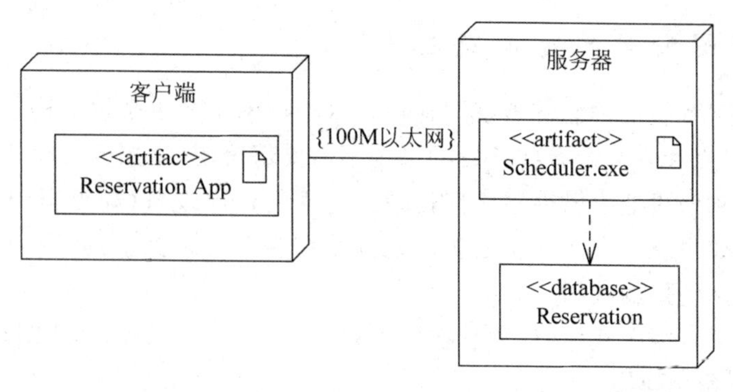

图 8.21　客户/服务器系统部署图

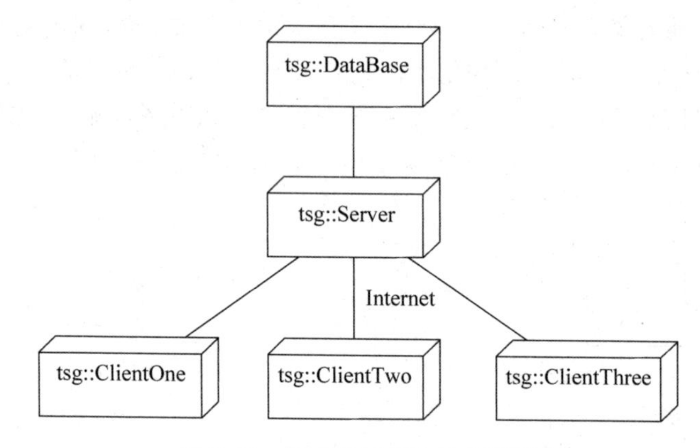

图 8.22　图书管理系统的部署图

系统拓扑结构的不断变化做出决策。可以用部署图可视化系统的当前拓扑结构及组件的分布情况，并推断拓扑结构变化的影响。

绘制系统部署图，可以参照以下步骤进行。

(1) 对系统中的结点建模；

(2) 对结点间的关系建模；

(3) 对结点中的组件建模，这些组件来自构件图；

(4) 对组件间的关系建模；

(5) 对建模的结果进行精化和细化。

4. 部署图的几个应用实例

1) 实例层部署图

实例层部署图描述各结点和它们之间的连接。图 8.23 中的关系是各个结点之间存在的通信关系。

2) 描述层部署图

描述层部署图表示了系统中的各结点和每个结点包含的组件。

图 8.24 中包括的各种关系如下。

(1) 通信链关系(不带箭头的直线)：TicketServer 票服务器与 Klosk 信息厅之间存在一对多的通信关联；与 SalesTerminal 售票终端也存在一对多的通信关联。

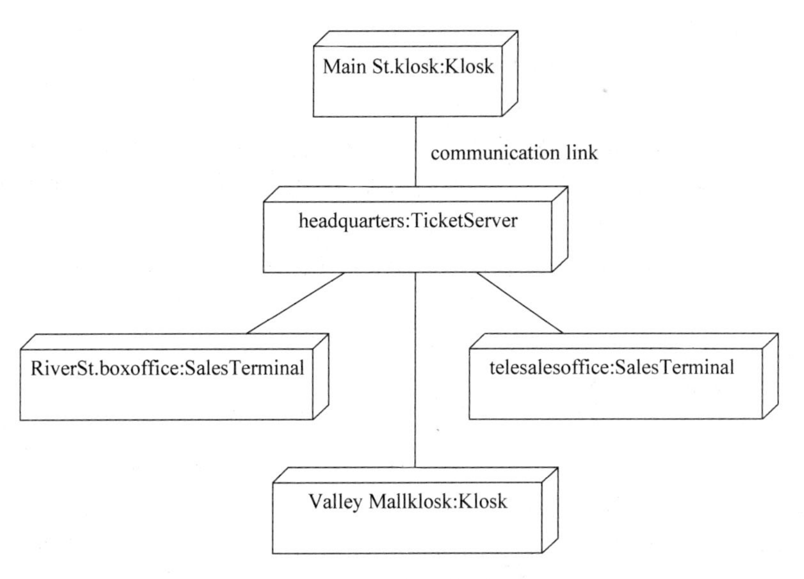

图 8.23 实例层部署图

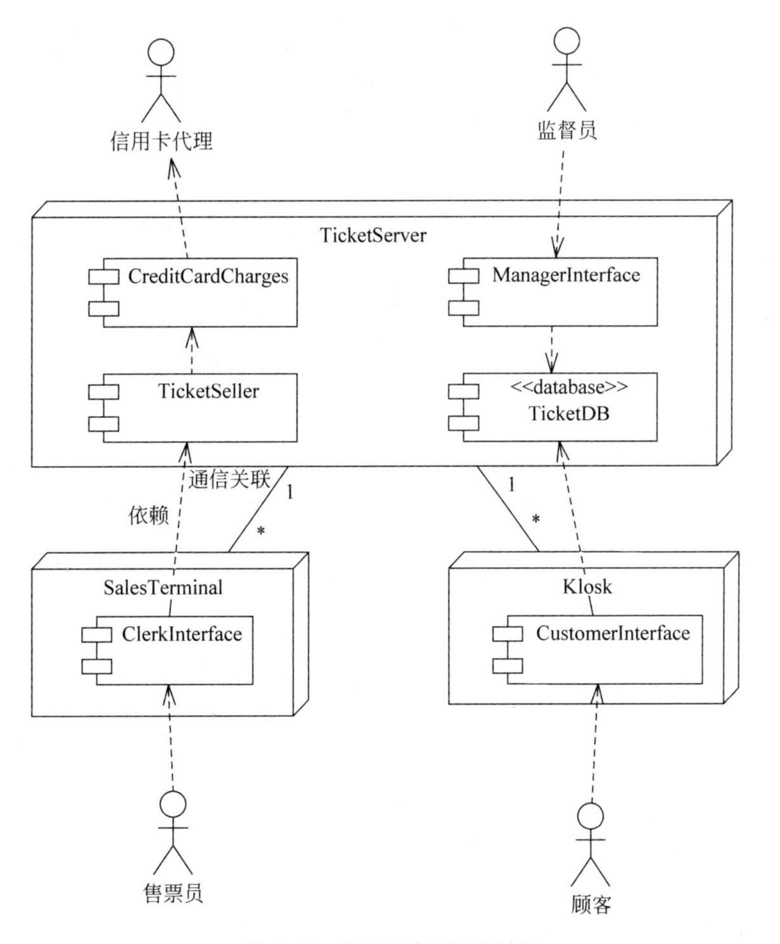

图 8.24 描述层部署图图标

(2) 依赖关系(带箭头的虚线)：TicketSeller 售票构件依赖 CreditCardCharges 信用卡付款构件和 TicketDB 票数据库构件提供的服务。

图中顾客购票的情景如下。

顾客通过位于 Klosk 结点的顾客接口控件进行购票的操作，该顾客接口组件的购票操作依赖于处于 TicketServer 结点上的售票组件提供的服务，售票组件要完成售票操作，又要依赖统一结点上信用卡付款组件提供的付款服务和票数据库构件。

图中，结点 TicketServer 上的组件：CreditCardChargers/ManagerInterface/TicketSeller/TicketDB。

结点 Klosk 上的组件：CustomerInterface。

结点 SalesTerminal 上的组件：ClerkInterface。

3）细缆以太网

细缆以太网是目前很流行的一种网络。计算机与网络电缆之间通过一个叫作 T 型连接器(T-connector)的连接设备连接。一个网段可以通过一个中继器(Repeater)加入到另一个网段中。中继器是一种能够将接收到的信号放大、整形后再转发出去的网络连接设备。图 8.25 显示了一个细缆以太网的部署图。

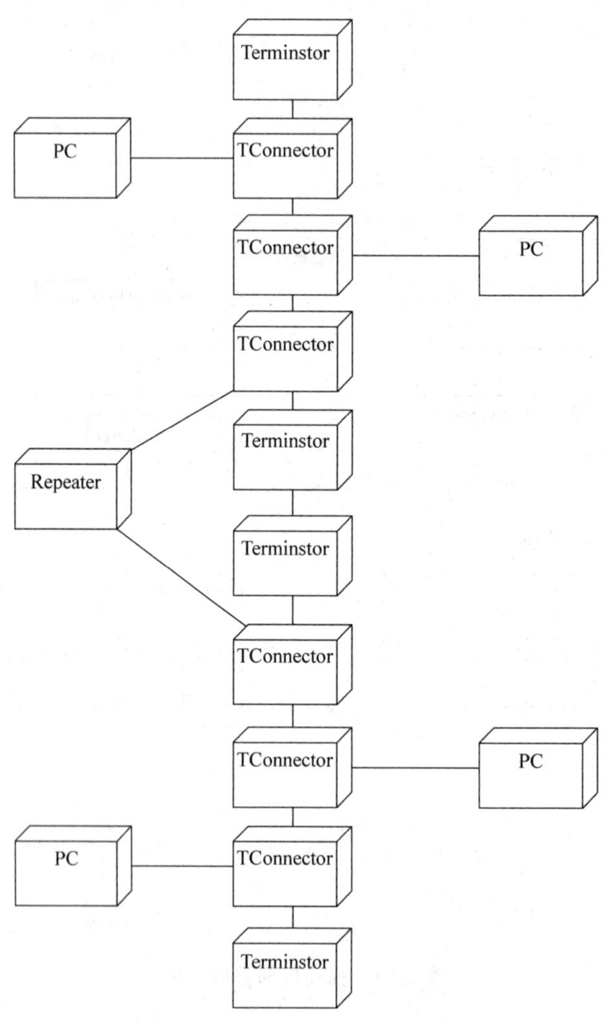

图 8.25　细缆以太网的部署图

小　　结

构件图用于静态建模，是表示组件类型的组织以及各种组件之间依赖关系的图。构件图通过对组件间依赖关系的描述来估计对系统组件的修改给系统可能带来的影响。部署图是用来为面向对象系统的物理实现建模的图。部署图描述了结点和运行在其上的组件的配置，它用来模拟系统的静态部署实现。

本章介绍了组件的定义以构成组件的要素，对组件、组件关系进行了详细的讲解。对使用构件图建模适用领域进行了说明，并对最为常见的两种场景即可执行程序结构建模、源代码建模进行了举例说明。还介绍了部署图语义和功能，通过实例讲解了部署图的应用。

开发构件图：程序员们是主力，画出构件之间的关系。

制订部署计划：部署图在构件后，系统协作与集成。结点驻留何构件，图里处处注分明。

习　　题

1.（　　）是系统中遵从一组接口且提供实现的一个物理部件，通常指开发和运行时类的物理实现。

A. 部署图　　B. 类　　C. 接口　　D. 组件

2. 构件图用于对系统的静态实现视图建模，这种视图主要支持系统部件的配置管理，通常可以分为 4 种方式来完成，下面哪种不是其中之一？（　　）

A. 对源代码建模　　B. 对事物建模

C. 对物理数据库建模　　D. 对可适应的系统建模

3.（　　）是可复用的，提供明确接口完成特定功能的程序代码块。

A. 模块　　B. 函数　　C. 用例　　D. 软件构件

4. 构件图展现了一组组件之间的组件和依赖。它专注于系统的（　　）实现图。

A. 动态　　B. 静态　　C. 基础　　D. 实体

5.（　　）是用于把元素组织成组的通用机制。

A. 包　　B. 类　　C. 接口　　D. 组件

6.（　　）是一组用于描述类或组件的一个服务的操作。

A. 包　　B. 结点

C. 接口　　D. 组件

7.（　　）是被结点执行的事物。

A. 包　　B. 组件　　C. 接口　　D. 结点

第9章 UML2.0 新图

UML2.0 中新增加了“包图”、“组合结构图”、“定时图”和“交互概览图”。本章分别对以上几个新图进行概述，介绍基本元素并给出例子。

重点理解 4 种新图的相关概念，掌握包的定义及包的可视化表示。理解并掌握 4 种图的基本组成元素。

9.1 包　　图

9.1.1 包图概述

包是一种把元素组织到一起的通用机制，包可以嵌套于其他包中。包图用于描述包与包之间的关系，包的图标是一个带标签的文件夹，如图 9.1 所示。包图描绘模型元素在包内的组织和依赖关系，包括包的导入和包扩展。它们还提供相应命名空间的可视化。

包是一个命名空间，也是一个元素。可以包含在其他命名空间中。包可以拥有其他包或与其他包合并，它的元素可以导入包命名空间中。除了要在项目浏览器中使用包来组织项目的内容外，还可以拖动包到图中（大多数图类型、标准和扩展）以描述结构或关系，包括包的导入或合并。

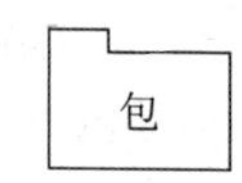

图 9.1　包的图标

9.1.2 包之间的关系

1. 引入关系

引入关系：一个包中的类可以被另一个指定包（以及嵌套于其中的那些包）中的类引用。

引入关系是依赖关系的一种，需要在依赖线上增加一个« import »衍型，包之间一般依赖关系都属于引入关系，如图 9.2 所示。

2. 泛化关系

泛化关系：表示一个包继承了另一个包的全部内容，同时又补充自己增加的内容，如图 9.3 所示。

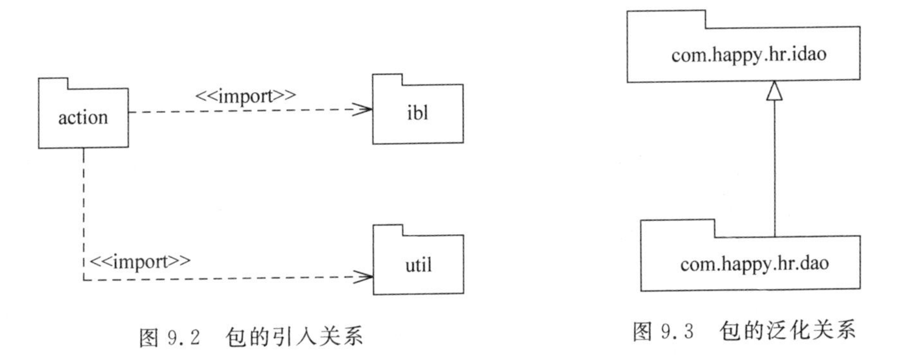

图 9.2　包的引入关系　　　　图 9.3　包的泛化关系

3. 嵌套关系

嵌套关系：一个包中可以包含若干个子包，构成包的嵌套层次结构，如图 9.4 所示。

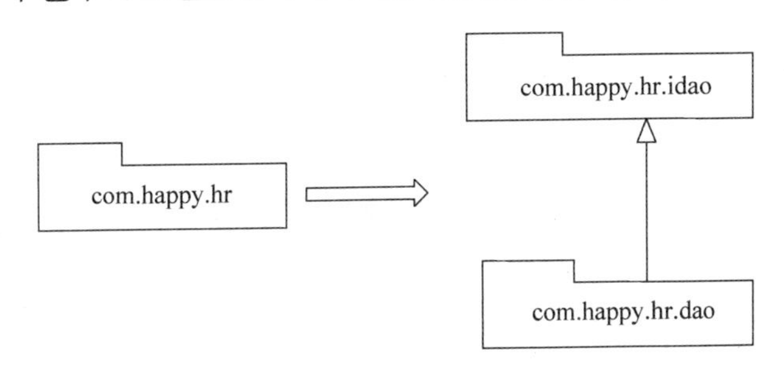

图 9.4　包的嵌套关系

9.1.3　包图的建模技术及应用

1. 包图建模技巧

(1) 两种组包方式：

① 根据系统分层架构组包(推荐使用)；

② 根据系统业务功能模块组包。

(2) 参照类之间的关系确定包之间的关系。

(3) 减少包的嵌套层次，一般不超过三层。

(4) 每个包的子包控制在 7±2 个。

(5) 如果几个包有若干相同组成部分，可优先考虑将它们合并。

(6) 可通过包图来体现系统的分层架构。

2. 举例

基于 B/S 的 OA 系统的包图如图 9.5 所示。

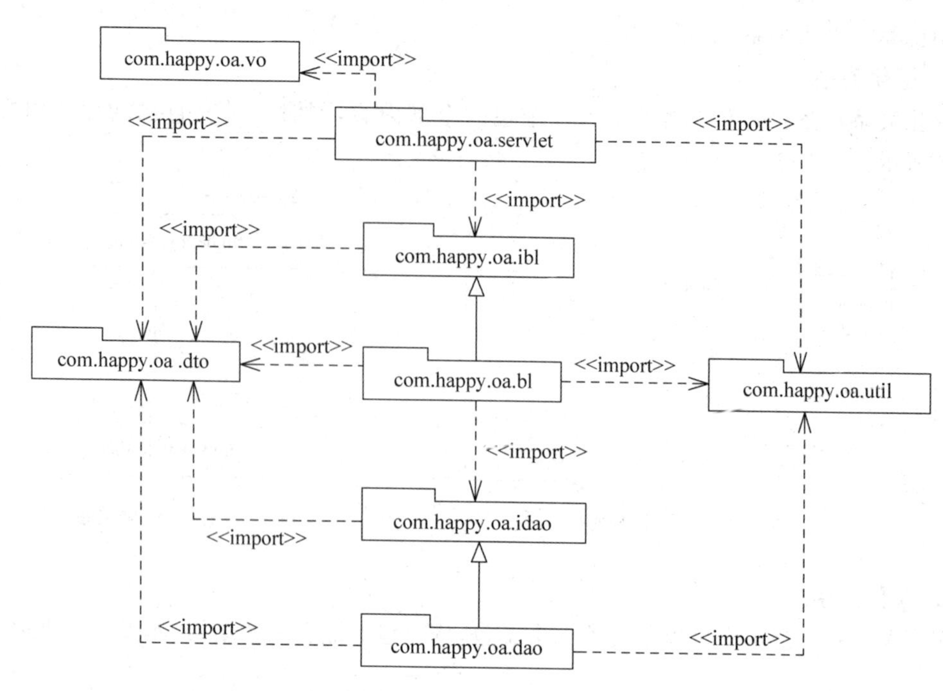

图 9.5　基于 B/S 的 OA 系统的包图

9.2　组合结构图

9.2.1　组合结构图概述

组合结构图将每一个类放在一个整体中，从类的内部结构来审视一个类。组合结构图可用于表示一个类的内部结构，如图 9.6 所示。

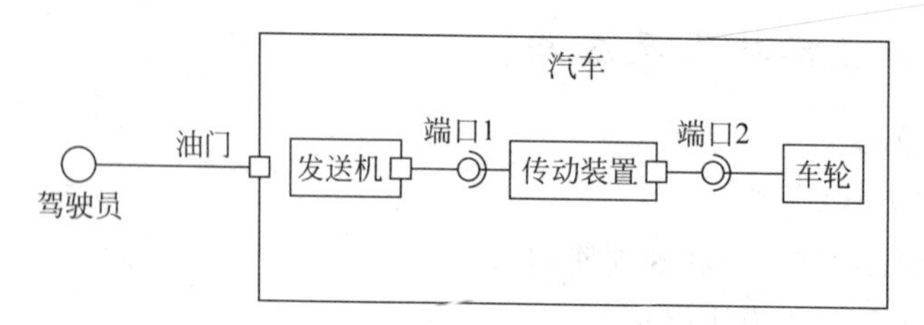

图 9.6　驾驶员控制汽车速度的组合结构图

组合结构图反映类、接口或组件(和它们的属性)来描述功能内部的合作。组合结构图和类图类似，是它们的模型结构的特定使用。类图建模类的静态结构，包括它们的属性和行为。

组合结构图中，类是作为部件或运行时执行特定角色的实例而被访问的。如果需要类的多个实例来填充角色，这些部件可以有多重性。在组合结构中，所有连接部件提供所需的接口是通过部件的端口来维持的。这确保广泛的灵活性和复杂性建模。若要优化建模，应考虑使用协作建模以表示可重用模式来响应设计问题。

9.2.2 基本元素

1. 部件

表示被描述事物所拥有的内部成分。

2. 连接件

表示部件之间的关系。

3. 端口

表示部件和外部环境的交互点。

9.2.3 组合结构图的建模技术及应用

1. 组合结构图建模技巧

(1) 组合结构图所能够表达的信息,使用组合或者聚合也能够表示,只是一种新的表达形式。

(2) 组合结构图可以表示一个类的内部成员对象之间的相互关系,是对传统类图的一个补充。

(3) 组合结构图适用于表示含有内部类的类与外部接口之间的相互关系。

2. 举例

数据库访问的组合结构图如图 9.7 所示。

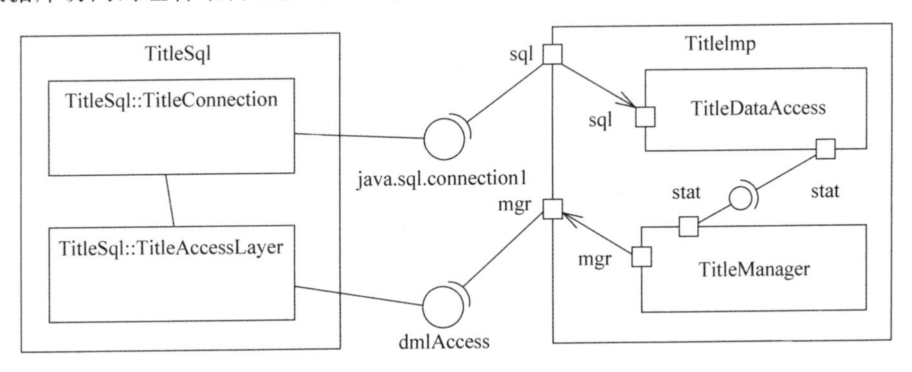

图 9.7 数据库访问的组合结构图

9.3 定　时　图

9.3.1 定时图概述

定时图采用一种带数字刻度的时间轴来精确地描述消息的顺序,而不是像顺序图那样只是指定消息的相对顺序,而且它还允许可视化地表示每条生命线的状态变化,当需要对实时事件进行定义时,定时图可以很好地满足要求。

定时图的焦点集中于生命线内部及它们之间沿着时间轴的条件变化。

定时图可以把状态发生变化的时刻及各个状态所持续的时间具体地表示出来。如果把多个对象放在一个定时图中,还可以把它们之间发送和接收消息的时刻表示出来。在这方面,定时图与其他几种交互图相比具有独到的优势。

定时图来自于电子工程领域,在需要明确定时约束一些事件时可以使用它们。

9.3.2 基本元素

生命线：一条水平线，反映处于活跃状态的对象实体。

状态：对象实体随时间变化所处的状态。

事件：改变对象状态所激发的动作。

时间：水平方向的时间标度。

时序约束：状态持续时间的间隔要求。

9.3.3 定时图的建模技术及应用

1. 定时图建模技巧

定时图用于表示不同对象上状态改变之间的定时约束，如果需要对交互时间进行控制可使用定时图。

对于那些时间指标要求很高或者时序关系复杂而又敏感的系统（如实时系统和通信领域的某些系统）而言，定时图是一种有力的描述手段。

在大部分应用系统的建模中，一般不需要用定时图来描述对象的行为及它们之间的交互，但是可能需要用它描述系统中某些局部对象的交互情况。

(1) 状态的变化，如图 9.8 所示。

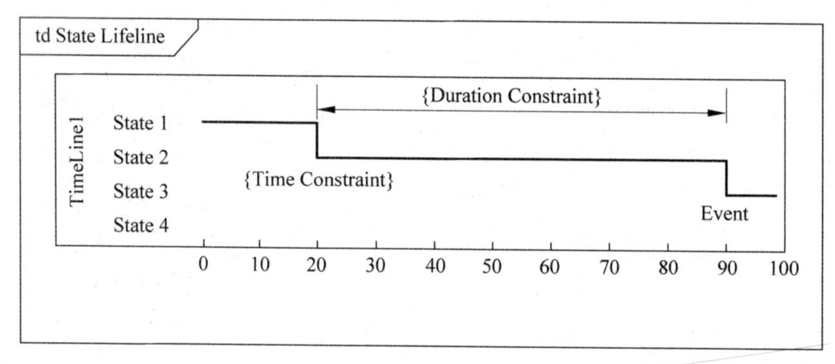

图 9.8 状态变化

(2) 值的变化，如图 9.9 所示。

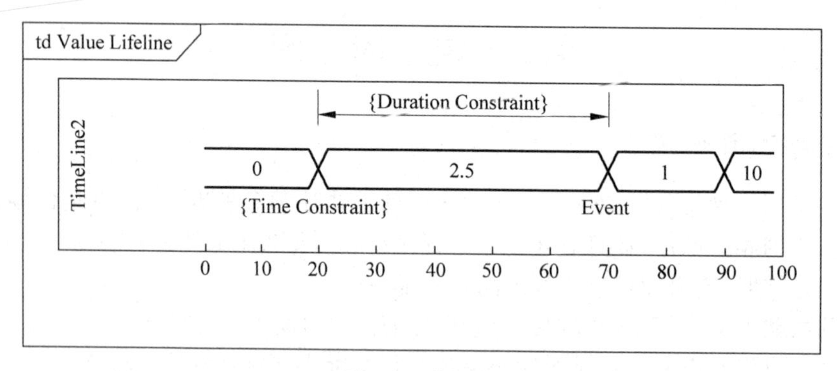

图 9.9 值变化

2. 举例

如图 9.10～图 9.12 所示为定时图的几个例子。

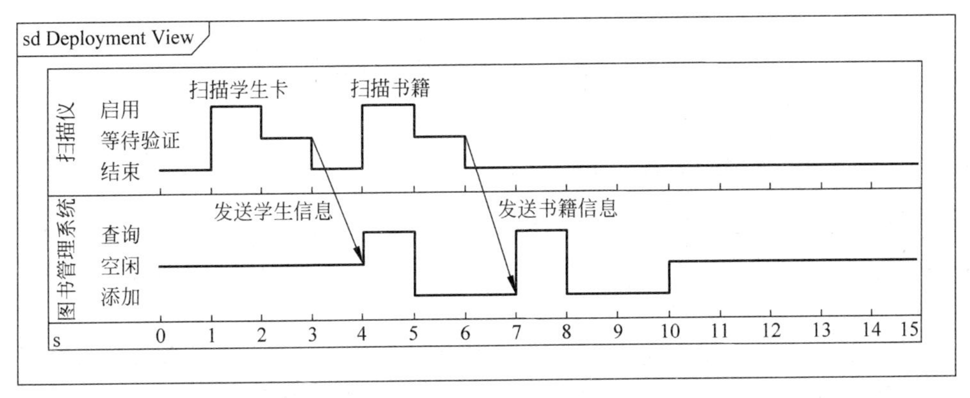

图 9.10　图书卡扫描仪和系统的定时图

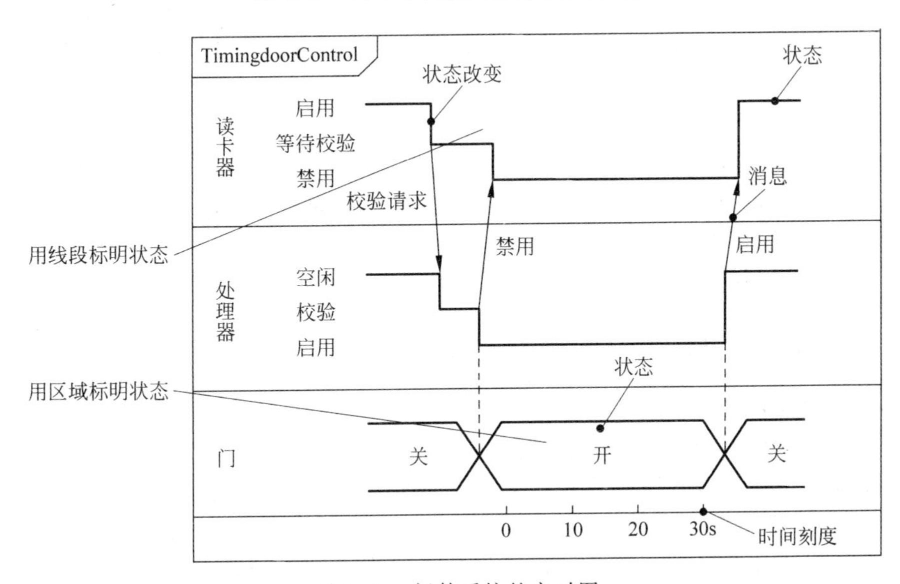

图 9.11　门禁系统的定时图

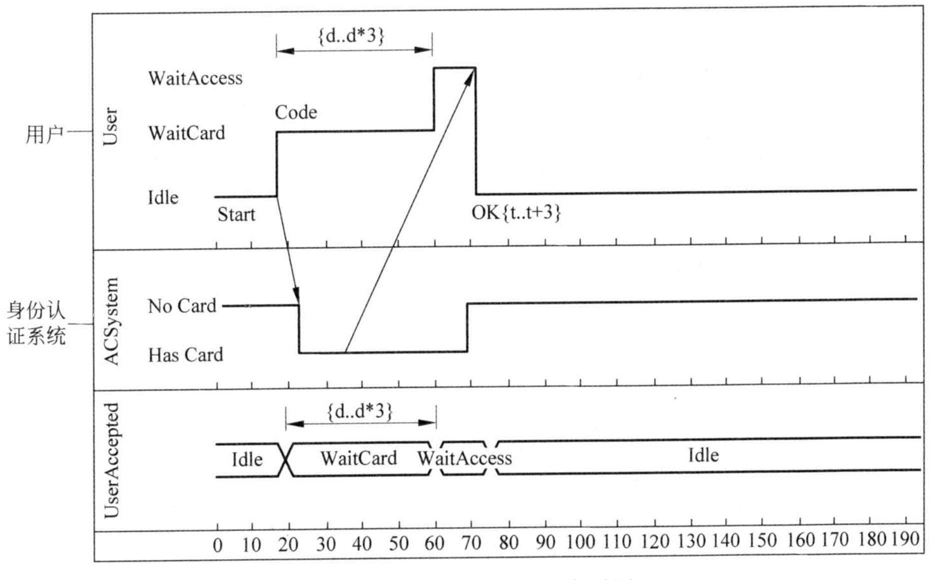

图 9.12　身份验证系统的定时图

9.4 交互概览图

9.4.1 交互概览图概述

交互概览图是交互图与活动图的混合物，可以把交互概览图理解为细化的活动图，在其中的活动都通过一些小型的顺序图来表示；也可以将其理解为利用标明控制流的活动图分解过的顺序图。

交互概览图用于将一些零散的顺序图组织在一起，它采用了活动图的构造方式，利用了活动图的各种控制结点，并把活动图的每个活动结点替换为一个交互或者交互使用。每个交互或者交互使用都使用一个顺序图表示。交互概述图可视化其他互动图来说明服务，包括目的的控制流之间的合作。交互概述图是活动图中的变体，如构建图的大部分图符号是相同的。

9.4.2 基本元素

1. 活动图的基本元素

状态、转移、分支、分叉和汇合、泳道、对象流。（具体内容请参考 7.2 节。）

2. 顺序图的基本元素

角色、对象、生命线、激活期、消息。（具体内容请参考 6.1 节。）

9.4.3 交互概览图的建模技术及应用

1. 交互概览图建模技巧

（1）在交互概览图中，使用活动图描述主线，使用顺序图描述细节。

（2）交互概览图包含顺序图的表示法及活动图的判断和分支表示法。

（3）交互概览图试图将活动图中活动结点之间的控制流机制和顺序图中的生命线间的消息序列混合在一起，很多人认为并没有加入多少新特性。因此，一般情况下很少绘制交互概览图。

2. 举例

如图 9.13～图 9.16 所示为用户借书交互概览图建模过程。

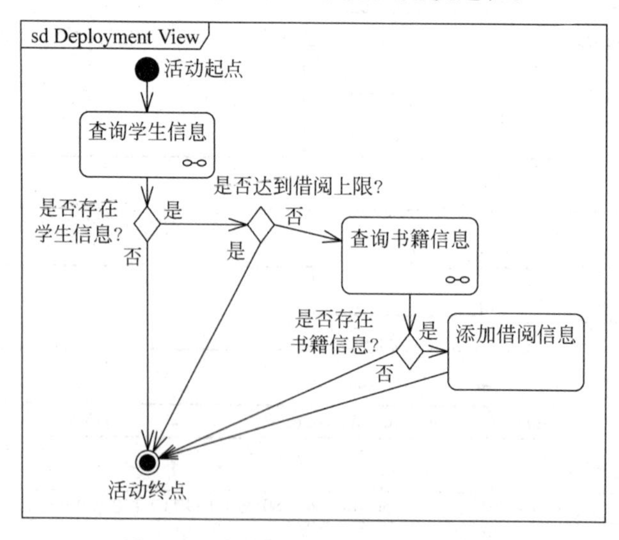

图 9.13 用户借阅图书的整体活动图

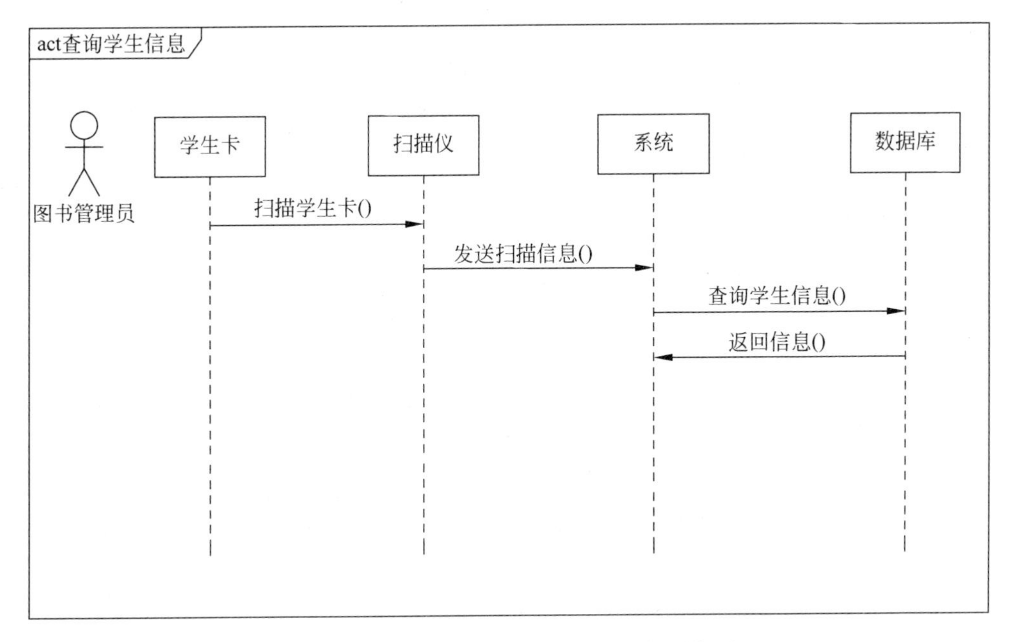

图 9.14　学生用户扫描图书证的局部顺序图

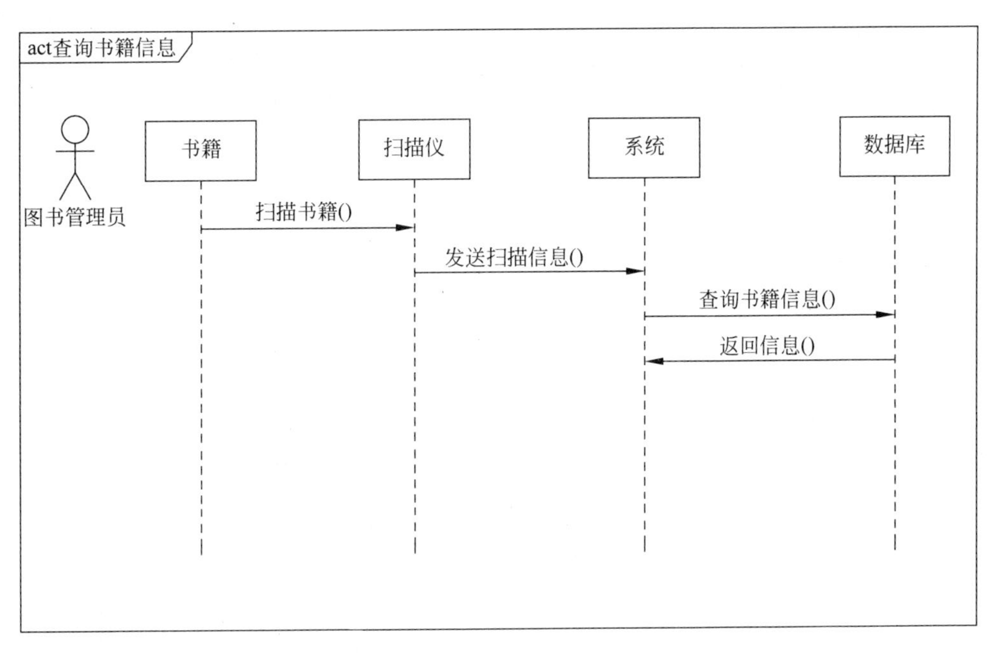

图 9.15　管理员扫描图书的局部顺序图

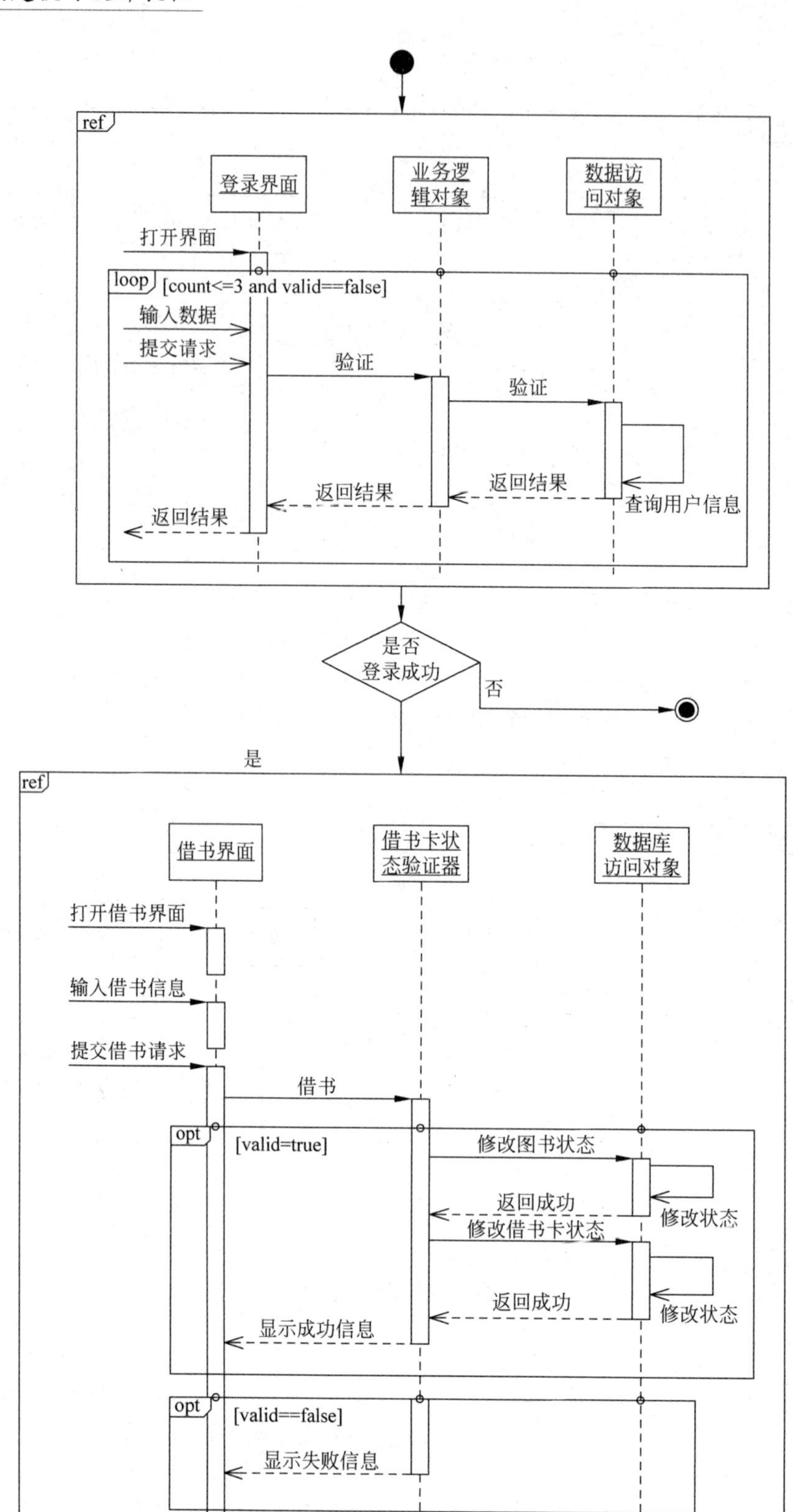

图 9.16　用户借书的交互概览图

小　结

UML2.0 新增加的 4 种图，主要是作为原有 9 种图的扩展内容，实际应用中除了包图，其他三种图的应用较少。但是在一些特殊的环境下它们也有着重要的作用。

包图描绘模型元素在包内的组织和依赖关系，包括包的导入和包扩展。它们还提供相应命名空间的可视化。

组合结构图反映类、接口或组件(和它们的属性)来描述功能内部的合作。组合结构图和类图类似，是它们的模型结构的特定使用。类图建模类的静态结构，包括它们的属性和行为。

定时图可以把状态发生变化的时刻及各个状态所持续的时间具体地表示出来。如果把多个对象放在一个定时图中，还可以把它们之间发送和接收消息的时刻表示出来。在这方面，定时图与其他几种交互图相比具有独到的优势。

交互概览图用于将一些零散的顺序图组织在一起，它采用了活动图的构造方式，利用了活动图的各种控制结点，并把活动图的每个活动结点替换为一个交互或者交互使用。

习　题

1. 在 UML 中，(　　)可以对模型元素进行有效地组织，如类、用例、构件，从而构成具有一定意义的单元。

A. 构件　　B. 包　　C. 结点　　D. 连接

2. 组合结构图与类图有何共同点和区别？它有哪些基本的元素？

3. 使用定时图的主要目的是什么？

4. 定时图中分别在什么情况下使用状态或者值表示变化？

5. 请给出一个简单的办公打卡系统的定时图。

6. 交互概览图通常是哪两种图的混合图？为什么提出交互概览图？

第10章 统一软件过程RUP

RUP(Rational Unified Process,Rational 统一过程)是一个软件的开发过程,它将用户需求转化为软件系统所需的活动的集合。统一过程不仅是一个简单的过程,而且是一个通用的过程框架。可用于各种不同类型的软件系统、各种不同的应用领域、各种不同功能级别及各种不同的项目规模。

RUP 可以用二维坐标来描述。横轴通过时间组织,是过程展开的生命周期特征,体现开发过程的动态结构;纵轴以内容来组织为自然的逻辑活动,体现开发过程的静态结构。

(1) RUP 过程开发模型由软件生命周期(4 个阶段)和 RUP 的核心工作流构成一个二维空间。

(2) 9 个核心工作流:商业建模、需求、分析与设计、实现、测试、部署、设置与变更管理、项目管理、环境。

(3) 4 个阶段:初始、细化、构造、移交。

10.1 RUP简介

10.1.1 什么是RUP过程

Rational Unified Process(RUP)是一套软件工程方法,同时,它又是文档化的软件工程产品,所有 RUP 的实施细节及方法导引均以 Web 文档的方式集成在一张光盘上,由 Rational 公司开发、维护并销售,是一套软件工程方法的框架,各个组织可根据自身的实际情况,以及项目规模对 RUP 进行裁剪和修改,以制定出合乎需要的软件工程过程。

RUP 和类似的产品,例如,面向对象的软件过程(OOSP),以及 OPEN Process 都是理解性的软件工程工具,把开发中面向过程的方面(如定义的阶段,技术和实践)和其他开发的组件(如文档,模型,手册以及代码等)整合在一个统一的框架内。RUP 吸收了多种开发模型的优点,具有很好的可操作性和实用性。从它一推出市场,迅速得到业界广泛的认同,越来越多的组织以它作为软件开发模型框架。

10.1.2 RUP 的特点

1. RUP 的二维开发模型

RUP 软件开发生命周期是一个二维的软件开发模型，如图 10.1 所示。横轴通过时间组织，是过程展开的生命周期特征，体现开发过程的动态结构，用来描述它的术语主要包括周期(Cycle)、阶段(Phase)、迭代(Iteration)和里程碑(Milestone)；纵轴以内容来组织为自然的逻辑活动，体现开发过程的静态结构，用来描述它的术语主要包括活动(Activity)、产物(Artifact)、工作者(Worker)和工作流(Workflow)。

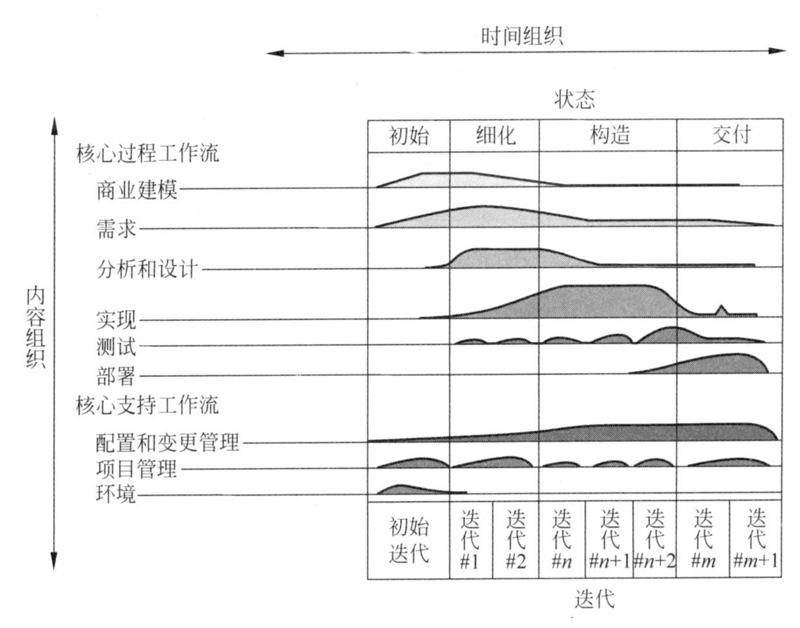

图 10.1 RUP 的二维开发模型

2. 传统的软件开发瀑布模型

传统上的项目组织是顺序通过每个工作流，每个工作流只有一次，也就是人们熟悉的瀑布生命周期(图 10.2)。这样做的结果是到实现末期产品完成并开始测试，在分析、设计和实现阶段所遗留的隐藏问题会大量出现，项目可能要停止并开始一个漫长的错误修正周期。

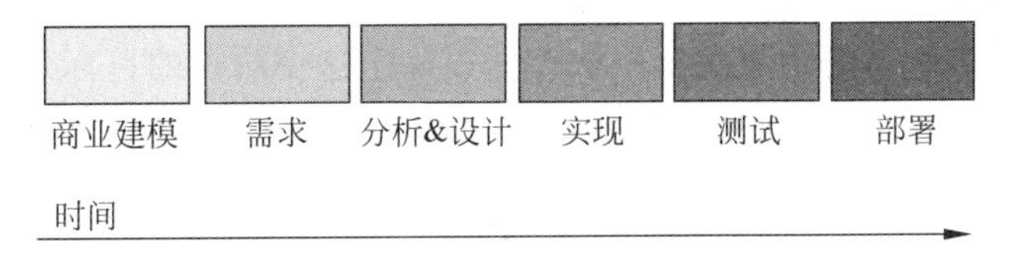

图 10.2 瀑布模型

3. RUP 的迭代开发模式

RUP 中的每个阶段可以进一步分解为迭代。一个迭代是一个完整的开发循环，产生一个可执行的产品版本，是最终产品的一个子集，它增量式地发展，从一个迭代过程到另一个迭代过程到成为最终的系统。一种更灵活，风险更小的方法是多次通过不同的开发工作流，这样可以更好地理解需求，构造一个健壮的体系结构，并最终交付一系列逐步完成的版本。

这叫作一个迭代生命周期。在工作流中的每一次顺序的通过称为一次迭代。软件生命周期是迭代的连续，通过它，软件是增量的开发。一次迭代包括生成一个可执行版本的开发活动，还有使用这个版本所必需的其他辅助成分，如版本描述、用户文档等。因此一个开发迭代在某种意义上是在所有工作流中的一次完整的经过，这些工作流至少包括：需求工作流、分析和设计工作流、实现工作流、测试工作流。其本身就像一个小型的瀑布项目(图 10.3)。

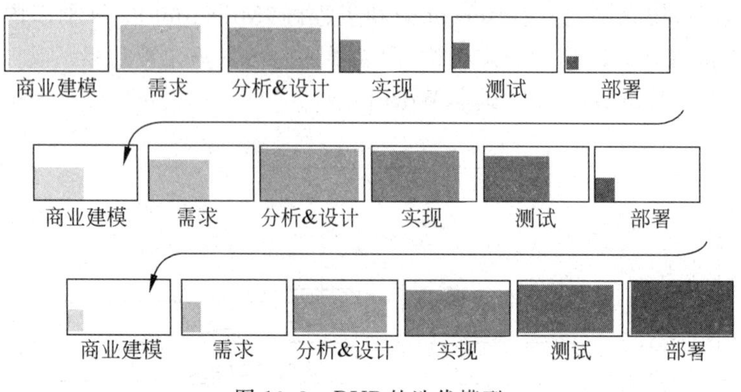

图 10.3 RUP 的迭代模型

与传统的瀑布模型相比较，迭代过程具有以下优点。

(1) 降低了在一个增量上的开支风险。如果开发人员重复某个迭代，那么损失只是这一个开发有误的迭代的花费。

(2) 降低了产品无法按照既定进度进入市场的风险。通过在开发早期就确定风险，可以尽早来解决而不至于在开发后期匆匆忙忙。

(3) 加快了整个开发工作的进度。因为开发人员清楚问题的焦点所在，他们的工作会更有效率。

(4) 由于用户的需求并不能在一开始就做出完全的界定，它们通常是在后续阶段中不断细化的。因此，迭代过程这种模式使适应需求的变化会更容易些。

4. 开发过程中的各个阶段和里程碑

RUP 中的软件生命周期在时间上被分解为 4 个顺序的阶段，分别是：初始阶段(Inception)、细化阶段(Elaboration)、构造阶段(Construction)和交付阶段(Transition)。每个阶段结束于一个主要的里程碑(Major Milestones)；每个阶段本质上是两个里程碑之间的时间跨度。在每个阶段的结尾执行一次评估以确定这个阶段的目标是否已经满足。如果评估结果令人满意，可以允许项目进入下一个阶段。

1) 初始阶段

初始阶段的目标是为系统建立商业案例并确定项目的边界。为了达到该目的必须识别所有与系统交互的外部实体，在较高层次上定义交互的特性。本阶段具有非常重要的意义，在这个阶段中所关注的是整个项目进行中的业务和需求方面的主要风险。对于建立在原有系统基础上的开发项目来讲，初始阶段可能很短。初始阶段结束时是第一个重要的里程碑：生命周期目标(Lifecycle Objective)里程碑。生命周期目标里程碑评价项目基本的生存能力。

2) 细化阶段

细化阶段的目标是分析问题领域，建立健全的体系结构基础，编制项目计划，淘汰项目中最高风险的元素。为了达到该目的，必须在理解整个系统的基础上，对体系结构做出决策，包括其范围、主要功能和诸如性能等非功能需求。同时为项目建立支持环境，包括创建开发案例，创建模板、准则并准备工具。细化阶段结束时第二个重要的里程碑：生命周期结构(Lifecycle Architecture)里程碑。生命周期结构里程碑为系统的结构建立了管理基准并使项目小组能够在构建阶段中进行衡量。此刻，要检验详细的系统目标和范围、结构的选择及主要风险的解决方案。

3）构造阶段

在构建阶段，所有剩余的构件和应用程序功能被开发并集成为产品，所有的功能被详细测试。从某种意义上说，构建阶段是一个制造过程，其重点放在管理资源及控制运作以优化成本、进度和质量。构建阶段结束时是第三个重要的里程碑：初始功能(Initial Operational)里程碑。初始功能里程碑决定了产品是否可以在测试环境中进行部署。此刻，要确定软件、环境、用户是否可以开始系统的运作。此时的产品版本也常被称为beta版。

4）交付阶段

交付阶段的重点是确保软件对最终用户是可用的。交付阶段可以跨越几次迭代，包括为发布做准备的产品测试，基于用户反馈的少量的调整。在生命周期的这一点上，用户反馈应主要集中在产品调整，设置、安装和可用性问题，所有主要的结构问题应该已经在项目生命周期的早期阶段解决了。在交付阶段的终点是第四个里程碑：产品发布(Product Release)里程碑。此时，要确定目标是否实现，是否应该开始另一个开发周期。在一些情况下这个里程碑可能与下一个周期的初始阶段的结束重合。

10.2　RUP工作流程

RUP中有9个核心工作流，分为6个核心过程工作流(Core Process Workflows)和3个核心支持工作流(Core Supporting Workflows)。9个核心工作流在项目中轮流被使用，在每一次迭代中以不同的重点和强度重复。尽管6个核心过程工作流可能使人想起传统瀑布模型中的几个阶段，但应注意迭代过程中的阶段是完全不同的，这些工作流在整个生命周期中一次又一次被访问。

10.2.1　业务建模

商业建模工作流描述了如何为新的目标组织开发一个构想，并基于这个构想在商业用例模型和商业对象模型中定义组织的过程、角色和责任。

10.2.2　需求分析

需求工作流的目标是描述系统应该做什么，并使开发人员和用户就这一描述达成共识。为了达到该目标，要对需要的功能和约束进行提取、组织、文档化；最重要的是理解系统所解决问题的定义和范围。

10.2.3　分析与设计

分析和设计工作流将需求转化成未来系统的设计，为系统开发一个健壮的结构并调整设计使其与实现环境相匹配,优化其性能。分析设计的结果是一个设计模型和一个可选的分析模型。设计模型是源代码的抽象,由设计类和一些描述组成。设计类被组织成具有良好接口的设计包(Package)和设计子系统(Subsystem),而描述则体现了类的对象如何协同工作实现用例的功能。设计活动以体系结构设计为中心,体系结构由若干结构视图来表达,结构视图是整个设计的抽象和简化,该视图中省略了一些细节,使重要的特点体现得更加清晰。体系结构不仅是良好设计模型的承载媒介,而且在系统的开发中能提高被创建模型的质量。

10.2.4 实现

实现工作流的目的包括以层次化的子系统形式定义代码的组织结构;以组件的形式(源文件、二进制文件、可执行文件)实现类和对象;将开发出的组件作为单元进行测试及集成由单个开发者(或小组)所产生的结果,使其成为可执行的系统。

10.2.5 测试

测试工作流要验证对象间的交互作用,验证软件中所有组件的正确集成,检验所有的需求已被正确地实现,识别并确认缺陷在软件部署之前被提出并处理。RUP 提出了迭代的方法,意味着在整个项目中进行测试,从而尽可能早地发现缺陷,从根本上降低了修改缺陷的成本。测试类似于三维模型,分别从可靠性、功能性和系统性能三方面来进行。

10.2.6 部署

部署工作流的目的是成功地生成版本并将软件分发给最终用户。部署工作流描述了那些与确保软件产品对最终用户具有可用性相关的活动,包括:软件打包、生成软件本身以外的产品、安装软件、为用户提供帮助。在有些情况下,还可能包括计划和进行 beta 测试版、移植现有的软件和数据以及正式验收。

10.2.7 配置和变更管理

配置和变更管理工作流描绘了如何在多个成员组成的项目中控制大量的产物。配置和变更管理工作流提供了准则来管理演化系统中的多个变体,跟踪软件创建过程中的版本。工作流描述了如何管理并行开发、分布式开发、如何自动化创建工程。同时也阐述了对产品修改原因、时间、人员保持审计记录。

10.2.8 项目管理

软件项目管理平衡各种可能产生冲突的目标,管理风险,克服各种约束并成功交付使用户满意的产品。其目标包括:为项目的管理提供框架,为计划、人员配备、执行和监控项目提供实用的准则,为管理风险提供框架等。

10.2.9 环境

环境工作流的目的是向软件开发组织提供软件开发环境,包括过程和工具。环境工作流集中于配置项目过程中所需要的活动,同样也支持开发项目规范的活动,提供了逐步的指导手册并介绍了如何在组织中实现过程。

10.2.10 统一软件开发过程RUP裁剪

RUP是一个通用的过程模板,包含很多开发指南、制品、开发过程所涉及的角色说明,由于它非常庞大所以对具体的开发机构和项目,用RUP时还要做裁剪,也就是要对RUP进行配置。RUP就像一个元过程,通过对RUP进行裁剪可以得到很多不同的开发过程,这些软件开发过程可以看作RUP的具体实例。RUP裁剪可以分为以下几步。

(1) 确定本项目需要哪些工作流。RUP的9个核心工作流并不总是需要的,可以取舍。

(2) 确定每个工作流需要哪些制品。

(3) 确定4个阶段之间如何演进。确定阶段间演进要以风险控制为原则,决定每个阶段要哪些工作流,每个工作流执行到什么程度,制品有哪些,每个制品完成到什么程度。

(4) 确定每个阶段内的迭代计划。规划RUP的4个阶段中每次迭代开发的内容。

(5) 规划工作流内部结构。工作流涉及角色、活动及制品,它的复杂程度与项目规模即角色多少有关。最后规划工作流的内部结构,通常用活动图的形式给出。

10.3 RUP的十大要素

10.3.1 开发前景

有一个清晰的前景是开发一个满足涉众真正需求的产品的关键。前景抓住了RUP需求流程的要点:分析问题,理解涉众需求,定义系统,当需求变化时管理需求。前景给更详细的技术需求提供了一个高层的、有时候是合同式的基础。正像这个术语隐含的那样,它是软件项目的一个清晰的、通常是高层的视图,能被过程中任何决策者或者实施者借用。它捕获了非常高层的需求和设计约束,让前景的读者能理解将要开发的系统。它还提供了项目审批流程的输入,因此就与商业理由密切相关。最后,由于前景构成了"项目是什么?"和"为什么要进行这个项目?",所以可以把前景作为验证将来决策的方式之一。对前景的陈述应该能回答以下问题,需要的话这些问题还可以分成更小、更详细的问题。

(1) 关键术语是什么?(词汇表)

(2) 我们尝试解决的问题是什么?(问题陈述)

(3) 涉众用户是谁?用户是谁?他们各自的需求是什么?

(4) 产品的特性是什么?

(5) 功能性需求是什么?(Use Cases)

(6) 非功能性需求是什么?

(7) 设计约束是什么?

10.3.2 达成计划

"产品的质量只会和产品的计划一样好。"在RUP中,软件开发计划(SDP)综合了管理项目所需的各种信息,也许会包括一些在先启阶段开发的单独的内容。SDP必须在整个项目中被维护和更新。SDP定义了项目时间表(包括项目计划和迭代计划)和资源需求(资源和工具),可以根据项目进度表来跟踪项目进展。同时也指导了其他过程内容(Process

Components)的计划：项目组织、需求管理计划、配置管理计划、问题解决计划、QA 计划、测试计划、评估计划以及产品验收计划。

在较简单的项目中，对这些计划的陈述可能只有一两句话。比如，配置管理计划可以简单地这样陈述：每天结束时，项目目录的内容将会被压缩成 ZIP 包，复制到一个 ZIP 磁盘中，加上日期和版本标签，放到中央档案柜中。软件开发计划的格式远远没有计划活动本身以及驱动这些活动的思想重要。正如 Dwight D. Eisenhower 所说："plan 什么也不是，planning 才是一切。""达成计划"和下面的第 3、4、5、8 项一起抓住了 RUP 中项目管理流程的要点。项目管理流程包括以下活动：构思项目、评估项目规模和风险、监测与控制项目、计划和评估每个迭代和阶段。

10.3.3 标识和减少风险

RUP 的要点之一是在项目早期就标识并处理最大的风险。项目组标识的每一个风险都应该有一个相应的缓解或解决计划。风险列表应该既作为项目活动的计划工具，又作为确定迭代的基础。

10.3.4 分配和跟踪任务

有一点在任何项目中都是重要的，即连续的分析来源于正在进行的活动和进化的产品的客观数据。在 RUP 中，定期的项目状态评估提供了讲述、交流和解决管理问题、技术问题以及项目风险的机制。团队一旦发现了这些障碍物，就把所有这些问题都指定一个负责人，并指定解决日期。进度应该定期跟踪，如有必要，更新应该被发布。这些项目"快照"突出了需要引起管理注意的问题。随着时间的变化（虽然周期可能会变化），定期的评估使经理能捕获项目的历史，并且消除任何限制进度的障碍或瓶颈。

10.3.5 检查商业理由

商业理由从商业的角度提供了必要的信息，以决定一个项目是否值得投资。商业理由还可以帮助开发一个实现项目前景所需的经济计划。它提供了进行项目的理由，并建立经济约束。当项目继续时，分析人员用商业理由来正确地估算投资回报率（Return On Investment，ROI）。商业理由应该给项目创建一个简短但是引人注目的理由，而不是深入研究问题的细节，以使所有项目成员容易理解和记住它。在关键里程碑处，经理应该回顾商业理由，计算实际的花费、预计的回报，决定项目是否继续进行。

10.3.6 设计组件构架

在 RUP 中，软件系统的构架是指一个系统关键部件的组织或结构，部件之间通过接口交互，而部件是由一些更小的部件和接口组成的。即主要的部分是什么？它们又是怎样结合在一起的？RUP 提供了一种设计、开发、验证构架的很系统的方法。在分析和设计流程中包括以下步骤：定义候选构架、精化构架、分析行为（用例分析）和设计组件。

要陈述和讨论软件构架，必须先创建一个构架表示方式，以便描述构架的重要方面。在 RUP 中，构架表示由软件构架文档捕获，它给构架提供了多个视图。每个视图都描述了某一组用户所关心的正在进行的系统的某个方面。用户有最终用户、设计人员、经理、系统工程师、系统管理员等。这个文档使系统构架师和其他项目组成员能就与构架相关的重大决策进行有效的交流。

10.3.7 对产品进行增量式的构建和测试

在 RUP 中实现和测试流程的要点是在整个项目生命周期中增量的编码、构建、测试系统组件,在开始之后每个迭代结束时生成可执行版本。在精化阶段后期,已经有了一个可用于评估的构架原型;如有必要,它可以包括一个用户界面原型。然后,在构建阶段的每次迭代中,组件不断地被集成到可执行、经过测试的版本中,不断地向最终产品进化。动态及时的配置管理和复审活动也是这个基本过程元素的关键。

10.3.8 验证和评价结果

RUP 的迭代评估捕获了迭代的结果。评估决定了迭代满足评价标准的程度,还包括学到的教训和实施的过程改进。根据项目的规模和风险以及迭代的特点,评估可以是对演示及其结果的一条简单的记录,也可能是一个完整的、正式的测试复审记录。这里的关键是既关注过程问题又关注产品问题。越早发现问题,就越没有问题。

10.3.9 管理和控制变化

RUP 的配置和变更管理流程的要点是当变化发生时管理和控制项目的规模,并且贯穿整个生命周期。其目的是考虑所有的涉众需求,尽可能地满足,同时仍能及时地交付合格的产品。用户拿到产品的第一个原型后(往往在这之前就会要求变更),他们会要求变更。重要的是,变更的提出和管理过程始终保持一致。在 RUP 中,变更请求通常用于记录和跟踪缺陷和增强功能的要求,或者对产品提出的任何其他类型的变更请求。变更请求提供了相应的手段来评估一个变更的潜在影响,同时记录就这些变更所做出的决策。他们也帮助确保所有的项目组成员都能理解变更的潜在影响。

10.3.10 提供用户支持

在 RUP 中,部署流程的要点是包装和交付产品,同时交付有助于最终用户学习、使用和维护产品的任何必要的材料。项目组至少要给用户提供一个用户指南(也许是通过联机帮助的方式提供),可能还有一个安装指南和版本发布说明。

根据产品的复杂度,用户也许还需要相应的培训材料。最后,通过一个材料清单(Bill of Materials,BOM)清楚地记录应该和产品一起交付哪些材料。

10.4 StarUML 在 RUP 模型中的应用

10.4.1 可视化建模

可视化建模(Visual Modeling)是利用围绕现实想法组织模型的一种思考问题的方法。模型对于了解问题、与项目相关的每个人(客户、行业专家、分析师、设计者等)沟通、模仿企业流程、准备文档、设计程序和数据库来说都是有用的。建模促进了对需求的更好的理解、更清晰的设计、更加容易维护的系统。

可视化建模就是以图形的方式描述所开发的系统的过程。可视化建模允许用户提出一个复杂问题的必要细节,过滤不必要的细节。它也提供了一种从不同的视角观察被开发系统的机制。

10.4.2 StarUML 介绍

StarUML 是一个开源的,具有能满足所有建模环境(Web 开发,数据建模,Java,Visual Studio 和 C++)需求能力和灵活性的一套解决方案。StarUML 允许开发人员、项目经理、系统工程师和分析人员在软件开发周期内将需求和系统的体系架构转换成代码,消除浪费的消耗,对需求和系统的体系架构进行可视化,理解和精练。通过在软件开发周期内使用同一种建模工具可以确保更快更好地创建满足客户需求的可扩展的、灵活的并且可靠的应用系统。

1. 用例视图

(1) 基本概念:系统中与实现无关的视图,只关心系统的高级功能,而不关心系统的具体实现细节。

(2) 关注人群:最终用户、分析人员和测试人员,包括用例图、对象图。

2. 逻辑视图

(1) 基本概念:关注系统如何实现使用用例中提到的功能,包含系统实现的具体细节。

(2) 关注人群:编程人员,包括类图、对象图、状态机图、活动图、序列图、通信图。

3. 构件视图

(1) 基本概念:包含模型代码库、执行库和其他构件的信息,从中可以看出系统实现的物理结构。

(2) 关注人群:系统程序员,包括构件图。

4. 部署视图

(1) 基本概念:关心系统的实际部署情况,一个项目只有一个部署视图。

(2) 关注人群:系统工程师和网络工程师,包括部署图。

10.4.3 StarUML 建模与 RUP

StarUML 在 RUP 各个阶段的可能涉及的模型图关系,如表 10.1 所示。

表 10.1 StarUML 在 RUP 各阶段的模型关系表

软件开发阶段	StarUML 使用情况	可能用到的 StarUML 模型图及元素
开始阶段	建立业务模型(Business Use Case)	业务用例、参与者
	确定用例模型(Use Case)	参与者、用例
	事件流程建模	活动图、状态机图
细化阶段	对系统静态结构和动态行为建模	类图、序列图、通信图、状态机图
	确定系统构件	构件图
构建阶段	正向工程产生框架代码	类图、序列图、通信图、状态机图、构件图
	逆向工程更新模型	构件图
	创建部署图	部署图
交付阶段	更新模型	构件图、部署图

1. 开始阶段

1）建立业务模型

实现 RUP 任务：项目的前期调研。

针对当前业务提炼出的业务模型，包含参与者，业务用例。如果系统属于前瞻性的，可以忽略业务模型，直接下一步（确定用例模型）。

业务用例：主要是针对系统业务而言，力度比较粗，面向人群主要为业务人员。

2）确定用例模型

实现 RUP 任务：需求的粗分析。

是业务模型的深度分析，主要确定系统业务的具体工作。

系统用例：主要是针对系统实现而言，面向人群主要为系统分析设计人员。

3）事件流程建模

实现 RUP 任务：需求的深度分析。

事件流程是用例的业务目标必须完成的动作序列，该流程必须包括相应的业务规则。一个用例可以包含多个事件流程，但是只能有一个主事件流程。

该阶段主要是对所有的用例进行事件流程建模。

2. 细化阶段

1）系统建模

实现 RUP 任务：数据库设计说明书的指导。

对系统的静态结构抽象出类图，系统的动态行为提炼出序列图、通信图、状态机图。

2）确定系统构件

实现 RUP 任务：系统架构设计的指导。

根据类图和交互图抽取系统构件。

3. 构建阶段

1）正向工程

实现模型转换到代码的过程，意义不大。

2）逆向工程

实现代码到模型的转换过程。

3）创建部署图

在该阶段需要创建系统的部署图。

4. 交付阶段

更新模型

对构件图，部署图进行校正。

10.4.4 StarUML 建模与 RUP 应用实例

下面通过短信开户的 StarUML 建模过程进行举例说明其在 RUP 过程的应用。

(1) 业务用例（以公司为研究对象），如图 10.4 所示。

(2) 系统用例（以系统软件为研究对象），如图 10.5 所示。

(3) 事件流程建模。

活动图如图 10.6 所示。

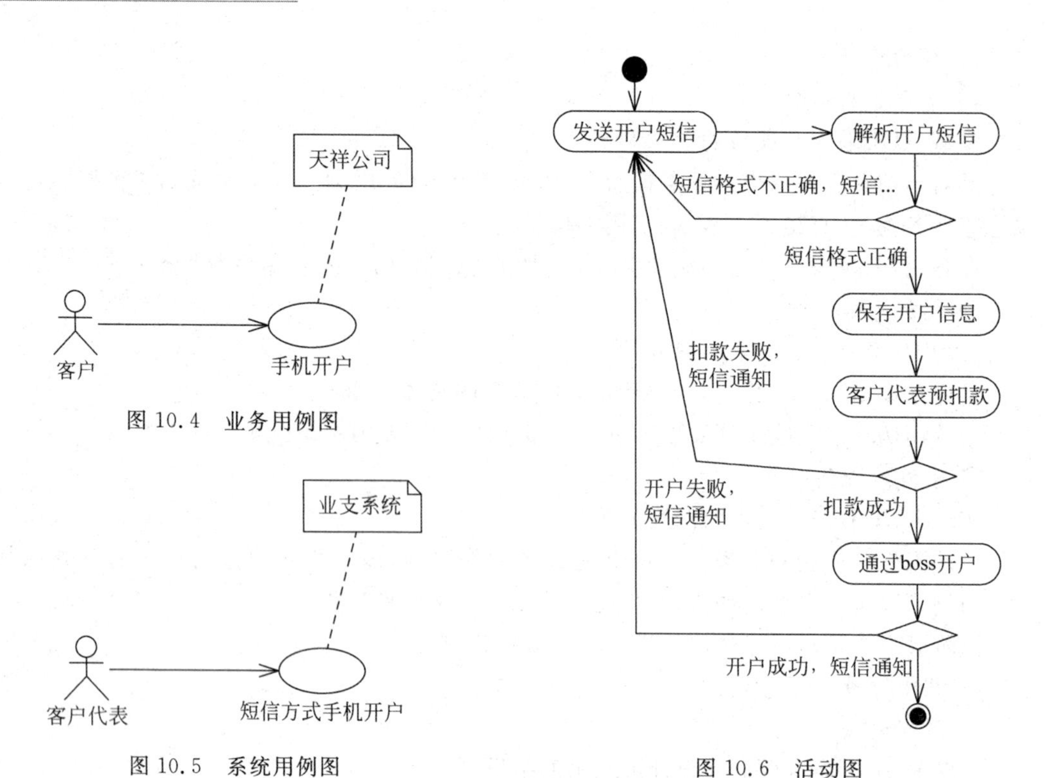

图 10.4　业务用例图

图 10.5　系统用例图

图 10.6　活动图

状态机图(因开户的状态较少,故使用任务系统的任务状态机图)如图 10.7 所示。

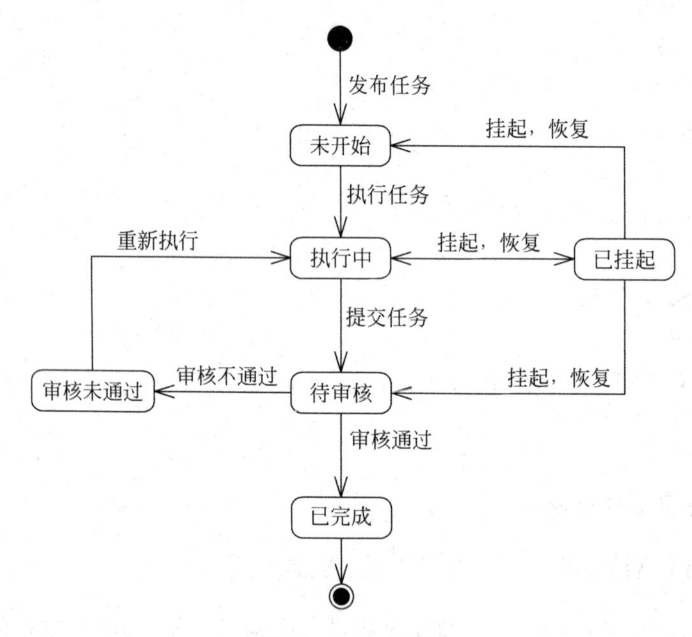

图 10.7　状态机图

(4) 系统建模。

类图如图 10.8 所示。

顺序图如图 10.9 所示。

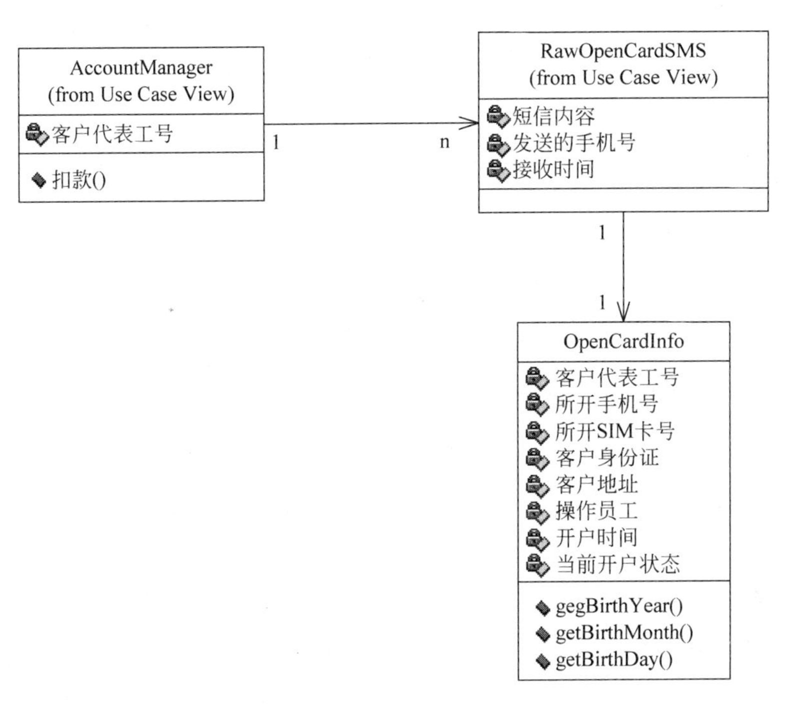

图 10.8　类图

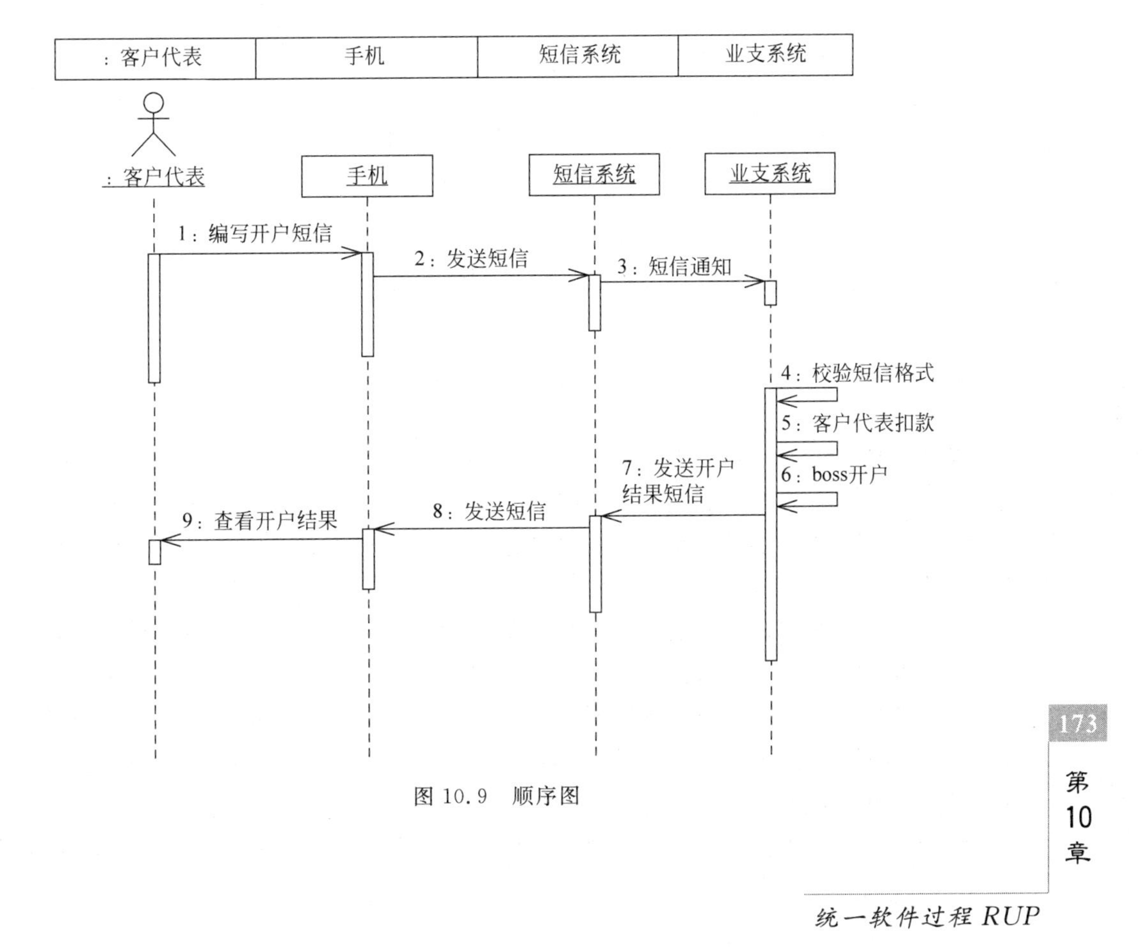

图 10.9　顺序图

通信图如图 10.10 所示。

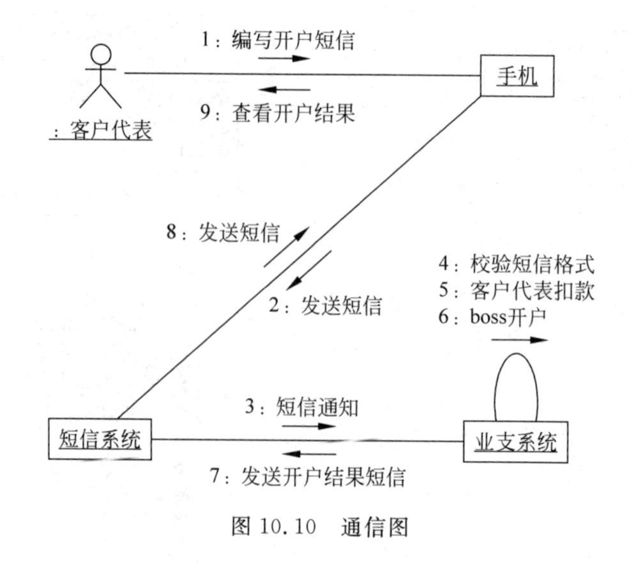

图 10.10　通信图

(5) 确定系统组件。

构件图如图 10.11 所示。

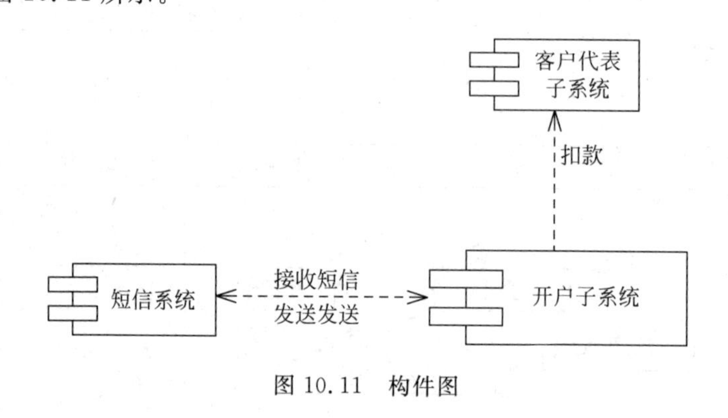

图 10.11　构件图

小　　结

本章对 Rational Unified Process(RUP)进行了比较全面的介绍。RUP 不仅是一套软件工程方法,同时,它又是文档化的软件工程产品。RUP 吸收了多种开发模型的优点,具有很好的可操作性和实用性,不但得到业界广泛的认同,而且有越来越多的组织以它作为软件开发模型框架。

RUP 软件开发生命周期是一个二维的软件开发模型。横轴通过时间组织,是过程展开的生命周期特征,体现开发过程的动态结构,用来描述它的术语主要包括周期(Cycle)、阶段(Phase)、迭代(Iteration)和里程碑(Milestone);纵轴以内容来组织为自然的逻辑活动,体现开发过程的静态结构,用来描述它的术语主要包括活动(Activity)、产物(Artifact)、工作者(Worker)和工作流(Workflow)。

RUP 中有 9 个核心工作流,分为 6 个核心过程工作流(Core Process Workflows)和

3个核心支持工作流(Core Supporting Workflows)。9个核心工作流在项目中轮流被使用，在每一次迭代中以不同的重点和强度重复。尽管6个核心过程工作流可能使人想起传统瀑布模型中的几个阶段，但应注意迭代过程中的阶段是完全不同的，这些工作流在整个生命周期中一次又一次被访问。

RUP是一个通用的过程模板，包含很多开发指南、制品、开发过程所涉及的角色说明。由于它非常庞大，所以对具体的开发机构和项目，用RUP时还要做裁剪，也就是要对RUP进行配置。RUP就像一个元过程，通过对RUP进行裁剪可以得到很多不同的开发过程，这些软件开发过程可以看作RUP的具体实例。

最后通过短信开户的例子，对使用StarUML软件工具建模与RUP过程中的应用进行了讲解。

习　　题

1. 什么是RUP？其核心概念包括哪些？
2. 简述RUP的开发过程。
3. 简述RUP的迭代开发模式。
4. RUP包括哪些核心工作流？

第 11 章　汽车租赁系统

本系统是为汽车租赁公司的管理自动化而开发的一套应用软件系统。能够系统、科学、安全和方便地管理公司的各项业务，并能储存检索大量的客户、车辆和员工的信息。大大提高了租赁公司的工作效率和加大了公司的利润。在系统的开发设计过程中，UML 作为一种强大的图形化建模语言，充分体现了它的强大和灵活。

- 汽车租赁系统的设计与分析过程
- UML 在汽车租赁系统开发各阶段的应用

11.1　系统需求分析

11.1.1　汽车租赁系统的需求分析

本系统是为方便汽车租赁公司而做的系统。能够系统、科学、安全并且方便地管理公司的各项业务，并能储存检索大量的客户、车辆、员工信息。大大提高了公司的工作效率和加大了公司的利润，是现代化的，科技化的，数字化的社会的高级产物，可以顺应时代的发展和步伐，为公司未来业务的扩展带来更好的前景。

1. 汽车租赁系统的功能分析

汽车系统的功能性分析可以反映一个系统能够完成的各种功能，它能够清晰明确地把这个系统要完成的功能展示给后续的设计人员和使用者。汽车租赁系统的具体功能如下。

(1) 系统允许用户注册。

(2) 系统允许用户登录。

(3) 系统允许用户查询车辆信息(包括所有车辆信息和已借车辆信息)。

(4) 系统允许用户修改个人信息。

(5) 系统允许用户网上预订车辆。

(6) 系统允许用户电话预订车辆。

(7) 系统允许用户查询换车时间。

(8) 系统允许用户取消预订的车辆。

(9) 系统允许用户通过不同的渠道交订金。

(10) 系统给用户分配自己的账号和访问权限。

(11) 系统允许系统维护人员登录系统。

(12) 系统允许系统维护人员查询用户基本信息。

(13) 系统允许系统维护人员注销用户。

(14) 系统允许系统维护人员删除信用不良好的用户。

(15) 系统允许系统维护人员同意用户的预订申请。

(16) 系统允许系统维护人员同意用户的借车申请。

(17) 系统允许系统维护人员同意用户的还车申请。

(18) 系统允许系统维护人员清算用户的费用。

(19) 系统允许系统维护人员催缴到期未还的用户。

(20) 系统允许系统维护人员管理员工的信息。

(21) 系统允许系统维护人员分配操作权限给用户。

(22) 系统允许技术人员登录系统。

(23) 系统允许技术人员查询车辆信息。

(24) 系统允许技术人员修改并保存车辆信息。

(25) 系统允许技术人员添加并保存车辆信息。

(26) 系统允许技术人员删除并保存车辆信息。

2. 汽车租赁系统的非功能性需求

(1) 网络响应速度应该尽量快。

(2) 用户填写的信息应该尽量少,采用选择和勾选方式。

(3) 系统应该有预留接口,可以方便地连接到其他的客服电话。

11.1.2 功能模块图

汽车租赁系统的功能模块图反映了汽车租赁系统的功能及各个功能之间的关系。具体内容如图 11.1 所示。

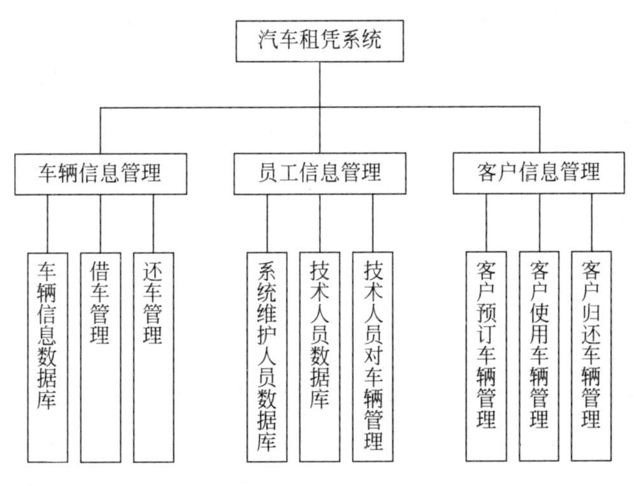

图 11.1 车辆信息管理功能模块图

(1) 汽车租赁系统：这是一个大的系统，用于管理客户、员工和车辆等三方面的信息。

(2) 车辆信息管理：这个方面主要用于与车辆有关的相关操作的处理和管理。用于管理车辆基本信息和借车还车信息。

(3) 员工信息管理：这个功能用于管理系统维护人员、技术人员的基本信息，包括管理系统维护人员对系统、员工和业务的管理以及技术人员对车辆的管理。

(4) 客户信息管理：用于管理用户对车辆的预订、使用和归还的信息。

(5) 车辆信息数据库：用于记录车辆的借车价格、规定等信息。

(6) 借车管理：用户向公司租赁汽车，并操作与租赁有关的相关信息。

(7) 还车管理：用于记录还车相关信息，以及与还车有关的相关信息。

(8) 系统维护人员数据：用于记录维护系统人员职能等一些基本的信息。

(9) 技术人员数据库：用于记录技术人员的基本信息以方便对和计数人员有关的信息进行管理。

(10) 技术人员对车辆管理：用于记录技术人员对车辆管理信息。

(11) 客户预订车辆管理：用于管理用户预订车辆的信息，可以通过不同的途径预订车辆，并可以缴纳订金。

(12) 客户使用车辆管理：用于管理用户使用车辆的信息，包括记录车辆的使用时间，使用情况和信誉记录。

(13) 客户归还车辆管理：用于管理用户归还车辆的信息，并结算用户使用车辆的钱款。

11.2 用例图设计建模

11.2.1 汽车租赁系统中的用例图简述

本系统根据功能共划分三个用例图，分别如下。

(1) 客户用例图：主要描述客户的注册，客户信息的修改，客户借、还车时需要完成的内容，如客户通过电话或网上预订车辆，客户可以查询车辆的信息，还车是要结余同时如果车出现故障要交纳押金等功能。

(2) 技术人员用例图：描述了系统维护人员对系统的维护和管理，包括管理员工信息，管理员登录系统，设置用户级别，查询用户信息及注销用户。

(3) 系统维护用例：描述了技术人员修改车辆信息、添加车辆信息、删除车辆信息等功能，在修改车辆之前对所要修改的车辆信息进行查询，在修改、删除、添加等操作后系统对其数据进行保存。

11.2.2 与客户有关的用例图

在与客户有关的用例图中，注册、提交借车申请和提交还车申请这三个用例都是客户在系统中可以完成的操作，所以和客户是关联关系。然而在注册之后客户应该有修改个人信息的权利，所以修改个人信息是注册用户的一个扩展。同理，查询车辆信息、预订车辆都是提交借车申请的扩展，结余也是必须在提交还车申请后才能完成的，所以是提交还车申请的结余。而缴纳罚金又是结余的添加功能，所以缴纳罚金用例也是结余的扩展用例。然而登录系统则是客户进行借车和还车的前提，与提交借车申请和提交还车申请都是包含关系。具体如图 11.2 所示客户用例图。

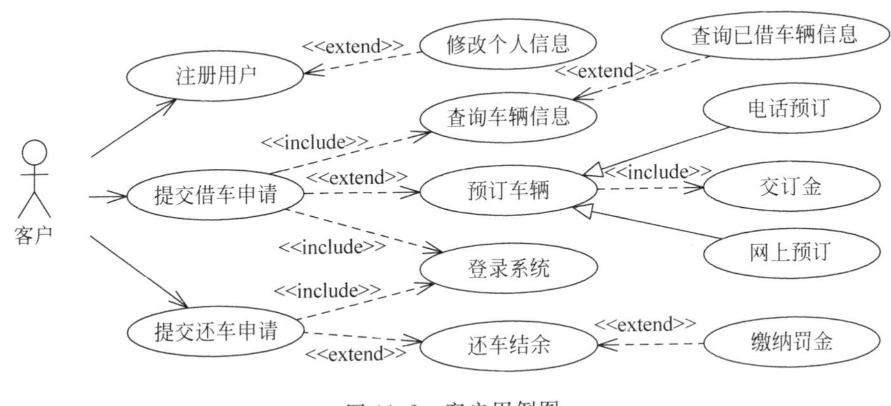

图 11.2 客户用例图

(1) 注册用户用例，用于客户注册系统，方便以后对车辆的租借和自己相关信息的陈述、证明，方便从来没有进入系统的人员第一次进入系统。

(2) 借车用例，用于客户向公司租赁汽车，从选车到取车的全过程。

(3) 换车用例，用于客户记录还车相关信息。

(4) 查询车辆信息用例，用于客户查询车辆信息，系统显示车辆信息。

(5) 预订车辆用例，用于方便客户当时没有确定租赁车辆，但是预订车辆。客户可以通过电话预订，也可以通过网络预订。

(6) 结余用例，用于方便客户查询还车结余车款情况，方便交易的完成。

(7) 电话预订用例，用于方便客户需要订车，但由于某种原因不能亲自预订，需要通过电话预订车辆。

(8) 网上预订用例，用于方便客户网上预订车辆，减少订车的麻烦。

(9) 缴纳罚金用例，用于客户违反协定时缴纳罚金，维护公司的正当利益，同时增强客户的安全意识。

(10) 查询还车时间用例，用于客户在忘记自己应何时还车时，查询还车时间，方便提醒客户及时还车。

(11) 登录系统用例，用于方便要进行操作并且没有登录系统的客户登录系统。

(12) 取消预订用例，用于客户在预订后并在实际使用前两天内可以取消或更还预订车辆。

(13) 交订金用例，用于客户借车或预订车辆时交纳订金，加强公司对车辆、客户的管理。

(14) 查询已借车辆信息用例，用于客户在借车后查询自己已经借的车辆信息。

(15) 修改个人信息用例，用于客户个人信息发生改变时修改自己的相关信息，方便管理。

11.2.3 与系统维护人员有关的用例图

在与系统维护人员有关的用例图中，由于系统维护人员也是员工的一种，所以系统维护人员和员工是泛化关系。而且系统维护人员在系统中可以以管理员身份登录、管理员工信息、管理客户信息、管理系统信息，所以与这三个用例是关联关系。而且管理用户信息的前提是查询出待管理的用户信息，所以管理用户信息与查询用户信息之间的关系是包含关系。催缴用户钱款、注销用户、设置用户级别这些用例都是管理用户信息派生出的功能，所以与管理用户信息之间是扩展关系。具体如图 11.3 所示系统维护人员用例图。

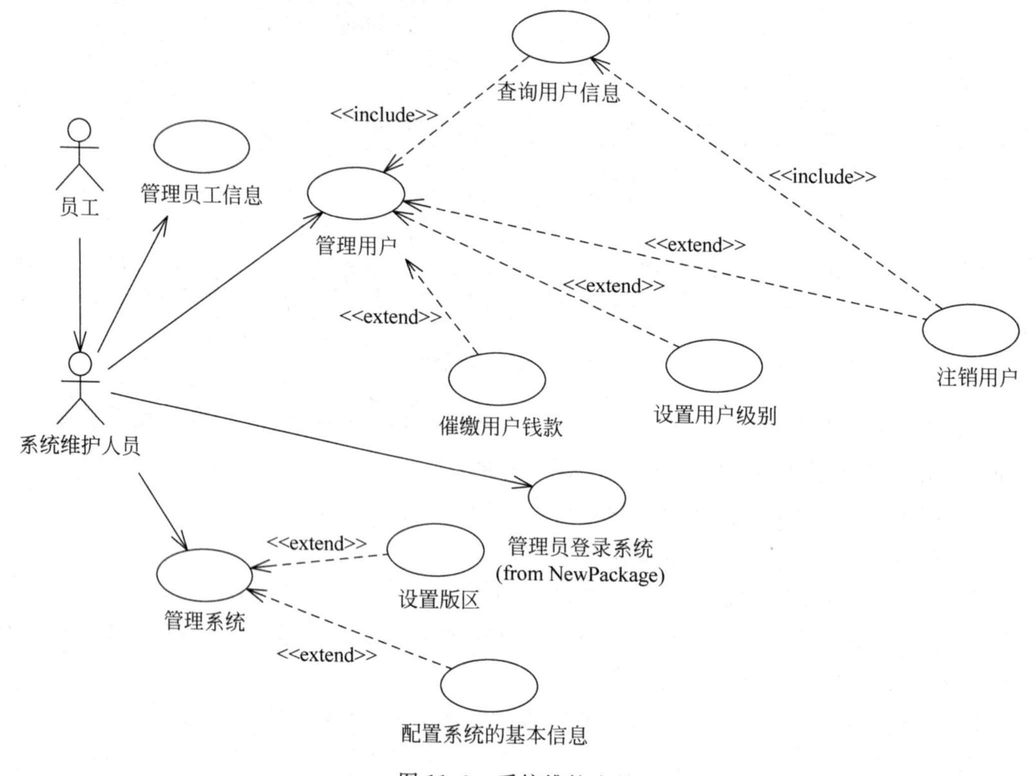

图 11.3　系统维护人员

(1) 管理用户用例，用于系统维护人员对客户的基本信息、常借车型、联系方式、是否有租赁车辆等信息进行管理。

(2) 管理员登录用例，用于系统维护人员以管理员身份登录系统(权限和员工及客户登录不同)。

(3) 管理员工信息用例，用于系统维护人员对员工的基本信息、所属部门、所做工作、工作表现、联系方式等进行管理。

(4) 注销用户用例，用于系统维护人员删除客户中有不良记录的人的信息或其他原因退出本系统的客户信息。

(5) 查询用户信息用例，用于系统维护人员根据相关内容查询用户的全部信息，以便于对用户信息的管理。

(6) 设置用户级别用例，用于系统维护人员设置用户的访问权限，方便对用户的管理。

(7) 催缴用户钱款用例，用于系统维护人员管理用户实际需交纳的钱数多于订金数并且用户车辆到期未还时催缴客户钱款并提醒客户还车。

(8) 管理系统用例，用于系统维护人员对系统进行管理。

(9) 设置版区用例，用于系统维护人员对系统界面进行设置，为了使系统界面美观。

(10) 配置系统用例,用于系统维护人员配置系统的基本信息,使系统有基本的结构和功能。

11.2.4 与技术人员有关的用例图

在与技术人员有关的用例图中,技术人员也是员工的一种,所以与员工是泛化关系。技术人员在系统中的主要操作有修改车辆信息、添加车辆信息、删除车辆信息,所以与技术人员为关联关系,然而在进行修改、添加、删除操作之前都必须查询出要查询的车辆,在进行修改、添加、删除操作后必须保存更改后的信息,所以查询车辆信息与保存信息与那三个用例的关系是包含关系。具体如图 11.4 所示技术人员用例图。

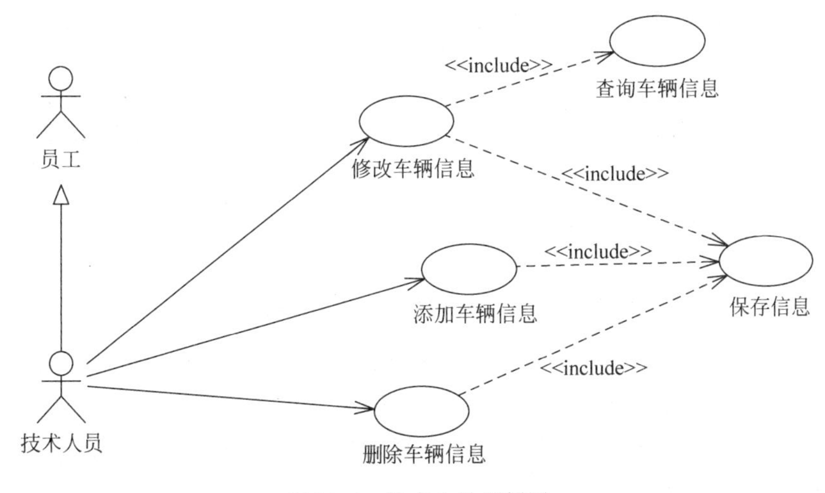

图 11.4 技术人员用例图

(1) 修改车辆信息用例,用于技术人员需要时修改车辆信息,并显示修改后的车辆信息。

(2) 查询车辆信息用例,用于技术人员需要在用户借车之前、换车以后需要对车况进行检查。

(3) 添加车辆信息用例,用于技术人员在需要时对新进车辆或者有其他状况的车辆添加信息。

(4) 删除车辆信息用例,用于技术人员在需要时删除报废车辆或车辆本身不再具备的一些信息。

(5) 保存车辆信息用例,用于技术人员在需要时对车辆的修改、添加、删除等操作后需要保存信息,以便于以后对车辆情况的跟踪了解。

11.3 类图设计建模

本系统根据功能及模块分为以下两个类图。

(1) 数据访问层类图:主要描述了数据库中各类之间的关系,主要有代表员工基本信息的实体类、客户基本信息的实体类、车辆基本信息的实体类。具体各类之间的关系如图 11.5 所示数据访问层类图。

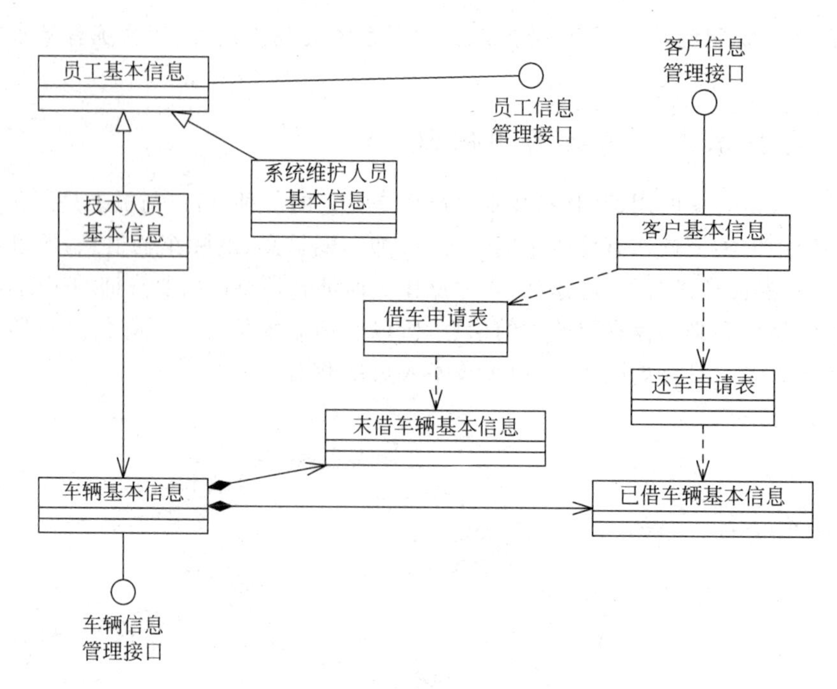

图 11.5　数据访问层类图

(2) 业务层类图：主要描述了业务层各类之间的关系，主要代表管理员工的实体类、登录系统的实体类、注册的实体类、界面设置的实体类、用户级别设置的实体类、借车的实体类、还车的实体类、预订车辆的实体类、查询车辆信息的实体类等。具体各类之间的关系如图 11.6 所示业务层类图。

数据访问层类图说明如下。

(1) 员工基本信息类：用于存储员工的基本信息，方便对公司员工的管理。

(2) 技术人员基本信息类：用于存储技术人员的基本信息，使管理方便。

(3) 系统维护人员基本信息类：用于存储系统维护人员基本信息，使管理方便。

(4) 车辆基本信息类：用于存储车辆的信息，方便客户查询车辆，使员工方便地管理车辆。

(5) 客户基本信息类：用于存储客户基本信息，方便系统维护人员对员工的管理。

(6) 借车申请表类：用于存储客户申请借车的信息，使员工根据此数据库进行借车管理。

(7) 还车申请表类：用于存储客户还车申请的信息，方便员工进行还车管理。

(8) 未借车辆基本信息类：用于存储现未被借的车辆的信息，在批准借车申请前需要对未借车辆进行查询。

(9) 已借车辆基本信息类：用于存储已被借的车辆的信息，在处理车申请前需要对已借车辆进行查询，方便结余。

业务层类图说明如下。

(1) 管理员工类：此类用于系统维护人员对员工信息进行查询、修改等操作。

(2) 注册类：此类用于还没有注册的客户、员工注册信息。

(3) 登录系统类：此类的功能是用于客户、员工登录系统。

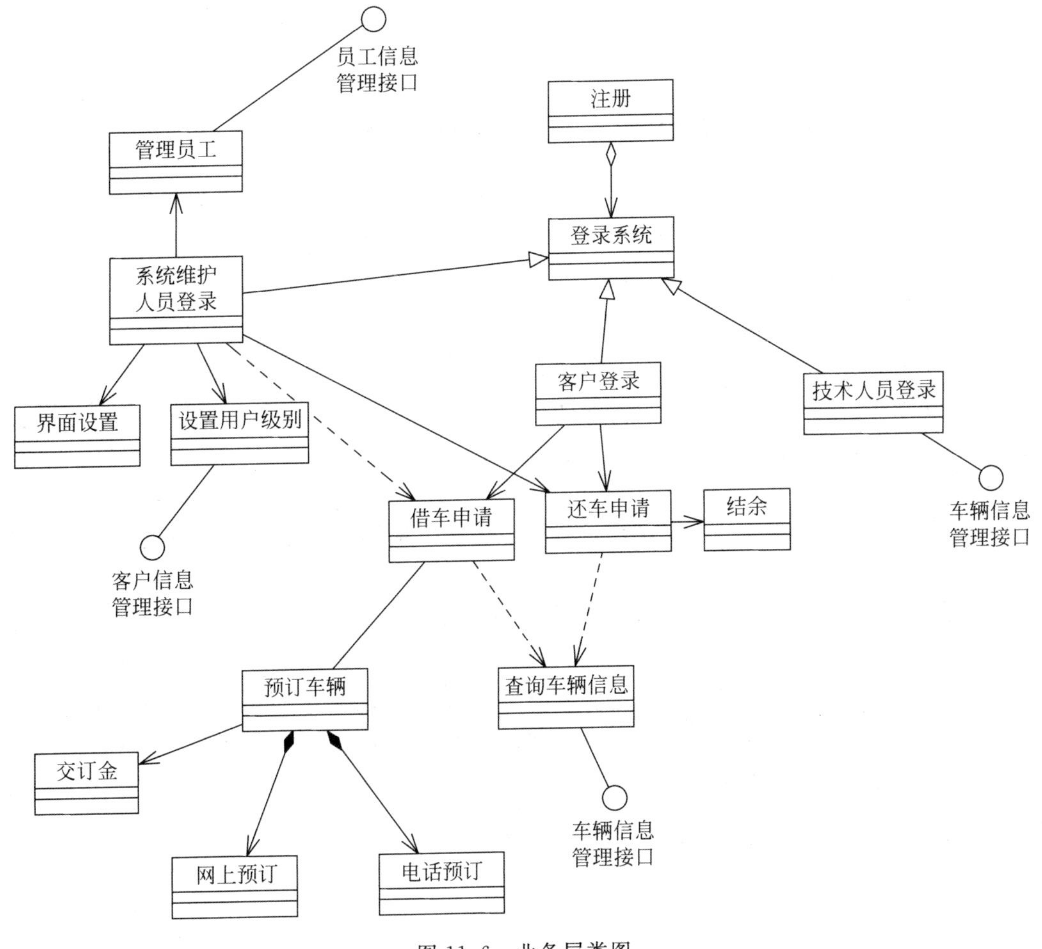

图 11.6　业务层类图

(4) 系统维护人员登录类：用于系统维护人员登录系统。

(5) 客户登录类：用于客户登录系统。

(6) 技术人员登录类：用于技术人员登录系统。

(7) 界面设置类：系统维护人员进行界面设置,使系统界面更美观。

(8) 设置用户级别类：系统维护人员对客户进行级别设置,以方便对用户的管理。

(9) 借车申请类：客户借车之前要进行借车申请,借车申请时要填写车辆所借用户信息,方便系统维护人员管理。

(10) 还车申请类：客户要还车之前要进行还车申请,方便员工进行车辆管理。

(11) 预订车辆类:客户在借车之前先预订车辆,员工根据预订车辆的信息,进行借车处理。

(12) 查询车辆信息类：客户在借车、还车以前要对所要借、还的车辆信息进行查询。

(13) 交订金类：客户借车后要交订金。

(14) 网上预订类：客户可以通过网上预订车辆。

(15) 电话预订类：客户通过打电话的形式预订车辆。

(16) 结余类:客户还车时要进行结余。

11.4 顺 序 图

11.4.1 汽车租赁系统中的数据流和相应顺序图

根据需求分析和功能模块图,本系统划分出8个数据流和顺序图以用来描述系统维护人员、技术人员在系统中的各种操作,用事件流来反映事件发生的条件、性质和结果;用顺序图形象反映事件发生的步骤。即客户注册并管理个人信息的事件流及顺序图、客户借车的事件流及顺序图、客户还车的事件流与顺序图、技术人员查询车辆的事件流及顺序图、技术人员管理车辆的事件流与顺序图、系统维护人员登录并管理系统的事件流及顺序图、系统维护人员管理用户的事件流及顺序图、系统维护人员对员工信息管理的事件流及顺序图。

11.4.2 与客户有关的事件流和顺序图

客户在系统中可以注册,可以借车,可以还车,所以根据这几项功能,分析得出的事件流与顺序图如下。

(1) 客户注册并管理个人信息的事件流及顺序图主要反映了用户注册并管理自己的注册信息的基本过程。客户注册是客户登入系统的第一个步骤,也是客户登入系统的前提和基础。具体事件流详细内容见表11.1。用户只能在注册成功后才可以修改自己的个人信息,并且只能修改系统允许的信息,客户本身修改的信息不得超过自己的访问权限,否则返回修改失败的信息,顺序图如图11.7所示客户注册并管理个人信息顺序图。

表11.1 客户注册并管理个人信息事件流

内容	说　明
用例编号	Kehu-1
用例名称	客户注册并管理个人信息
用例说明	参与者通过注册获得进入并使用系统的权限,并可以对自己在系统内部的注册信息进行管理
参与者	客户
前置条件	—
后置条件	系统正确接收用户提交的信息并且成功保存到数据库中
基本路径	(1) 发出注册申请 (2) 系统显示注册页面 (3) 参与者填写相关注册信息,提交 (4) 注册成功后对个人注册信息进行更新、修改等管理 (5) 操作完成后退出系统或进行其他操作
扩展路径	当操作内容超过客户访问权限时剥夺用户操作的权利

(2) 客户借车事件流及顺序图反映了已经登录系统的客户想要借车的操作顺序,反映了用户在查找了自己想要使用的车辆后预订车辆,付订金及取得车辆的过程。在这个过程中系统为用户提供了两条预订车辆的方式,包括网上预订和电话预订。具体的事件流详细内容见表11.2,顺序图如图11.8所示客户借车顺序图。

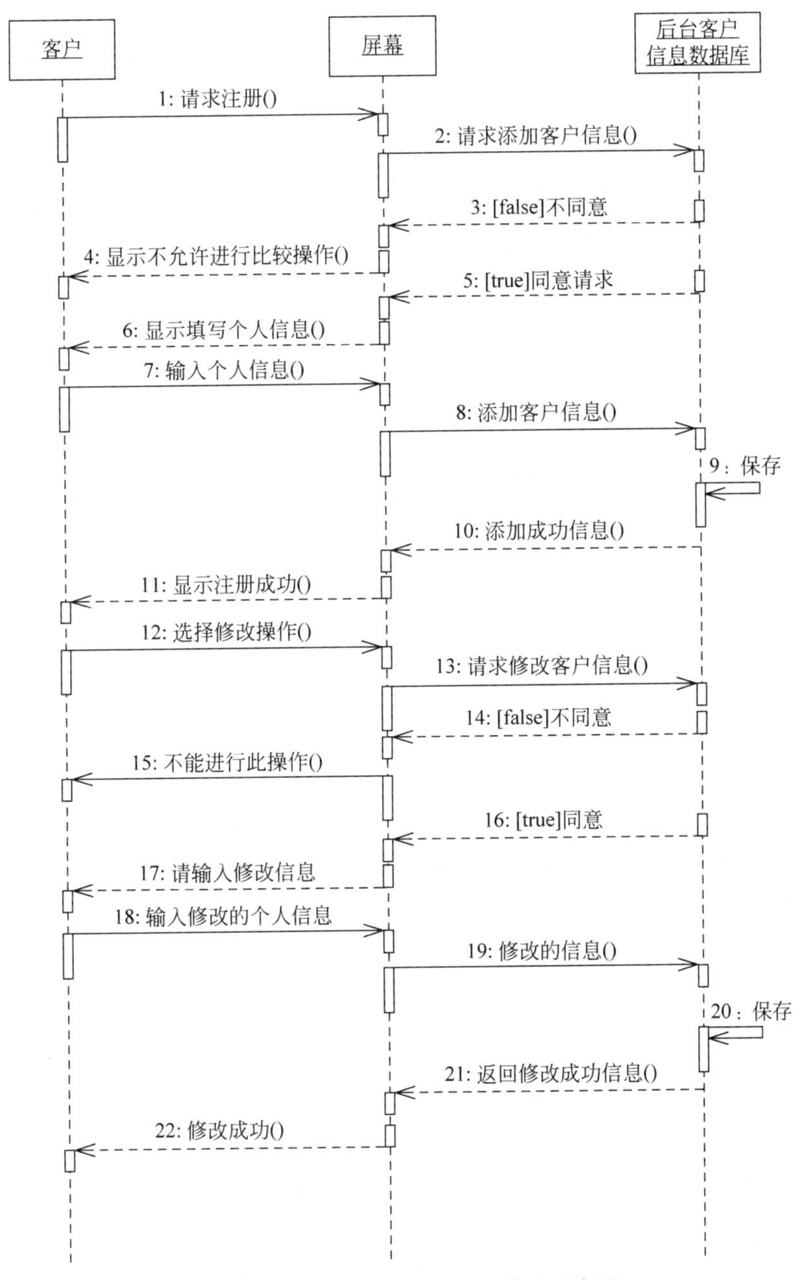

图 11.7　客户注册并管理个人信息顺序图

表 11.2　客户借车事件流

内　　容	说　　明
用例编号	Kehu-2
用例名称	客户借车
用例说明	参与者以客户身份进入系统后进行与借车有关的一系列工作
参与者	客户
前置条件	—
后置条件	系统正确接收用户提交的信息并且成功保存到数据库中

续表

内　　容	说　　明
基本路径	(1) 查询出可以租赁的车辆 (2) 填写借车申请表 (3) 核实借车申请表,如果通过,比对借车时间,如不发生冲突,领取取车申请表,交订金 (4) 凭借取车申请表取车 (5) 操作完成后退出系统或进行其他操作
扩展路径	当操作内容非法时,终止其操作并给予非法操作的提示

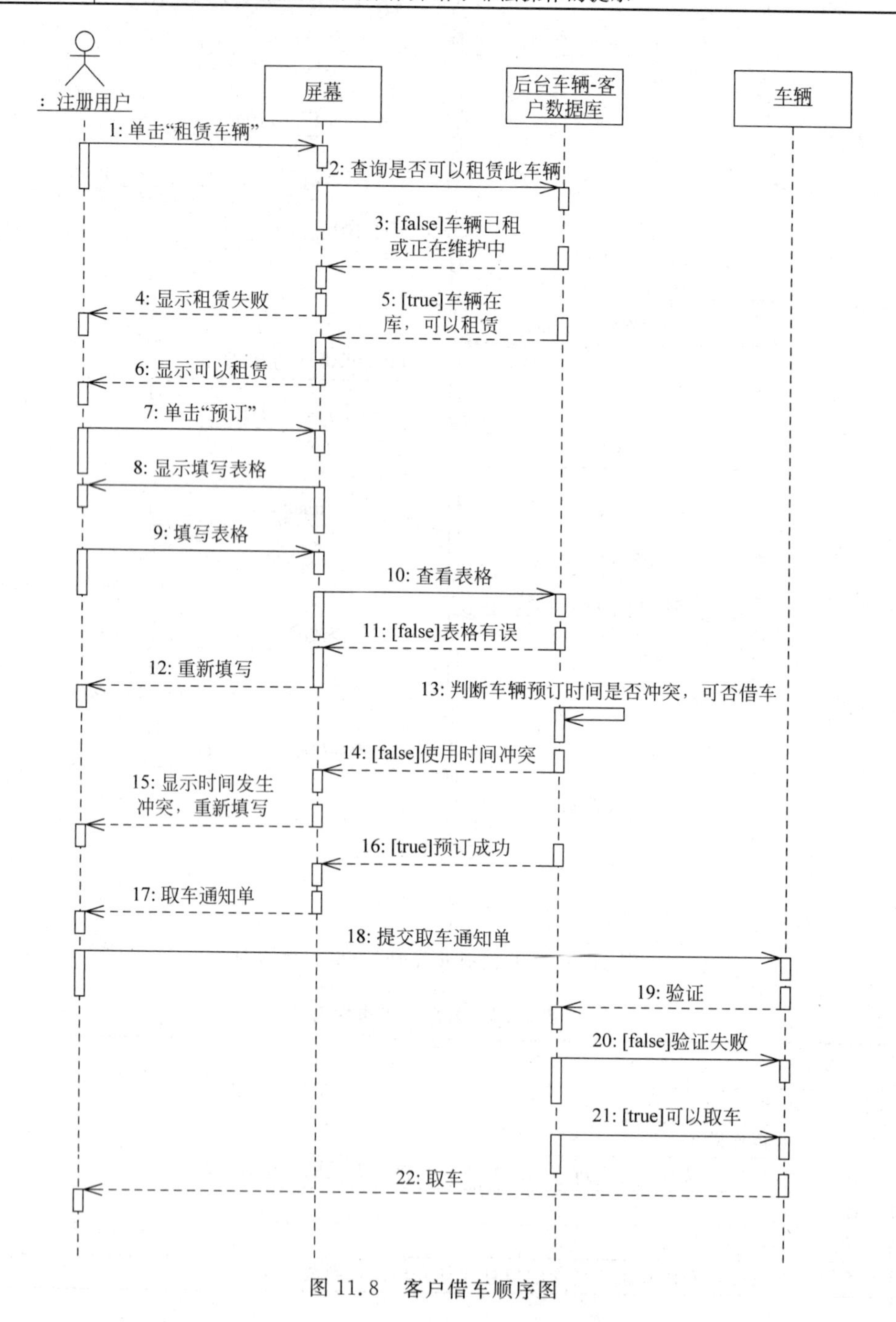

图 11.8　客户借车顺序图

(3) 客户还车的事件流与顺序图反映了客户还车的基本过程，用户还车以前先对车况进行了解然后结算钱款，在结算钱款之后客户需要根据所结算的钱款付钱，当员工认可了所付钱款和客户换车的凭证之后，可以修改数据库中的车辆记录，换车完毕。具体的事件流详细内容见表 11.3。客户还车的顺序图如图 11.9 所示客户还车顺序图。

表 11.3　客户还车事件流

内　　容	说　　明
用例编号	Kehu-3
用例名称	客户还车
用例说明	参与者以客户身份进入系统后进行与还车有关的一系列工作
参与者	客户
后置条件	系统正确接收用户提交的信息并且成功保存到数据库中
基本路径	(1) 单击“还车”按钮 (2) 核实车况 (3) 确认核实车况无误后结算钱款 (4) 操作完成后退出系统或进行其他操作
扩展路径	当操作内容非法时，终止其操作并给予非法操作的提示

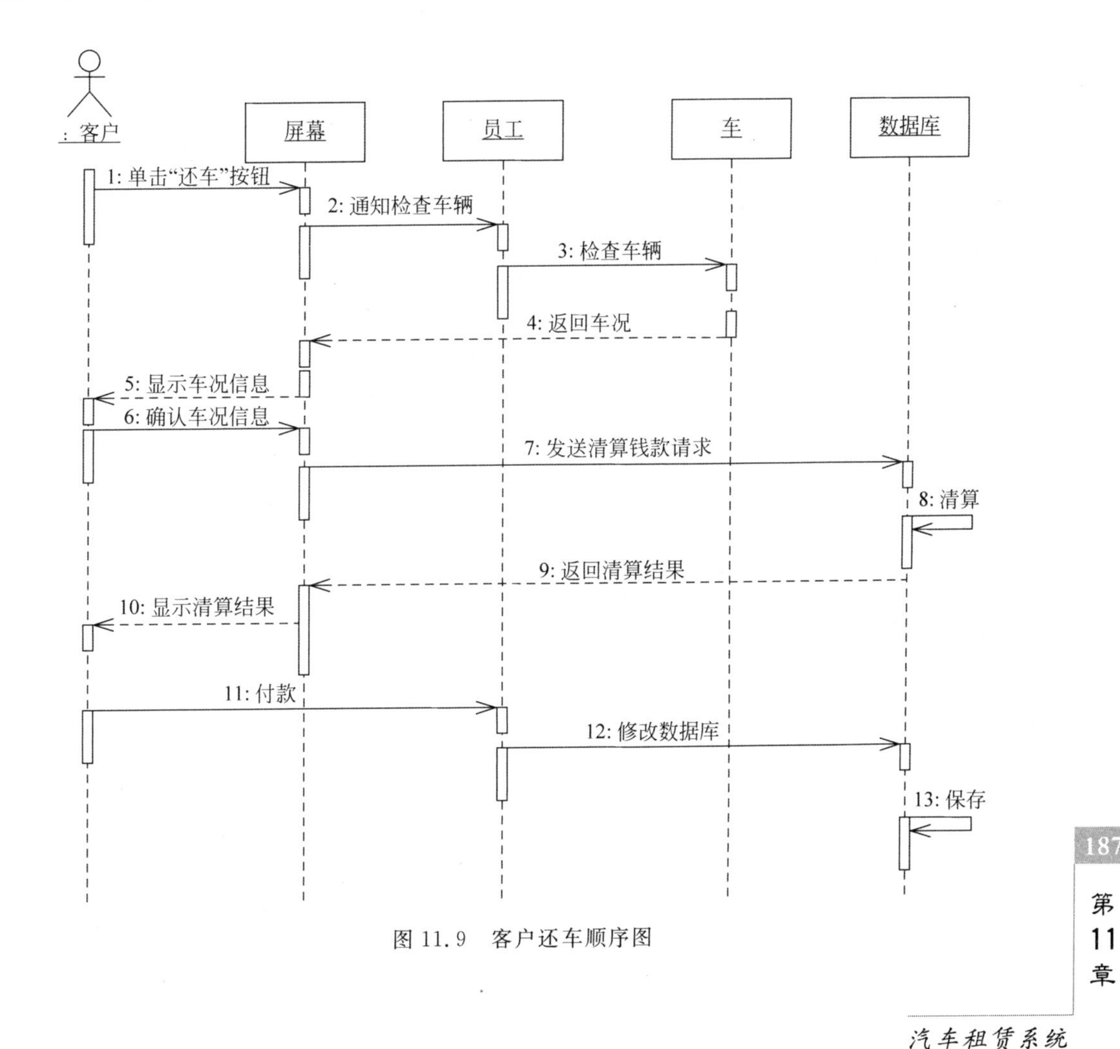

图 11.9　客户还车顺序图

11.4.3 与系统维护人员有关的事件流和顺序图

系统维护人员在系统中可以登录并管理系统，可以进行员工管理，可以进行用户管理，所以根据这几项功能，分析得出的事件流与顺序图如下。

(1) 系统维护人员登录并管理系统事件流及顺序图反映了管理员登录及管理系统的操作顺序，管理员对系统进行页面设置及系统管理，在此以前需要先登录系统，即输入正确的账号和密码。具体的事件流详细内容见表 11.4。对应的顺序图如图 11.10 所示管理员登录并管理系统顺序图。

表 11.4 系统维护人员登录并管理系统事件流

内　　容	说　　明
用例编号	Xitongweihu-3
用例名称	系统维护人员登录并管理系统
用例说明	参与者以系统维护人员身份登入系统后，对系统的配置和界面进行管理
参与者	系统维护人员
前置条件	参与者拥有系统维护人员的账号和密码
后置条件	系统正确接收用户提交的信息并且成功保存到数据库中
基本路径	(1) 参与者输入正确的账号和密码 (2) 以系统维护人员身份登录系统后单击“管理系统” (3) 对系统进行管理 (4) 操作完成后退出系统或进行其他操作
扩展路径	密码输入不正确时退出系统

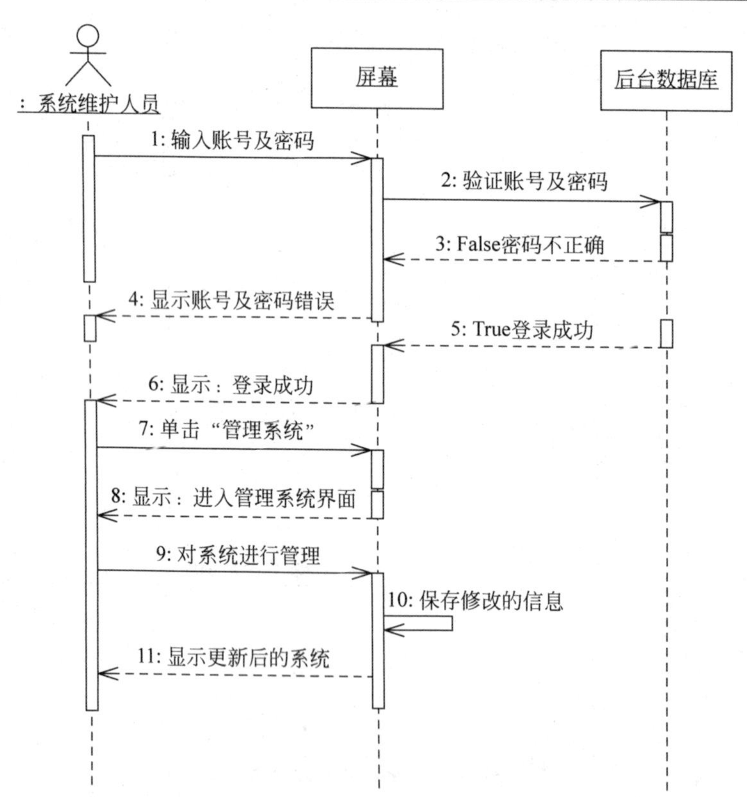

图 11.10 系统维护人员登录及管理系统顺序图

(2) 系统维护人员管理员工信息的事件流和顺序图反映了系统管理人员管理员工信息的步骤和过程。在删除、添加、修改员工信息以前先对其进行查询。查询出结果之后对其进行权限范围内允许的更新及删除。具体的事件流详细信息见表 11.5。对应的顺序图如图 11.11 所示系统维护人员管理员工顺序图。

表 11.5 系统维护人员管理员工信息事件流

内　　容	说　　明
用例编号	Xitongweihu-2
用例名称	系统维护人员管理员工信息
用例说明	参与者以系统维护人员身份进入系统对员工信息进行添加、修改、删除等操作
参与者	系统维护人员
前置条件	参与者拥有系统维护人员的管理权限
后置条件	系统正确接收用户提交的信息并且成功保存到数据库中
基本路径	(1) 输入要查询的员工信息 (2) 查找出要进行管理的员工信息 (3) 进行添加、修改、删除等操作 (4) 操作完成后退出系统或进行其他操作
扩展路径	把更新过的信息保存在数据库上

(3) 系统维护人员管理用户的事件流和顺序图反映了系统维护人员对客户进行用户级别设置及催缴费用的操作顺序,在进行设置及催缴费用以前对其进行查询。具体的事件流详细内容见表 11.6,相应顺序图如图 11.12 所示系统维护人员管理用户的顺序图。

表 11.6 系统维护人员管理用户事件流

内　　容	说　　明
用例编号	Xitongweihu-2
用例名称	系统维护人员管理用户
用例说明	参与者以系统维护人员身份登入系统后,对客户进行访问权限、信息、业务的基本管理
参与者	系统维护人员
前置条件	参与者拥有系统维护人员的账号和密码
后置条件	系统正确接收用户提交的信息并且成功保存到数据库中
基本路径	(1) 查找出需要进行管理的客户信息 (2) 设置注册用户的访问权限和级别 (3) 对客户的借车还车申请进行处理 (4) 如客户在使用车辆过程中出现订金不足现象,进行催缴 (5) 操作完成后退出系统或进行其他操作
扩展路径	注销用户,禁止不良记录用户

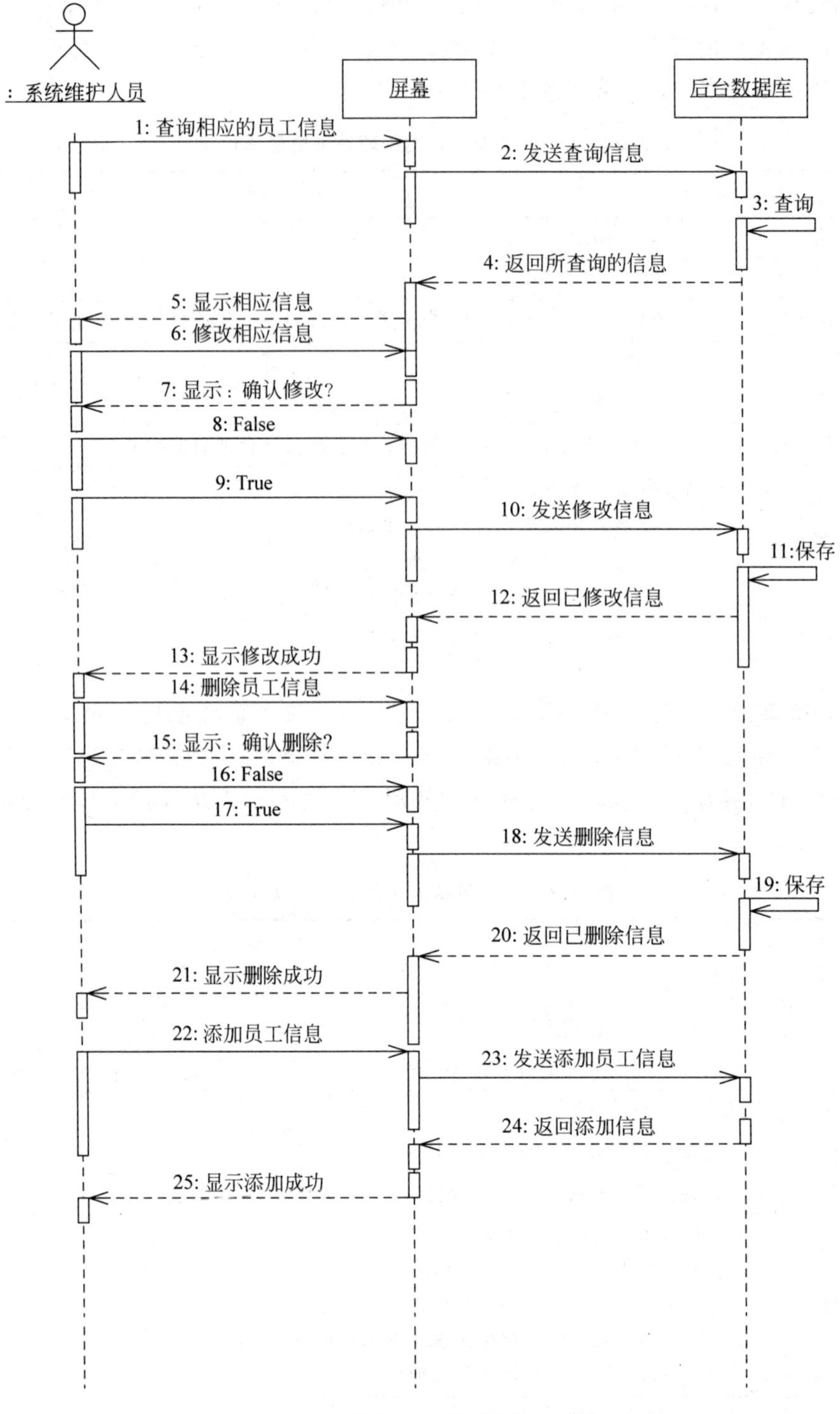

图 11.11　系统维护人员管理员工顺序图

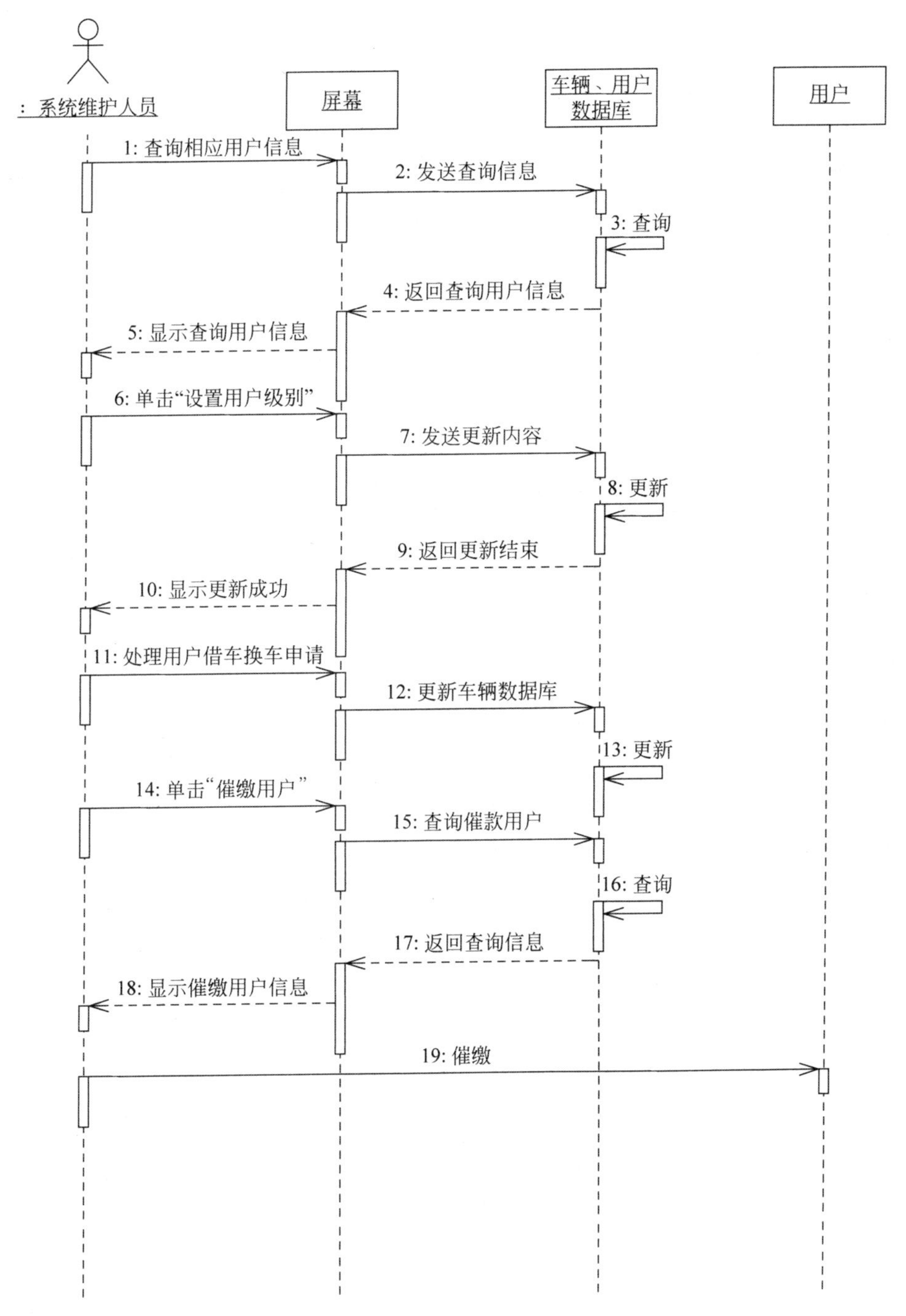

图 11.12　系统维护人员管理用户信息的顺序图

11.4.4　与技术人员有关的事件流和用例图

技术人员在系统中可以管理车辆信息，查询车辆信息，所以根据这几项功能，分析得出的事件流与顺序图如下。

(1) 技术人员管理车辆信息事件流及顺序图反映了技术人员对车辆进行操作的时间顺序,技术人员登录系统以后才能进行其他的操作,在改动车辆信息以前要对变动的车辆进行查询。具体数据流详细的事件流见表 11.7。对应的顺序图如图 11.13 所示。

表 11.7 技术人员管理车辆信息事件流

内　　容	说　　明
用例编号	Jishurenyuan-1
用例名称	技术人员管理车辆信息
用例说明	参与者以技术人员身份登入系统后,对车辆的基本信息进行更新、查找、删除等管理
参与者	技术人员
前置条件	参与者拥有技术人员的账号和密码
后置条件	系统正确接收用户提交的信息并且成功保存到数据库中
基本路径	1. 提取车辆实际上的信息 2. 以合法身份登录车辆数据库 3. 选择要对车辆进行的操作种类 4. 对车辆进行相应操作 5. 操作完成后退出系统或进行其他操作
扩展路径	超出权限就终止其操作并给出提示信息

(2) 技术人员查询车辆的事件流和顺序图反映了技术人员对车辆进行管理的基本步骤,是技术人员进行车辆管理的基础,具体的事件流详细内容见表 11.8。对应的顺序图如图 11.14 所示。

表 11.8 技术人员查询车辆事件流

内　　容	说　　明
用例编号	Jishurenyuan-2
用例名称	技术人员查询车辆信息
用例说明	参与者以技术人员身份登入系统后,对车辆的基本信息进行查询
参与者	技术人员
前置条件	参与者拥有技术人员的账号和密码
后置条件	系统正确接收用户提交的信息并且成功保存到数据库中
基本路径	1. 输入账号和密码 2. 验证账号和密码正确后登录系统 3. 输入要查询车辆的相关信息 4. 查找出相应车辆并显示在屏幕上 5. 操作完成后退出系统或进行其他操作

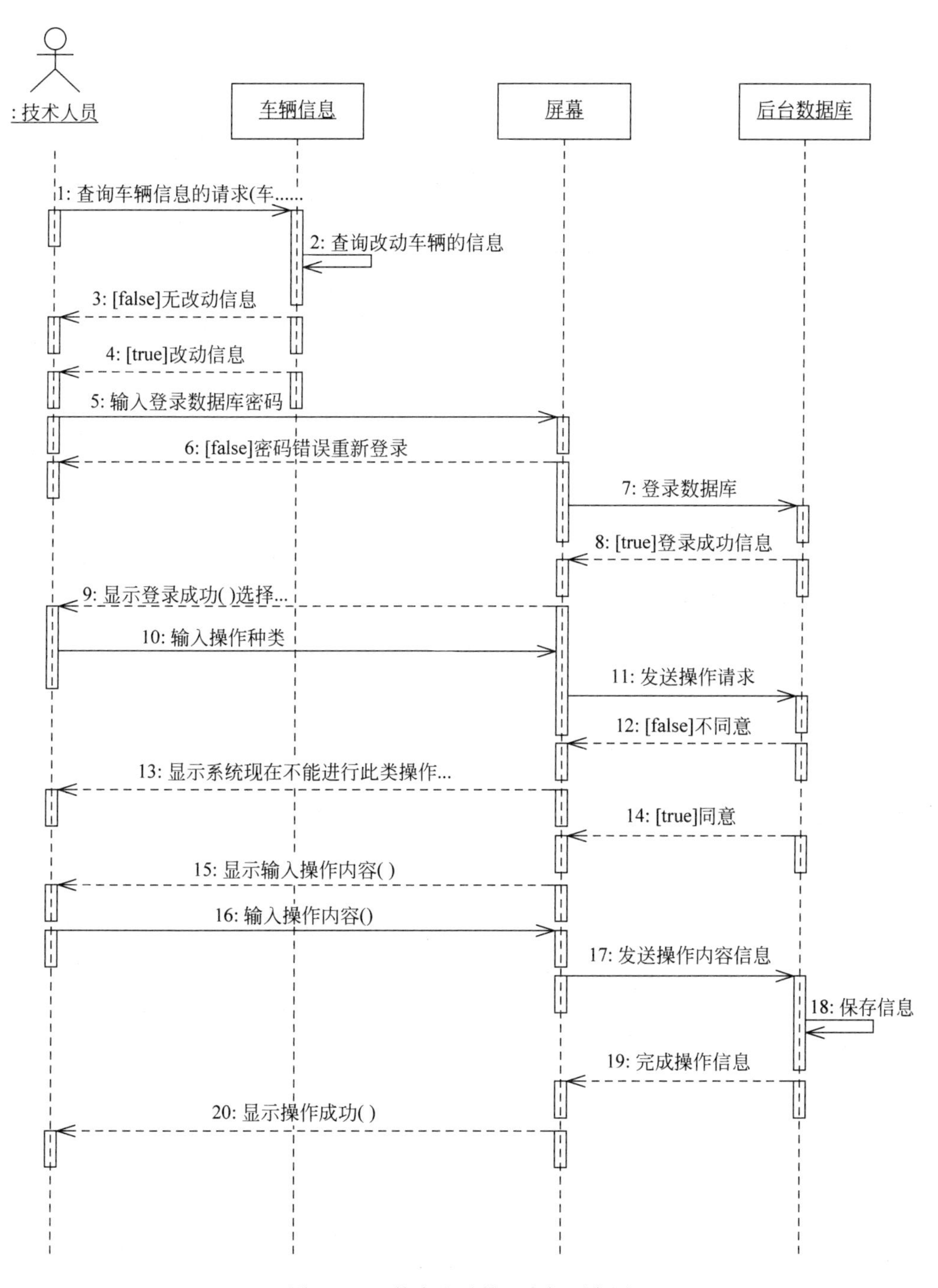

图 11.13 技术人员管理车辆顺序图

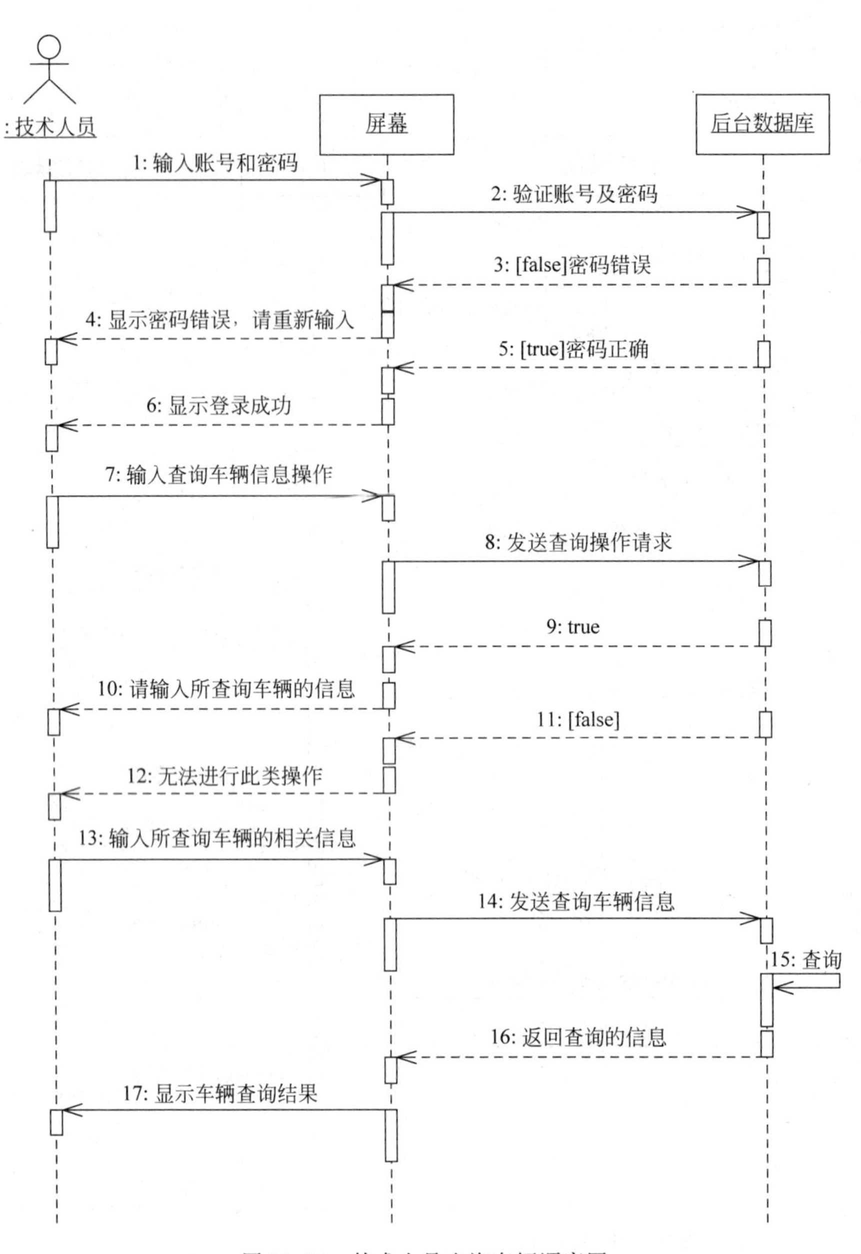

图 11.14　技术人员查询车辆顺序图

11.5　通信图设计建模

11.5.1　汽车租赁系统中的通信图

根据汽车租赁系统中的顺序图,分别转化出以下通信图：客户注册并管理个人信息的通信图如图 11.15 所示、客户借车的通信图如图 11.16 所示、客户还车的通信图如图 11.17 所示、技术人员查询车辆的通信图如图 11.18 所示、技术人员管理车辆的通信图如图 11.19

所示、系统维护人员登录并管理系统的通信图如图 11.20 所示、系统维护人员管理用户的通信图如图 11.21 所示、系统维护人员对员工信息管理的通信图如图 11.22 所示。

11.5.2 与客户有关的通信图

客户在系统中的顺序图有客户注册并管理个人信息顺序图、客户借车顺序图、客户还车顺序图,根据这三个顺序图转换的通信图为客户注册并管理个人信息的通信图如图 11.15 所示、客户借车的通信图如图 11.16 所示、客户还车的通信图如图 11.17 所示。

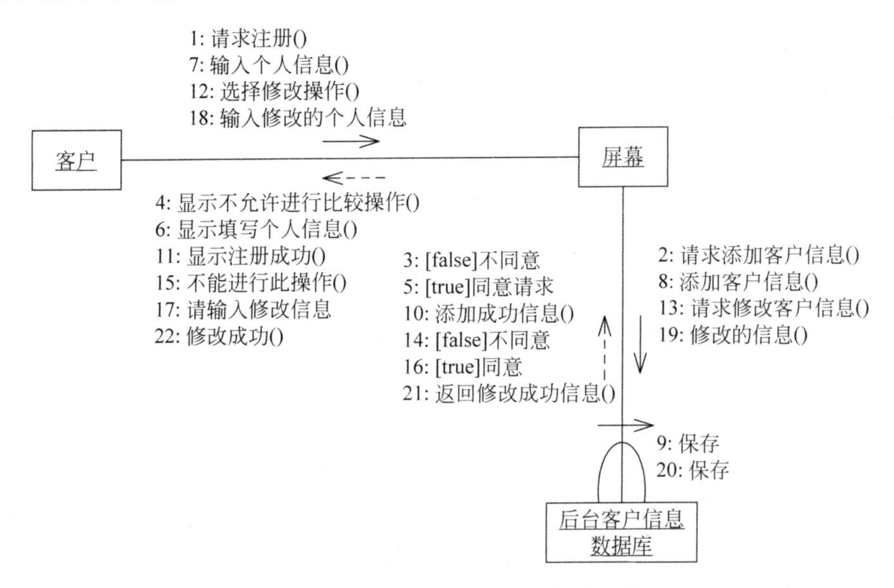

图 11.15 客户注册并管理个人信息通信图

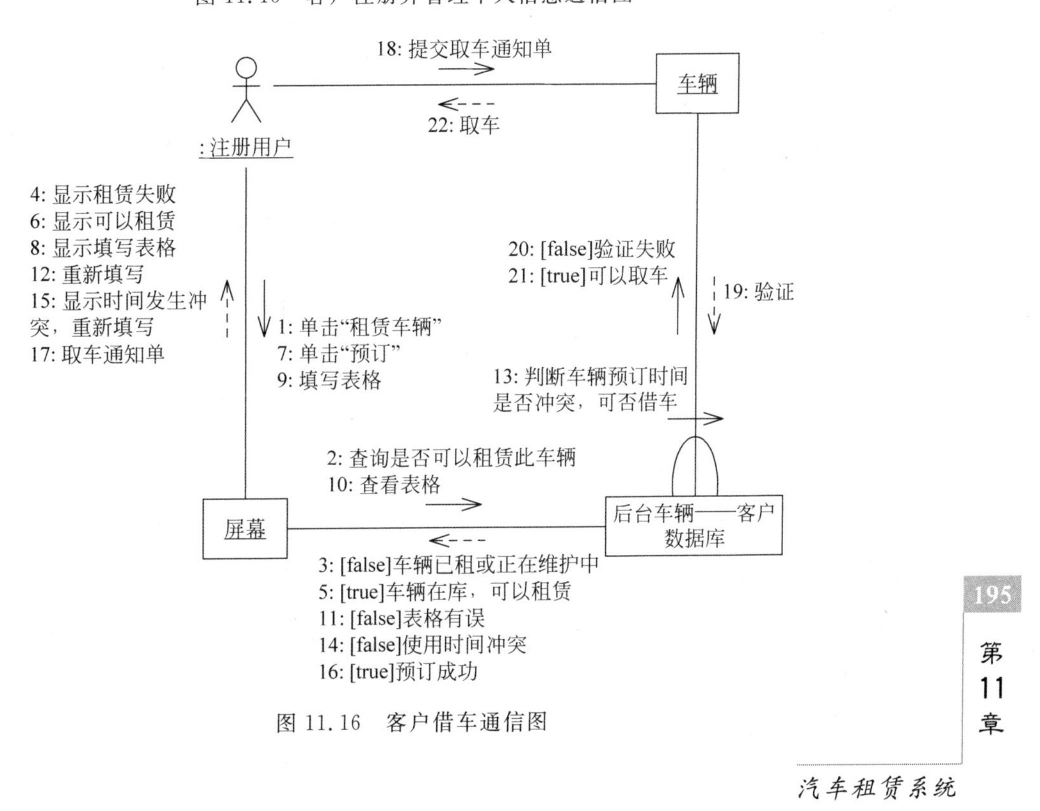

图 11.16 客户借车通信图

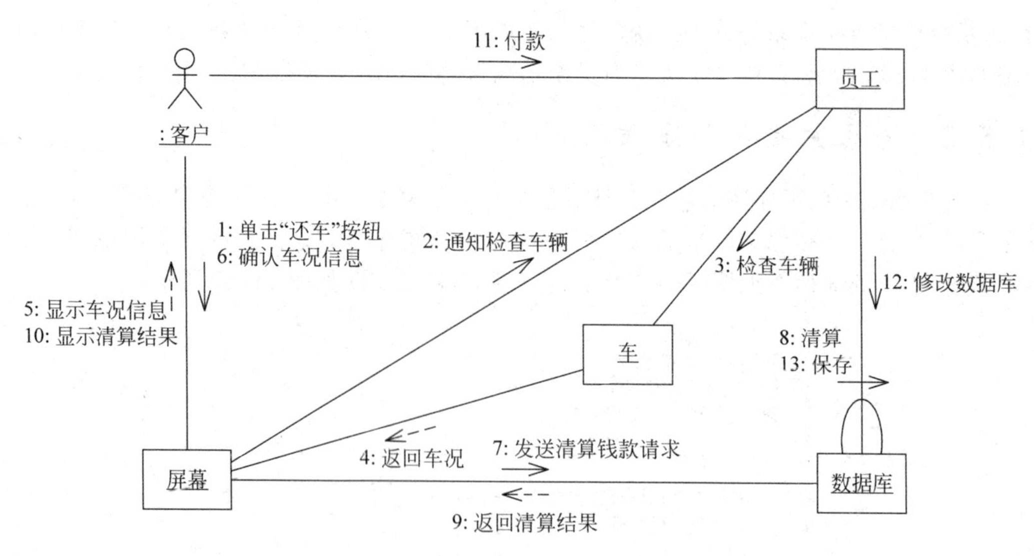

图 11.17　客户还车通信图

(1) 客户要想注册，需要在系统界面注册用户，并填写准确的个人信息，通过屏幕向数据库传送注册请求，经过数据库同意注册后，返回给屏幕同意注册信息，当屏幕显示注册成功信息后，用户注册才能成功。

(2) 用户要修改个人信息，需要在系统界面选择修改操作，通过屏幕向数据库发送修改请求，经过数据库同意修改后，返回给屏幕同意修改信息，用户填写所要修改的信息，通过屏幕将数据传送到数据库，需要经过数据库同意，并返回修改成功的信息，用户修改才能成功。

(3) 用户要想添加个人信息，需要在系统界面选择添加操作，经过屏幕向数据库传送添加请求，经过数据库同意后，返回给屏幕同意添加信息，用户填写准确信息后，需要屏幕向数据库传送数据，经过数据库核查后，返回添加成功信息，用户添加信息才能成功。

(1) 客户要借车，需要在屏幕上单击“租赁车辆”，通过屏幕将租赁汽车信息传送给后台数据库，需要经过数据库检查车辆是否现在可以出租后，返回给屏幕可以租赁的信息。

(2) 客户要预订车辆，需要在屏幕上单击“预订”，返回给用户租赁车辆的表格，用户填写无误后，需要经过数据库的验证，验证准确后，返回预订成功的信息，客户才能预订车辆成功。

(3) 客户要取车，需要数据库通过屏幕返回取车通知单，用户提交取车通知单，需要数据库验证，验证结果准确后，客户才能取车。

(1) 客户要想还车，需要在屏幕上单击“还车”按钮，同时需要经过员工检查车辆，检查后通过屏幕把车辆信息返回给客户，使客户重新确认车辆信息。

(2) 要想完成结余工作，需要用户确认车辆信息后，屏幕向数据库发送清算钱款请求，经过数据库清算，需要返回给屏幕清算结果，用户才将清算钱款给员工。

11.5.3　与技术人员有关的通信图

技术人员在系统中的顺序图有技术人员管理车辆顺序图，技术人员查询顺序图，根据顺序图转换的通信图为技术人员查询车辆的通信图如图 11.18 所示、技术人员管理车辆的通信图如图 11.19 所示。

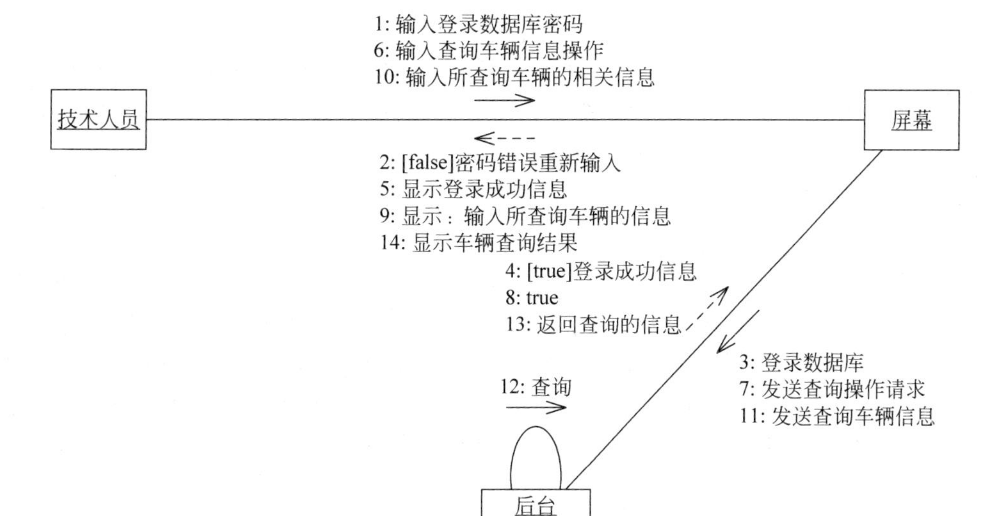

图 11.18　技术人员查询车辆通信图

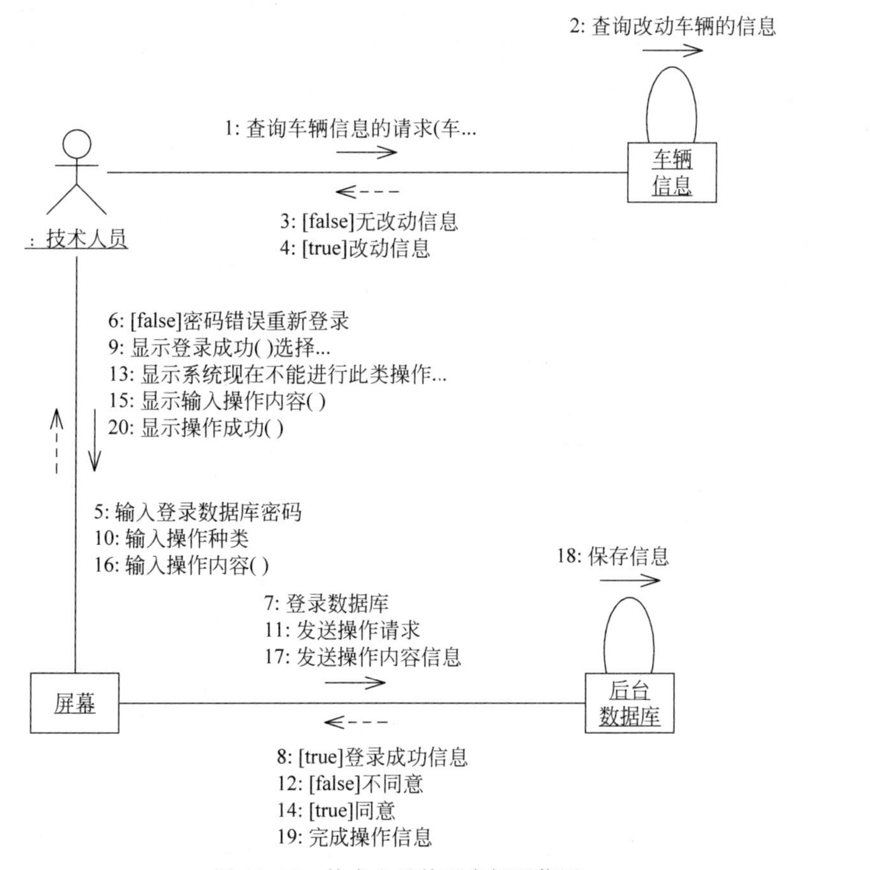

图 11.19　技术人员管理车辆通信图

(1) 技术人员要想登录数据库,需要输入数据库密码,通过屏幕将数据传送给数据库,需要经过数据库的验证,验证结果正确后,技术人员登录数据库成功。

(2) 技术人员要想进行查询车辆操作,需要输入查询车辆信息操作,通过屏幕将操作请求发送到数据库,需要数据库的同意,返回同意查询操作的信息。

(3) 技术人员要想查询车辆信息,需要输入所要查询车辆的信息,屏幕向数据库发送查询车辆信息,数据库查询,需要通过屏幕将查询的信息返回给技术人员,技术人员查询车辆才能成功。

(1) 技术人员要想检查实际的车辆信息,需要发送查询请求,查询是否有变动信息的车辆。

(2) 技术人员要想登录数据库,需要输入数据库密码,通过屏幕将数据传送给数据库,需要经过数据库的验证,验证结果正确后,技术人员才能登录数据库。

(3) 技术人员要想管理车辆,需要选择对车辆管理的操作种类,通过屏幕传给数据库,经过数据库同意后,需要通过屏幕返回可以进行操作的信息,客户输入操作内容,需要将数据传送到数据库,通过数据库确认后,技术人员管理车辆才能完成。

11.5.4 与系统维护人员有关的通信图

系统维护人员在系统中的顺序图有系统维护人员登录并管理系统的顺序图、系统维护人员管理用户的顺序图、系统维护人员对员工信息管理的顺序图。根据顺序图转换的通信图为系统维护人员登录并管理系统的通信图如图 11.20 所示、系统维护人员管理用户的通信图如图 11.21 所示、系统维护人员对员工信息管理的通信图如图 11.22 所示。

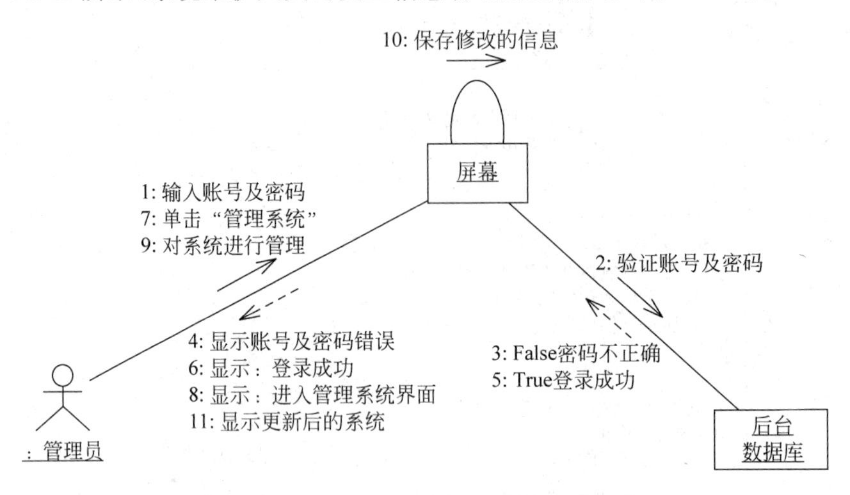

图 11.20　系统维护人员登录并管理系统通信图

(1) 系统维护人员要想登录系统,需要输入账号及密码,通过屏幕将账号及密码传送给数据库,需要经过数据库的验证,验证结果正确后,系统维护人员才能登录数据库。

(2) 系统维护人员要想对系统进行管理,需要单击“系统管理”,进入系统界面,系统维护人员才能对系统进行管理。

(1) 系统维护人员要想查询用户信息,需要通过屏幕向数据库发送查询用户信息,数据库查询,需要通过屏幕将查询的信息返回给系统维护人员,查询用户操作才能完成。

(2) 系统维护人员要对用户进行催缴,需要单击“查询催缴用户”,通过屏幕向数据库发送查询催缴用户的操作,需要数据库进行查询,将结果返回给屏幕,系统维护人员根据返回的信息才能向用户催缴。

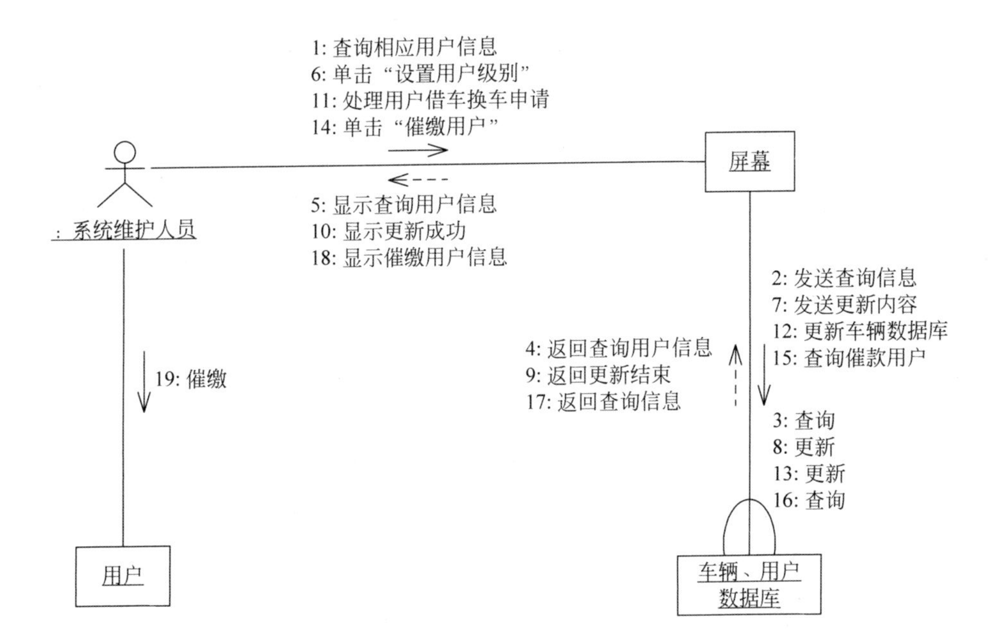

图 11.21　系统维护人员管理用户通信图

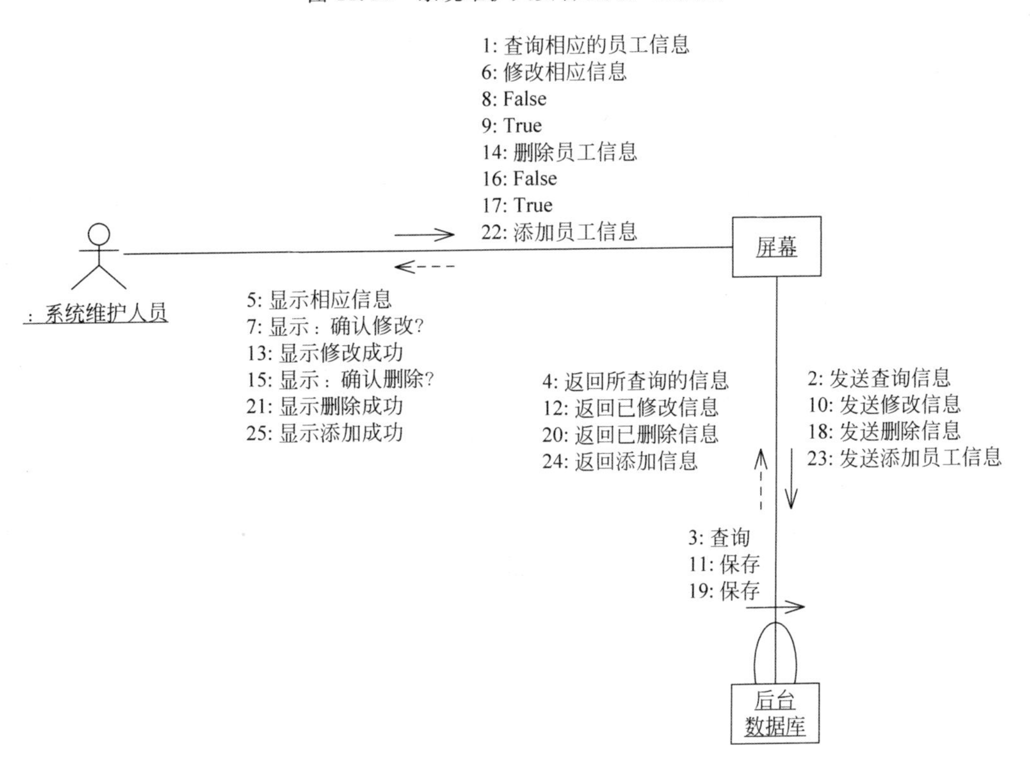

图 11.22　系统维护人员管理员工通信图

（3）系统维护人员要想设置用户级别，需要在屏幕上单击"用户级别设置"，填写用户级别，需要将数据送到数据库进行更新并保存，用户级别设置成功。

（1）系统维护人员要想查询员工信息，需要通过屏幕向数据库发送查询员工信息，数据库查询，需要通过屏幕将查询的信息返回给系统维护人员，查询员工信息操作才能完成。

（2）系统维护人员要想添加员工信息，需要在系统界面选择添加员工信息操作，经过屏幕向数据库传送添加请求，经过数据库核查后，需要数据库保存所添加的员工信息，返回添加成功信息，添加员工信息成功。

（3）系统维护人员要想修改员工信息，需要在系统界面选择修改员工信息操作，经过屏幕向数据库传送修改请求，经过数据库同意后，需要数据库修改并保存信息，返回修改成功信息，修改员工信息操作完成。

（4）系统维护人员要想删除员工信息，需要在系统界面选择删除员工信息操作，经过屏幕向数据库传送删除请求，经过数据库同意后，需要数据库将员工信息在数据库中删除，返回删除成功信息，删除员工信息才能完成。

11.6 活　动　图

11.6.1 系统中的活动图

根据本系统的功能分为10个活动图：技术人员管理车辆活动图、客户查询车辆信息活动图、客户注册活动图、系统维护人员管理员工信息活动图、电话预订车辆活动图，网上预订车辆活动图、还车申请活动图、系统维护人员管理用户信息活动图、系统维护人员管理系统活动图、催缴钱款活动图。

11.6.2 与客户有关的活动图

（1）客户查询车辆信息活动图，客户查询车辆信息时先登录，具体活动如图11.23所示。

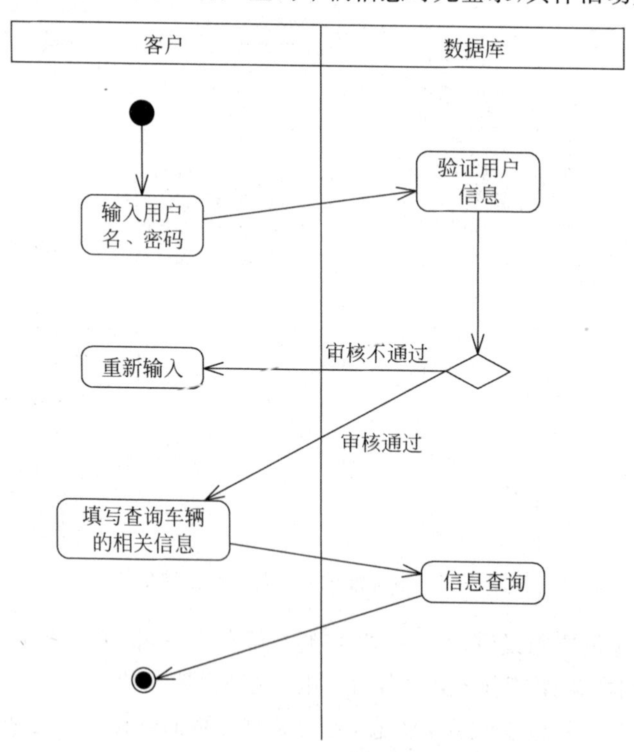

图11.23　客户查询车辆信息活动图

① 输入用户名、密码：用户必须输入用户名和密码才可以登录。

② 验证用户信息：查看用户名和密码是否匹配。

③ 重新输入：如果用户名和密码不匹配，则提示用户重新输入。

④ 填写查询车辆的有关信息：登录后可以查询车辆信息。

⑤ 信息查询：连接到系统的信息查询。

(2) 客户注册活动图，注册时要经过系统维护人员核实信息，具体如图 11.24 所示。

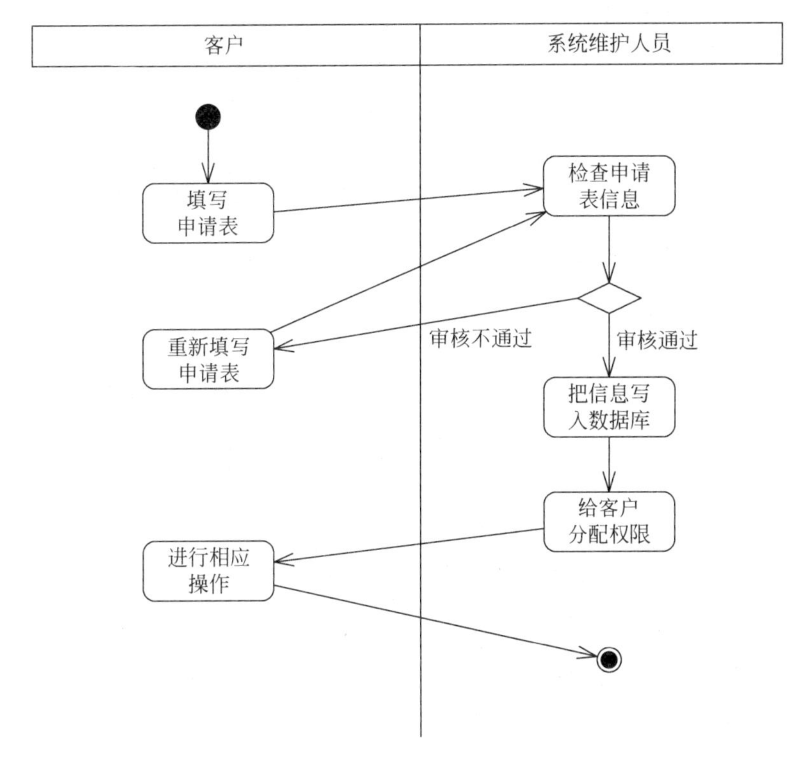

图 11.24　客户注册活动图

① 填写申请表：用户填写申请表，进行申请。

② 检查申请表信息：系统检查申请表信息是否正确。

③ 重新填写申请表：如果申请表信息不正确，则提示重新填写。

④ 信息写入数据库：将审核通过后的申请表信息存入数据库。

⑤ 给客户分配权限：给客户分配查询的权限。

(3) 电话预订车辆活动图，客户可以通过电话进行预订车辆，具体如图 11.25 所示。

① 描述预订车辆相关信息：对预订的车辆进行相关的描述。

② 查询描述预订车辆信息：查询需要的车辆描述信息。

③ 由于信誉记录不好而终止预订：当信誉值过低时而产生的终止预订的行为。

④ 为用户拨算相应续款：为申请的用户给予相应的续款。

⑤ 交订金：提示用户提交相应订金。

⑥ 为用户配置取车验证码：系统为用户配置相应的取车验证码。

⑦ 取车：用户进行取车行为。

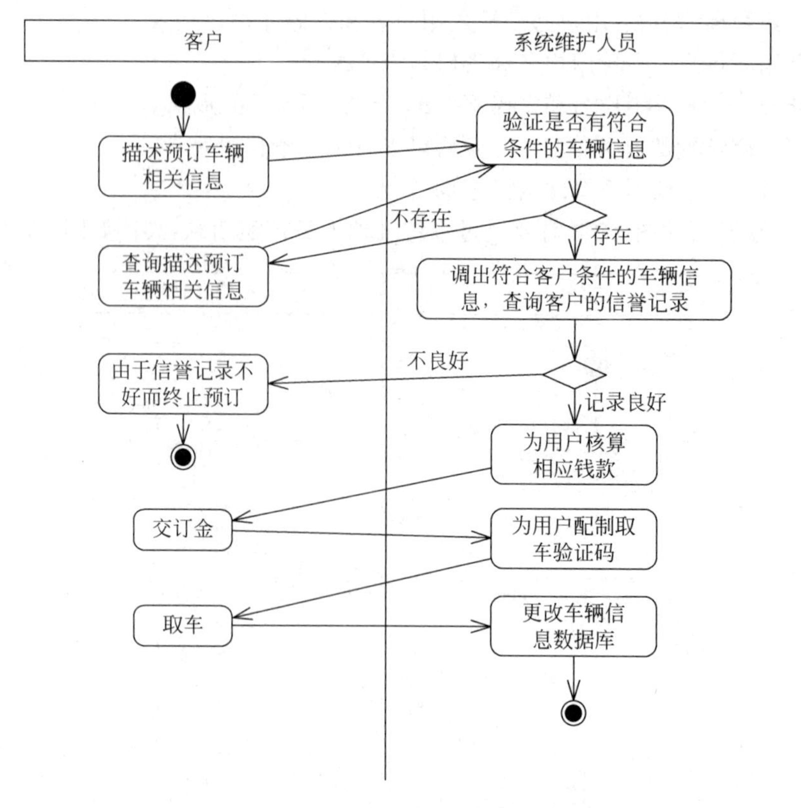

图 11.25　电话预订车辆活动图

⑧ 更改车辆信息数据库：取车后系统更改车辆信息。

(4) 网上预订车辆活动图,客户可以通过网上预订车辆,具体如图 11.26 所示。

① 网上填写借车申请表：客户在网上填写借车申请表。

② 验证申请表相关信息：系统维护人员验证用户申请表相关信息。

③ 重新填写借车申请表：如果填写错误,用户重新填写借车申请表。

④ 查询用户借车记录：系统维护人员查询用户借车记录。

⑤ 退出借车管理界面：如果用户借车记录不良好,退出借车管理界面。

⑥ 为用户核算预订金额：如果用户借车记录良好,为用户核算预订金额。

⑦ 交订金：用户借车交订金。

⑧ 打印取车申请表：系统维护人员打印取车申请表。

⑨ 取车：用户取出车辆。

⑩ 更改车辆信息数据库：系统维护人员更改车辆信息数据库。

(5) 还车申请活动图,还车时需要结余,具体活动如图 11.27 所示。

① 填写还车申请：用户填写还车申请。

② 检验车辆使用情况及使用时间：系统维护人员检验车辆使用情况及使用时间。

③ 核实检验结果：用户核实检验结果,符合就结算钱账。

④ 结算钱账：系统维护人结算钱账。

⑤ 付账：用户付账。

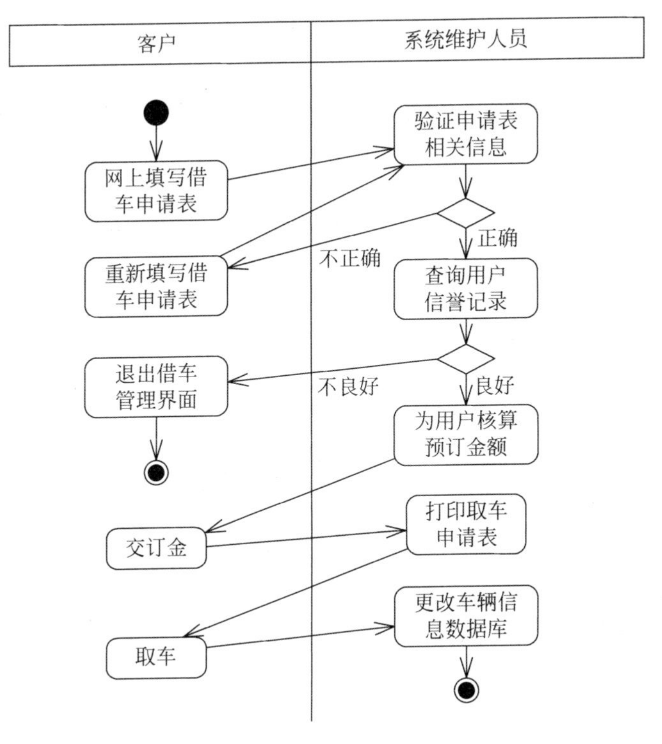

图 11.26　网上预订车辆活动图

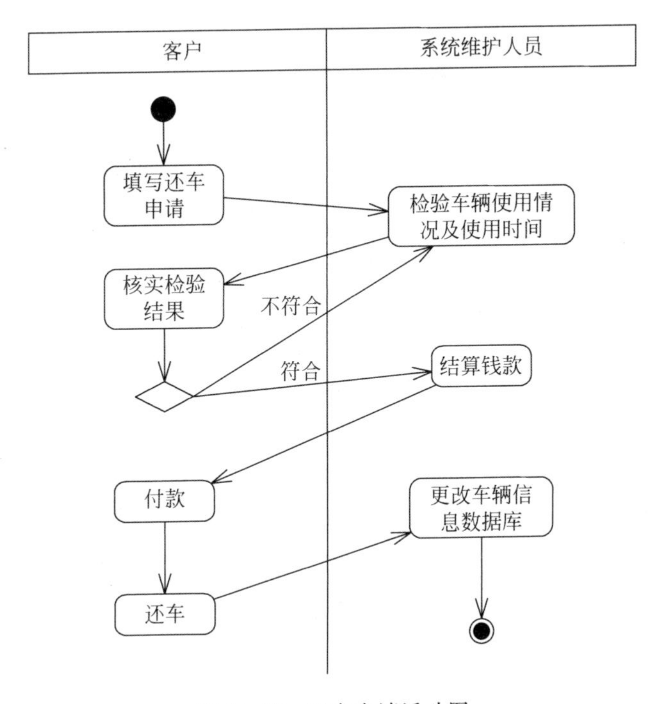

图 11.27　还车申请活动图

⑥ 还车：用户还车。

⑦ 更改车辆信息数据库：系统维护人员更改车辆信息数据库。

11.6.3 与系统维护人员有关的活动图

(1) 系统维护人员管理员工信息活动图，管理员工信息即对数据库的更新，具体如图 11.28 所示。

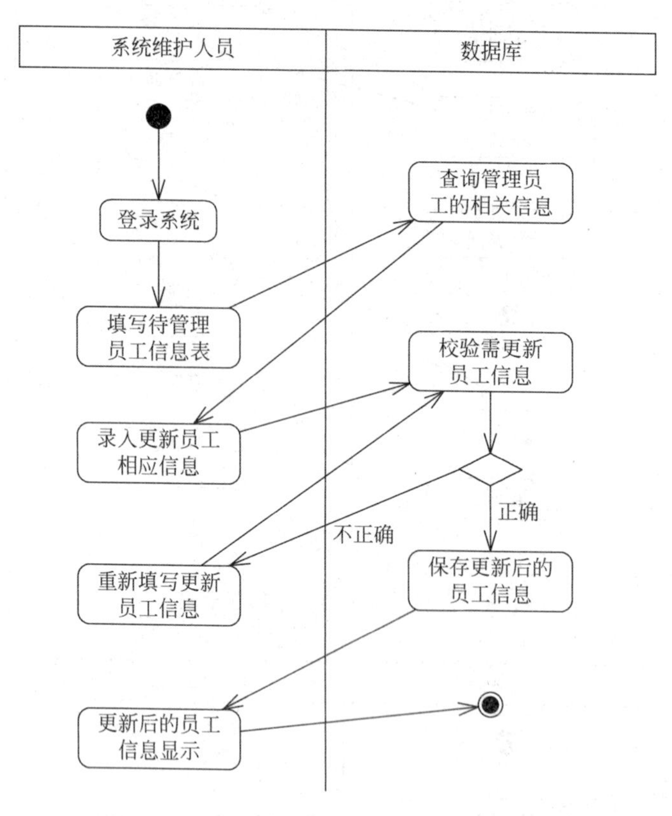

图 11.28　系统维护人员管理员工信息活动图

活动图说明如下。

① 登录系统：用户登录系统。

② 填写待管理员工信息表：以表的形式填写待管理员工的信息。

③ 验证需更新员工信息：验证需要更新的用户信息是否正确。

④ 录入更新员工相应信息：如果验证通过，则录入更新员工的信息。

⑤ 重新填写更新员工信息：如果验证不通过，则提示重新填写。

⑥ 保存更新后员工的信息：录入后保存客户的信息。

⑦ 更新后的员工信息显示：更新员工信息时，系统进行提示。

(2) 系统维护人员管理用户信息活动图，系统维护人员可以对员工信息进行修改等操作，具体如图 11.29 所示。

① 登录系统：系统维护人员登录系统。

② 填写管理用户信息表：系统维护人员填写管理用户信息表。

③ 查询：系统维护人员在数据库中查询信息。

④ 删除用户信息：判断有不良信息，系统维护人员删除用户信息。

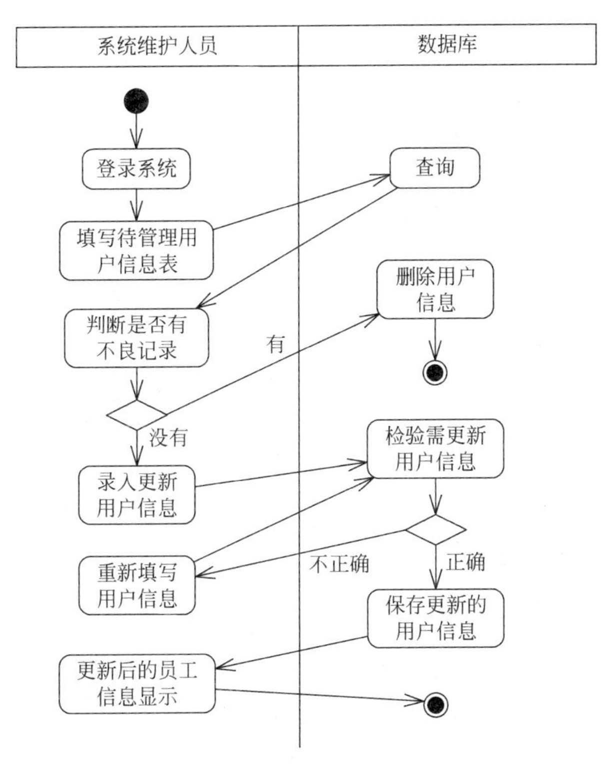

图 11.29　系统维护人员管理用户信息活动图

⑤ 录入更新用户信息：判断没有不良信息，系统维护人员录入更新用户信息。

⑥ 检验需更新用户信息：检验需更新用户信息。

⑦ 重新填写用户信息：检验不正确，系统维护人员重新填写用户信息。

⑧ 保存更新的用户信息：保存更新的用户信息。

⑨ 更新后的员工信息显示：显示更新后的员工信息。

(3) 系统维护人员管理系统活动图，对员工信息的管理即对数据库的更新，具体如图 11.30 所示。

① 登录系统：系统维护人员登录系统。

② 选择管理系统：系统维护人员选择管理系统。

③ 查询系统的基本信息：查询系统的基本信息。

④ 更新配置系统的信息：系统维护人员更新配置系统的信息。

⑤ 检验更新是否合法：系统检验更新是否合法。

⑥ 保存更新内容：检验更新是合法的，系统保存更新内容。

⑦ 设置版区信息：系统维护人员设置版区信息。

⑧ 检验更新版区信息是否合法：系统检验更新版区信息是否合法。

⑨ 重新设置版区信息：检验更新版区信息不合法，系统维护人员重新设置版区信息。

⑩ 保存更新后的版区信息：系统保存更新后的版区信息。

(4) 催缴钱款活动图，维护人员对欠款的客户进行催缴，具体如图 11.31 所示。

① 查询用户使用车辆情况：系统维护人员查询用户使用车辆情况。

② 判断是否欠款：系统维护人员判断是否欠款。

③ 发给用户催款单：如果欠款，发给用户催款单。

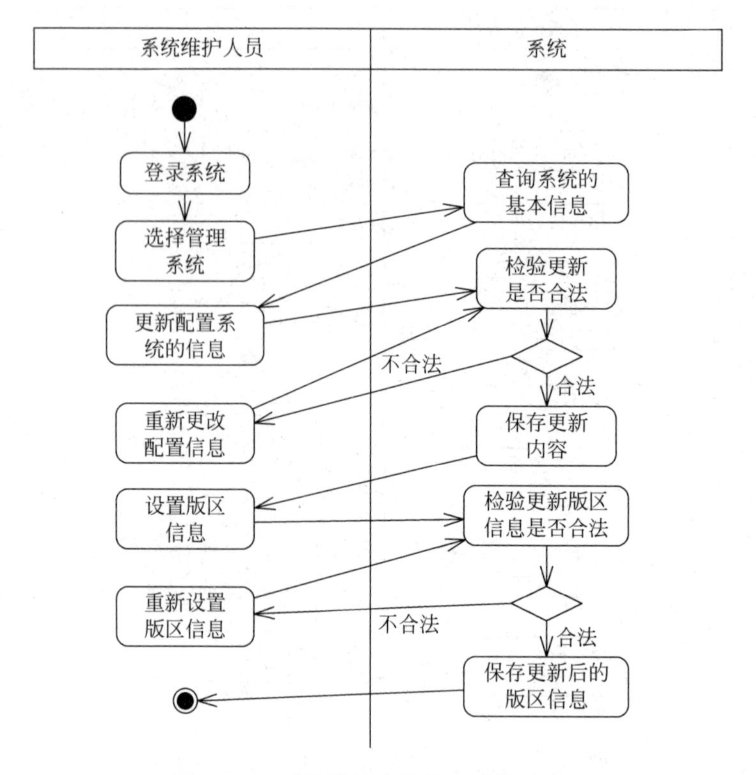

图 11.30　系统维护人员管理系统活动图

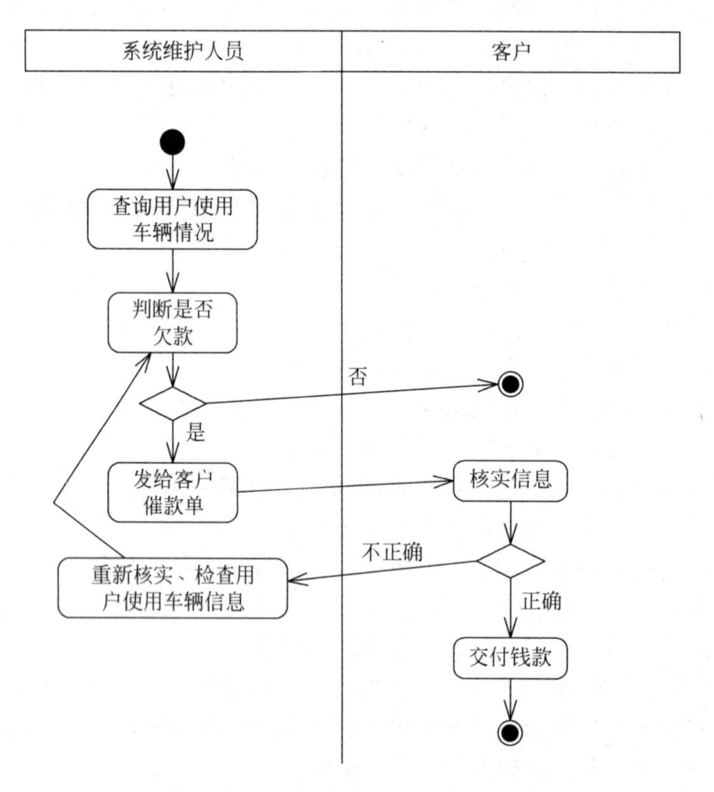

图 11.31　催缴钱款活动图

④ 核实信息：客户核实信息。

⑤ 交付欠款：如果正确交付欠款。

⑥ 重新核实、检查用户使用会测量信息：如果核实不正确，重新核实、检查用户使用车辆信息。

11.6.4 与技术人员有关的活动图

技术人员管理车辆活动图，技术人员在管理之前需要核实车辆信息，具体活动如图 11.32 所示。

(1) 登录系统：用户在此登录系统。

(2) 填写车辆信息：用户登录后可以填写车辆信息。

(3) 查询车辆：用户可以查询所需的车辆。

(4) 记录更新车辆信息：系统会更新车辆信息，并记录车辆信息。

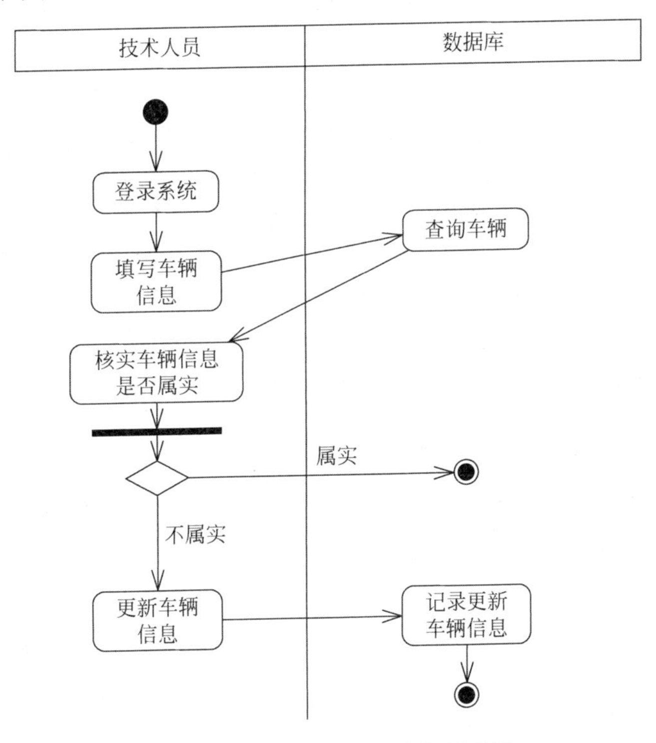

图 11.32　技术人员管理车辆活动图

11.7 状态机图设计建模

根据本系统的功能分为以下三个状态机图。

(1) 客户在系统中可能出现的各种状态机图：客户需要注册信息才能登录系统进行借、还车操作。登录后客户可进行车辆查询等工作，在还车时要进行结余。具体如图 11.33 所示。

(2) 技术人员在系统中可能出现的各种状态机图：技术人员登录系统后，进行查询车辆信息，然后进行修改车辆信息操作。具体如图 11.34 所示。

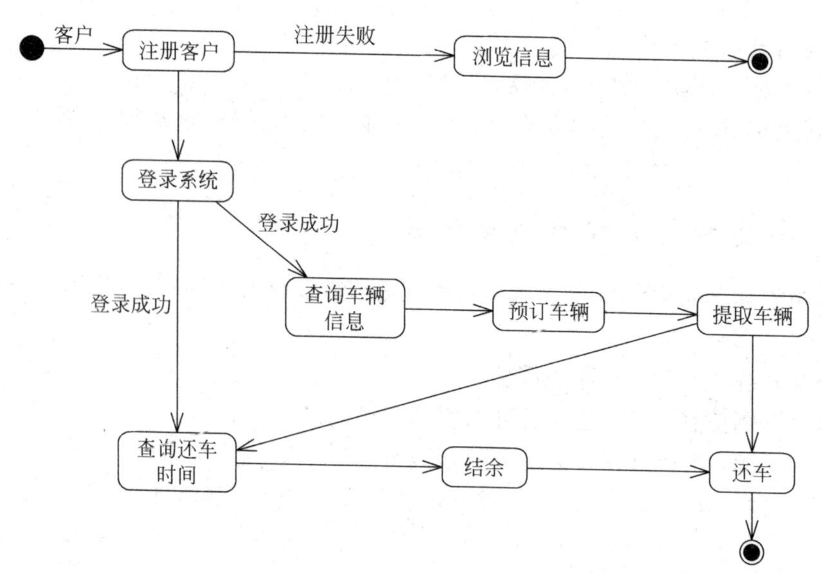

图 11.33　客户在系统中可能出现的各种状态机图

(3) 系统维护人员在系统中可能出现的状态机图：系统维护人员登录系统后，进行员工信息管理、客户信息管理、系统界面设置以及用户级别设置。具体如图 11.35 所示。

(1) 注册客户：客户登录系统以前，要进行注册。

(2) 浏览信息：客户注册失败后，进行信息浏览，以便发现信息错误重新登录。

(3) 登录系统：客户查询车辆以前要登录系统。

(4) 查询车辆信息：在预订车辆以前对车辆进行车辆查询。

(5) 查询还车时间：客户在还车以前要查询还车时间，以便在规定的时间还车，方便员工进行车辆管理。

(6) 预订车辆：客户借车以前进行预订车辆。

(7) 提取车辆：预订完车辆，并得到批准以后提取车辆。

(8) 结余：还车以后进行结余。

(9) 还车：客户还车。

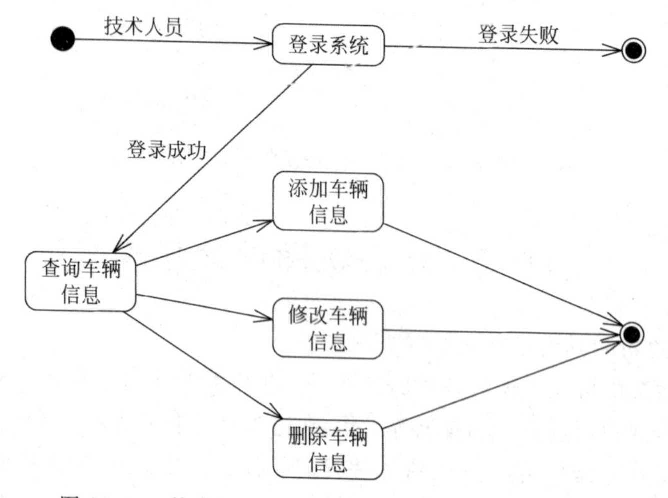

图 11.34　技术人员在系统中可能出现的各种状态机图

(1) 登录系统：技术人员要进行车辆查询前，登录系统。

(2) 查询车辆信息：在修改车辆以前，对其进行查询。

(3) 添加车辆信息：对车辆信息进行添加操作。

(4) 修改车辆信息：对车辆信息进行修改操作。

(5) 删除车辆信息：对车辆信息进行删除操作。

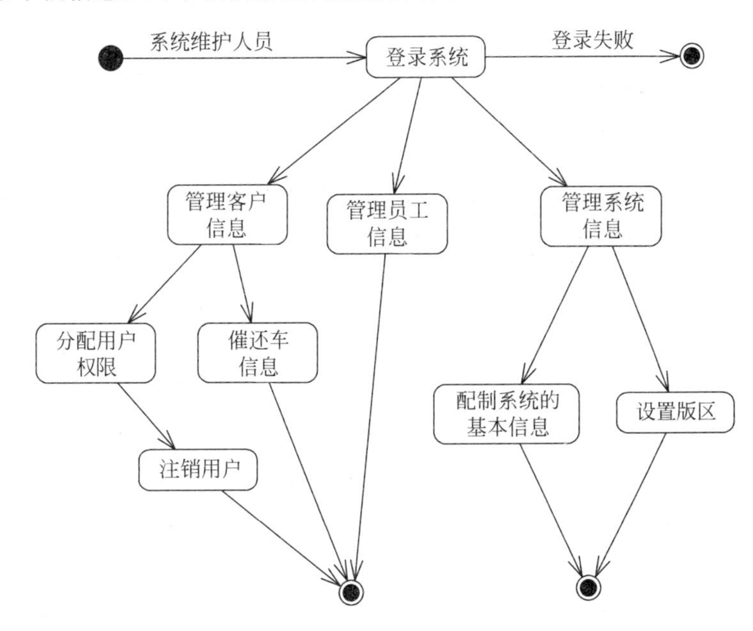

图 11.35　系统维护人员在系统中可能出现的状态机图

(1) 登录系统：系统维护人员进行管理以前登录系统。

(2) 管理客户信息：系统维护人员对客户信息进行管理。

(3) 员工信息管理：系统维护人员对员工信息进行管理。

(4) 管理系统信息：系统维护人员对系统进行管理。

(5) 分配用户权限：使系统维护人员更加方便地管理用户。

(6) 催还车信息：客户不能及时还车，员工进行催还车辆。

(7) 注销用户：当客户不再需要系统服务，需要注销此用户信息。

(8) 配置系统的基本信息：系统维护人员对系统的基本信息进行配置。

(9) 设置版区：系统维护人员进行界面设置，使界面更加美观。

11.8　配置图设计建模

根据本系统的功能需要，汽车租赁系统在实际运行环境中，有如下软件和硬件的参与：后台数据库、系统应用、客户服务台、系统维护、技术人员平台。具体如图 11.36 所示。

(1) 系统应用服务器：负责整个系统的总体协调工作。

(2) 后台数据库：负责客户、员工和车辆数据的存储和管理。

(3) 客户服务平台：负责处理客户来访和客户请求及进行租赁交易。

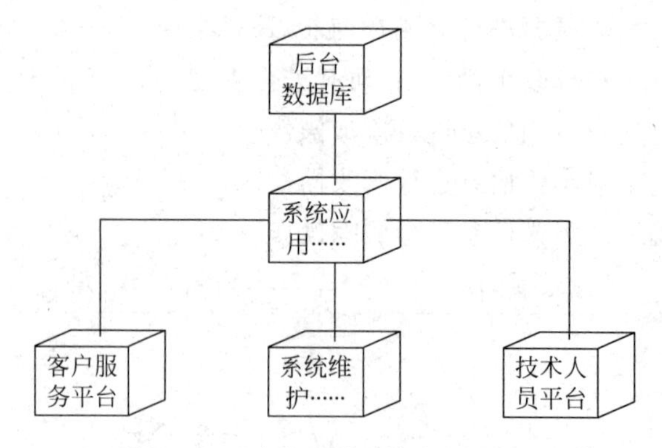

图 11.36　汽车租赁系统中的配置图

(4) 系统维护人员管理平台：负责对界面及员工信息进行管理。

(5) 技术人员平台：负责查询和更新车辆信息。

第 12 章 新闻中心管理系统

为了能够更加迅速地向客户传递有关企业的新闻及相关行业中最新的发展现状，以便于引导客户选择企业的相关产品和服务，一般在商务系统开发中都会设置相应的新闻中心模块。新闻中心模块可以提供最新资讯，UML 作为一种强大的图形化建模语言，在其开发过程中可以充分体现它的强大和灵活。

- UML 在需求中的作用
- 新闻中心管理系统的 UML 开发过程

12.1 系统需求说明

12.1.1 新闻中心管理系统的需求分析

1. 系统的功能需求

新闻中心管理系统主要是为了实现企业商务网站实时动态新闻的显示及管理的系统。

一个典型的新闻中心管理系统一般都需要提供良好的维护页面，即中心管理人员可以借助后台维护管理的页面实现对新闻内容实施的更新维护。从其前台功能上来看需要包括新闻标题分类显示(热点新闻和行内新闻)、新闻详细内容显示等。同时也应该为新闻中心后台管理的管理员提供对应的新闻信息维护及管理的功能，其中包括添加新的新闻，编辑修改新闻、删除新闻等功能。

1）新闻标题信息分类显示

打开新闻中心主页，页面上应该能够根据数据库中存放的信息分类显示最新的新闻标题。因为本系统的新闻类型分为两类，一类是热点新闻，另一类是行业新闻。例如，在热点新闻中和行业新闻中都显示最新的标题信息。每个新闻标题都有对应的超链接，以便用户查看新闻内容，用户单击这个新闻标题后，就可以跳转到有关该新闻详细内容的页面上，让用户对这个新闻有更加详细的了解。

2）新闻详细内容及相关新闻列表显示

用户单击感兴趣的新闻标题后，应该可以查看到该新闻的详细内容，并且同时提供与该新闻相关的新闻标题信息的显示,以便于用户查询与该新闻相关的其他信息。

3) 新闻中心后台管理功能

新闻中心的管理员可以根据企业的需求随时对后台数据库进行增、删、改等功能,例如,管理员可以在数据库中添加最新的新闻标题及相关内容,还可以随时删除某些过时的新闻标题及内容,以及对一些原有新闻做必要的修改。

如图 12.1 所示显示了该系统的功能,它包括两大模块,分别是:信息浏览模块和后台管理模块。

其中,信息浏览模块主要完成新闻分类标题的显示,能够让用户一目了然,迅速浏览自己感兴趣的新闻标题,并且能够查看详细新闻内容。后台管理模块主要完成新闻内容的添加、修改、删除功能。

2. 信息浏览模块

信息浏览模块主要包括新闻分类显示、详细新闻内容显示及相关新闻列表显示,如图 12.2 所示。

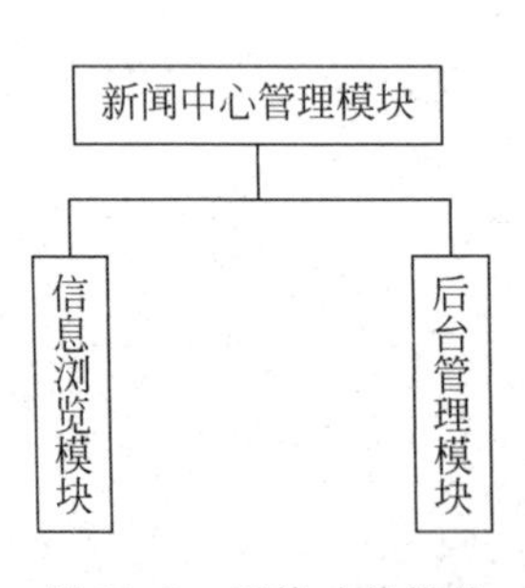

图 12.1　系统功能模块

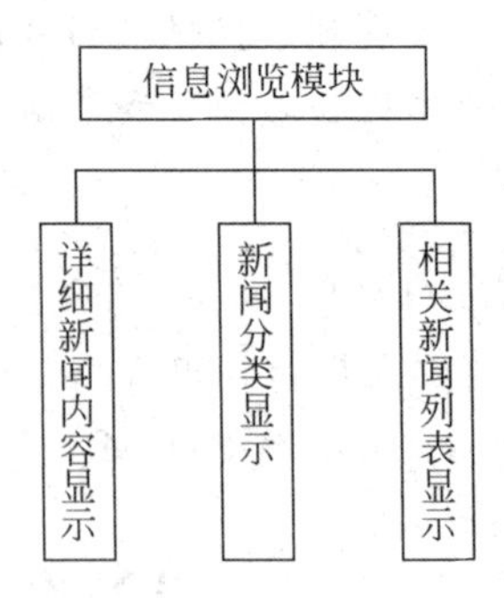

图 12.2　信息浏览模块

1) 新闻标题分类显示

该模块实现了新闻标题内容的分类显示,例如,将所有新闻分为热点新闻和行业新闻等类别,在新闻中心主页分类显示出最近新闻的各个标题,以便用户选择感兴趣的新闻进行详细内容的阅读。

2) 详细新闻内容显示

依据用户所选择的新闻标题显示对应新闻的详细内容。

3) 相关新闻列表显示

相关新闻列表显示负责在具体新闻内容显示的同时提供其他新闻标题列表的显示功能。

3. 后台管理模块

后台管理模块包含新闻的添加、修改和删除,即新闻的增、删、改功能,如图 12.3 所示。

1) 添加新闻

添加新闻模块主要负责将新的新闻添加到新闻中心。

2) 修改新闻

修改新闻主要负责对现有新闻进行修改。

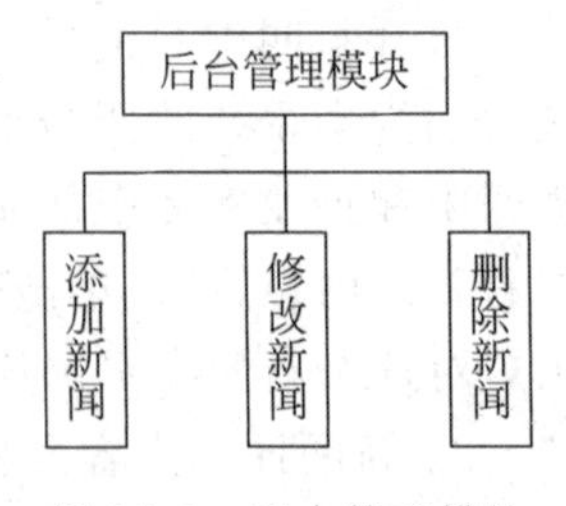

图 12.3　后台管理模块

3）删除新闻

删除新闻负责删除新闻中心相对过时的新闻。

12.1.2 UML对系统需求分析的支持

UML作为一种强大的图形化建模语言，是理想的需求描述和建模分析工具。

（1）提供有力的工具和灵活的机制，为控制需求提供强有力的手段。

UML的用例视图可以表示客户的需求。通过用例建模可以对外部的角色及它们所需要的系统功能建模。角色和用例是通过它们之间的关系、通信来建立模型的。每个用例都指定了客户的需求：需要系统干什么。活动图可以清楚地表示业务的具体操作过程。总之，UML提供了形象的图形模型工具，容易使用户和领域专家参与到需求分析的整个过程中来，使需求分析更加充分。另外，UML是基于面向对象的思想机制而产生和发展起来的，在对需求的变化方面有较好的弹性，它的封装机制使开发人员可以把最稳定的部分，即对象作为构筑系统的基本单位，而把容易发生变化的部分，即属性和服务，封装在对象之内，对象之间通过接口联系，使需求变化的影响尽可能地限制在对象的内部。

（2）提供统一的平台，解决人员交流、通信障碍问题。

信息系统开发是一项创造性的思维活动，在系统开发过程中人员的交流十分频繁。系统开发项目的有关人员包括用户、领域专家、系统分析员、系统设计员、程序员、测试员、项目管理员等，需要经常交流，探讨系统的需求，明确系统成分的定义，协商系统的结构与衔接，进行工作的交接。在上述事物中，通信障碍已经成为人员交流中的一个问题。例如，用户、领域专家或项目管理员看不懂、不明白系统开发人员表达问题的概念、术语、表示法，反之亦然。因此，需要有一套通用的思维方法和便于交流的"语言"，包括系统的模型、术语、表示法、文档书写格式等，为人员之间的交流架设一座桥梁。UML只定义了一些视图，它的思想与方法无关。人们可以采用各种方法使用UML，而无论方法如何变化，它们的基础都是UML的图，这也是UML的最终用途——为不同领域的人们提供统一的交流标准。无论分析、设计和开发人员采取何种不同的方法或过程，他们递交的设计产品都是用UML来描述的，这有利于促进相互的理解。所以说UML能够成为人员之间交流的一座桥梁，能够解决通信障碍问题。

12.1.3 利用UML模型构造软件体系结构

大型系统总是被分解成一些子系统，这些子系统提供一些相关的服务。初始设计过程的任务是要识别出这些子系统并建立起子系统控制和通信的框架，这个过程叫作体系结构设计，其输出是软件体系结构的描述。

随着软件系统的复杂度和规模的增加，整个系统结构的说明和设计显得更为重要。软件体系结构在较高层次将系统定义为一组交互的组件和连接，包括系统各组件的组织，全局控制结构，通信的协议，设计元素的功能，物理分布等。体系结构的设计过程主要关心的是为系统建立一个基本构架，识别出系统的主要组件以及这些组件之间的通信。UML定义了一组丰富的模型元素以建模组件、接口、关系和约束。

对于每种体系结构的构造，在UML中都可以找到相应的元素与之对应。因此可以把UML看作一种体系结构建模语言。

12.2 系统的用例图

用例图是从用户角度描述系统功能，是用户所能观察到的系统功能的模型图，用例是系统中的一个功能单元。用例图作为参与者的外部用户所能观察的系统功能的模型图，在需求分析阶段起着重要的作用，整个开发过程都是围绕需求阶段的用例进行的。

创建用例图之前需要确定系统的参与者。只需要了解该系统的主要功能是什么？谁需要该系统的支持以完成其工作？谁将需要安装、维护、管理该系统，以及保持该系统处于工作状态？这些问题明确了，参与者也就确定了。

1. 系统管理员

在新闻中心管理系统中，需要一个专门的管理人员对网站进行日常的管理。其主要的功能就是对后台数据库进行增、删、改功能。

2. 一般浏览者(用户)

在新闻中心管理系统中，客户端只提供给上网客户浏览的功能，不需要其他特殊功能，所以对用户没有什么特殊要求。

在本系统(News center management system)的 UML 建模中，可以创建两个参与者：Administrator(管理员)和 User(普通用户)，如图 12.4 所示。

有了系统的参与者，就可以为本系统创建用例，根据系统的需求分析，系统对新闻具有增加、删除、修改、查询功能，创建用例如图 12.5 所示。

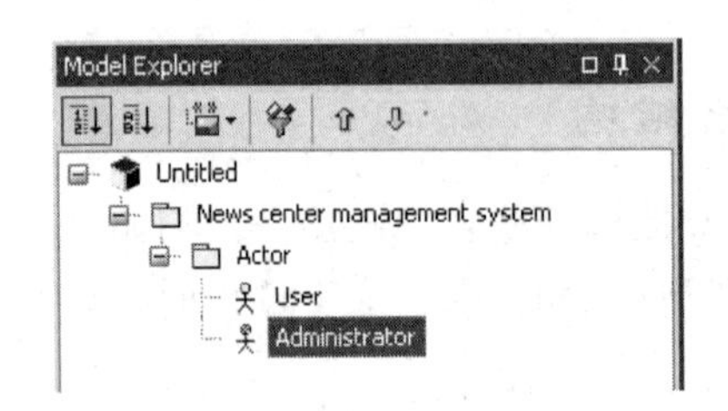

图 12.4 系统的参与者

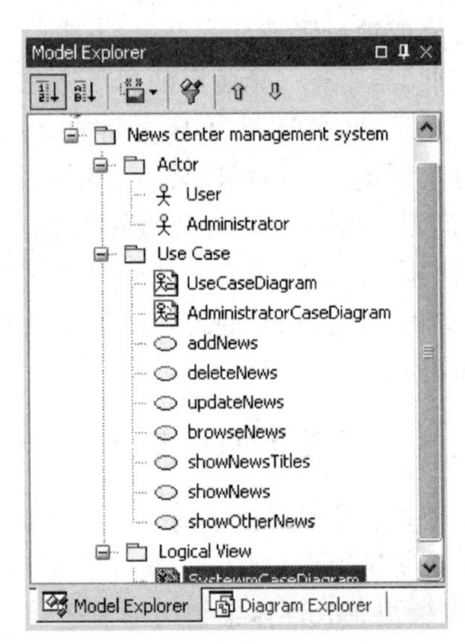

图 12.5 创建系统的用例

1) 系统管理员新闻管理用例图

系统管理员管理新闻的用例图如图 12.6 所示。

系统管理员管理新闻的用例图分析如下。

(1) 系统管理员可以添加新闻。

(2) 系统管理员可以删除新闻。

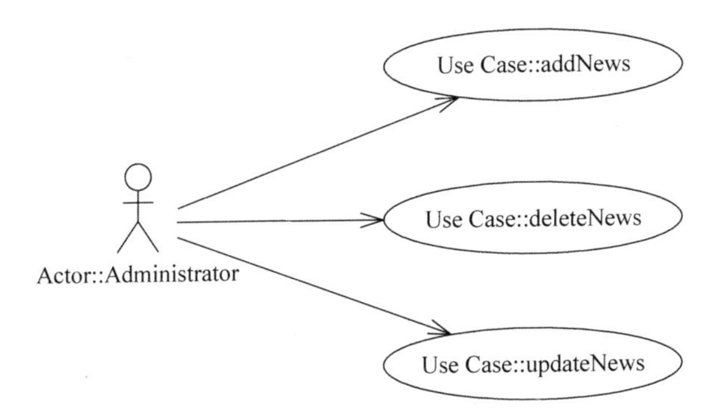

图 12.6　系统管理员管理新闻的用例图

(3) 系统管理员可以修改新闻。

2) 浏览者浏览新闻的用例图

浏览者浏览新闻的用例图如图 12.7 所示。

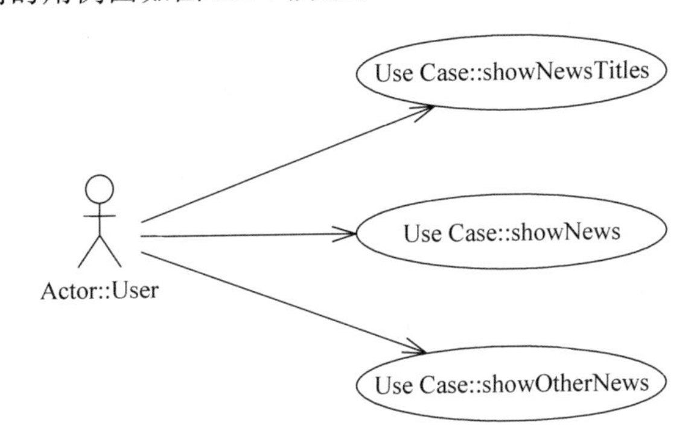

图 12.7　用户浏览新闻的用例图

浏览者浏览新闻的用例图分析如下。

(1) 浏览者浏览新闻标题。

(2) 浏览者浏览相关新闻内容。

(3) 浏览者浏览新闻分类。

3) 系统用例图

将管理员新闻管理和普通用户浏览新闻用例图放在一起,得到系统总用例图,如图 12.8 所示。

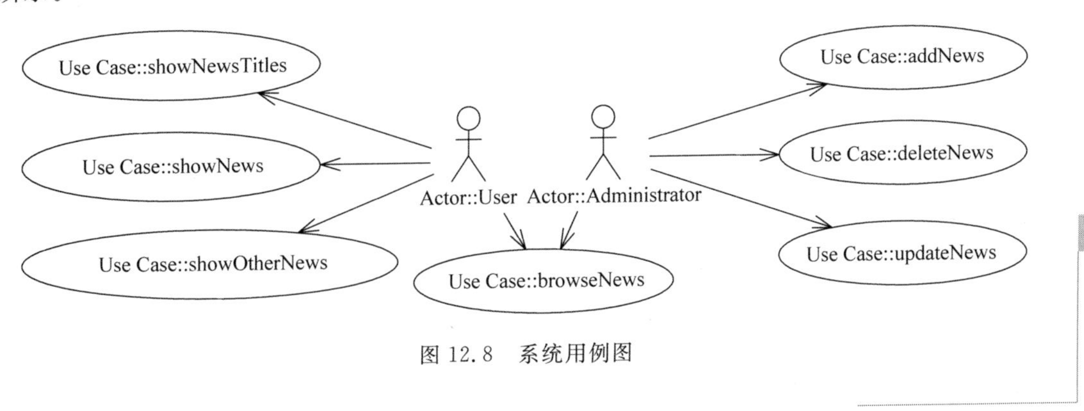

图 12.8　系统用例图

12.3 系统中的类图

类图描述系统中类的静态结构。不仅定义系统中的类，表示类之间的联系如关联、依赖、聚合等，也包括类的内部结构(类的属性和操作)。类图是以类为中心来组织的，类图中的其他元素或属于某个类或与类相关联。

1. 类图的生成

对于新闻的浏览者来说没有什么要求，也就是说可以是任何人，所以这里只考虑系统管理员。那么该新闻中心管理系统中与参与者(Actor)相关的类图只有一个即 Admin 类。Admin 类是管理员类，该类中包含两个属性(管理员姓名(userName)和管理员密码(passWord))和三个操作(输入信息(input)、设置用户名(setName)和设置密码(setPass))。

Admin 类图如图 12.9 所示。

Admin
-userName: String -passWord: String
+input() +setName(name: String) +setPass(pass: String)

图 12.9 Admin 类图

除了与参与者相关的管理员类以外，在该系统中还涉及其他的类，比如基本新闻信息的类(News)、新闻的增删改类(NewsAction)、实现增删改的类(NewsService)、管理员登录后台类(AdminLoginAction)、连接数据库的类(SqlServer)。

1) News 类

表示基本新闻信息的类，包含的属性有新闻编号(id)、新闻标题(title)、新闻内容(content)、新闻发布者(author)、新闻发布时间(time)、新闻关键字(keyWords)和新闻类别(type)。

News 类的类图如图 12.10 所示。

News
-id: int -title: String -content: String -author: String ~time: Date -keyWords: String -type: String
+getNid() +setNid(id: int) +setTitle(title: String) +getTitle() +setContent(content: String) +getContent() +setAuthor(author: String) +getAuthor() +setTime(time: Date) +getTime() +setKeyword(pass: String) +getKeyword() +setType(type: String) +getType() +showNews() +linkNews()

图 12.10 News 类

2) NewsAction 类

表示新闻的增、删、改操作的类，主要提供了业务逻辑的方法。

NewsAction 类的类图如图 12.11 所示。

3) NewsService 类

表示实现增、删、改的类，同时提供了前台获得新闻列表的方法，该类执行具体的业务逻辑。

NewsService 类的类图如图 12.12 所示。

4) AdminLoginAction 类

表示管理员登录后台系统时的类，包含属性登录用户名(userName)、登录密码(passWord)。

AdminLoginAction 类类图如图 12.13 所示。

5) SqlServer 类

表示连接数据库的类，包含一个日志属性。

SqlServer 类的类图如图 12.14 所示。

2. 类之间的关系

在系统中存在的各类之间的关系图如图 12.15 所示。

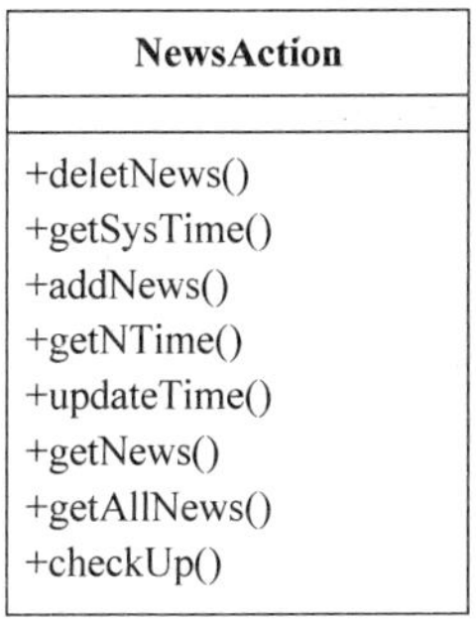

NewsAction

+deletNews()
+getSysTime()
+addNews()
+getNTime()
+updateTime()
+getNews()
+getAllNews()
+checkUp()

图 12.11　NewsAction 类

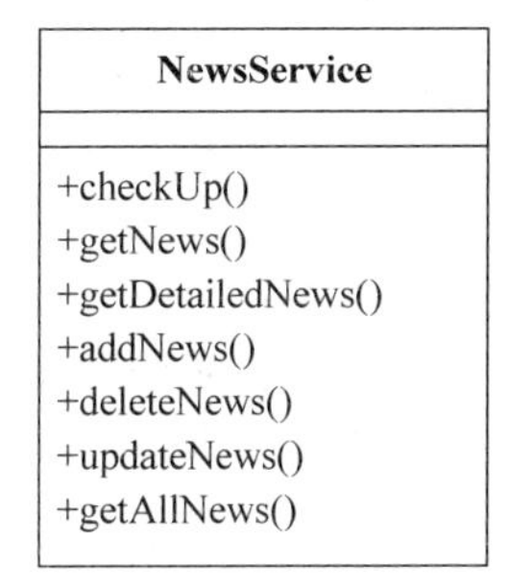

图 12.12　NewsService 类

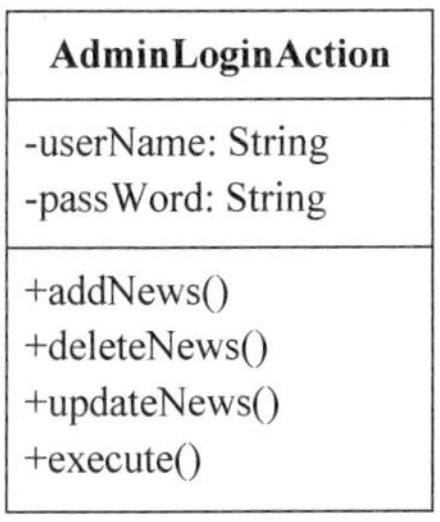

AdminLoginAction

-userName: String
-passWord: String

+addNews()
+deleteNews()
+updateNews()
+execute()

图 12.13　AdminLoginAction 类

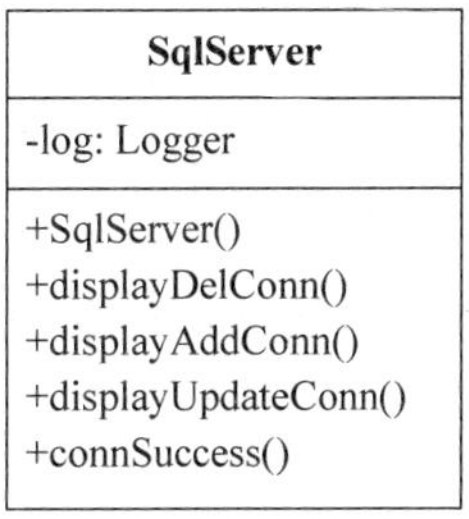

SqlServer

-log: Logger

+SqlServer()
+displayDelConn()
+displayAddConn()
+displayUpdateConn()
+connSuccess()

图 12.14　SqlServer 类

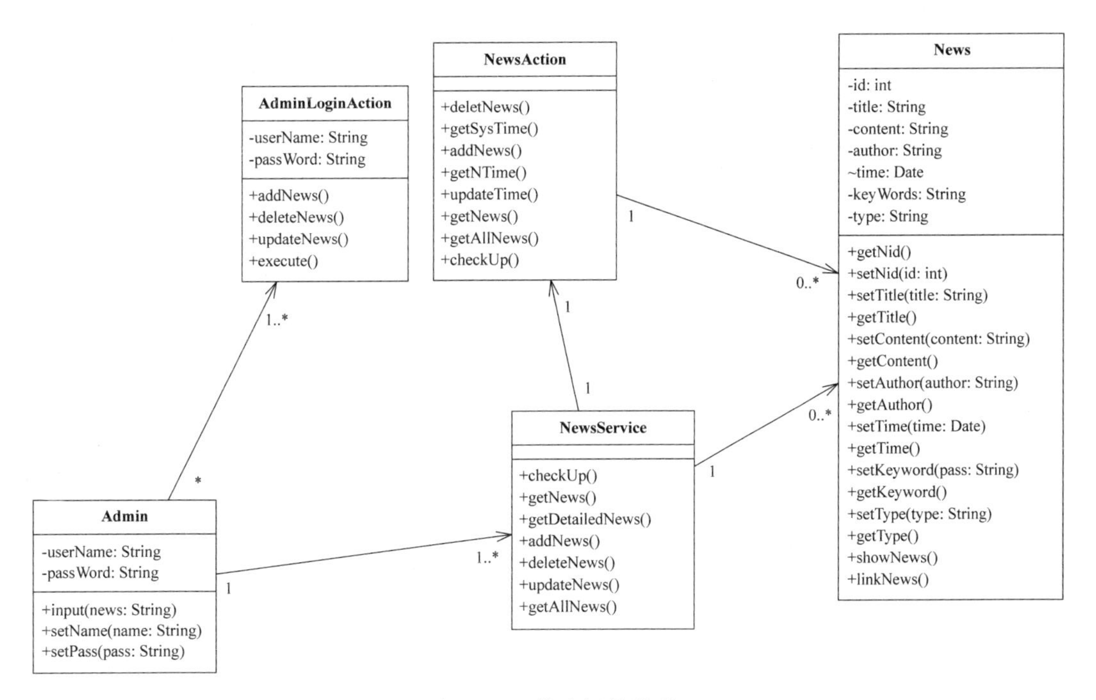

图 12.15　类之间的关系

管理员可以对多个新闻进行操作，所以 Admin 和 NewsService 之间应该是一对多的关系；一种类别的新闻只能对应一种新闻服务，所以 NewsAction 和 NewsService 之间是一对一关系。

12.4 系统的顺序图

针对新闻中心管理系统的需求及用例，该系统的顺序图主要包括以下 4 部分。

(1) 系统管理员添加新闻的顺序图。

(2) 系统管理员修改新闻的顺序图。

(3) 系统管理员删除新闻的顺序图。

(4) 一般浏览者上网浏览新闻的顺序图。

1. 添加新闻顺序图

在系统管理员添加新闻时，顺序图中涉及三个对象，即登录、添加新闻和数据库模块。具体场景如下。

(1) 管理员输入用户名和密码进行登录；

(2) 登录成功后提交添加新闻的请求；

(3) 添加新闻对象提示给登录者输入添加新闻列表；

(4) 登录者输入要添加的新闻内容；

(5) 添加新闻对象会将输入的内容列表提交给数据库；

(6) 数据库添加成功后会返回给输入者(管理员)成功的信息。

添加新闻的顺序图如图 12.16 所示。

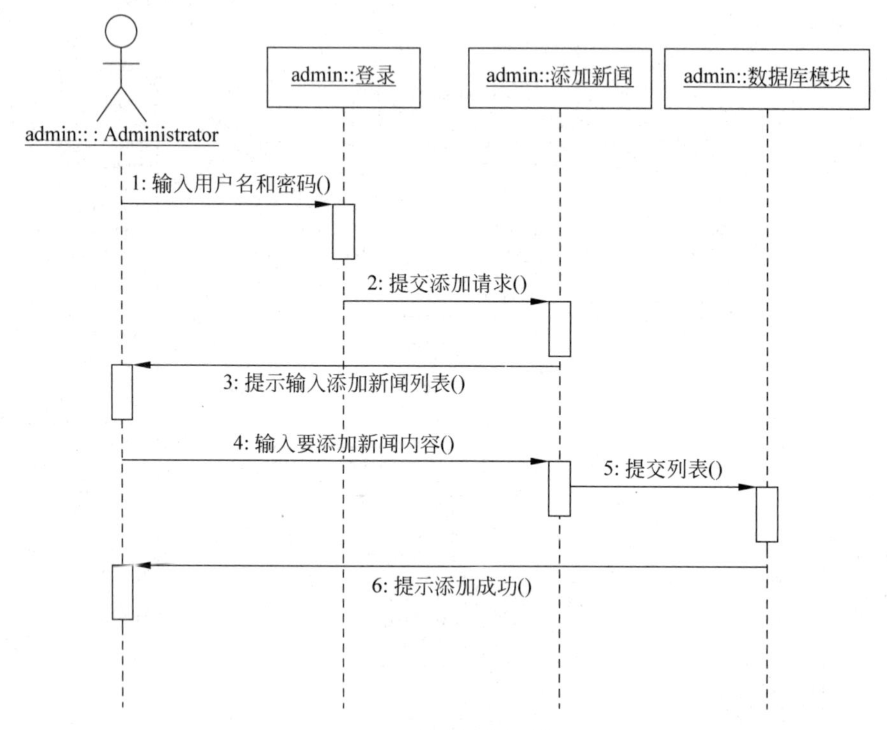

图 12.16 添加新闻顺序图

注意，在图中对象前显示的“admin”和“user”是创建的包名。

2. 删除新闻顺序图

系统管理员删除新闻的顺序图如图 12.17 所示。

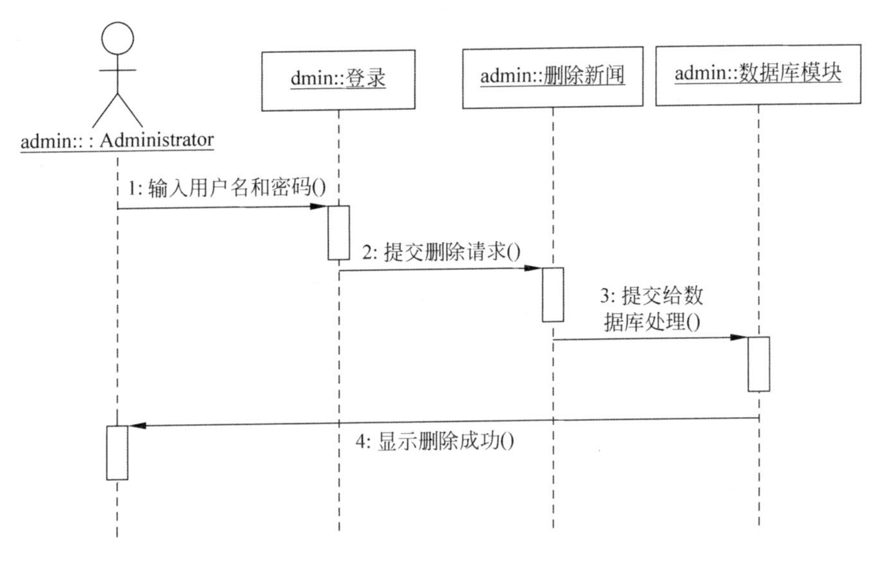

图 12.17　删除新闻顺序图

3. 修改新闻顺序图

在系统管理员修改新闻时，与添加新闻类似，顺序图中涉及三个对象，即登录、修改新闻和数据库模块。具体场景与添加新闻类似，不再赘述。

系统管理员修改新闻的顺序图如图 12.18 所示。

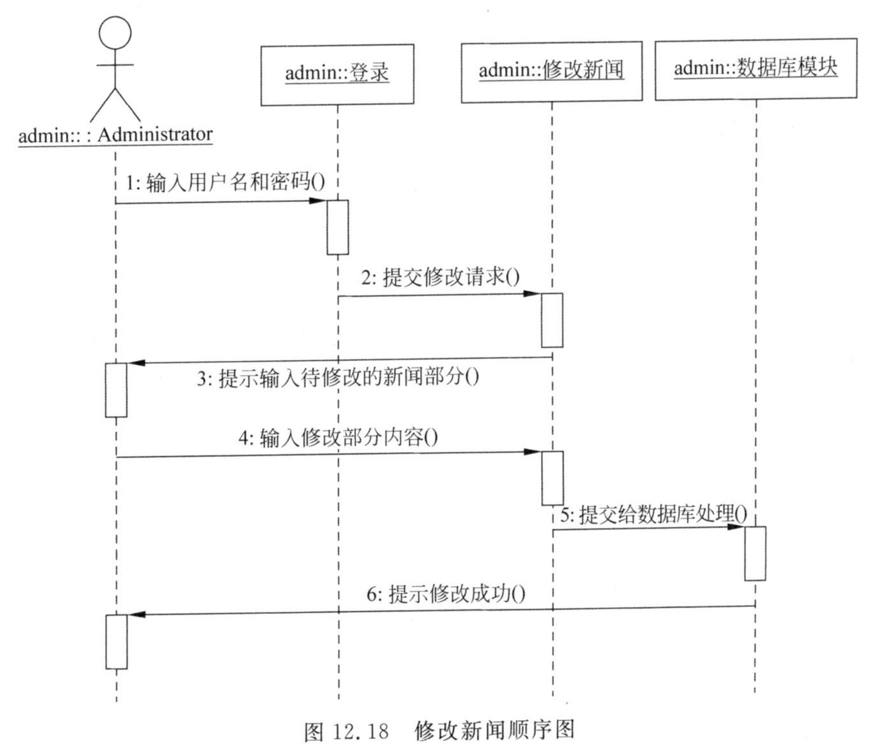

图 12.18　修改新闻顺序图

4. 普通用户浏览新闻顺序图

一般用户上网浏览新闻的顺序图如图 12.19 所示。

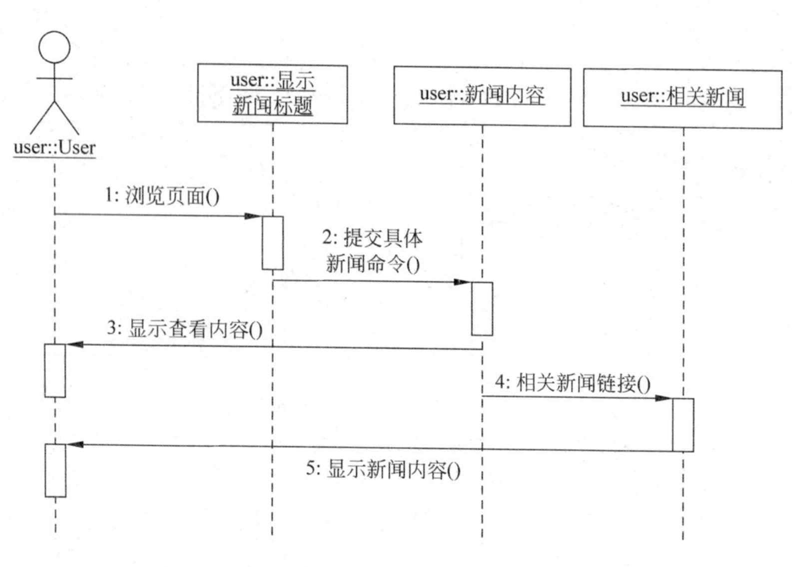

图 12.19　一般用户上网浏览新闻顺序图

12.5　系统的通信图

UML 提供两类交互图：顺序图和通信图。它们实现一个用例或用例中的一个特殊场景。通信图描述对象间的协作关系，通信图与顺序图相似，显示对象间的动态合作关系。除显示信息交换外，通信图还显示对象及它们之间的关系。

根据 12.4 节中给出的顺序图，在本节中给出相应的通信图。

1. 添加新闻通信图

系统管理员添加新闻的通信图如图 12.20 所示。

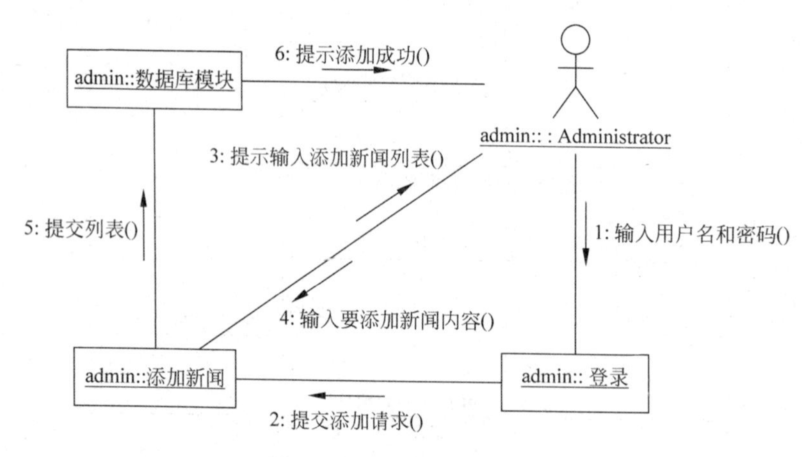

图 12.20　添加新闻通信图

2. 删除新闻通信图

系统管理员删除新闻的通信图如图 12.21 所示。

3. 修改新闻通信图

系统管理员修改新闻的通信图如图 12.22 所示。

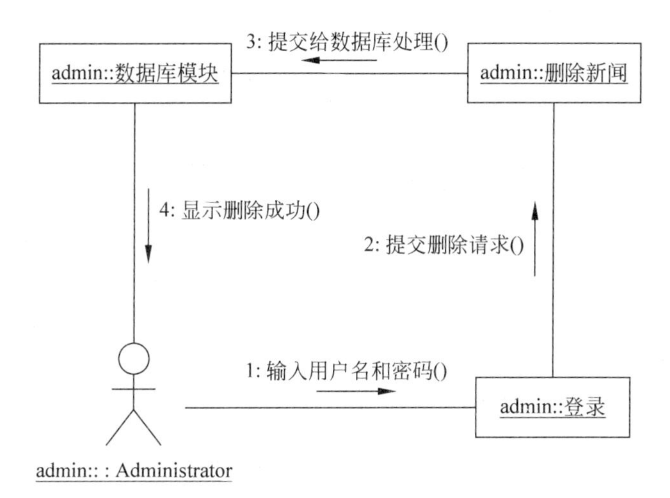

图 12.21　删除新闻通信图

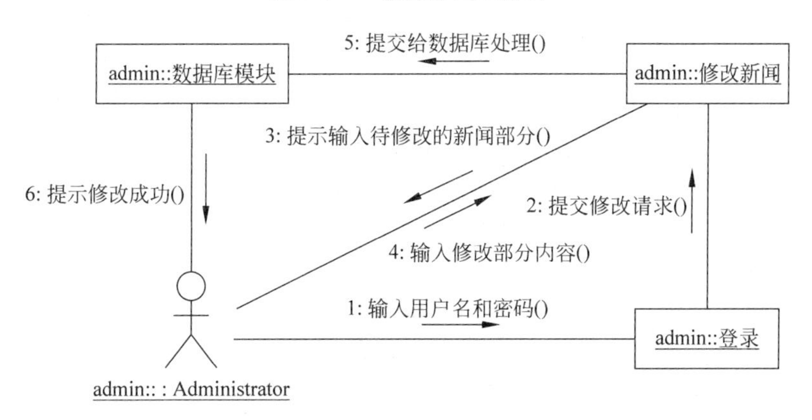

图 12.22　修改新闻通信图

4. 普通用户浏览新闻通信图

一般用户上网浏览新闻的通信图如图 12.23 所示。

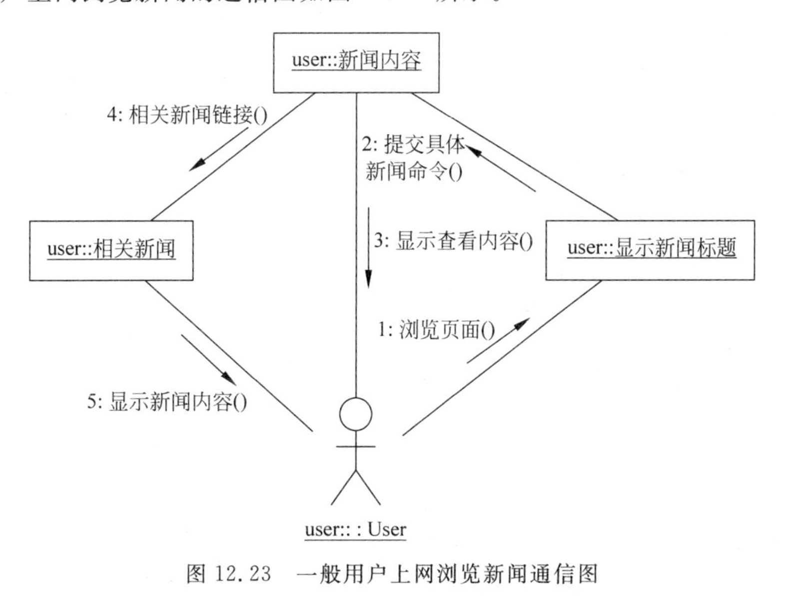

图 12.23　一般用户上网浏览新闻通信图

12.6 系统状态机图

状态机图是一个类对象所可能经历的所有历程的模型图。状态机图由对象的各个状态和连接这些状态的转换组成。

针对新闻管理系统的需求分析，在系统后台管理中，主要有添加新闻，修改新闻及删除新闻三种状态。根据 UML 状态机图的建模方法，本节主要介绍这三种状态机图的实现。

1. 添加新闻状态机图

系统管理员在后台可以对新闻进行添加操作，添加新闻的状态机图如图 12.24 所示。

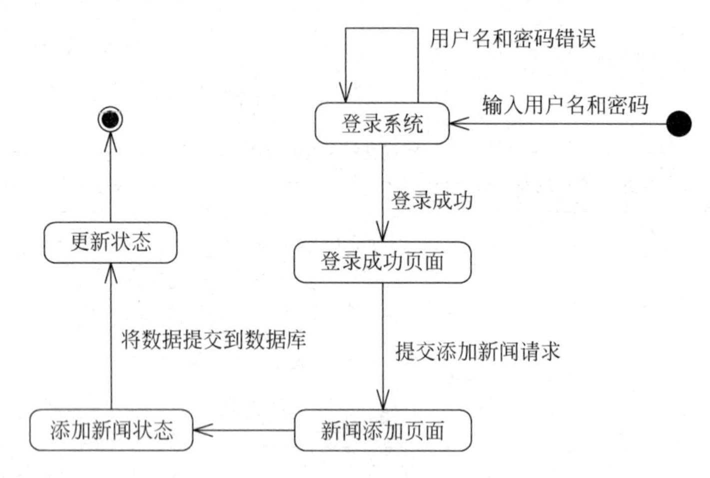

图 12.24 添加新闻的状态机图

2. 修改新闻状态机图

系统管理员修改新闻的状态机图如图 12.25 所示。

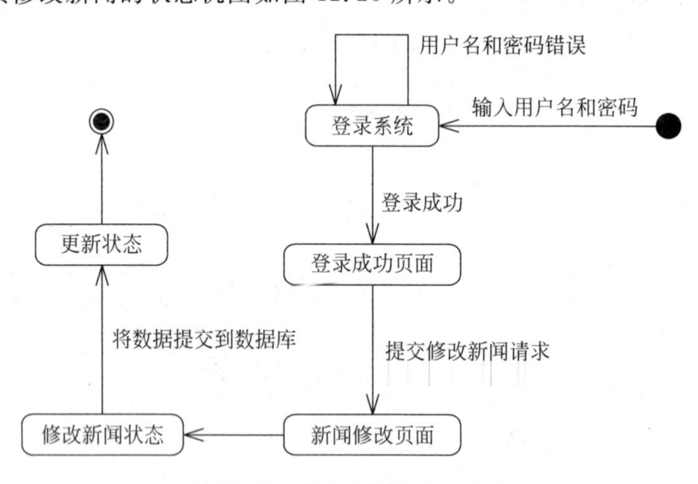

图 12.25 修改新闻的状态机图

3. 删除新闻状态机图

系统管理员删除新闻的状态机图如图 12.26 所示。

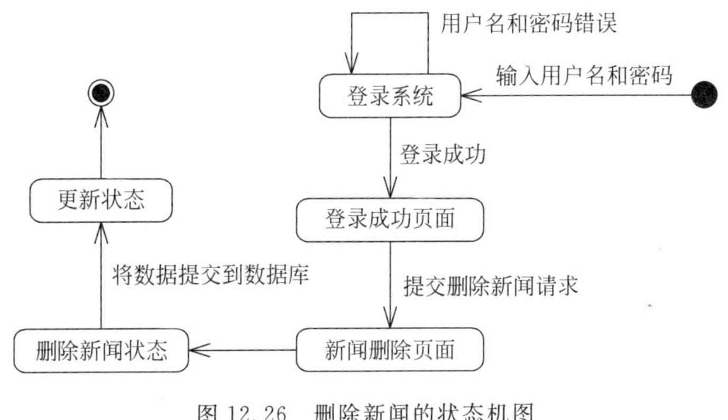

图 12.26　删除新闻的状态机图

12.7　系统的活动图

活动图是状态机图的一个变体，用来描述执行算法的工作流程中涉及的活动。活动图描述了一组顺序的或并发的活动。

在新闻中心管理系统中，活动有两个，一个是前台普通上网用户信息浏览，另一个是后台系统管理员对新闻信息的管理。

1. 前台信息浏览活动图

普通用户对新闻中心进行浏览，前台信息浏览活动图如图 12.27 所示。

2. 后台管理活动图

系统管理员对新闻中心后台进行增、删、改的管理，后台管理活动图如图 12.28 所示。

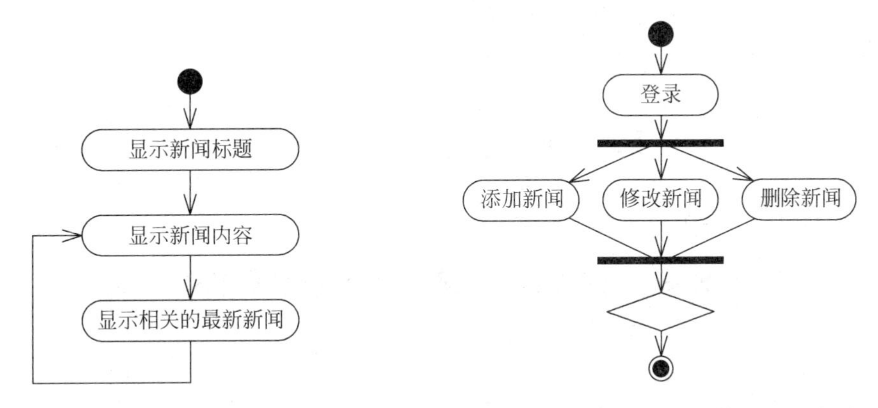

图 12.27　新闻中心前台信息浏览活动图

图 12.28　新闻中心后台管理的活动图

12.8　系统的配置和实现

新闻中心管理系统的构件图如图 12.29 所示。组成 Web 应用程序页面包括：前台浏览页面，后台维护页面，新闻添加页面，新闻修改页面，新闻删除页面，以及登录页面。

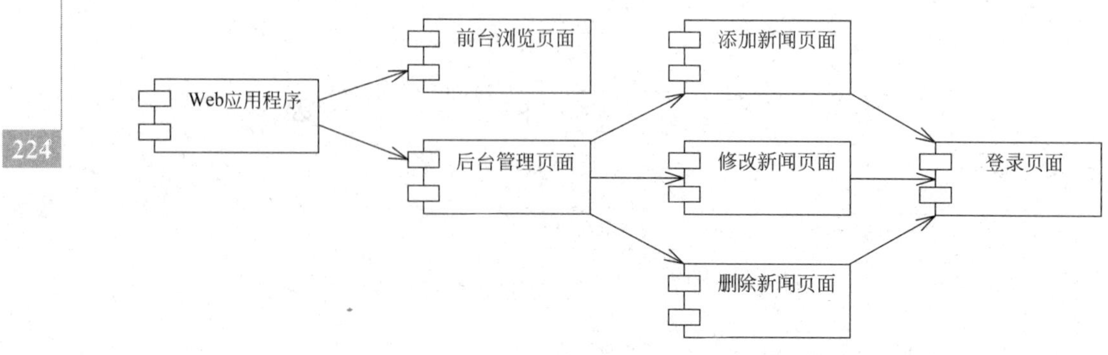

图 12.29 系统的构件图

12.9 系统的配置图

系统的配置图如图 12.30 所示。

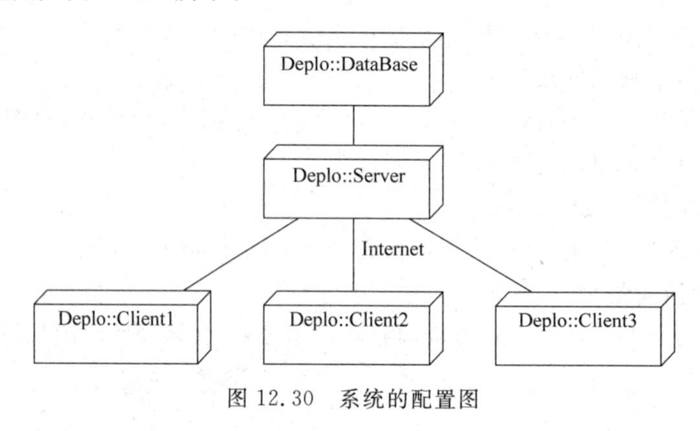

图 12.30 系统的配置图

12.10 生成 Java 代码

利用 StrUML 进行正向工程后，生成如图 12.31 所示的 6 个 Java 文件。

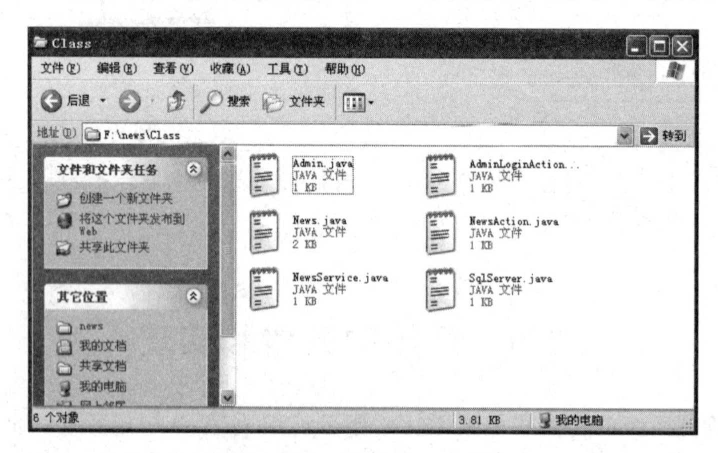

图 12.31 生成 Java 文件

生成的 Java 源代码完全符合 Java 的语法规则，并且结构清晰。具体代码如下所示。

1. Admin.java 代码

```
//
//
//  Generated by StarUML(tm) Java Add-In
//
//  @ Project : Untitled
//  @ File Name : Admin.java
//  @ Date : 2012-3-20
//  @ Author :
//
//
package Class;
/** */
public class Admin {
 /** */
 private String userName;

 /** */
 private String passWord;

 /** */
 public void input(String news) {

 }

 /** */
 public void setName(String name) {

 }

 /** */
 public void setPass(String pass) {

 }
}
```

2. AdminLoginAction.java 代码

```
//
//
//  Generated by StarUML(tm) Java Add-In
//
//  @ Project : Untitled
//  @ File Name : AdminLoginAction.java
//  @ Date : 2012-3-20
//  @ Author :
//
```

```
//
package Class;
/** */
public class AdminLoginAction {
 /** */
 private String userName;

 /** */
 private String passWord;

 /** */
 public void addNews() {

 }

 /** */
 public void deleteNews() {

 }

 /** */
 public void updateNews() {

 }

 /** */
 public void execute() {

 }
}
```

3. News.java 代码

```
//
//
//  Generated by StarUML(tm) Java Add-In
//
//  @ Project : Untitled
//  @ File Name : News.java
//  @ Date : 2012-3-20
//  @ Author :
//
//
package Class;
/** */
public class News {
 /** */
 private int id;
```

```
/** */
private String title;

/** */
private String content;

/** */
private String author;

/** */
public Date time;

/** */
private String keyWords;

/** */
private String type;

/** */
public void getNid() {

}

/** */
public void setNid(int id) {

}

/** */
public void setTitle(String title) {

}

/** */
public void getTitle() {

}

/** */
public void setContent(String content) {

}

/** */
public void getContent() {

}

/** */
public void setAuthor(String author) {
```

```
}

 /** */
 public void getAuthor() {

 }

 /** */
 public void setTime(Date time) {

 }

 /** */
 public void getTime() {

 }

 /** */
 public void setKeyword(String pass) {

 }

 /** */
 public void getKeyword() {

 }

 /** */
 public void setType(String type) {

 }

 /** */
 public void getType() {

 }

 /** */
 public void showNews() {

 }

 /** */
 public void linkNews() {

 }
}
```

4. NewsAction.java 代码

```
//
//
// Generated by StarUML(tm) Java Add - In
//
// @ Project : Untitled
// @ File Name : NewsAction.java
// @ Date : 2012 - 3 - 20
// @ Author :
//
//
package Class;
/** */
public class NewsAction {
 /** */
 public void deletNews() {

 }

 /** */
 public void getSysTime() {

 }

 /** */
 public void addNews() {

 }

 /** */
 public void getNTime() {

 }

 /** */
 public void updateTime() {

 }

 /** */
 public void getNews() {

 }

 /** */
 public void getAllNews() {

 }

 /** */
```

```
    public void checkUp() {

    }
  }
```


5. NewsService.java 代码

```
//
//
//  Generated by StarUML(tm) Java Add-In
//
//  @ Project : Untitled
//  @ File Name : NewsService.java
//  @ Date : 2012-3-20
//  @ Author :
//
//
package Class;
/** */
public class NewsService {
 /** */
 public void checkUp() {

 }

 /** */
 public void getNews() {

 }

 /** */
 public void getDetailedNews() {

 }

 /** */
 public void addNews() {

 }

 /** */
 public void deleteNews() {

 }

 /** */
 public void updateNews() {

 }

 /** */
```

```
public void getAllNews() {

  }
}
```

6. **SqlServer. java 代码**

```
//
//
//  Generated by StarUML(tm) Java Add-In
//
//  @ Project : Untitled
//  @ File Name : SqlServer.java
//  @ Date : 2012-3-20
//  @ Author :
//
//
package Class;
/** */
public class SqlServer {
 /** */
 private Logger log;

 /** */
 public void SqlServer() {

 }

 /** */
 public void displayDelConn() {

 }

 /** */
 public void displayAddConn() {

 }

 /** */
 public void displayUpdateConn() {

 }

 /** */
 public void connSuccess() {

 }
}
```

对正向工程中生成的 Java 文件进行编辑，实现生成的类，主要是根据需要实现其方法，例如：Admin 类中的 input()、setName(String)和 setPass(String)方法。

12.11 逆向工程的实现

将正向生成的类进行实现后，按照环境提供的逆向工程可以将类添加回所在的项目中。转换的主要过程如图 12.32 所示。

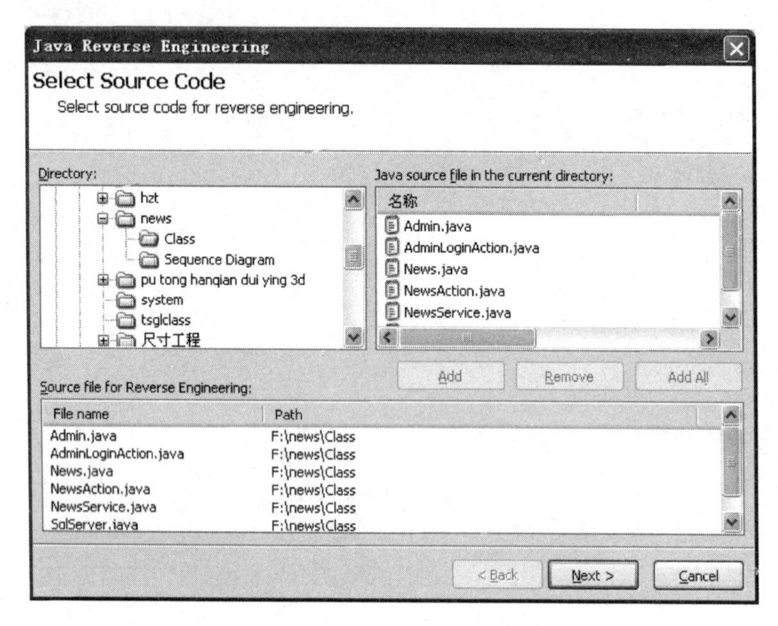

图 12.32 逆向工程的转换

转换后的类图如图 12.33 所示。

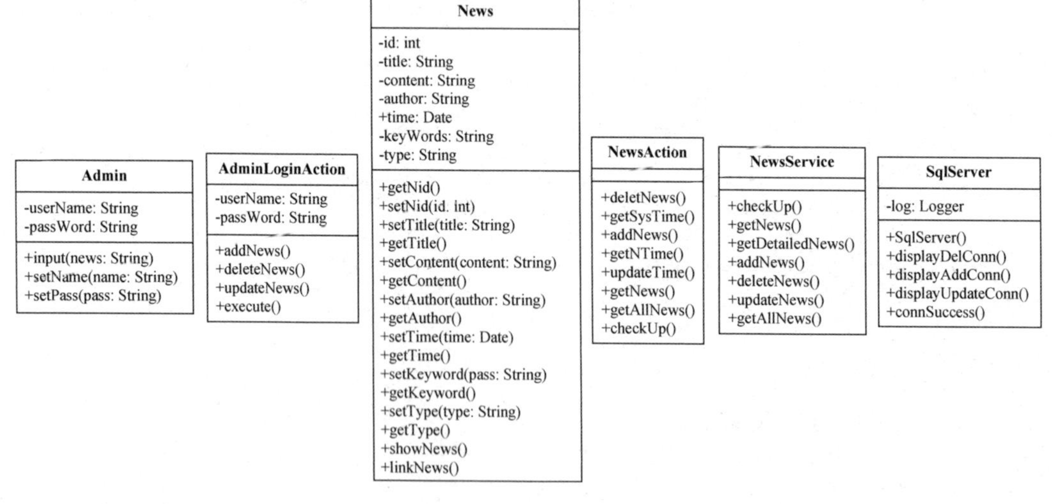

图 12.33 转换后的类图

第13章 BBS论坛系统

随着Internet技术的快速发展，人与人之间的交流方式逐渐增多。网络视频、网络聊天、博客已成为人们彼此沟通、交流信息的主要方式。此外，为了方便人们在某一专业领域探讨问题和发表意见，Internet上还出现了在线论坛。在论坛上，人们可以对某一领域提出自己遇到的问题，即发表某一主题，随后，论坛上的其他人会根据自己的学识、经验发表意见或提出问题的方法。

开发BBS论坛系统的目的是提供一个供用户交流的平台，为广大用户提供交流经验、探讨问题的网上社区。因此，BBS论坛系统最基本的功能首先是发表主题，其次是其他人员根据主题发表自己的看法。此外，为了记录主题的发表者和主题的回复者信息，系统还需要提供用户注册和登录的功能。只有注册的用户登录后才能够发表和回复主题，浏览者(游客)只能浏览主题信息。

本章要点

- 本章主要介绍BBS论坛系统的UML建模过程
- 理解并掌握如何利用UML进行系统建模

13.1 BBS论坛系统的需求分析

系统的需求分析是软件开发过程中不可缺少的，而且非常重要的一部分，尤其是在对某个系统进行UML建模之前，明确系统的需求是至关重要的。

13.1.1 系统的功能需求

随着网络的快速发展，网上交流已经成为现代人生活中的重要组成部分。网上交流是大家针对一个问题可以发表自己不同的见解，同时通过浏览别人的见解可以拓宽自己的知识面。网上交流让问题变得更有广度、深度，而不是仅局限于一个方面，反映了当代人的思想变化及精神追求。在这种条件下，BBS论坛应运而生。

BBS论坛主要是用来网上交流意见的，有人提出一个问题或者见解，其他人可以针对不同的方面提出自己的想法并发表自己的见解。但是为了保证论坛的安全性，不是任何人都可以发表帖子和回复帖子的，必须是以会员的身份登录到系统后，才能够发表、回复帖子。因此 BBS 论坛将用户划分为 4 类人：普通游客（非会员）、普通会员、版主和管理人员。

一个 BBS 论坛系统的操作流程大致可以分为：用户通过登录论坛的网页进入论坛，一般情况下多为游客身份，有时还需要注册为会员，登录论坛后可以就某个话题（帖子的主题）进行展开讨论。在论坛上，可以通过发贴功能发布新的话题；通过回帖功能对已经存在的话题进行回复；通过搜索的功能可以查找所关心的话题。而论坛的管理员通过管理功能创建、编辑和删除论坛的某个版块；对注册为论坛会员的用户进行管理；此外，还要对用户所发的帖子进行管理。根据上述的操作流程以及管理员需要的功能，BBS 论坛系统的功能可分为以下模块。

1. 会员注册

BBS 论坛系统要提供新会员注册功能。在注册页面用户可以录入其基本的信息；提供检查注册信息的有效性功能；将新注册的会员的基本信息保存在数据库相应的数据表中。

2. 会员登录

BBS 论坛系统为会员提供登录功能；会员通过在界面上录入其用户名和密码，并对用户名的正确性和有效性及密码进行检查，如果是系统中合法的用户，则可以登录系统进行相应的操作，用户登录后可以发表帖子，浏览帖子，回复帖子，修改个人信息。否则提示用户身份不合法。

3. 发表帖子

针对会员提供发表文章的功能，未注册的用户，即游客不允许使用该功能。

4. 回复帖子

注册为论坛的会员可以对某一话题展开讨论，发表自己的意见，并给出回复。

5. 浏览帖子

对注册为系统的会员和未注册会员，即游客均提供文章查询及阅读帖子的功能；针对文章标题信息，可以进行检索，查看文章的详细内容及回复文章的超链接。

6. 会员管理

当论坛的会员完成注册后，系统会把会员的相应资料添加到数据库中。包括会员的ID、会员名称、会员密码、会员的电子邮箱等相关信息资料。同时，根据会员的不同身份，可以将特殊会员设置为版主，使其具有特殊操作的权利，如删除本讨论区的文章等。管理者可以根据数据库中注册的特殊身份登录到论坛后对会员信息进行管理。管理员具有最高的权限，可以删除会员，回收会员号，修改会员的积分，排行等。

7. 版块管理

针对不同的讨论内容，管理员可以将整个讨论区划分成不同的区域，会员可以选择进入不同的讨论区，同时提供不同讨论区中，包括文章数量等的相关统计功能。例如，管理员可以将版块进行分类、添加版块、删除版块。

(1) 版块分类：主要用于当有新主题的帖子时，为其创建一个与之匹配的版块，并将其移至版块内；在系统初期要设置新的版块，将已经存在的帖子进行分类并送到对应的版块中。

(2) 添加版块：主要是为了对系统进行扩展，其中不包含将帖子移至新版块内，因为系统可能还没有出现和该版块匹配的帖子。

(3) 修改版块信息：管理员可以设置一个精华版块，在该版块中存放一些精华帖，以满足用户的需求等功能。管理员也可以暂时先关闭某个版块对其进行修整等。

系统允许管理者对分类进行调整，管理员还可以添加新的版块。

8. 帖子管理

系统的管理员和版主都可以对会员发表的帖子进行转移、置顶和删除，设置精华帖，控制帖子的点击率等操作。

版主可以把不健康的帖子，或者没有意义的帖子放进垃圾箱，同时在垃圾箱中可以提供彻底删除帖子，恢复帖子，清空等操作；版主可以推荐好的帖子，将这些帖子置顶，同时版主有监督会员的权利和义务，也就是版主可以强制性地向会员提出要求；此外，版主根据会员的回帖次数及帖子的浏览次数，将一些帖子集中起来，设置为热门帖，这样能够更明显地显示现在大家关注的事件或者主题，这点也体现了系统的时代性。

版主将一些帖子添加置顶标记，为的是方便一些不想回复或者没有时间回复帖子的会员以及未注册用户简单地表达自己的意见，哪怕只是顶一下帖子。还可以设置精华帖，向用户提供帖子最新动态等功能。

同时，版主还可以向管理员申请放弃版主身份。

9. 建议箱管理

建议箱管理主要由管理员负责。管理员可以提出建议、修改建议和删除建议。即管理员权限较高，可以删除系统中的建议，同时可以向会员和版主提出建议，也可以对自己提出的建议进行修改。

10. 新手手册

新手手册也是由管理员负责。对于首次进入 BBS 论坛的游客，可以通过查看新手手册来了解系统的功能和应用。手册中的内容也是由管理员负责给出。

根据上述的功能需求分析，可以确定系统总体功能模块图如图 13.1 所示。

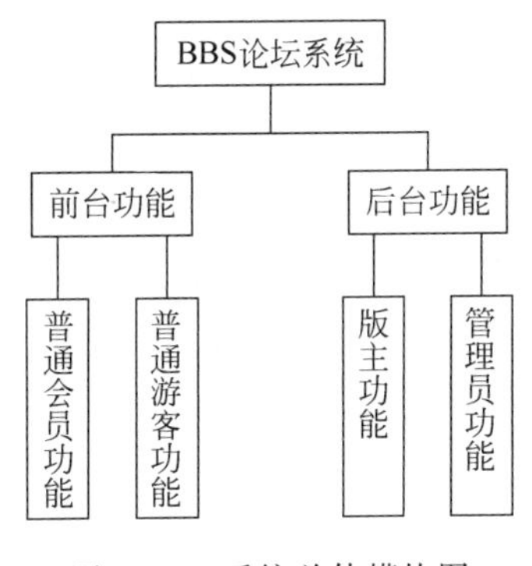

图 13.1　系统总体模块图

如图 13.1 所示是系统整体功能模块图，共分为两大部分，即前台管理模块和后台管理模块。其中，根据参与者的身份又把前台功能分为普通游客和普通会员的功能，后台功能分为版主和管理员的功能。

13.1.2　前台功能模块

用户访问论坛首页面后，可查看版面下的跟帖信息、查看自己发表的帖子、查看精华帖子、搜索帖子、查看跟帖信息、用户注册等。用户在此 BBS 论坛中通过注册成为该网站的真正用户并成功登录系统后，可进行发表帖子、回复帖子、查看自己发表的帖子等操作。前台功能分为普通游客和普通会员的功能。

1. 普通游客功能模块

普通游客功能模块可以进行如图 13.2 所示的操作。

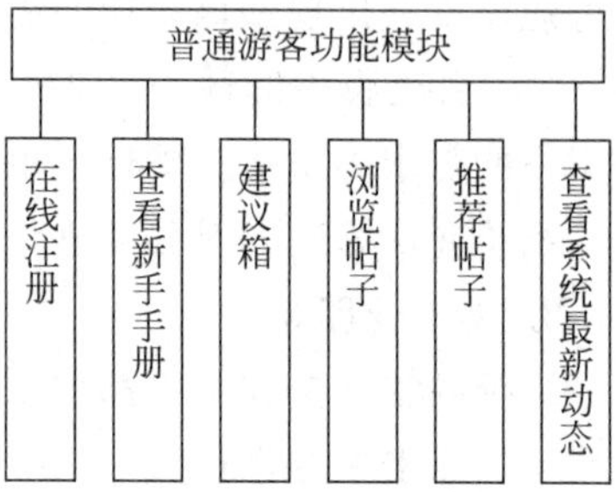

普通游客功能模块分析如下。

1）在线注册

系统提供了新会员在线注册功能。如果想成为系统的会员，在主界面提供了会员注册的功能，单击“注册新会员”，填写用户的一些信息即可。

2）查看新手手册

游客进入论坛后，可以通过查看新手手册的功能，以最快的速度了解论坛的功能及操作步骤等。

普通游客功能模块
在线注册
查看新手手册
建议箱
浏览帖子
推荐帖子
查看系统最新动态

图 13.2　普通游客功能模块

3）建议箱

普通游客可以通过建议箱功能向普通会员、版主和管理员提建议，同时可在建议箱中查看管理员和版主向会员以及游客提出的建议。

4）浏览帖子

普通游客可以在系统主界面上浏览帖子，获得基本的信息。

5）推荐帖子

普通游客是未注册的用户，因此，普通游客不可以向指定的人推荐帖子，只能是向所有的会员进行推荐。

6）查看系统最新动态

普通游客有权利了解论坛的最新动态，比如新发表的帖子、新话题、版主更换等。

2. 普通会员功能模块

普通会员功能模块可以进行如图 13.3 所示的操作。

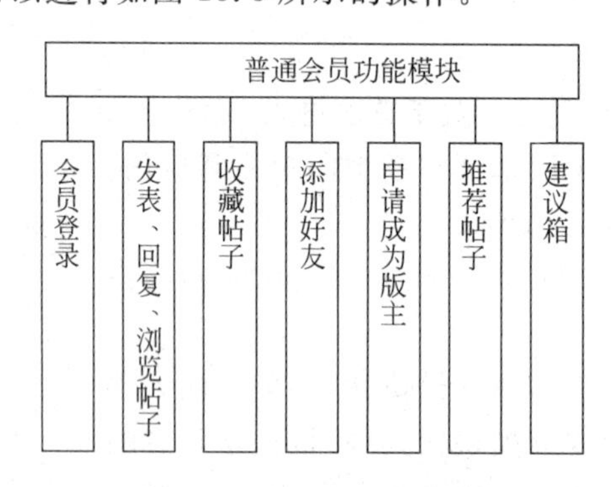

图 13.3　普通会员功能模块

普通会员功能模块分析如下。

(1) 会员登录：登录成功后才能操作系统提供的功能。

(2) 发表、回复、浏览帖子：会员登录成功后可以发表帖子、回复帖子和浏览帖子。

(3) 收藏帖子：会员可以将一些自己喜欢的帖子收藏，以便后来阅读。

(4) 添加好友：会员可以添加其他会员成为自己的好友，和好友分享自己发表、回复的帖子，还可以邀好友欣赏自己收藏的帖子等。

(5) 申请成为版主：只要会员升级到一定级数了，就可以申请成为版主。

(6) 推荐帖子：会员可以选择特定的人，比如自己的好友进行帖子推荐。

(7) 建议箱：会员可以查看管理员给提出的建议，同时也可以向管理员提出建议。

13.1.3 后台功能模块

若用户的权限为版主或管理员，则可进入后台进行论坛类别的管理、版面管理和用户管理等的操作。后台功能分为版主和管理员的功能。

1. 版主功能模块

版主功能模块如图 13.4 所示。

版主功能模块分析如下。

(1) 版主登录：登录成功后才能进入某版块的后台，管理该版块内的帖子。

(2) 置顶帖子、设置热门帖子、设置精华帖：版主登录成功后可以进行将帖子置顶、设置热门帖子和精华帖操作。

(3) 发起征帖：版主可以向所有的会员针对某热门话题或者有争议性的话题发起征帖操作。

(4) 垃圾箱：可以把帖子拖进垃圾箱，也可以把帖子回收和彻底删除。

(5) 发出辞职请求：版主可以向管理员申请辞去版主职务。

2. 管理员功能模块

管理员可以完成登录、版块管理、会员管理、建议箱管理、新手手册管理。管理员功能模块如图 13.5 所示。

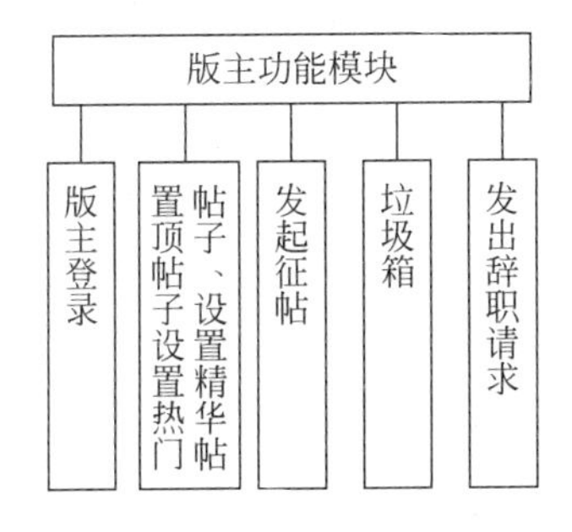

图 13.4 版主功能模块图

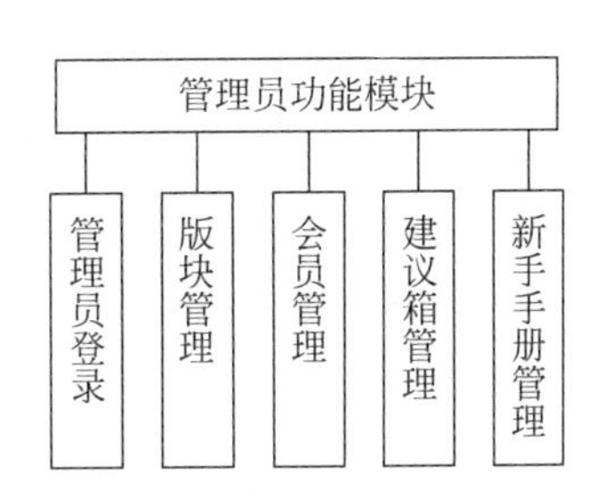

图 13.5 管理员功能模块图

1) 版块管理

版块管理功能模块如图 13.6 所示。

版块管理模块分析如下。

(1) 划分版块：管理员可以将论坛根据主题的不同，进行版块分类，每个版块分别设置不同的版块号及主题。

(2) 修改版块：可以修改主题等信息。

(3) 添加版块：根据用户的需求，适当添加一些新的版块，满足用户需求，同时可以添加精华版块。

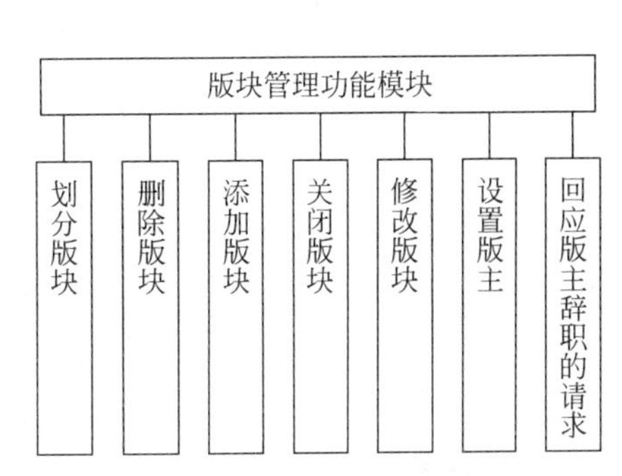

图 13.6 版块管理功能细化图

(4) 删除版块：可以删除一些版块。

(5) 关闭版块：可以暂时关闭版块。

(6) 设置版主：每个版块都需要由版主来管理，为版主设置版主账号等信息。

(7) 回应版主辞职的请求：回应版主发送的辞职请求。

2）会员管理

会员管理功能模块如图 13.7 所示。

模块分析如下。

(1) 添加会员和删除会员：可以添加新会员或删除一些不合格的会员。

(2) 修改会员信息：可以修改会员的基本信息。

(3) 设置会员升级要求：由系统自动记录会员登录时间、登录次数，当达到升级要求时，系统自动完成会员升级。

(4) 向会员发出版主请求：如果该会员同意，则记录信息，可以方便设置版主。

(5) 限制会员活动：如果一些会员对系统进行攻击、破坏或者发表一些不健康的帖子，管理员可以根据事情的轻重，对会员的一些活动限制。

3）建议箱管理

建议箱管理功能模块如图 13.8 所示。

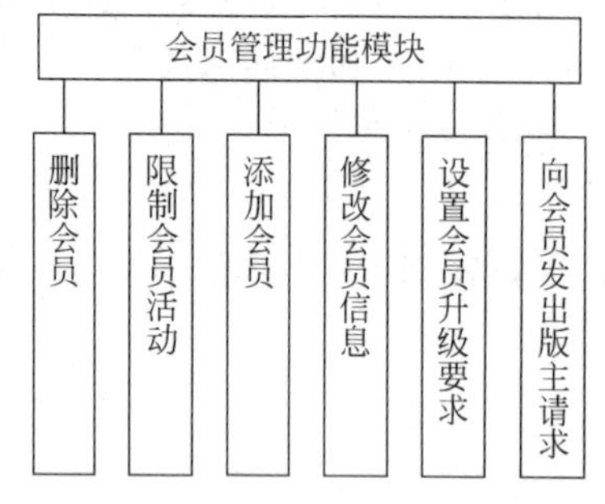

图 13.7　会员管理功能模块细化图

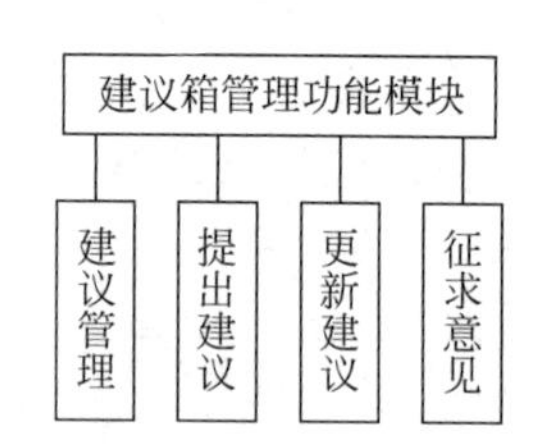

图 13.8　建议箱管理功能细化图

建议箱管理模块分析如下。

(1) 建议管理：删除、采纳建议。

(2) 提出建议：管理员可以通过建议箱向游客、会员和版主分别提出建议。

(3) 更新建议：可以更新自己提出的建议。

(4) 征求意见：管理员可以针对某项活动征求用户的意见。

13.2　BBS 论坛系统的 UML 建模

根据上述对 BBS 论坛系统的需求分析，以及对系统的功能模块的划分，下面利用 UML 模型来表示系统。

13.2.1　BBS 论坛系统的用例图

用例图是指作为外部参与者能看到的系统的功能模型的描述。整个系统的开发都将围绕着用例模型来实现。针对 BBS 系统，主要的任务就是要明确系统的功能是为哪些用户服务，即什么样的用户需要利用 BBS 系统来完成工作，此外还需要确定的是系统的管理者和维护人员。

1. 明确参与者(角色)

根据上述的功能分析，可以得出系统的参与者共有 4 种情况：普通游客、会员、版主和管理员。

2. 普通游客功能用例图

普通游客功能模块的用例图如图 13.9 所示。

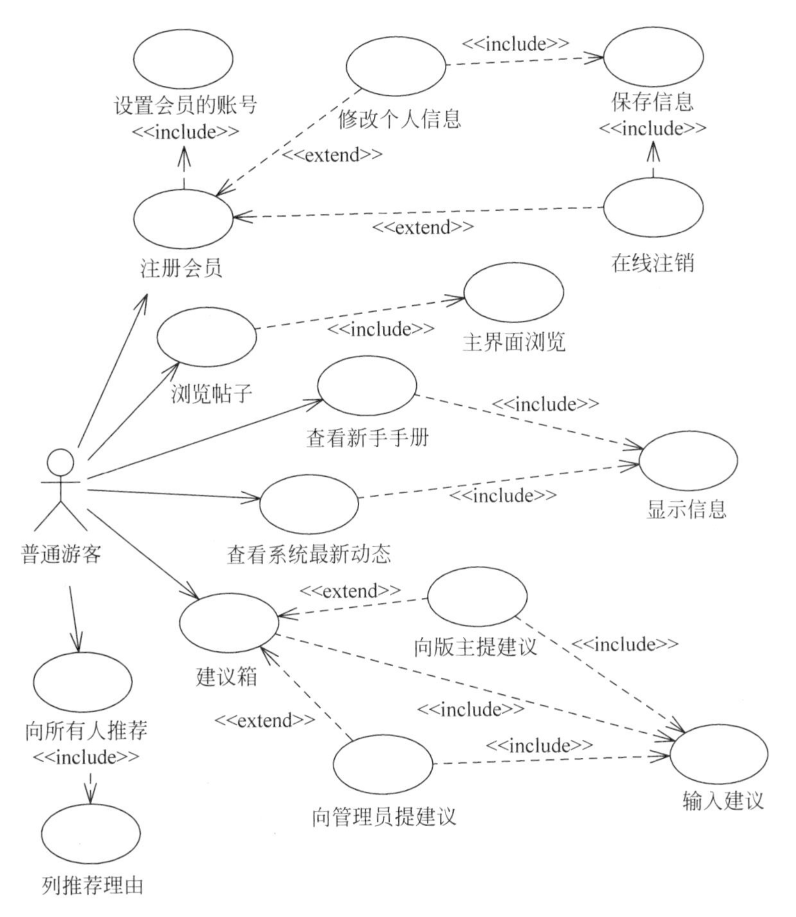

图 13.9 普通游客功能的用例图

普通游客功能的主要用例分析如下。

(1) 会员注册用例：普通游客通过注册成为会员。注册成功后可以修改个人信息、在线注销会员身份等。

(2) 浏览帖子用例：普通游客浏览帖子可以进入系统主界面，选择自己想要浏览的帖子。

(3) 查看新手手册用例：普通游客如果首次进入论坛，可以根据新手手册最快地了解该论坛的操作步骤、功能等各方面的情况。

(4) 查看系统最新动态用例：普通游客进入此界面可以了解论坛的最新动态，如新发表帖子、新话题、管理员更新的新手手册、版主更换等。

(5) 建议箱用例：游客根据自己的需求可以向版主、管理员提出自己的建议，同时可以在建议箱中查看到管理员和版主向会员、游客提出的建议。

(6) 向所有人推荐帖子用例：普通游客可以将自己浏览后，认为比较好的帖子，向所有人推荐该帖子，并写出推荐的理由。

3. 普通会员功能用例图

会员功能模块的用例视图如图 13.10 所示。

会员功能的主要用例分析如下。

(1) 普通会员可以发表、浏览和回复帖子。

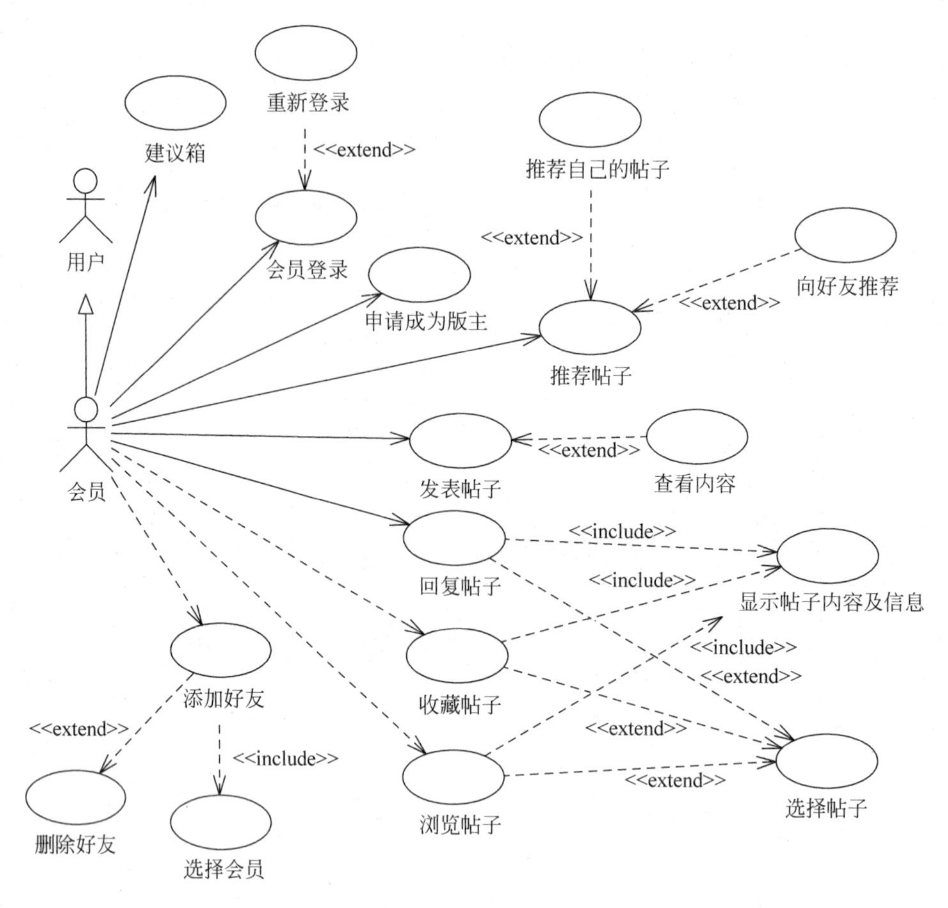

图 13.10　会员功能的用例图

(2) 普通会员可以选择帖子，收藏起来，也就是会员具有收藏帖子的功能。

(3) 会员可以向管理员发出请求成为版主。

(4) 会员可以选择添加好友和好友之间讨论某个帖子。

4. 版主功能用例图

版主功能的用例图如图 13.11 所示。

版主功能的主要用例分析如下。

(1) 垃圾箱管理用例：把帖子放入垃圾箱，清空，将错误删除的帖子恢复及彻底删除。

(2) 帖子置顶用例：在普通游客发表的帖子中，选择特别突出的帖子进行置顶标志，以便其他游客浏览。

(3) 设热门帖子用例：是将这一时段比较热门的话题进行标记，从而引起更多游客的关注，使更多的游客参与进来。

(4) 设精华帖用例：在众多帖子中，选出精华的帖子进行标记。

(5) 设置版块主题用例：能够使游客更加清楚这一版块的主题。

(6) 征帖用例：主要目的是让更多游客参与讨论。

(7) 发出请求用例：请求更换版主或向另一版主请求移动帖子，也就是将一帖子由一版块移至另一版块。

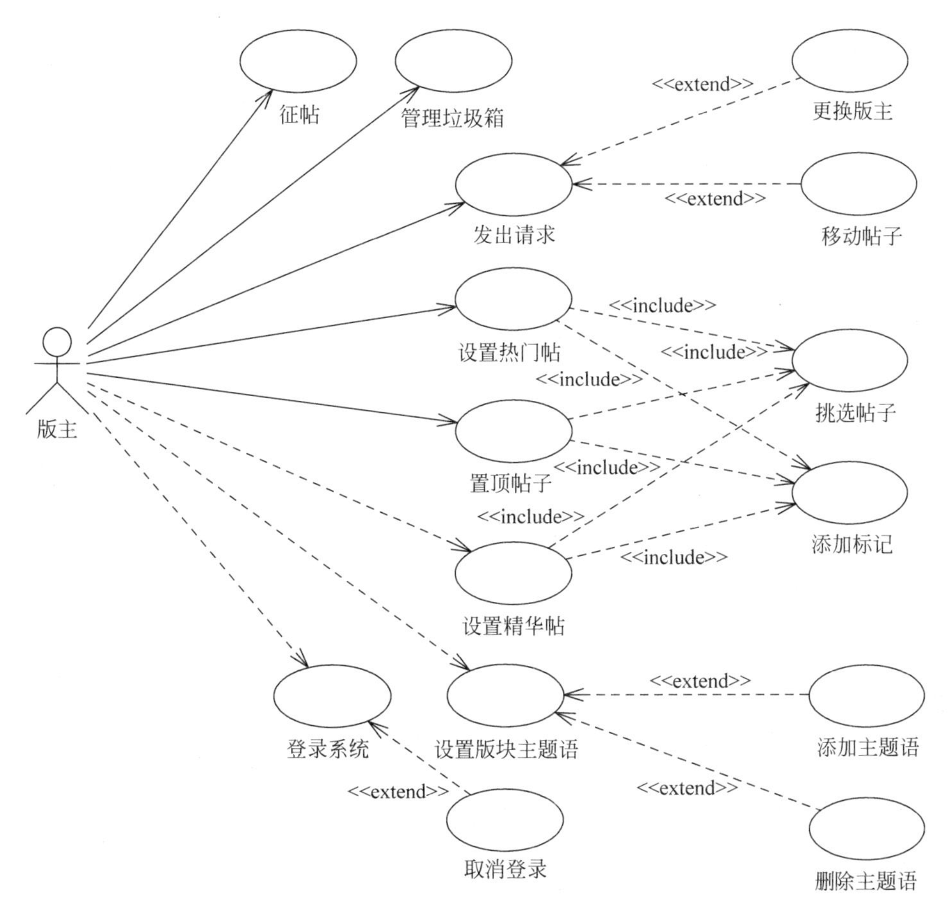

图 13.11　版主功能的用例图

5. 管理员功能用例图

管理员功能的用例图如图 13.12 所示。

管理员功能的主要用例分析如下。

(1) 修改版块信息：管理员可以修改版块的名称、主题等信息，可以让版块更人性化或者是更美观。此外，版主还可以删除一些不必要的信息。

(2) 删除版块：管理员可以把一些没有必要的版块删除。例如，很少有会员对某一个版块主题发表帖子，对于这样的版块就可以删除，减少系统的开销。

(3) 版块划分：进入论坛的会员发表的意见种类很多，加以区分，可以让论坛有条理。

(4) 添加版块：根据论坛的点击次数，可以适当添加一些版块，让论坛的讨论范围更加广泛。例如，精华帖的数量很多，针对精华帖设置一个单独的版块。

(5) 添加会员：管理员可以将一些特殊用户设置成会员。

(6) 修改会员信息：管理员根据会员发帖、回复帖子或者浏览帖子的动态信息，修改会员的一些记录，或者可以根据某些会员的请求，将该会员信息修改。

(7) 删除会员：管理员具有删除会员的权利。管理员可以把最近有不良记录的会员进行删除，保持论坛的健康性。

(8) 设置版主：根据不同的版块，设置版主。管理员选择特殊会员设置为版主，并分配版主 ID。

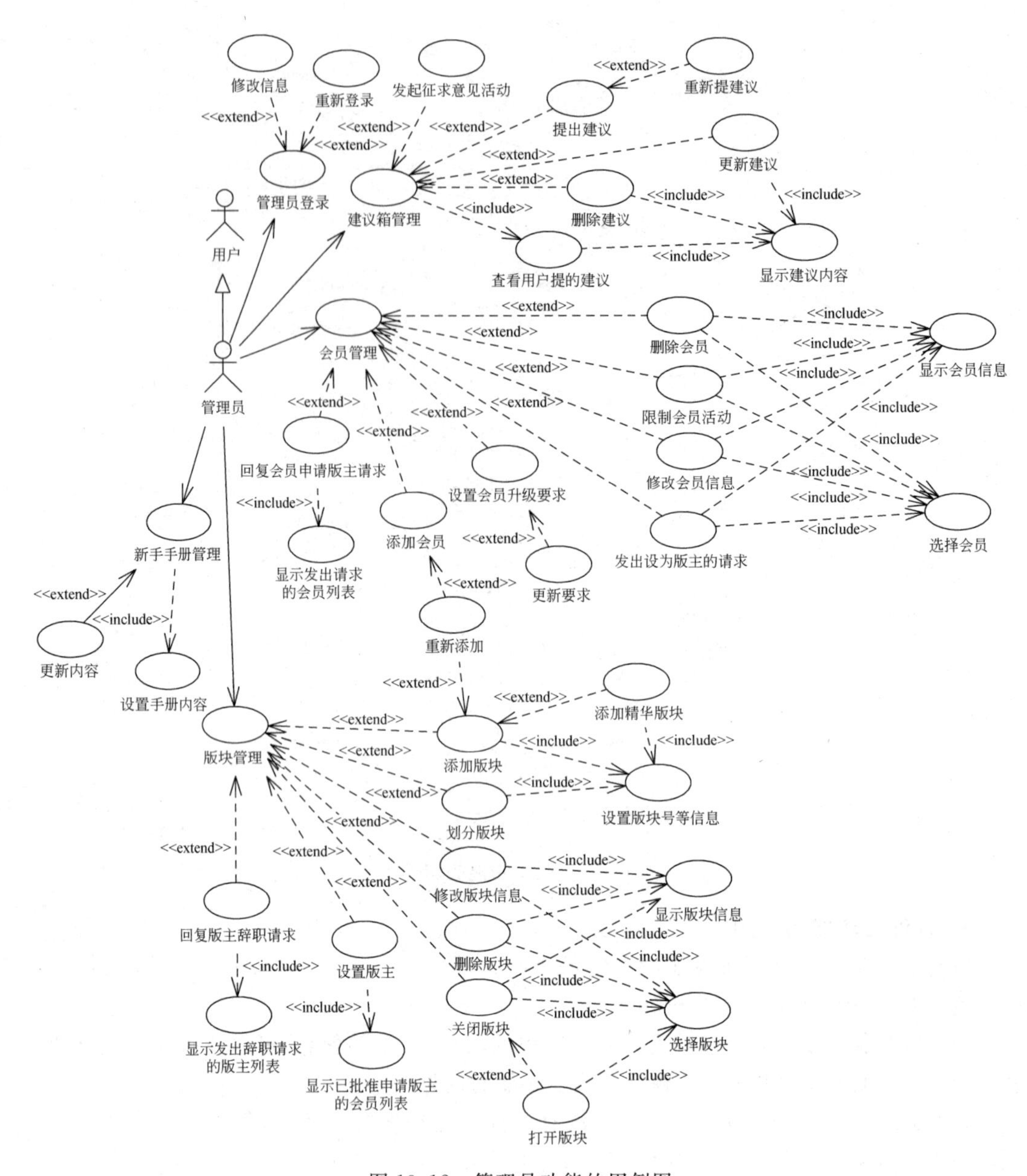

图 13.12　管理员功能的用例图

(9) 会员升级要求：管理员给出会员升级的要求。例如，会员发帖数达到 20，就可以进行升级等。系统自动记录会员发帖、回帖数，当数目达到指定数时，系统自动完成会员升级。

(10) 提出和查看建议：管理员向版主、会员和游客提出和查看建议。

13.2.2　BBS 论坛系统的时序图

1. 普通游客功能时序图

1) 注册为会员

会员注册操作主要涉及游客、注册界面及后台数据库三个对象。普通游客申请注册为会员，将申请的会员账号提交给数据库管理。数据库对其进行相应的处理。普通游客可以根据需要进行修改个人信息、在线注销等操作。将信息提交给后台数据库。数据库会对其进行相应的处理。

会员注册的事件流如表 13.1 所示。

表 13.1 注册为会员的事件流

内容	说　明
用例编号	PTYK1
用例名称	注册为会员
用例说明	普通游客登录系统后注册会员
参与者	普通游客
前置条件	普通游客进入注册会员页面
后置条件	普通游客提交的信息与后台系统数据库表中保存的信息一致
基本路径	(1) 普通游客单击"注册"按钮申请会员账号 (2) 经过数据库管理的检测,显示检测成功 (3) 普通游客输入会员号,单击"提交"按钮 (4) 界面显示申请成功
扩展路径	根据个人意愿修改个人信息后,单击"保存信息"按钮,系统显示修改成功。 退出在线状态,单击"在线注销"按钮,进入此界面单击"保存信息"按钮,系统返回注册界面
注释	

根据事件流画出会员注册的时序图,如图 13.13 所示。

2) 建议箱

普通游客选择向版主或管理员提出建议,进入此界面经过数据库处理,并将处理结果返回给普通游客。普通游客根据提示输入版主或者管理员建议信息,提交给数据库处理。最后将提示建议成功信息显示给普通游客。

建议箱用例的事件流如表 13.2 所示。

表 13.2 BBS 论坛系统普通游客建议箱用例的事件流

内容	说　明
用例编号	PTYK2
用例名称	建议箱
用例说明	可以向版主/管理员提建议
参与者	普通游客
前置条件	普通游客进入建议箱页面
后置条件	系统接受游客提出的建议
基本路径	(1) 普通游客选择向版主/管理员建议 (2) 系统进入该界面经过数据库处理返回检测结果(成功) (3) 输入版主/管理员提建议信息 (4) 提交建议信息 (5) 经数据库处理提交成功 (6) 系统显示提建议成功
扩展路径	普通游客向版主/管理员提建议失败 系统跳转到建议箱页面,提示普通游客重新进入

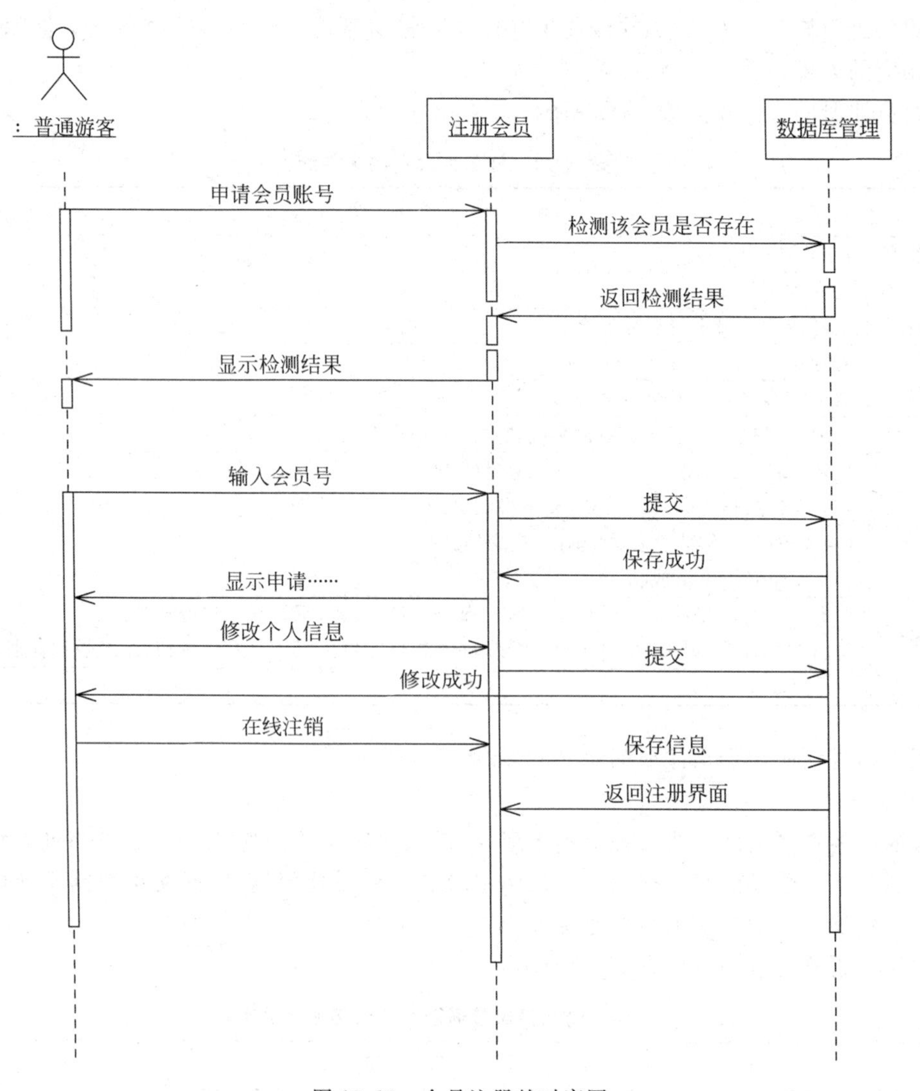

图 13.13　会员注册的时序图

根据表 13.2 事件流画出时序图，如图 13.14 所示。

3）向所有人推荐帖子

普通游客进入推荐帖子界面，选择帖子，然后向所有人推荐，并提交给数据库管理，数据库经过相应的处理，向普通游客返回推荐成功信息。

游客进入系统后向所有人推荐帖子功能的事件流如表 13.3 所示。

表 13.3　向所有人推荐帖子事件流

内容	说　明
用例编号	PTYK4
用例名称	推荐帖子
用例说明	普通游客向所有人推荐帖子
参与者	普通游客
前置条件	普通游客进入推荐帖子页面

续表

内容	说　明
后置条件	系统接受普通游客的推荐理由,实现其要求
基本路径	(1) 普通游客选择帖子进入推荐帖子界面 (2) 经数据库管理检测后返回检测结果 (3) 系统显示检测结果 (4) 普通游客向所有人推荐 (5) 输入推荐理由提交理由信息 (6) 系统显示信息推荐成功
扩展路径	普通游客提交推荐理由系统不接受,此操作失败 系统跳转到推荐帖子页面,提示普通游客重新进入

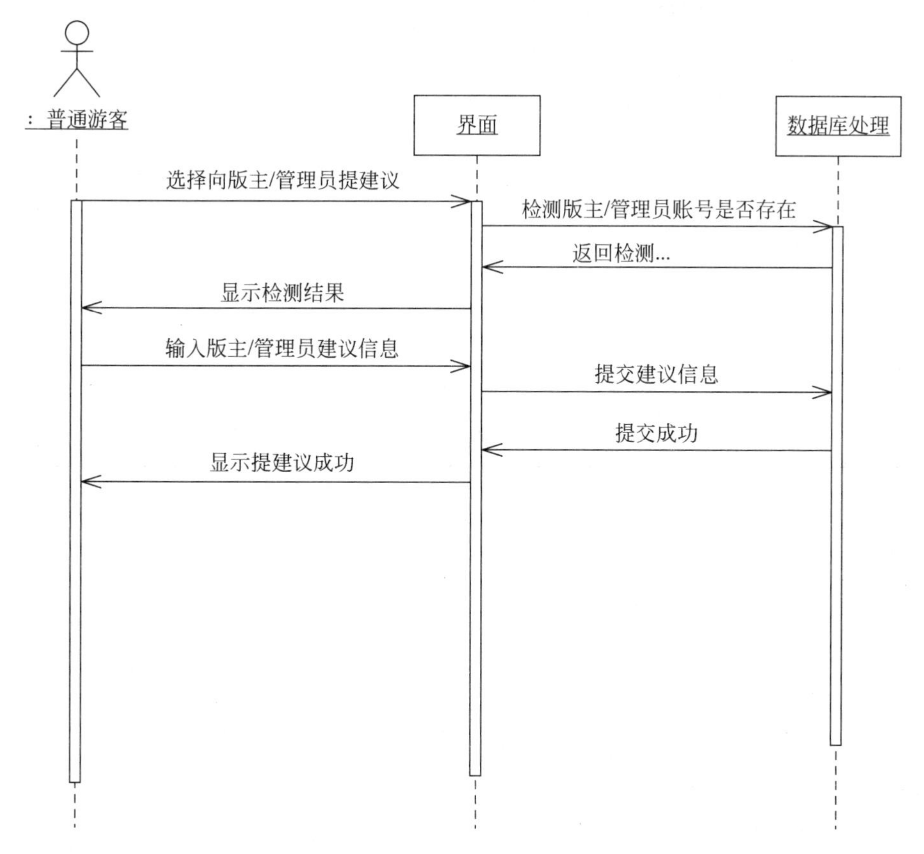

图 13.14　建议箱操作时序图

根据表 13.3 的事件流,向所有人推荐帖子的时序图如图 13.15 所示。

2. 普通会员功能时序图

1) 发表帖子

会员登录系统,进入会员功能界面,选择发表帖子,显示该界面,根据界面提示信息,在发表帖子界面输入帖子内容,当会员确认发表时,系统提示数据库保存发表信息。

发表帖子的事件流如表 13.4 所示。

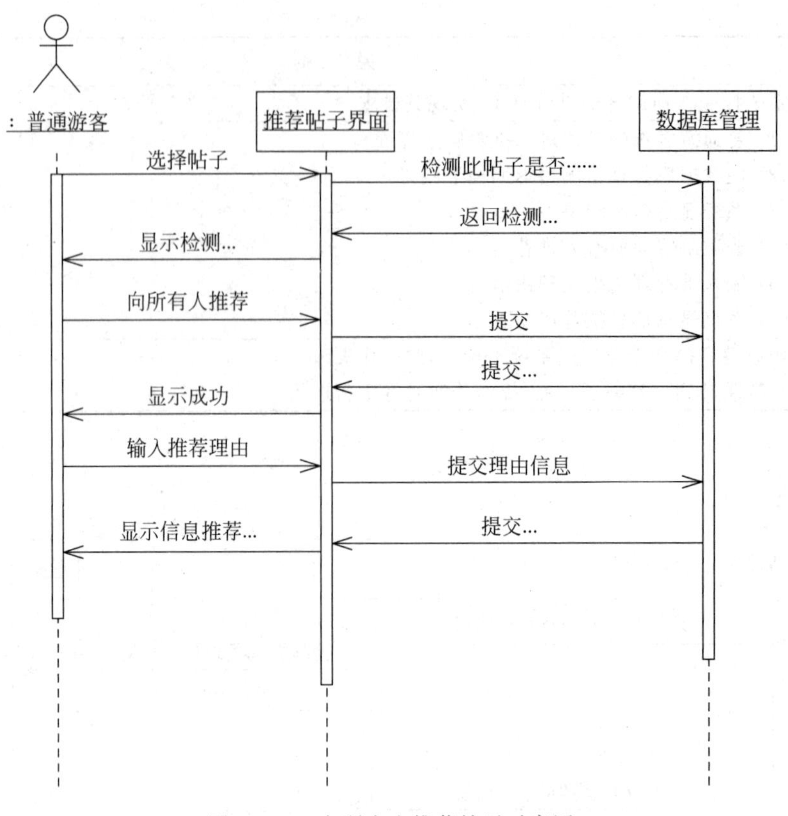

图 13.15　向所有人推荐帖子时序图

表 13.4　发表帖子事件流

内容	说　　明
用例编号	Coustomer_16
用例名称	发表帖子
用例说明	会员可以以帖子的形式发表自己的意见
参与者	会员
前置条件	会员被识别和被授权
后置条件	后台数据库保存发表的帖子信息(包括时间、发表者等信息)
基本路径	(1) 选择某版块,进入,单击"发表帖子",显示界面 (2) 输入见解,单击"提交"按钮 (3) 显示发表成功,保存信息
扩展路径	(1) 发表成功后,单击"查看内容" (2) 显示帖子内容
补充说明	
注释	

根据表 13.4 的事件流,发表帖子的顺序图如图 13.16 所示。

2) 回复/浏览帖子

回复/浏览帖子主要涉及会员、会员功能界面、回复/浏览界面及后台数据库 4 个对象。会员在会员功能界面中选择回复/浏览,该界面将发送消息给回复/浏览界面并显示该界面。

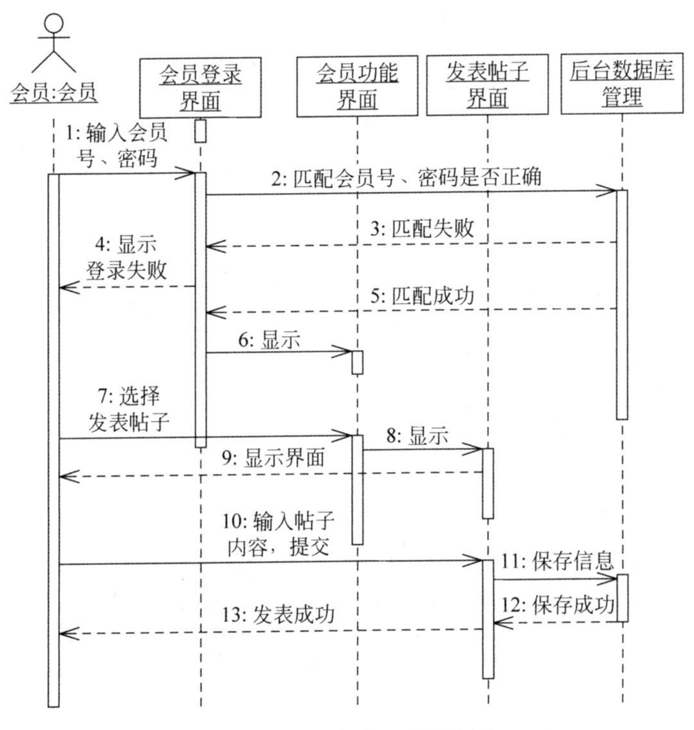

图 13.16　发表帖子的顺序图

在界面上显示帖子列表，会员根据帖子的信息选择某个帖子，进入界面，会显示帖子的详细信息给会员，会员写入自己的意见，提交给后台数据库保存信息，保存成功后，向界面提示会员操作成功。

浏览帖子的事件流如表 13.5 所示。

表 13.5　浏览帖子用例事件流

内容	说　　明
用例编号	Coustomer_14
用例名称	浏览帖子
用例说明	可以查看帖子内容及相关信息
参与者	会员
前置条件	会员身份被识别和被授权
后置条件	后台数据库保存有帖子的点击率
基本路径	选择某个版块，进入后，单击“浏览帖子” 显示所有帖子列表，单击帖子链接 显示帖子内容及有关信息 退出浏览
扩展路径	
补充说明	当会员单击帖子后，系统自动修改帖子的点击率
注释	

回复帖子的事件流如表 13.6 所示。

表 13.6　回复帖子用例事件流

内容	说　　明
用例编号	Coustomer_15
用例名称	回复帖子
用例说明	会员可以针对某帖子主题发表自己的意见
参与者	会员
前置条件	会员身份被识别和被授权
后置条件	后台数据库保存回复帖子信息
基本路径	参与者选择某版块,进入后,单击"回复帖子",显示界面 单击发表的帖子列表,单击帖子链接 显示帖子信息,输入回帖内容,单击"提交"按钮 显示回复成功
扩展路径	
补充说明	
注释	

根据表 13.5 和表 13.6 的事件流,回复/浏览帖子的时序图如图 13.17 所示。

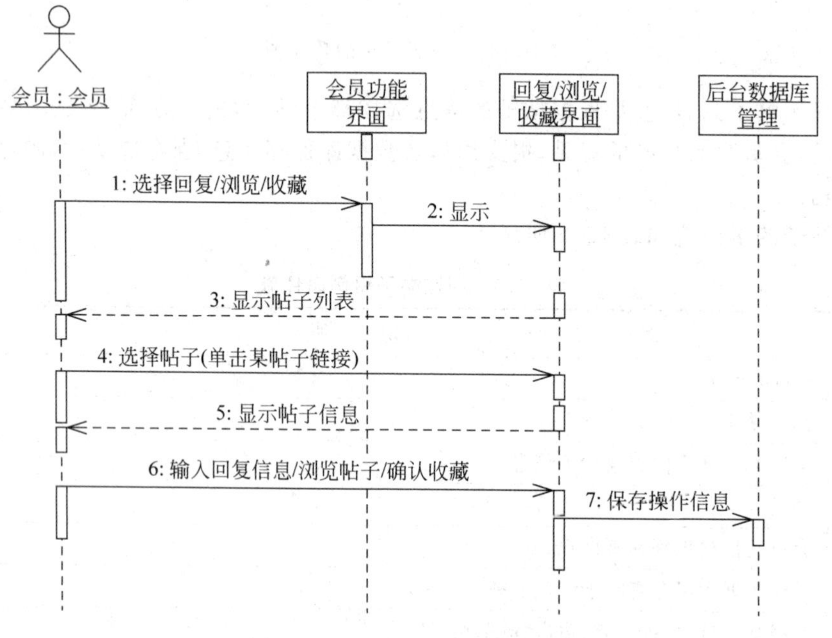

图 13.17　回复/浏览帖子顺序图

3. 版主功能时序图

版主需要输入账号和密码,才能进入系统,进入后提交版主的 ID,进行验证,若验证失败则重新登录；如果成功则提交所要执行操作的 ID,经数据库处理更新后再保存,并返回提示成功信息。

设置热门帖子事件流如表 13.7 所示。

表 13.7 选热门帖子事件流

内容	说　　明
用例编号	Bz_2
用例名称	设置热门帖
用例说明	将帖子中的热门话题进行挑选，让更多的游客加入讨论并提高点击率
参与者	版主
前置条件	版主被识别和授权
后置条件	后台数据库保存有帖子的热门标记
基本路径	单击“设置热门帖”，显示界面 挑选帖子，输入热门帖子 ID，提交 显示设置成功，保存操作
扩展路径	显示设置失败，系统提醒参与者重新设置
补充说明	

选精华帖子事件流如表 13.8 所示。

表 13.8 选精华帖子用例事件流

内容	说　　明
用例编号	Bz_3
用例名称	选精华帖子
用例说明	在游客发表的帖子中挑选出经典的
参与者	版主
前置条件	版主被识别和授权
后置条件	后台数据库保存有帖子的精华标记
基本路径	单击“设置精华帖”，显示界面 挑选帖子，输入精华帖 ID，提交 显示设置成功，保存操作
扩展路径	显示设置失败，系统提醒参与者重新设置
补充说明	

置顶帖子的事件流如表 13.9 所示。

表 13.9 置顶帖子用例事件流

内容	说　　明
用例编号	Bz_4
用例名称	置顶帖子
用例说明	在游客发表的帖子中选出最值得推荐的做置顶标记
参与者	版主
前置条件	版主被识别和授权
后置条件	后台数据库保存有帖子的置顶标记
基本路径	单击“置顶帖子”，显示界面 挑选帖子，输入置顶帖 ID，提交 显示设置成功，保存操作
扩展路径	显示设置失败，系统提醒参与者重新设置
补充说明	

垃圾箱事件流如表 13.10 所示。

表 13.10　垃圾箱用例事件流

内容	说　明
用例编号	Bz_6
用例名称	管理垃圾箱
用例说明	把帖子拖至垃圾箱,清空,恢复,彻底删除
参与者	版主
前置条件	版主被识别和授权,存在需要拖进垃圾箱或需要回复帖子的帖子
后置条件	后台数据库保存了对垃圾箱的各种操作
基本路径	(1) 单击“垃圾箱管理”,显示界面 (2) 输入管理垃圾箱 ID,提交 (3) 显示提交成功,对帖子进行相关操作,保存
扩展路径	显示提交失败,重新输入 ID

根据表 13.7～表 13.10 的事件流,版主功能的时序图如图 13.18 所示。

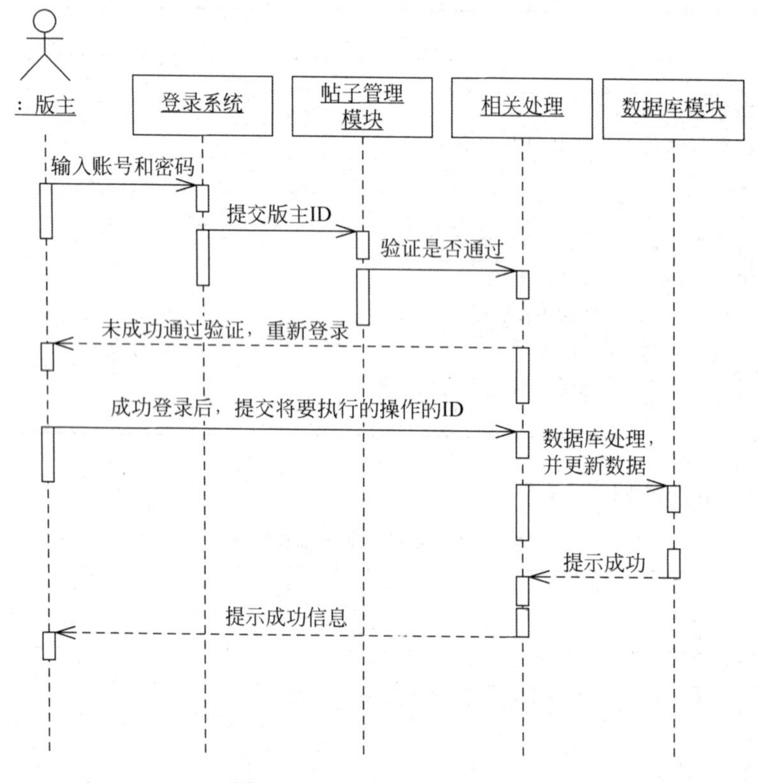

图 13.18　版主功能的时序图

4. 管理员功能时序图

1) 删除/修改版块

管理员经过登录,成功后,如果要执行删除/修改版块的操作,首先要在版块管理界面内选择删除/修改版块操作,进入相应的操作界面。当单击某版块时,显示该版块的详细信息。系统提取参与者的操作,将其提交给数据库记录信息。

修改版块信息事件流如表 13.11 所示。

表 13.11 修改版块信息用例事件流

内容	说　　明
用例编号	Coustomer_9
用例名称	修改版块信息
用例说明	可以修改版块号、主题名、版块主题语和类型等
参与者	管理者
前置条件	管理者已被识别和授权
后置条件	后台数据库已保存修改的版块信息
基本路径	参与者进入版块管理,单击"修改版块信息",显示修改界面 显示版块列表,单击版块链接 显示版块详细信息,根据信息,输入修改信息,提交 显示修改成功,保存信息
扩展路径	
补充说明	
注释	版块列表可以显示版块号和主题语,方便参与者选择版块修改信息,管理员单击"提交"按钮后,系统会记录修改的版块信息,并且将版块更新,显示为最新修改的版块

删除版块的事件流如表 13.12 所示。

表 13.12 删除版块用例事件流

内容	说　　明
用例编号	Coustomer_10
用例名称	删除版块
用例说明	可以删除认为不必要或者不健康的版块
参与者	管理者
前置条件	管理者已被识别和授权
后置条件	后台数据库已删除版块信息
基本路径	参与者进入版块管理,单击"删除版块",显示界面 显示版块列表,单击版块链接 显示版块详细信息,确认删除 显示删除成功
扩展路径	
注释	版块列表可以显示版块号和主题语,方便参与者选择删除版块。不会出现删除到不存在的会员信息这种现象

根据表 13.11 和表 13.12,删除/修改版块时序图如图 13.19 所示。

2) 划分版块

管理员进入到版块管理界面后,选择版块划分操作,系统会显示划分版块的界面,参与者根据界面上的提示,设置信息。参与者提交后,系统会将参与者输入的信息提交到数据库保存;保存成功后,系统会提取目前的帖子,形成列表,显示出来。当管理员单击某个帖子后,会显示帖子详细信息,管理员根据帖子的详细信息把帖子移送到相应的版块中。操作后,系统记录操作信息。

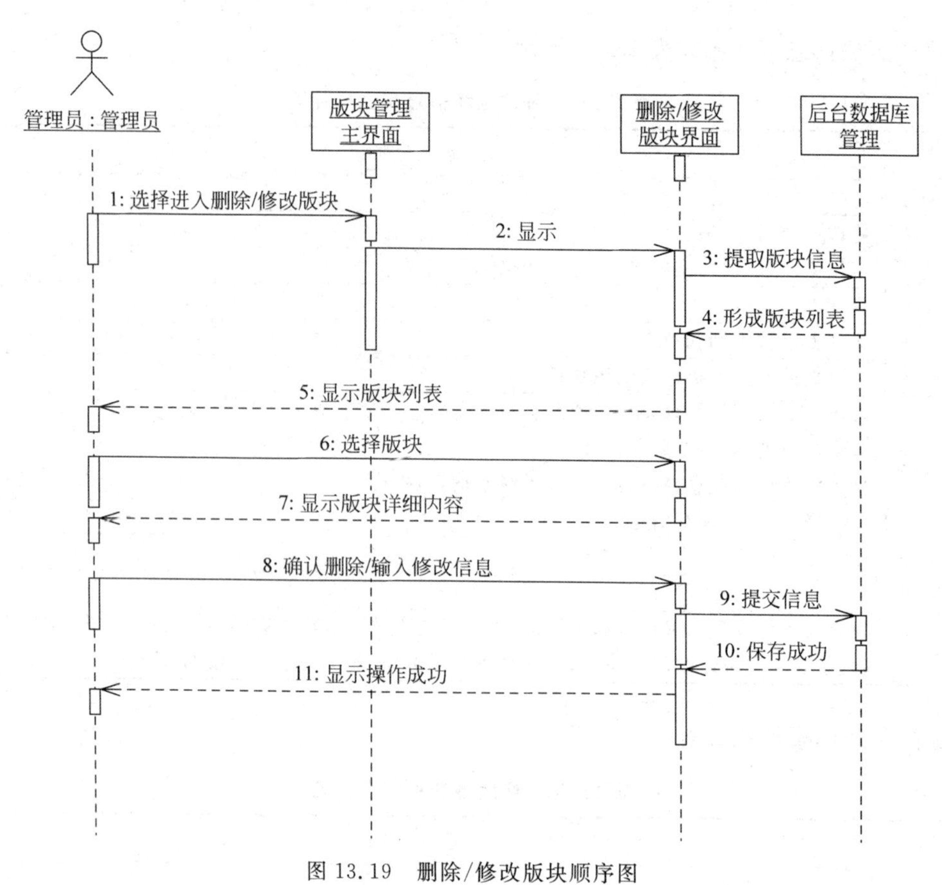

图 13.19　删除/修改版块顺序图

划分版块用例事件流如表 13.13 所示。

表 13.13　划分版块用例事件流

内容	说　　明
用例编号	Coustomer_11
用例名称	划分版块
用例说明	根据帖子的内容划分种类,一类或几类对应一个版块
参与者	管理者
前置条件	管理者已被识别和授权
后置条件	后台数据库保存划分的版块信息
基本路径	参与者进入版块管理界面,单击“划分版块”,进入划分版块界面 设置版块号、主题、类型等内容,提交 显示划分版块成功,进入帖子分类界面 显示所有已发表帖子列表,单击帖子链接 显示帖子详细信息,单击“分类” 显示选择版块的界面,选择适当的版块,确认分类 显示分类成功
扩展路径	
补充说明	管理员确认分类后,系统将记录帖子被分类之后的信息,然后将帖子移至新的版块中
注释	划分版块功能主要是在系统初期(还没有进行分类时)或者是在出现了很多展示新的主题的帖子,需要为这样的帖子创建新的版块时使用。在帖子列表中可以显示帖子的主题等简单内容,根据帖子主题将帖子分类

根据表 13.13 事件流，划分版块顺序图如图 13.20 所示。

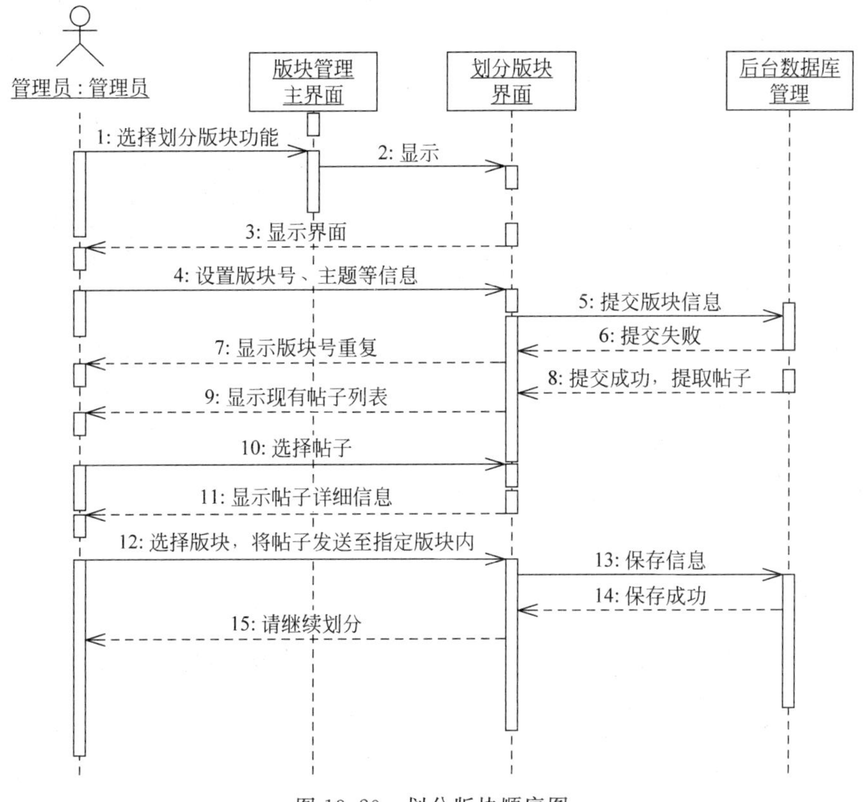

图 13.20　划分版块顺序图

3）关闭版块

管理员进入版块管理界面，单击“关闭版块”，进入关闭版块界面，系统此时在数据库中提取未关闭和已经关闭的版块，形成列表返回到界面，管理员可以打开或是关闭某版块，从而到相应的列表中单击某个版块，显示版块的详细信息。管理员根据版块的详细信息，决定是关闭或打开该版块。管理员提交操作后，系统将操作信息保存到后台数据库中。

关闭版块的事件流如表 13.14 所示。

表 13.14　关闭版块用例事件流

内容	说　明
用例编号	Coustomer_12
用例名称	打开版块
用例说明	管理员可以根据系统性能等的需要，关闭或者重新打开某个版块
参与者	管理者
前置条件	管理者已被识别和授权
后置条件	后台数据库保存版块被关闭或者重新打开的标记
基本路径	(1) 参与者进入版块管理界面，单击“关闭版块”，显示界面 (2) 单击“关闭版块”，显示版块列表 (3) 单击某版块链接，显示版块详细信息 (4) 单击“关闭版块” (5) 显示关闭成功

续表

内容	说　　明
扩展路径	(1) 进入关闭版块界面，单击“打开版块” (2) 显示已被关闭的版块列表，单击某版块链接 (3) 显示某版块详细信息，确认打开 (4) 显示打开成功
补充说明	在关闭版块界面上，可以选择关闭版块，也可以选择打开版块。管理员单击“关闭版块”后，系统会为版块设置被关闭标记。当进入打开版块界面时，系统将被设置关闭标记的版块形成列表，显示出来。单击打开某版块后，系统将删除版块的关闭标记

根据如表 13.14 所示的事件流，关闭版块的顺序图如图 13.21 所示。

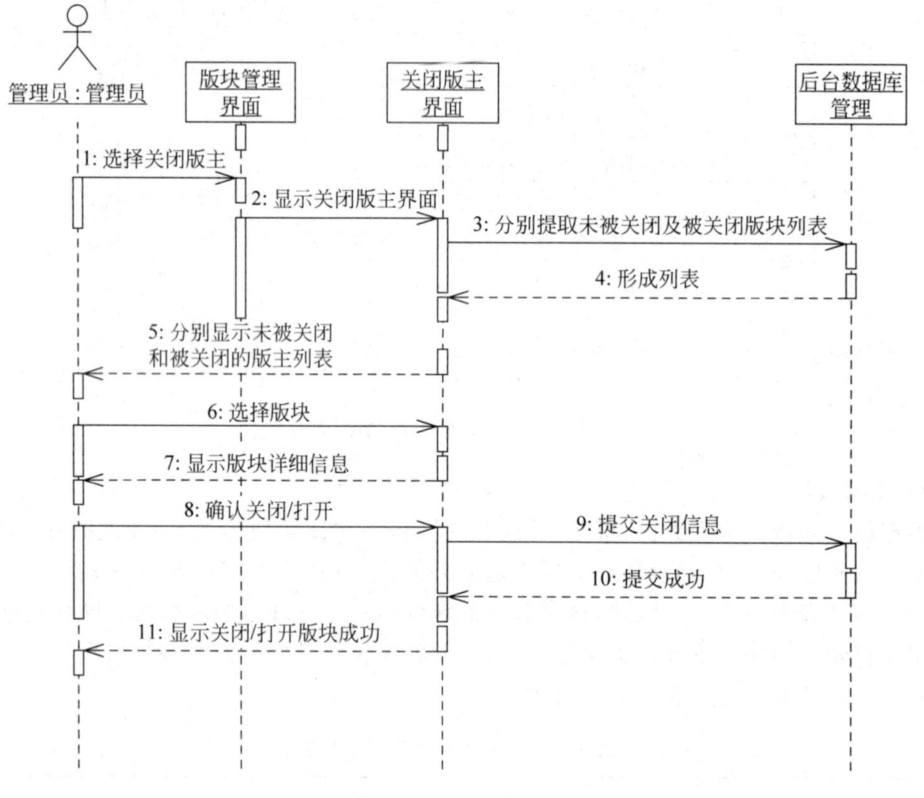

图 13.21　关闭版块顺序图

4) 设置版主

设置版主用例事件流如表 13.15 所示。

表 13.15　设置版主用例事件流

内容	说　　明
用例编号	Customer_8
用例名称	设置版主
用例说明	管理员将已批准成为版主的会员设置为版主
参与者	管理员

续表

内容	说　　明
前置条件	管理员已被识别和授权
后置条件	后台数据库中保存有会员的版主身份信息
基本路径	参与者进入版块管理，单击“设置版主”，显示设置版主界面 显示已经被批准成为版主的会员列表，单击会员链接 显示会员详细信息，确认设置为版主 显示“设置版主账号”界面，设置版主账号、密码，提交 显示设置版主成功
扩展路径	
补充说明	管理员为会员设置版主账号成功后，系统将版主身份信息返回给会员，系统会为版主同时保留会员号等信息
注释	版主就是特殊的会员

根据如表 13.15 所示的事件流，设置版主顺序图如图 13.22 所示。

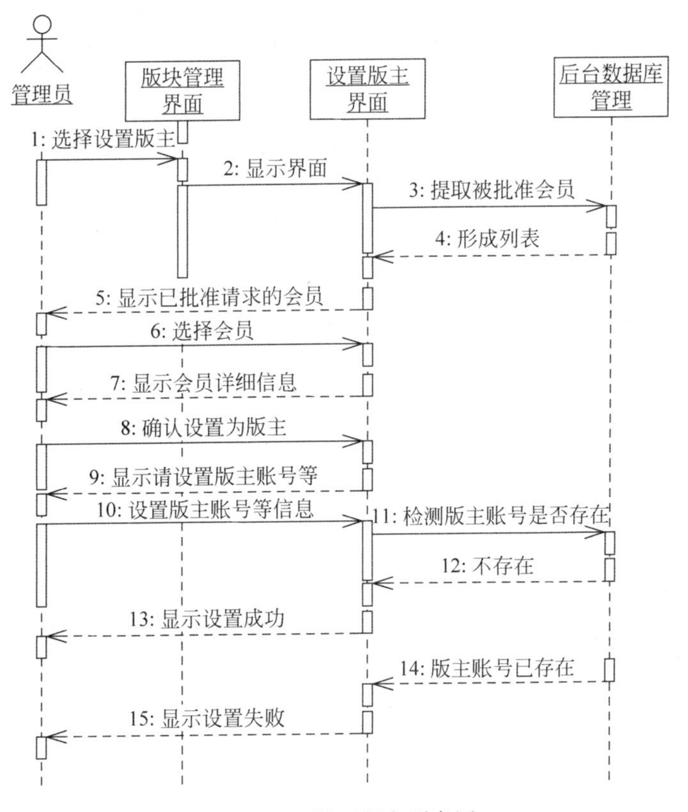

图 13.22　设置版主顺序图

5）修改/删除/限制会员活动

管理员进入会员管理界面，在管理界面中，可以分别选择删除会员、修改会员、限制会员活动操作，进入相应的界面。在显示界面的同时，系统从数据库中提取所有会员的信息，形成会员信息列表，在界面中显示出来。当单击某个会员时，显示该会员的详细信息。管理员根据会员的信息决定是否执行操作。当执行操作后，系统通知数据库记录操作信息。

修改会员信息的事件流如表 13.16 所示。

表 13.16　修改会员信息用例事件流

内容	说　明
用例编号	Customer_6
用例名称	修改会员信息
用例说明	管理员具有修改会员的信息功能
参与者	管理员
前置条件	管理员已被识别和授权
后置条件	后台数据库中用修改后的会员信息覆盖掉之前的该会员信息
基本路径	参与者进入会员管理界面，单击“修改会员信息”，显示界面 显示会员列表，单击要修改的会员链接 显示会员信息，输入修改信息，提交 显示修改成功
扩展路径	
补充说明	
注释	不会出现修改到不存在的会员信息这种现象

删除会员信息的事件流如表 13.17 所示。

表 13.17　删除会员用例事件流

内容	说　明
用例编号	Customer_5
用例名称	删除会员
用例说明	管理员可以删除不符合规矩或者有不良记录的会员
参与者	管理者
前置条件	管理员已被识别和授权
后置条件	后台数据库中不保存有删除会员的信息
基本路径	参与者进入会员管理界面，单击“删除会员”，显示界面 显示会员列表，单击要删除的会员的链接 显示会员信息，确认删除 显示删除成功
扩展路径	
补充说明	管理员可以直接在会员列表中选中会员，删除，可以避免删除不存在的会员，造成错误
注释	

限制会员活动的事件流如表 13.18 所示。

表 13.18　限制会员活动用例事件流

内容	说　明
用例编号	Customer_7
用例名称	限制会员活动
用例说明	管理员具有限制一些会员活动的权限
参与者	管理员
前置条件	管理员已被识别和授权

续表

内容	说　　明
后置条件	后台数据库记录有会员被限制活动的标记
基本路径	(1) 参与者进入会员管理界面,单击"限制会员活动",显示限制会员活动界面 (2) 显示会员列表,单击要限制的会员的链接 (3) 显示会员信息,设置限制标志,提交 (4) 显示设置成功
扩展路径	
补充说明	
注释	由管理员设置好会员限制标志,并由系统记录,当会员登录进行一些被限制的活动时,会被系统识别并且阻止该会员实施这些活动

根据如表13.16～表13.18所示的事件流,修改/删除/限制会员活动的时序图如图13.23所示。

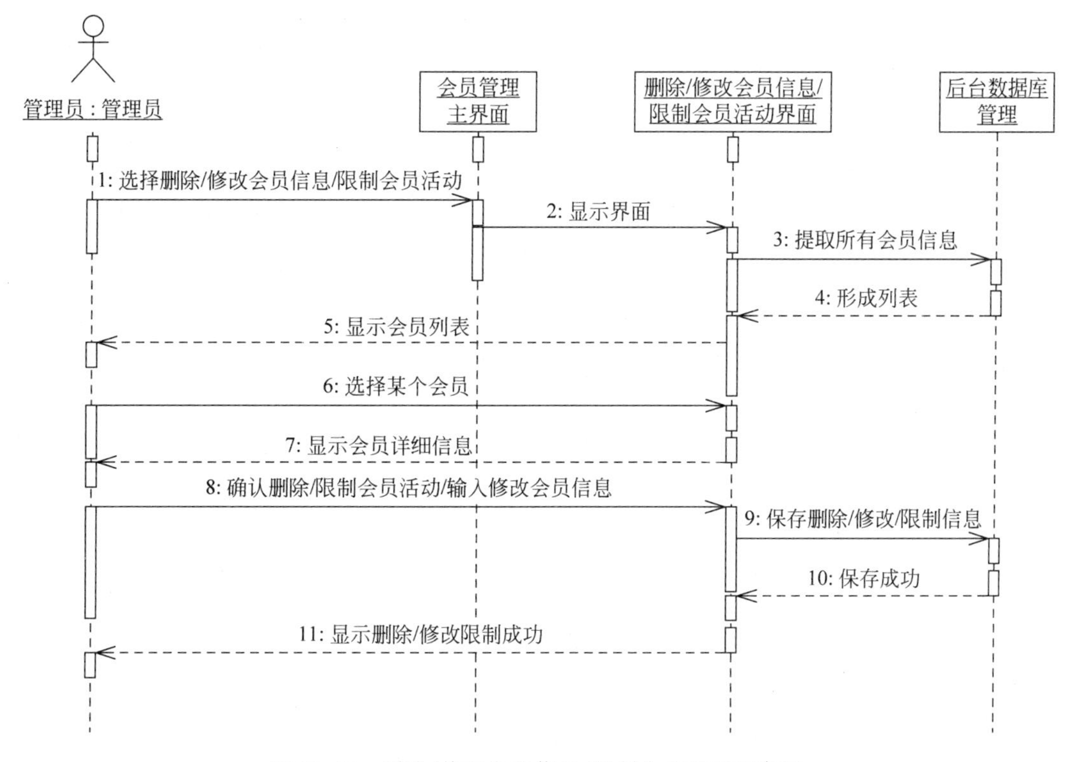

图13.23　删除/修改会员信息/限制会员活动时序图

6) 添加会员

管理员进入会员管理,选择添加会员操作,显示添加会员界面,管理员根据界面的提示,输入会员ID、密码等信息,管理员确认提交后,系统提醒数据库进行检测会员号是否有效,并且将结果显示给参与者。

添加会员的事件流如表13.19所示。

表 13.19　添加会员用例事件流

内容	说　　明
用例编号	Customer_4
用例名称	添加会员
用例说明	管理员添加会员的功能
参与者	管理员
前置条件	管理员已被识别和授权
后置条件	后台数据库中保存有添加会员的信息
基本路径	(1) 参与者进入会员管理界面后，单击"添加会员"，显示添加会员的界面 (2) 分配会员号等，设置会员密码，提交 (3) 显示添加成功
扩展路径	显示该会员号已经存在，添加失败 系统自动跳转到添加会员界面，提示参与者重新添加
补充说明	
注释	

根据如表 13.19 所示的事件流，添加会员的顺序图如图 13.24 所示。

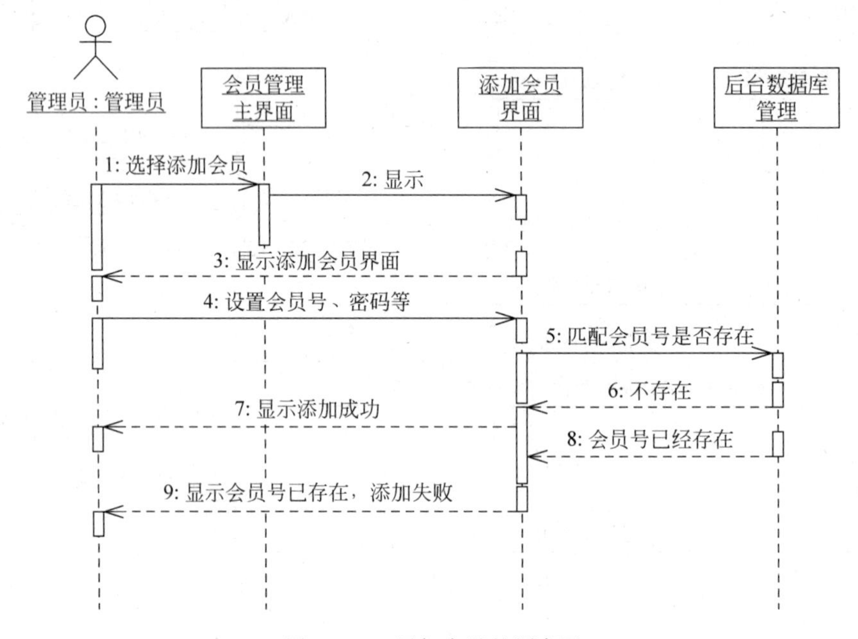

图 13.24　添加会员的顺序图

7）发出设为版主请求

管理员进入会员管理界面，选择发出设为版主请求的操作，显示相应的界面，同时系统从数据库中提取所有会员的信息，形成信息列表在界面中显示出来。当管理员单击某个会员时，显示会员的详细信息，管理员根据会员的详细信息确定是否发出请求。当管理员发送请求后，系统会提示数据库保存操作信息。

向会员发出版主请求的事件流如表 13.20 所示。

表 13.20　发出设为版主请求

内容	说　明
用例编号	Customer_7
用例名称	发出设为版主请求
用例说明	管理员可以向一些会员发出请求,邀请会员成为版主
参与者	管理员
前置条件	管理员已被识别和授权
后置条件	后台数据库保存有会员升级要求信息
基本路径	(1) 参与者进入会员管理界面,单击"发出设为版主请求",显示界面 (2) 显示会员列表,单击会员链接 (3) 显示会员信息,发出请求,提交 (4) 显示发送请求成功
扩展路径	
补充说明	
注释	在好友列表中能看到会员级别等简单信息,管理员可以根据会员级别等信息,发出请求

根据如表 13.20 所示的事件流,发出设为版主请求顺序图如图 13.25 所示。

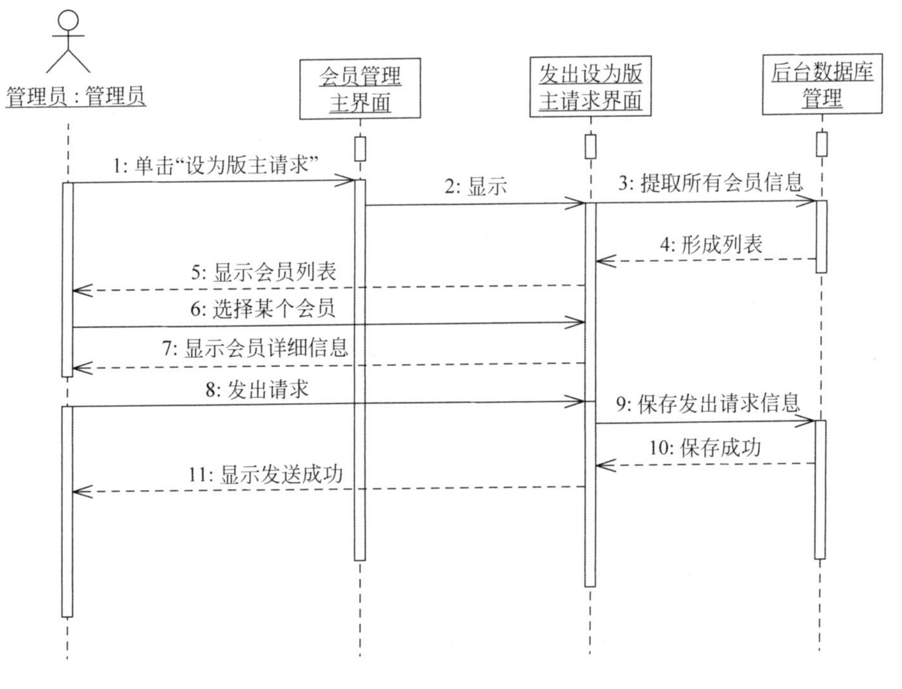

图 13.25　发出设为版主请求的顺序图

8) 查看/删除建议

管理员进入建议箱管理界面,分别选择删除建议、查看用户建议操作,此时分别显示相应的界面,在显示界面的同时,系统会从数据库中提取用户提出的建议,形成建议信息列表,在界面中显示出来。当管理员单击某个建议时,如果管理员选择的是查看建议,则会显示建议的详细内容。如果选择的是删除建议，则显示建议的信息，管理员根据建议的详细信息来确定是否删除建议，当管理员执行操作后，系统提示数据库保存操作信息。

删除建议的事件流如表13.21所示。

表13.21　删除建议用例事件流

内容	说　　明
用例编号	Customer_7
用例名称	删除建议
用例说明	管理员有权删除用户提出的建议
参与者	管理员
前置条件	管理员已被识别和授权
后置条件	后台数据库将不再保存有被删除建议的相关信息
基本路径	参与者进入建议箱管理界面，单击“删除建议”按钮，显示删除建议界面 显示建议列表，单击建议链接 显示建议内容及相关信息，单击“删除”按钮 显示删除成功
扩展路径	
补充说明	
注释	在建议列表中可以看到建议提出的日期，管理员可以根据日期的先后和建议的内容等来判定是否删除建议

查看用户建议的事件流如表13.22所示。

表13.22　查看用户建议用例事件流

内容	说　　明
用例编号	Customer_7
用例名称	查看用户建议
用例说明	管理员可以查看用户(会员/游客)提出的建议
参与者	管理员
前置条件	管理员已被识别和授权
后置条件	后台数据库保存建议的相关信息
基本路径	参与者进入建议箱管理界面，单击“查看用户建议”，显示用户建议界面 可以分别单击查看会员/游客提出的建议，显示建议列表 单击建议链接，显示建议信息，查看建议
扩展路径	
补充说明	管理员查看用户的建议后，系统为建议添加已阅读标记，并把该标记返回给用户
注释	

根据如表13.21和表13.22所示的事件流，查看/删除建议的顺序图如图13.26所示。

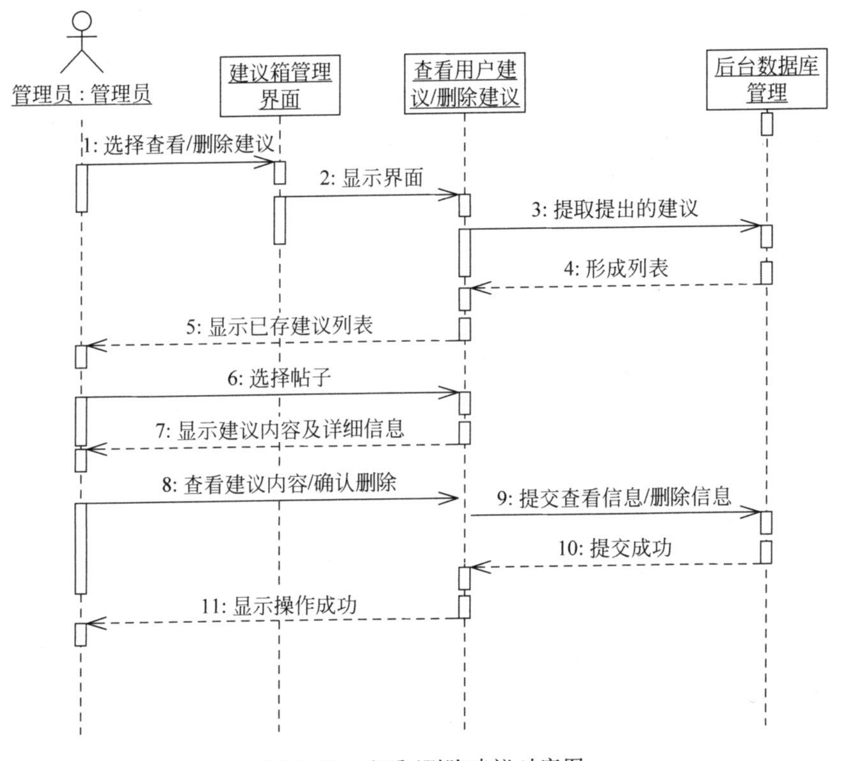

图 13.26　查看/删除建议时序图

13.2.3　BBS 论坛系统的通信图

1. 普通游客功能通信图

1）会员注册

会员注册主要涉及三个对象：普通游客、界面和数据库管理。会员注册界面主要向普通游客显示需要填写的注册信息，并对其进行信息的提示，比如提示会员申请会员号、显示注册成功等。数据库管理主要是完成会员号的匹配，并将匹配结果返回到会员注册界面。会员注册通信图如图 13.27 所示。

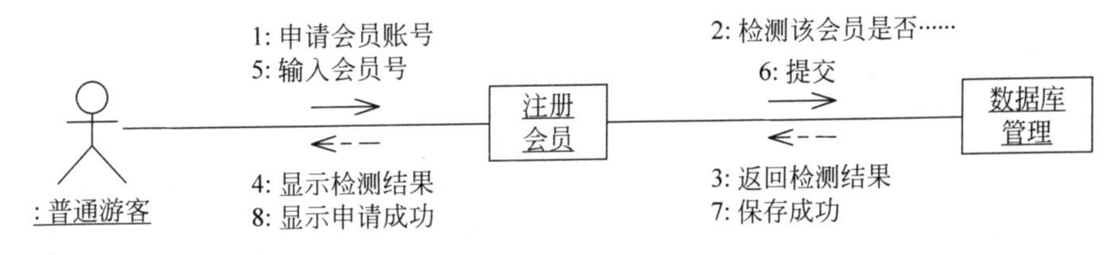

图 13.27　会员注册通信图

2）建议箱

建议箱功能的通信图主要涉及三个对象：普通游客、建议箱的界面和数据库管理。界面主要向普通游客显示提示信息和向数据库发送游客输入的信息，数据库管理主要完成接收界面发送的信息，并且进行数据的匹配、保存等操作。

建议箱通信图如图 13.28 所示。

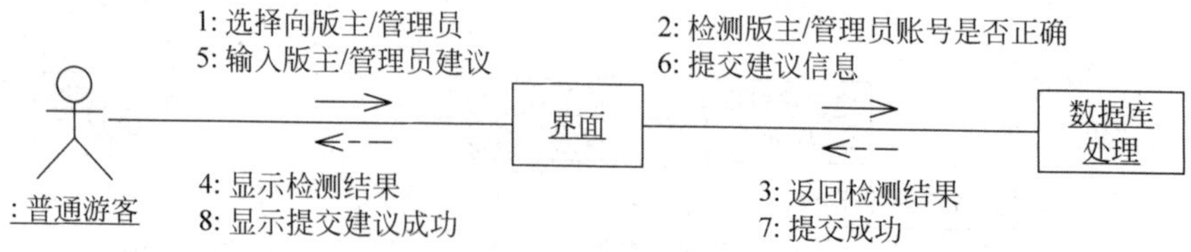

1: 选择向版主/管理员
5: 输入版主/管理员建议
2: 检测版主/管理员账号是否正确
6: 提交建议信息
界面
数据库处理
4: 显示检测结果
8: 显示提交建议成功
3: 返回检测结果
7: 提交成功
: 普通游客

图 13.28　建议箱通信图

3）向所有人推荐帖子

普通游客向所有人推荐帖子主要涉及 3 个对象：普通游客、推荐帖子界面和数据库管理。普通游客将信息输入到界面中，界面主要完成向普通游客显示提示信息，比如输入推荐理由，界面还向数据库提供参与者输入的信息。数据库管理则根据输入的信息做出判断，将判断结果返回到界面。

向所有人推荐帖子通信图如图 13.29 所示。

1: 选择帖子
5: 向所有人推荐
9: 输入推荐理由
2: 检测此帖子是否已推荐
6: 提交
10: 提交理由信息
推荐帖子界面
数据库管理
4: 显示检测结果
8: 显示成功
12: 显示推荐成功
3: 返回检测结果
7: 提交成功
11: 提交成功
: 普通游客

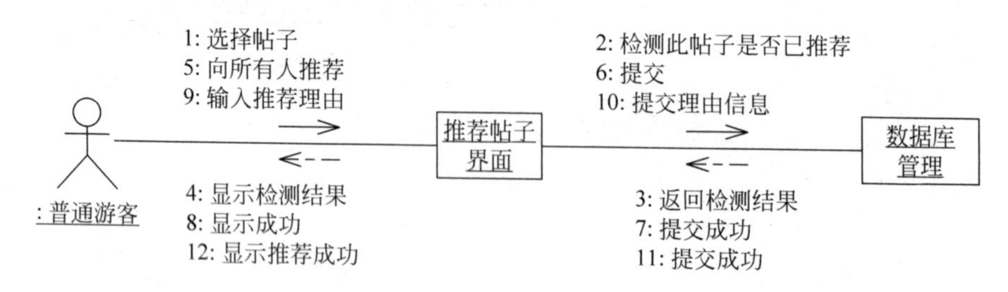

图 13.29　推荐帖子通信图

2. 普通会员功能通信图

1）发表帖子

发表帖子主要涉及 5 个对象：会员、发表帖子界面、会员功能界面、会员登录界面和后台数据库。会员首先要登录，将登录信息输入到会员登录界面，登录界面则向会员显示登录是否成功。如果登录成功后，则进入会员功能界面，该界面向会员显示其可以完成的各项功能的选项，会员输入选项，会员功能界面则根据会员的选择显示相应的操作界面，即发表帖子界面。会员在该界面输入要发表的帖子信息，该界面向会员提示是否发表成功。该界面在接收到会员的确认信息后，会把信息保存到数据库中，数据库管理完成保存功能后，将结果返回到界面。

发表帖子通信图如图 13.30 所示。

2）回复/浏览帖子

回复/浏览帖子通信图主要涉及 4 个对象：会员、会员功能界面、回复/浏览界面和后台数据库管理。会员主要向会员功能界面和恢复/浏览界面输入操作信息，而界面则向会员提示信息，后台数据库主要负责将会员的操作信息保存。而界面在接收到会员的操作信息后，向后台数据库发送保存信息的消息。

回复/浏览帖子的通信图如图 13.31 所示。

3. 版主功能通信图

版主需要登录系统后才能使用系统提供的功能，版主需要输入正确的账号和密码才能登录系统。如果版主需要对帖子或版块进行管理，必须向系统提交版主的 ID，验证通

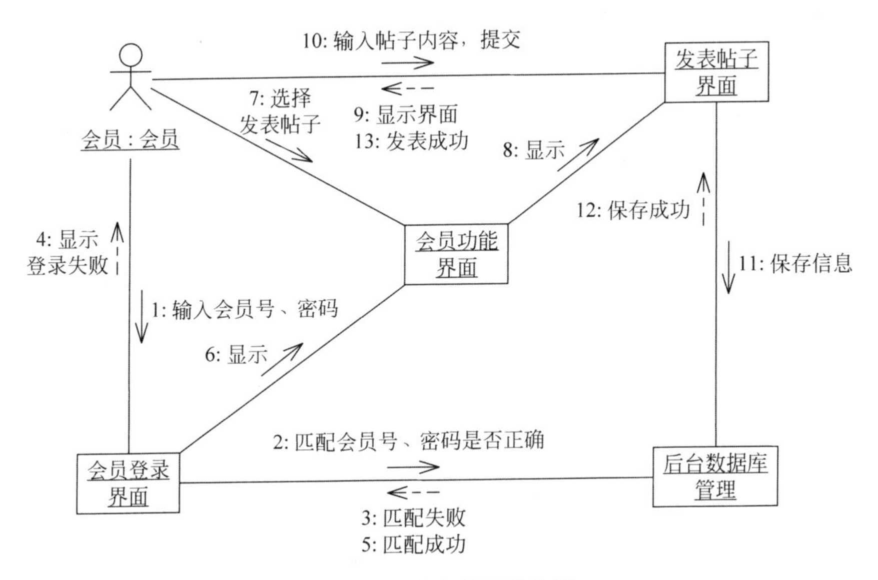

图 13.30　发表帖子通信图

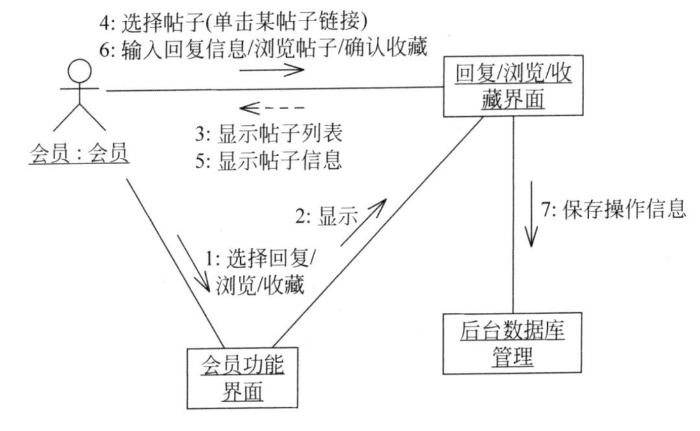

图 13.31　回复/浏览帖子功能通信图

过后才能进行相关的处理，执行所需的操作，后台数据库将对其操作进行保存并会提示成功的信息。

版主功能通信图如图 13.32 所示。

4. 管理员功能通信图

1）删除/修改版块

删除/修改版块主要涉及 4 个对象：管理员、版块管理主界面、删除版块界面和数据库管理。

管理员需要登录系统才能进行相应的操作，管理员输入登录信息，成功后，在版块管理主界面中选择删除版块，版块管理主界面则将消息发送到删除版块界面，显示该界面。管理员在该界面中输入要删除信息，该界面则向管理员显示其需要的版块信息列表以及操作结果，删除版块界面向数据库发送提取版块信息以后，数据库形成版块列表，并将列表返回至删除版块界面。

删除/修改版块通信图如图 13.33 所示。

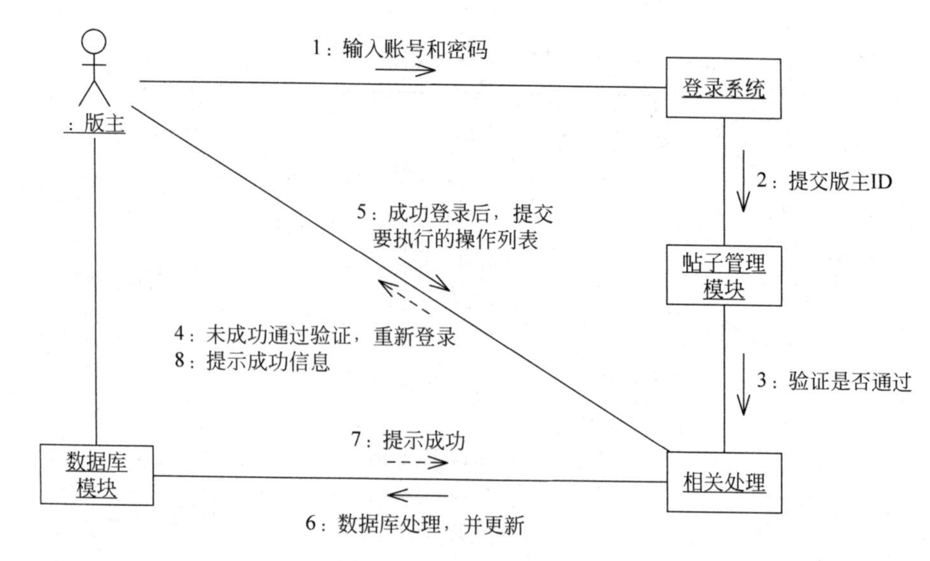

图 13.32　版主功能通信图

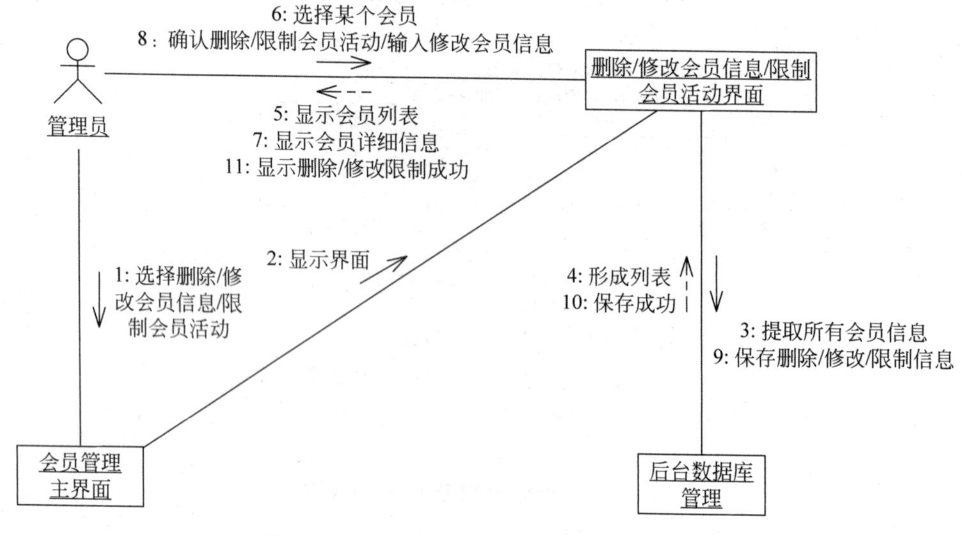

图 13.33　删除/修改版块信息功能的通信图

2）版块划分

版块划分通信图反映的是管理员、版块管理主界面、划分版块界面、后台数据库管理之间的交互行为。管理员主要是向版块管理主界面、版块划分界面输入信息。比如输入设置的版块号、密码等。版块管理主界面根据管理员的操作，向版块划分界面发送消息，并显示版块划分界面。版块划分界面向管理员提示信息及帖子的信息等，并且将版块信息发送到后台数据库进行保存。数据库将向界面提示信息。

版块划分通信图如图 13.34 所示。

3）关闭版块

关闭版块功能的通信图主要是反映管理员、版块管理界面、关闭版主界面和后台数据库之间的交互行为。管理员可以向版块管理界面和关闭版块界面输入信息，比如在版块管理界面中选择关闭版块、在关闭版块界面中选择要关闭的版块等。

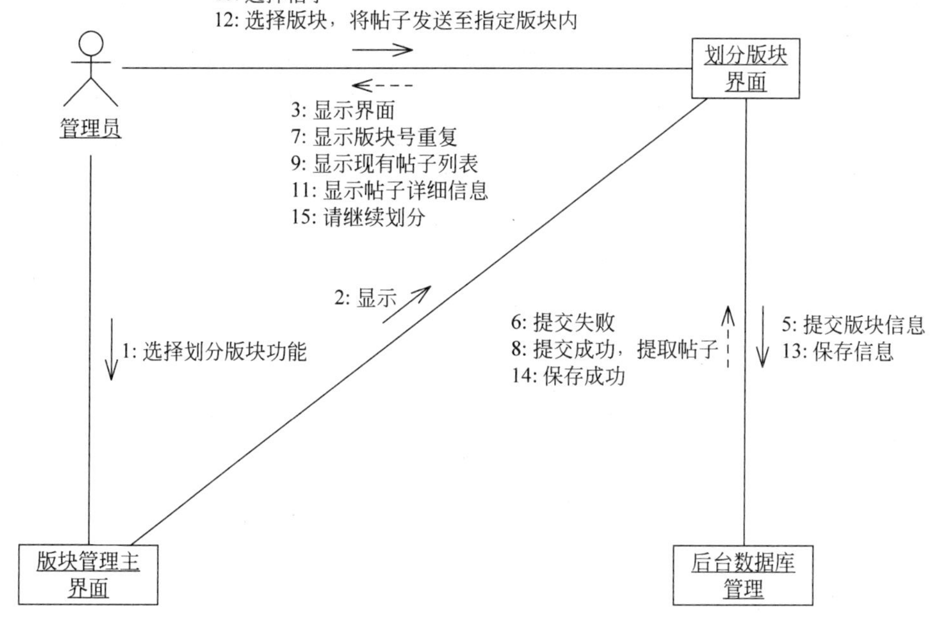

图 13.34　版块划分功能通信图

版块管理界面主要是向关闭版块界面发送显示消息。关闭版块界面则向管理员提示信息、显示版块列表，并且向数据库发送提取版块的信息及保存等消息。当数据库接收到消息后，针对消息进行相应的操作处理，当数据库完成操作后，把操作结果返回到关闭版块界面。关闭版块界面再根据数据库给出的结果，向管理员提示相应的信息，例如操作成功、失败等。

关闭版块通信图如图 13.35 所示。

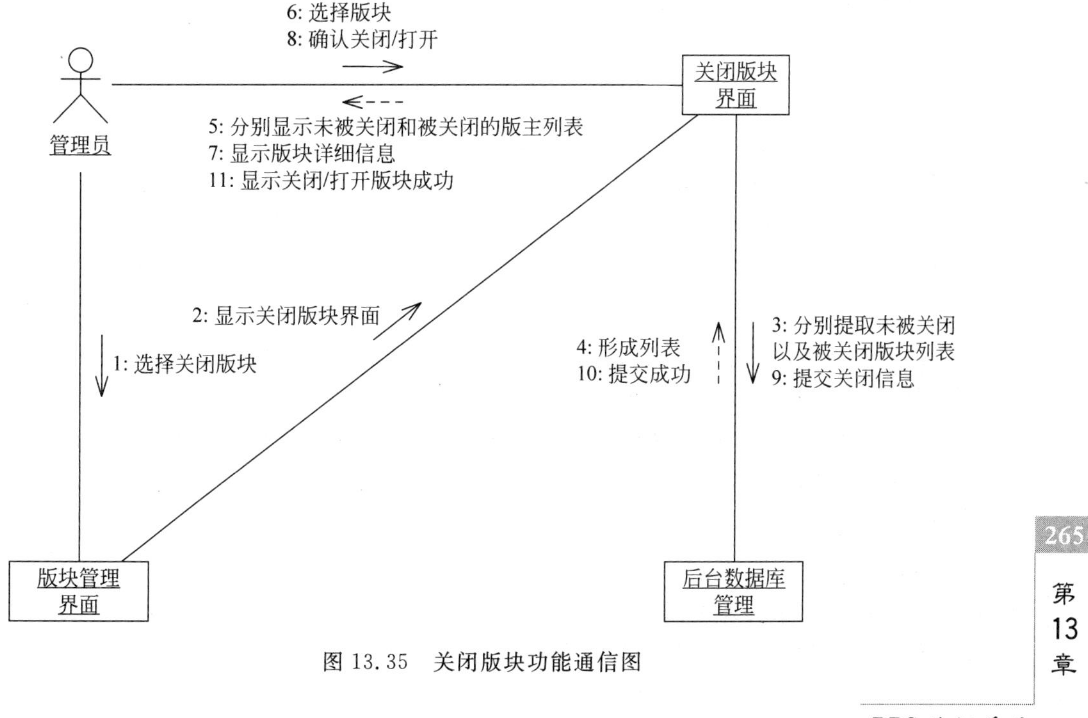

图 13.35　关闭版块功能通信图

4）设置版主

设置版主的通信图主要反映管理员、版块管理界面、设置版主界面和后台数据库之间的交互行为。管理员可以向版块管理界面和设置版主界面发送消息，如设置版主账号、选择会员等。版块管理界面则把消息发送到设置版主界面，并显示该界面。设置版主界面则根据管理员发送的消息，向管理员显示和其操作相关的信息，比如显示会员信息、操作结果等。设置版主界面向数据库发送提取会员信息以及保存等消息，当数据库完成相应的操作后向设置版主界面返回操作结果，比如保存成功。

设置版主通信图如图 13.36 所示。

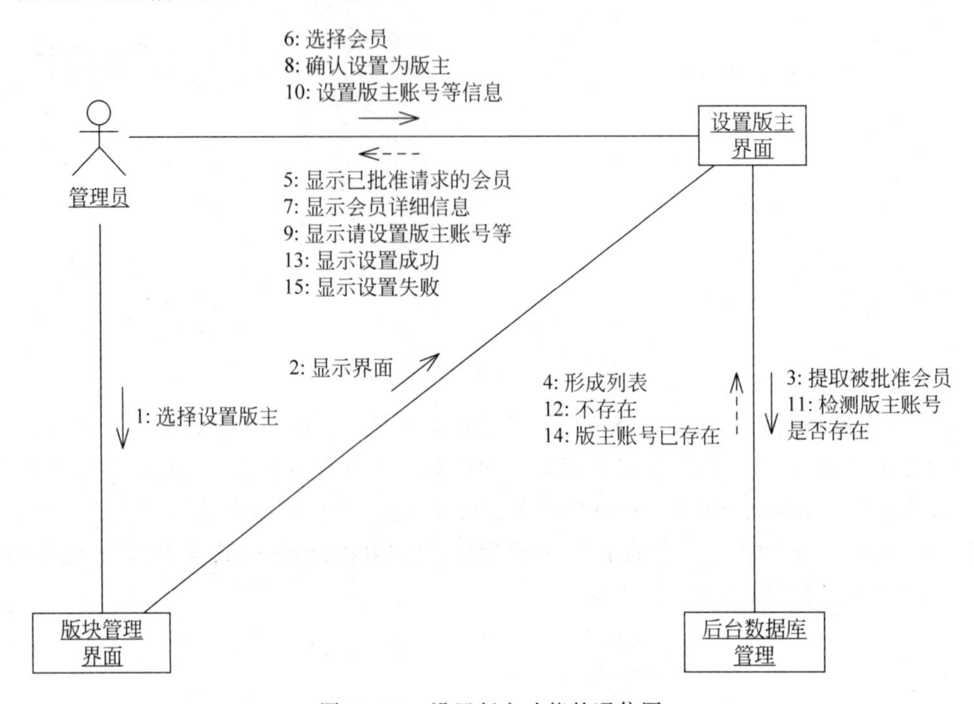

图 13.36　设置版主功能的通信图

5）修改/删除/限制会员活动

通信图说明：该通信图反映的是对象之间的交互行为，管理员、会员管理界面、删除会员界面（由于几项操作过程相差无几，所以只选择删除会员界面这一对象说明问题）、数据库。管理员只可以向会员管理界面和删除会员界面发送相应的信息，比如选择某个会员，确认删除。

而会员管理界面则向删除会员界面发送显示消息，显示删除会员界面。删除会员界面则根据管理员的操作给出回应，比如显示会员详细信息、显示删除成功，并且该界面向数据库发送提取被批准会员信息及保存的消息，当数据库完成操作后，向删除会员界面发送操作结果，比如会员列表、保存成功。

画出通信图，如图 13.37 所示。

6）添加会员

添加会员通信图主要反映的是管理员、会员管理界面、添加会员界面和后台数据库之间的交互行为。管理员向会员管理界面和添加会员界面发送相应的信息，比如设置会员号等。

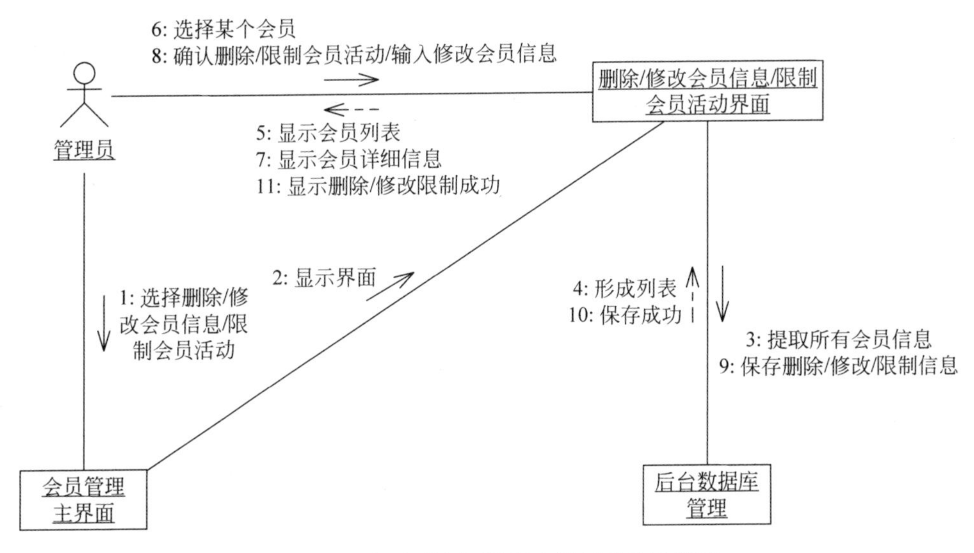

图 13.37　修改/删除/限制会员活动的通信图

会员管理界面向会员添加界面发送消息，显示会员添加界面。添加会员界面则根据管理员的操作做出相应的反应，比如显示添加成功、申请的会员号已经存在等消息，并且该界面向后台数据库发送保存的消息，当数据库完成保存操作后，向会员添加界面发送保存成功的消息。

添加会员通信图如图 13.38 所示。

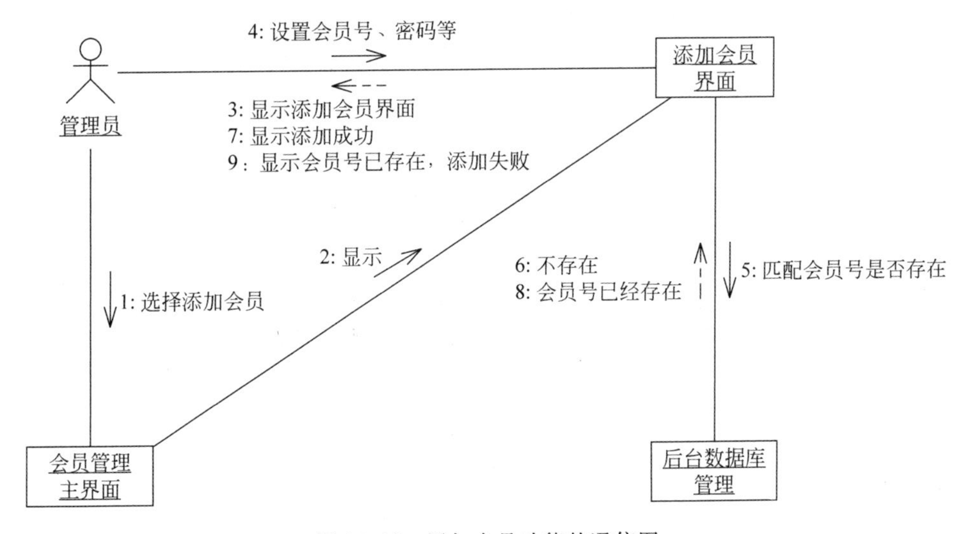

图 13.38　添加会员功能的通信图

7）查看/删除建议

查看/删除建议通信图主要反映的是管理员、建议箱管理界面、查看用户建议界面和后台数据库之间的交互行为。管理员向建议箱管理界面和查看用户建议界面发送相应的信息，比如选择某一条建议。而建议箱管理界面向查看用户建议界面发送显示消息，并显示该界面。

查看用户建议界面根据管理员的操作做出响应，比如显示建议内容、显示操作成功等，并且该界面向后台数据库发送提取用户提出的建议及保存操作的消息，当数据库完成操作后，向查看用户建议界面返回操作结果，比如建议的列表、保存成功等信息。

查看/删除建议通信图如图 13.39 所示。

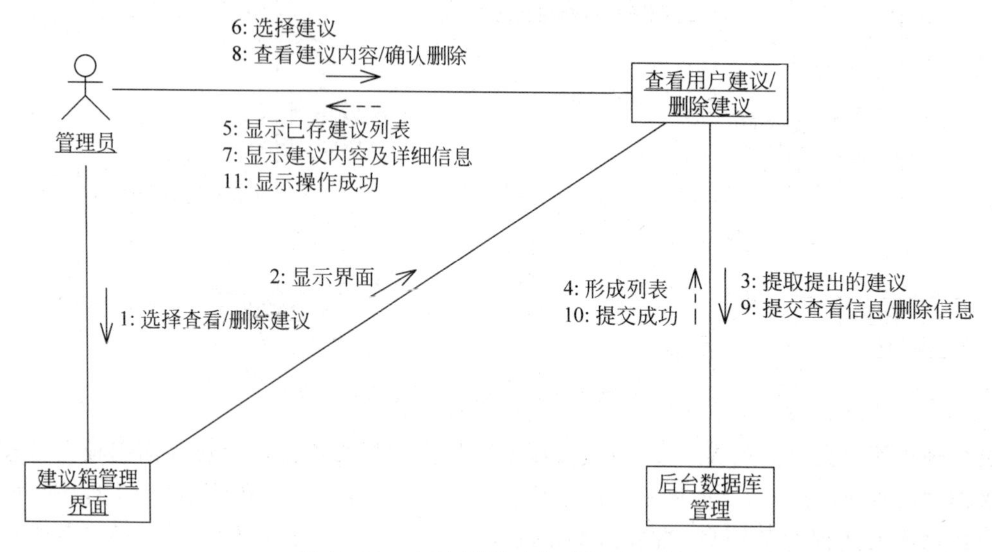

图 13.39 查看/删除建议功能的通信图

13.2.4 BBS 论坛系统的状态机图

1. 前台功能模块的状态机图

BBS 论坛系统的前台功能主要是针对系统中的帖子的管理，例如，查看版面下的跟帖信息、查看自己发表的帖子、查看精华帖子、搜索帖子、查看跟帖信息等功能。其他一些操作类的状态比较少，不用创建状态机图。因此，针对前台的功能创建的状态机图如图 13.40 所示。

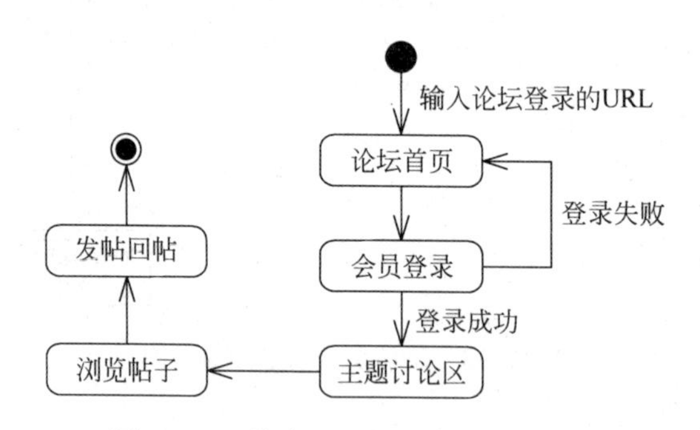

图 13.40 前台的功能创建的状态机图

2. 后台功能模块的状态机图

与 BBS 论坛系统的前台业务逻辑相比较，后台的业务逻辑复杂，管理员进入后台管理后，可进行论坛类别的管理、版面管理和用户管理的操作，因此系统的状态也很多。

1）会员管理的状态机图

会员管理的状态机图如图 13.41 所示。

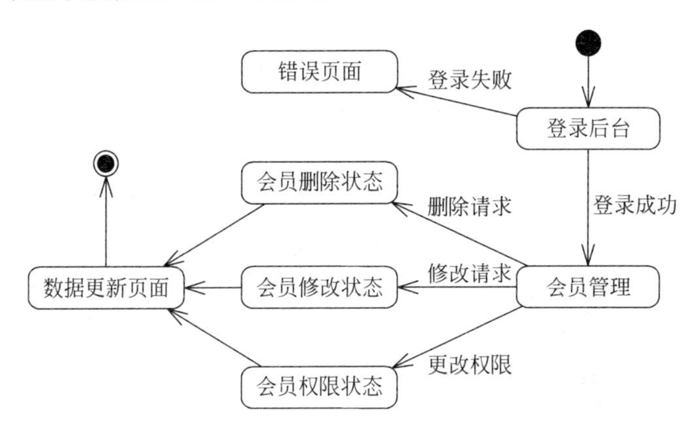

图 13.41　会员管理的状态机图

2）论坛分类管理的状态机图

论坛分类管理的状态机图如图 13.42 所示。

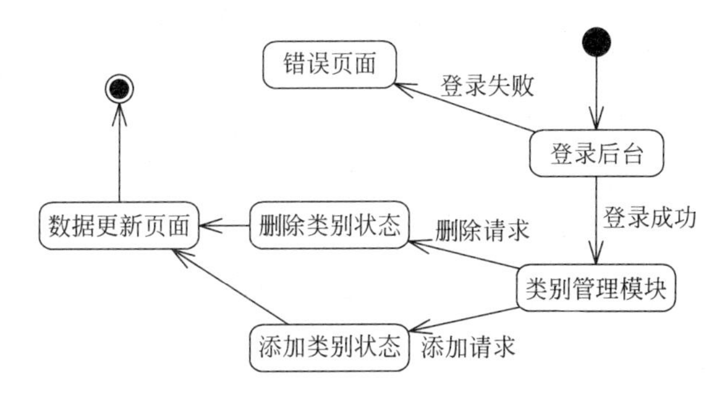

图 13.42　论坛分类管理的状态机图

3）帖子管理的状态机图

帖子管理的状态机图如图 13.43 所示。

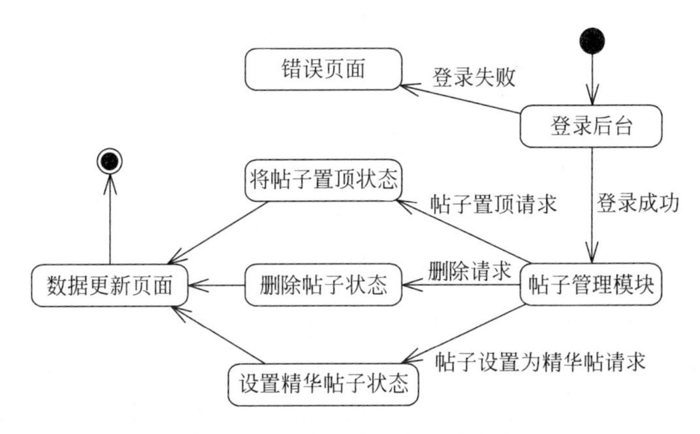

图 13.43　帖子管理的状态机图

13.2.5 BBS 论坛系统的活动图

1. 普通游客管理活动图

普通游客如果要注册为会员，首先申请会员号，匹配失败，如果申请失败则退出系统。匹配成功后可以进入界面。注册为会员后可以修改个人信息、登录系统和在线注销，操作结束后退出系统。

而普通游客可以根据自己的需要进入系统进行浏览帖子、查看新手手册、查看系统最新状态、建议箱和推荐帖子等，当所要执行的操作完成后保存设置，退出系统。例如普通游客根据自己的需求向管理者或者版主提出建议，输入所要提出的建议，操作完成后自动退出系统。

普通游客管理的活动图如图 13.44 所示。

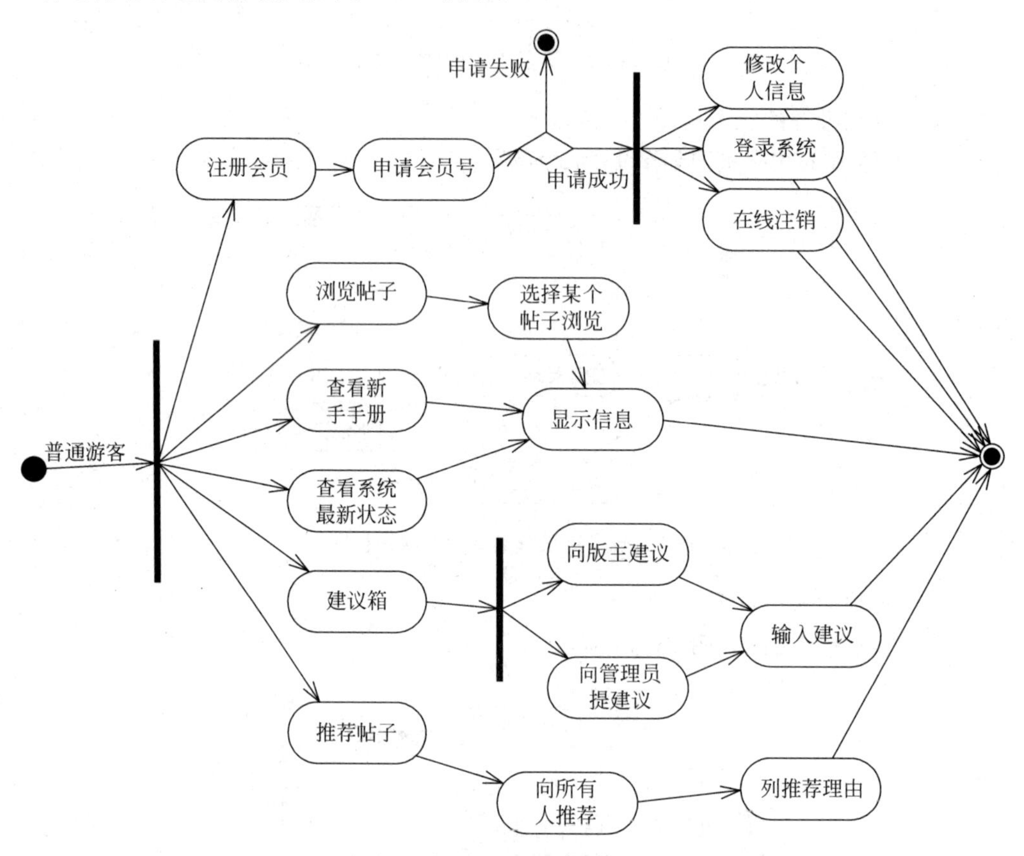

图 13.44 普通游客管理的活动图

2. 普通会员管理活动图

会员必须经过登录才能进入论坛系统，会员输入登录的信息，登录成功后，进入会员操作功能界面。登录失败后系统提示重新登录。进入会员管理界面后，界面向会员展示其可以进行的操作：如发表帖子、回复帖子、浏览帖子、收藏帖子、添加好友、申请成为版主请求等。以上几个功能是并行的，会员可以只操作其中的一项后就退出系统。

会员功能的具体活动图如图 13.45 所示。

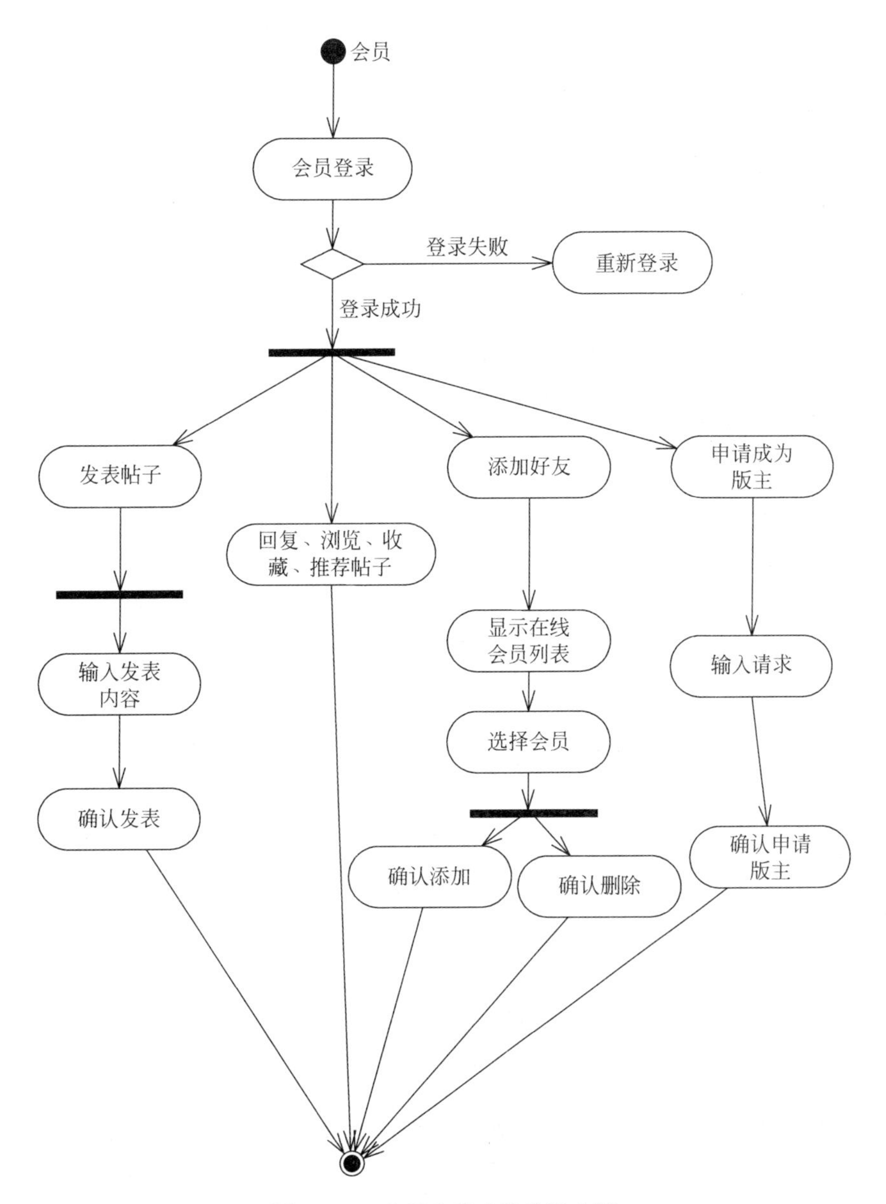

图 13.45　普通会员功能的活动图

3. 版主管理活动图

版主需要登录后才能进行操作，版主输入登录信息，如果登录失败则重新登录，若登录成功则进入管理。进入管理后版主可以进行的操作有：征帖、置顶帖子、设精华帖、设热门帖、发出请求和垃圾箱管理。其中，发出请求主要是指更换版主和移动帖子，垃圾箱管理包括恢复帖子和清空垃圾箱，当所要执行的操作完成后保存设置，退出系统。

版主管理的活动图如图 13.46 所示。

4. 管理员功能活动图

1）管理员功能的整体活动图

管理员首先要登录系统，当登录成功后，才能进入功能管理界面。在功能管理界面主要

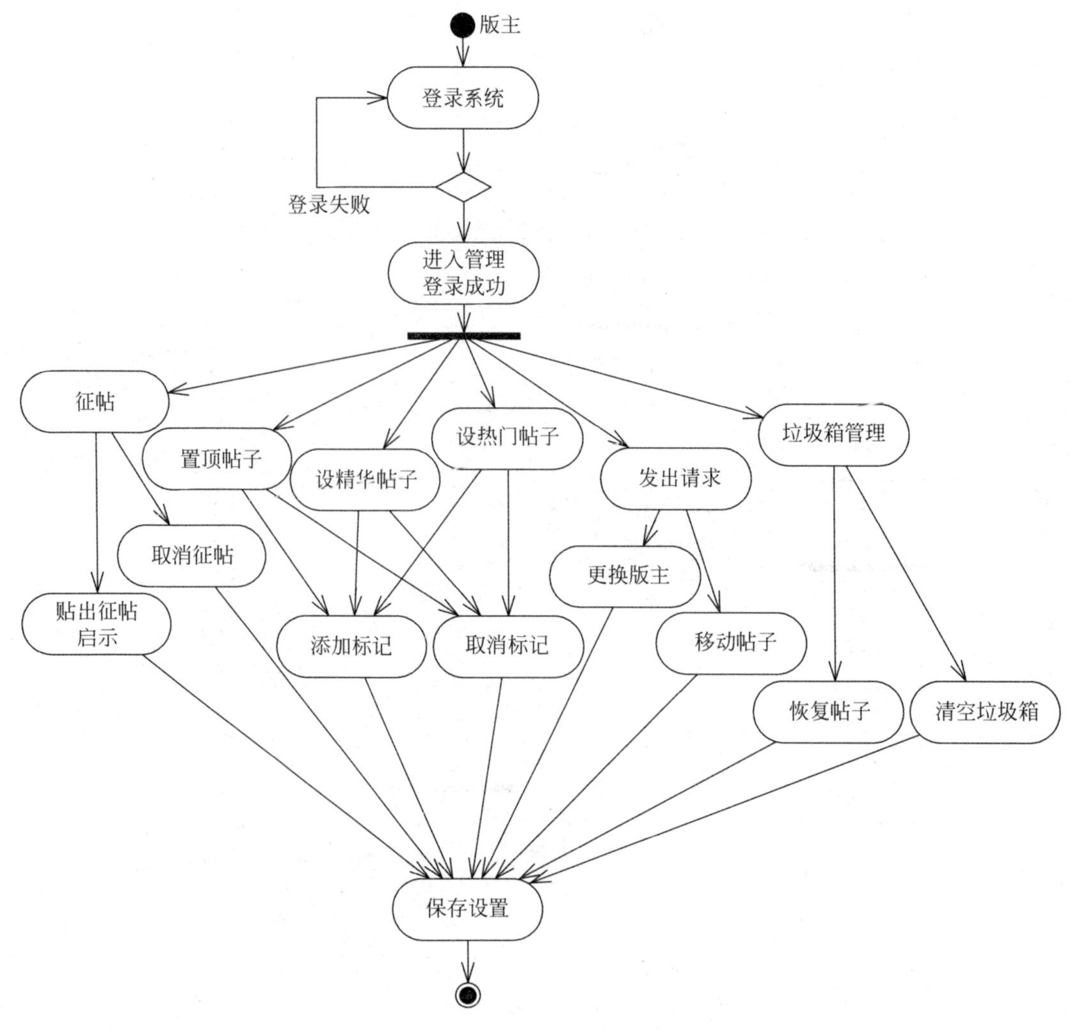

图 13.46　版主管理的活动图

有：建议箱管理、会员管理、版块管理和新手手册管理。4个功能是并行的，管理员可以只操作其中的一项就退出系统。当登录失败后，系统会提示管理员要重新登录。

管理员管理的整体活动图如图13.47所示。

2）管理员登录的活动图

管理员登录主要涉及管理员和后台数据库两个对象，后台数据库完成对管理员输入信息的检测。当管理员输入登录账号、密码后，系统将管理员输入的信息提交到后台数据库进行检测，检测其输入的信息是否有效，成功后，进入管理员功能界面。失败时，系统提示管理员重新登录。

管理员登录的活动图如图13.48所示。

3）建议箱管理的活动图

当管理员登录成功，进入建议箱管理界面后，界面为管理员显示：查看建议、删除建议、提出建议、更新建议和发起征求意见活动。5个功能是并行的，管理员可以选择只执行一项之后就退出系统。

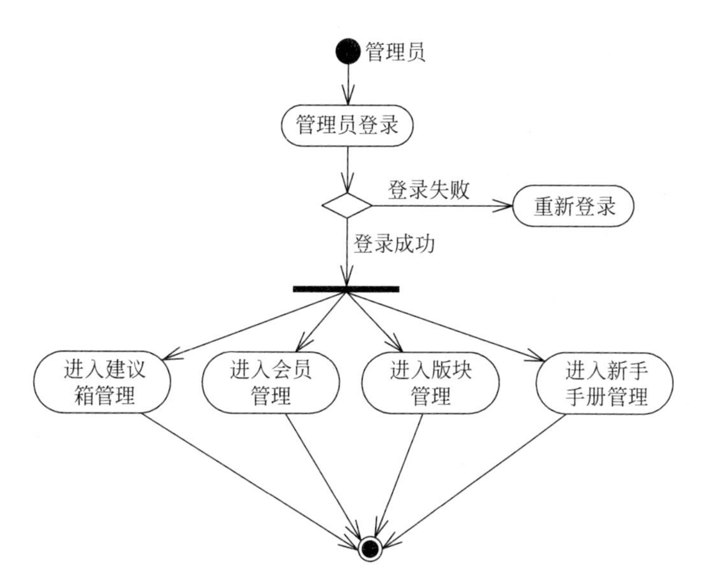

图 13.47 管理员管理的整体活动图

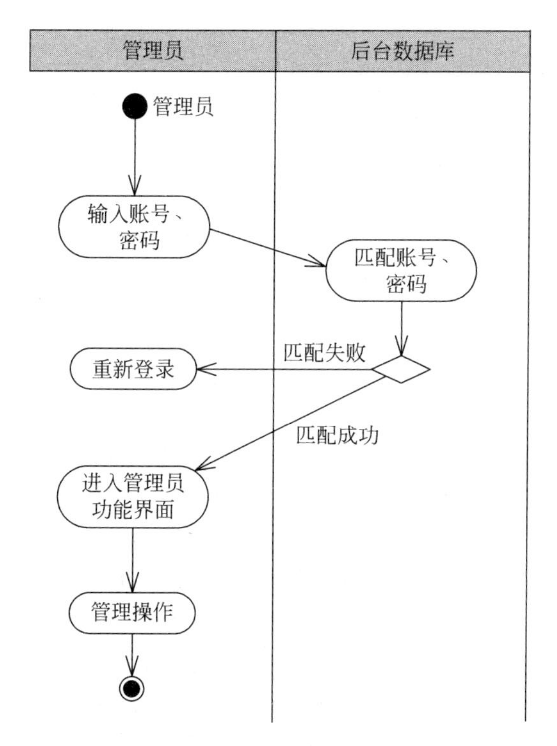

图 13.48 管理员登录的活动图

例如，当管理员选择提出建议的流程是：选择提出建议，输入建议，选择向版主/会员/游客提建议，确认发送建议当发送成功后，结束，发送不成功时，系统提示重新提建议，管理员就可以执行重新提出建议的操作。

当管理员选择更新建议的流程是：选择以前自己提出的建议，打开建议，修改建议的内容，提交更新操作，保存信息后，操作结束。

建议箱管理的具体活动图如图 13.49 所示。

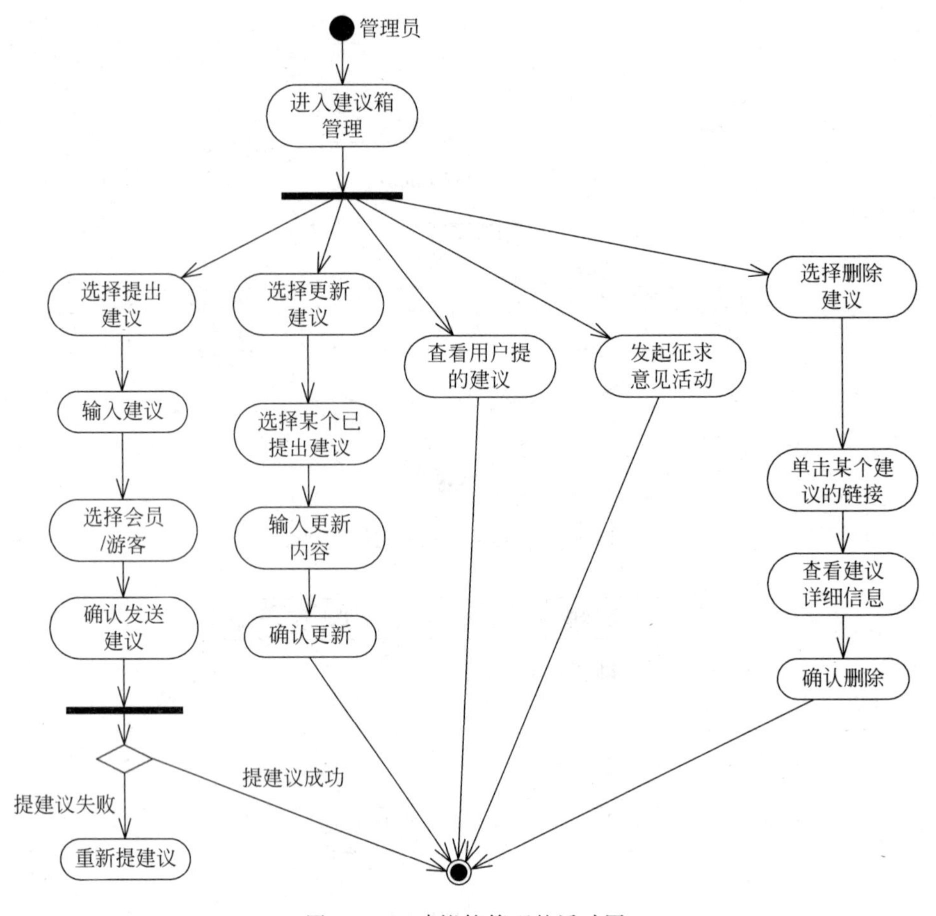

图 13.49　建议箱管理的活动图

4）会员管理的活动图

当管理员登录系统成功后，进入会员管理，会员管理界面向管理员显示：设置会员升级要求、添加会员、删除会员、修改会员信息、发出设为版主请求、限制会员活动和申请版主请求等。管理员可以只选择其中的一项进行操作，当操作完后可以退出系统。

例如，当管理员选择了添加会员，流程是：设置会员号及密码等信息、确认添加，当添加成功时，操作结束。当失败时，系统提示管理员重新添加，管理员可以执行重新添加操作。

当管理员选择了回复会员的申请请求时，流程是：进入回复界面后，选择某个会员，根据会员的详细信息，确定是否批准，当管理员提交操作后，结束。

会员管理的活动图如图 13.50 所示。

5）版块管理的活动图

当管理员登录系统成功后，进入版块管理，版块管理界面向管理员显示：划分版块、添加版块、删除版块、关闭版块、修改版块信息、设置版主和回复版主辞职请求。管理员可以只选择其中的一项进行操作，当操作完后可以退出系统。

例如，当管理员选择了关闭版块，在关闭版块操作中，可以关闭版块，还可以打开被关闭的版块，这两项操作是并行的，可以只选择一项进行操作，操作完后可以退出系统。

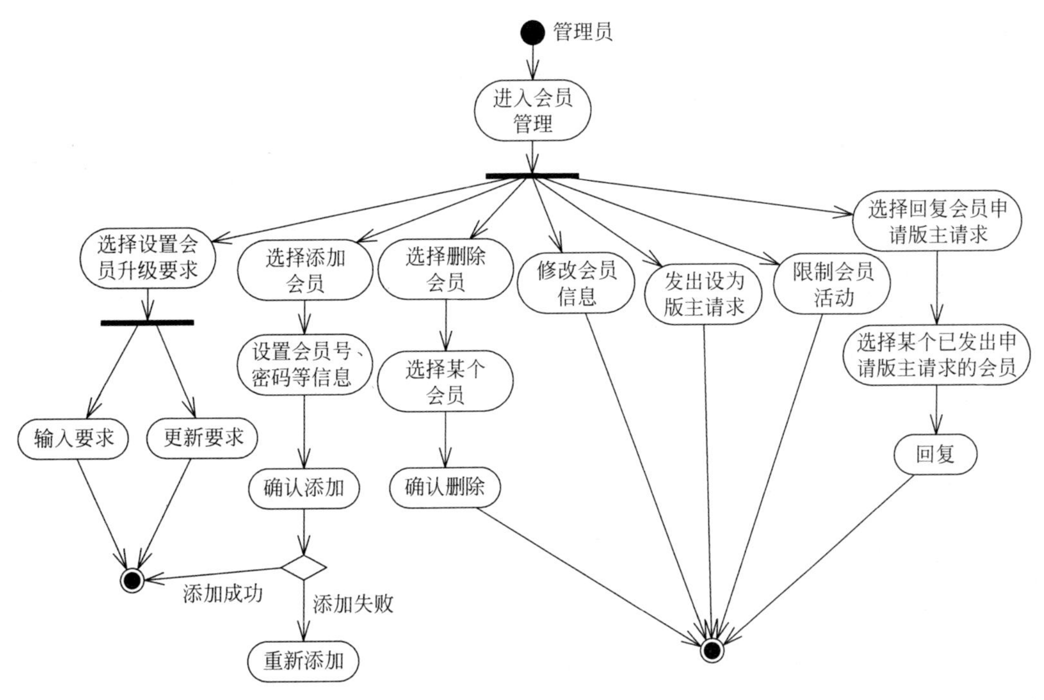

图 13.50　会员管理的活动图

版块管理的活动图如图 13.51 所示。

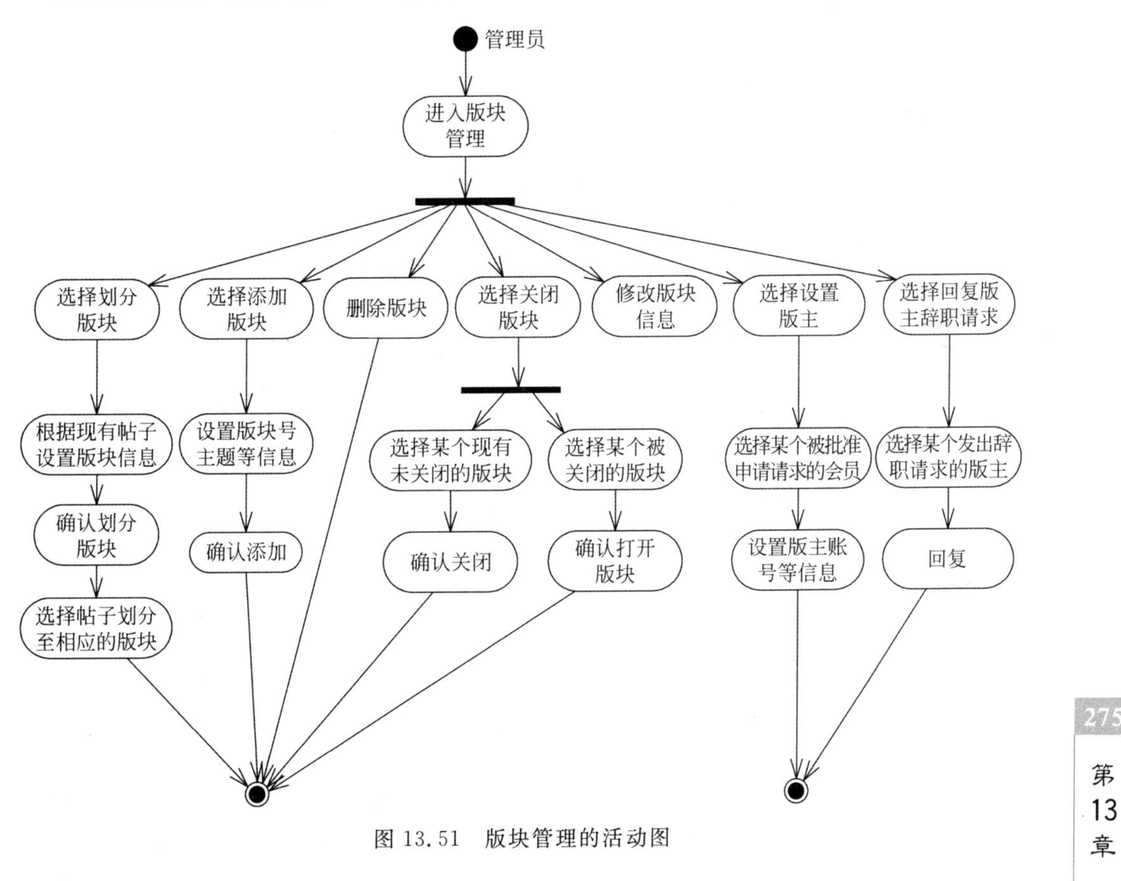

图 13.51　版块管理的活动图

13.3　BBS 论坛系统中的类

根据系统分析和用例分析，将系统共划分为 10 个类：管理员、版主、会员、普通游客、版块、帖子、建议、新手手册、请求信息和回复信息。

1. 管理员类

管理员类包含的属性主要有：管理员的姓名、账号、登录时间等。管理员类主要用于记录管理员的基本信息及管理员的登录时间。

管理员类包含操作主要有：显示操作选择界面、划分版块、添加版块等操作。

管理员类如图 13.52 所示。

2. 版主类

版主类包含的属性主要有：版主账号、版主的会员号、版主级别等，记录版主的基本信息，以及和其有关的版块，版主在管理版块的同时，也保留会员身份。请求辞职标记这项属性用来记录当前版主是否发出请求。

版主类包含的操作：除了包括版主可以实现的操作外，还包含显示版主详细信息（版主账号）操作，当单击某个版主链接时，会自动传递参数，调用该操作，显示版主的详细信息，以供管理员参考信息。

版主类如图 13.53 所示。

管理员
管理员姓名: String
管理员账号: String
操作时间: Date
联系方式: String
管理属性: Integer
显示操作选择界面()
划分版块()
添加版块()
删除版块()
修改版块信息()
设置版主()
关闭版块()
打开版块()
添加会员()
删除会员()
限制会员活动()
修改会员信息()
设置会员升级要求()
提出建议()
查看建议()
更新建议()
更新新手手册内容()
设置手册内容()

图 13.52　管理员类的内部结构图

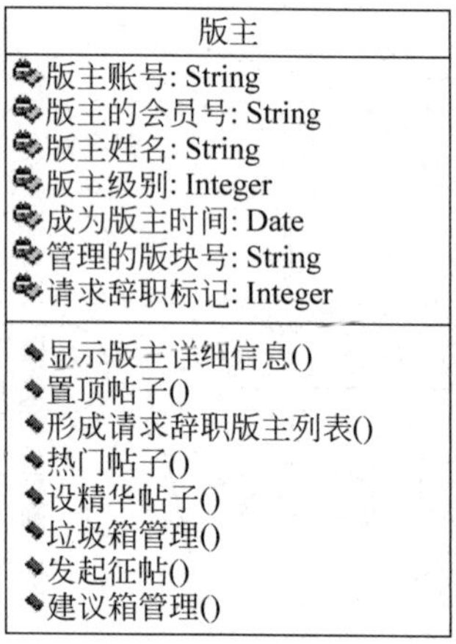

版主
版主账号: String
版主的会员号: String
版主姓名: String
版主级别: Integer
成为版主时间: Date
管理的版块号: String
请求辞职标记: Integer
显示版主详细信息()
置顶帖子()
形成请求辞职版主列表()
热门帖子()
设精华帖子()
垃圾箱管理()
发起征帖()
建议箱管理()

图 13.53　版主类的内部结构

3. 会员类

会员类包含的属性主要有：会员账号、名称等记录了每个会员的基本信息，好友账号记录了和当前会员有联系的会员账号，以及记录了会员登录系统的时间。用发表帖子、回复帖子等个数可以用作会员升级的参考。

会员类包含的操作：除了基本操作外，还包含显示会员详细信息(会员账号)，当单击某个会员链接后，自动传递参数，调用该操作，显示相应会员的详细信息。由于每个时刻会有不同的会员登录，每个会员登录，系统的在线会员列表都会发生变化，当会员登录后，系统的会员列表就应自动更新，这由形成会员列表操作显示。

会员类如图 13.54 所示。

4. 普通游客类

游客没有固定的信息，所以，没有记录游客信息的属性。但是，当游客注册为会员时，会记录游客申请的会员号，注册成功后能顺利转为会员。

游客类如图 13.55 所示。

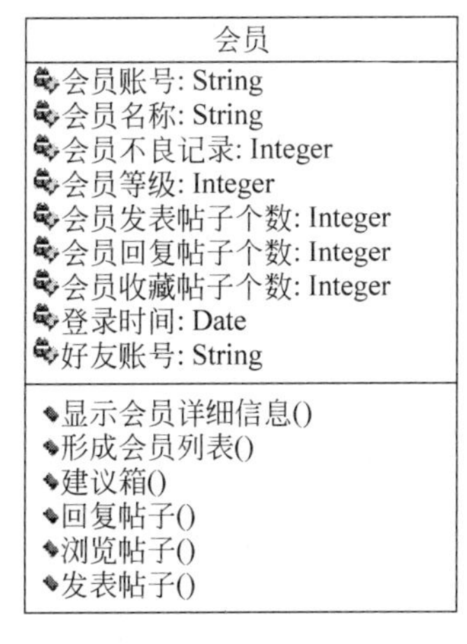

图 13.54　会员类的内部结构

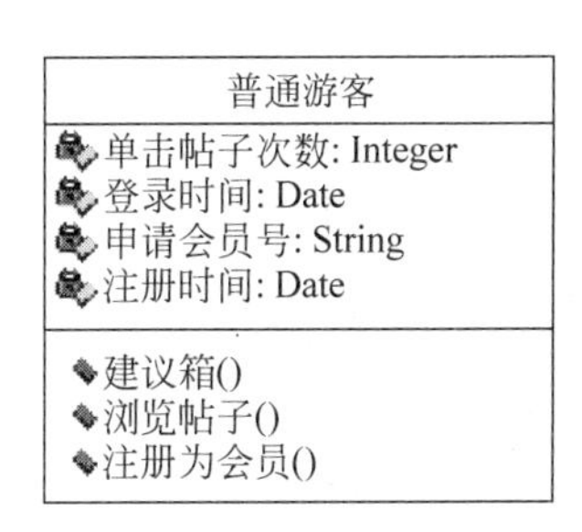

图 13.55　普通游客类的内部结构

5. 版块类

版块类包含的属性主要有：除了记录版块的基本信息外，还记录当前版块的系统记录(系统记录指的是，当前版块是否关闭，若关闭就不能再在其中发表帖子)，以供系统管理。同时要记录版块的管理者的账号。

版块类包含的操作：除了基本的操作外，还包含显示版块详细信息，当单击某个版块里链接时，会自动调用该操作显示版块信息。调用该操作，管理员根据系统需要，单击某版块链接后，使用该操作设置版块是否关闭标记。形成被关闭版块列表，当设置或取消某版块关闭标记后，应自动调用该操作，更新被关闭版块列表。

版块类如图 13.56 所示。

6. 新手手册类

由于新手手册只有一份，只要记录形成时间以及更新时间即可，无须记录所在位置等信息。新手手册类如图 13.57 所示。

7. 建议类

建议类包含的属性主要有：属性除了记录建议的基本信息外，还记录了建议的属性，即当前建议是由谁提出的、是否是更新后的，以及记录了提出建议者的账号，从而来判别建议的属性。

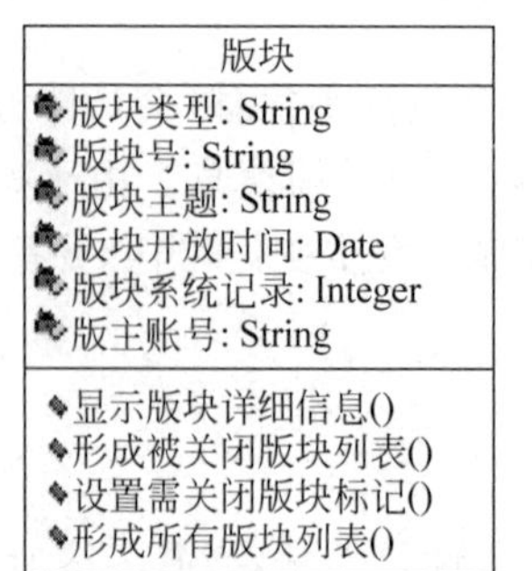

版块
版块类型: String
版块号: String
版块主题: String
版块开放时间: Date
版块系统记录: Integer
版主账号: String
显示版块详细信息()
形成被关闭版块列表()
设置需关闭版块标记()
形成所有版块列表()

图 13.56　版块类的内部结构

新手手册
形成时间: Date
更新时间: Date
显示手册信息()

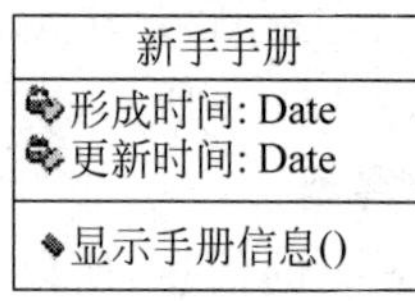

图 13.57　新手手册类的内部结构

建议类如图 13.58 所示。

8. 帖子类

帖子类的属性包含当前帖子的点击次数，根据帖子的点击次数，来设置热门帖子、精华帖子。帖子类如图 13.59 所示。

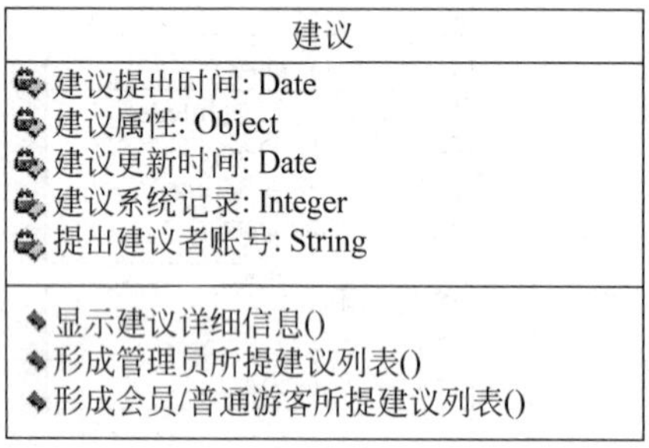

建议
建议提出时间: Date
建议属性: Object
建议更新时间: Date
建议系统记录: Integer
提出建议者账号: String
显示建议详细信息()
形成管理员所提建议列表()
形成会员/普通游客所提建议列表()

图 13.58　建议类的内部结构

帖子
帖子形成时间: Date
帖子类型: String
帖子属性: Integer
点击次数: Integer
帖子作者账号: String
所在版块的版块号: String
显示帖子详细信息()
形成帖子列表()

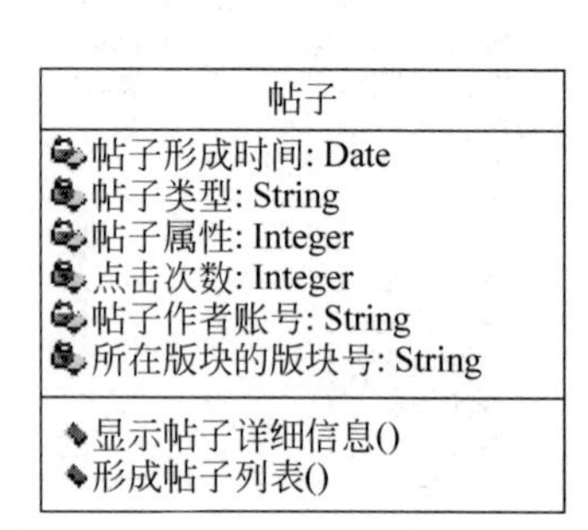

图 13.59　帖子类的内部结构

9. 请求信息类

请求信息类的属性记录了请求信息的类型，是请求辞职、成为版主还是好友请求。根据请求类型来选择调用哪个操作。当调用完操作后，自动调用设置请求标记。请求信息类如图 13.60 所示。

10. 回复信息类

根据回复类型来选择调用哪个操作，调用完毕后，会自动调用设置回复标记，记录回复结果。回复信息类如图 13.61 所示。

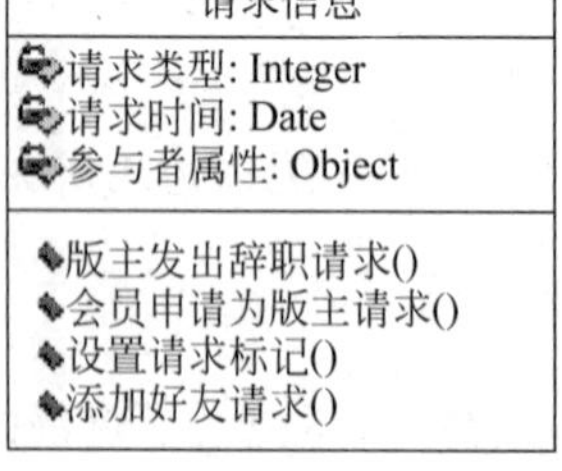

请求信息
请求类型: Integer
请求时间: Date
参与者属性: Object
版主发出辞职请求()
会员申请为版主请求()
设置请求标记()
添加好友请求()

图 13.60　请求信息类的内部结构图

回复信息
回复类型 : Integer
回复时间 : Date
回复结果 : Integer
回复版主辞职请求()
回复申请成为版主请求()
设置回复标记()

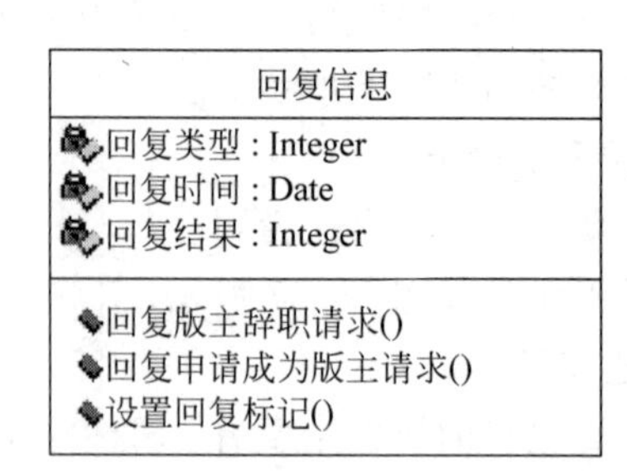

图 13.61　回复信息类的内部图

11. 类之间的关系图

以上类之间的关系描述如下。

(1) 管理员——版主：一对多的关系，管理员可以管理多个版主，而系统管理员只有一个。

(2) 管理员——新手手册：一对一的关系，管理员和新手手册在系统中都只有一个。

(3) 管理员——回复信息：一对多的关系，可以多个用户发出请求，这就要有多个回复信息，管理员可以给出多个回复信息。

(4) 管理员——建议：一对多的关系，管理员可以提出多个建议，同时可以查看多个建议。

(5) 建议——版块：组合关系，由于管理员要向版主、会员提建议，版块内要有接收的建议箱，也就是在版块内部肯定有建议。可以说建议也是版块的一部分。

(6) 帖子——版块：组合关系，帖子是构成版块的一个非常重要的部分，必不可少。

(7) 版主——帖子：一对多的关系，版主可以管理多个帖子，而帖子在版块中，一个版块只有一个版主，所以一个帖子只能由一个版主管理。

(8) 请求信息——版主/会员：依赖关系，请求信息类依赖于版主/会员类，请求信息的操作参数是版主/会员类的对象，当对象发生变化时，请求信息随之发生变化。

(9) 回复信息——请求信息：依赖关系，回复信息类依赖于请求信息类，请求信息发生变化，回复信息就随之变化。

(10) 会员——普通游客：泛化关系。

(11) 版主——会员：泛化关系。

(12) 会员/普通游客——建议：多对多关系，管理员提出的一个建议可以被多个用户查看，一个用户也可以提出多个建议。

(13) 版主——版块：一对一的关系，一个版块只有一个版主，一个版主只能管理一个版块。

根据类的内部结构，以及上述的类之间，BBS 论坛系统中类的关系图如图 13.62 所示。

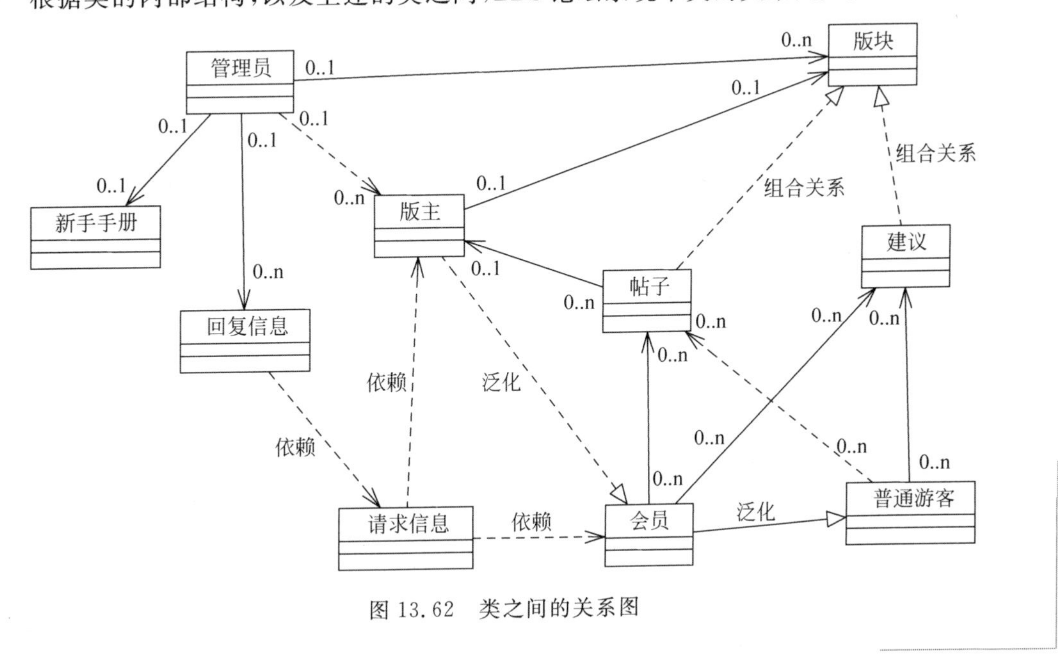

图 13.62　类之间的关系图

13.4 BBS 论坛系统中的配置和部署

13.4.1 构件图的建立

BBS 论坛系统中的页面主要有：浏览帖子页面、发表和回复帖子页面、登录页面和后台管理页面。BBS 论坛系统的构件图如图 13.63 所示。

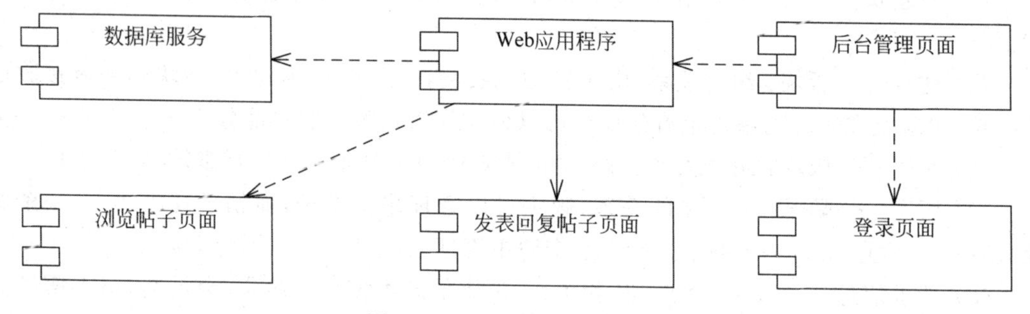

图 13.63 论坛系统的构件图

13.4.2 部署图的建立

部署图主要是用于描述系统中的软件和硬件如何进行配置。BBS 论坛系统的应用服务器主要是负责整个 Web 应用程序，数据库负责数据管理，还有很多终端可以用于系统的客户端来访问网站。系统的部署图如图 13.64 所示。

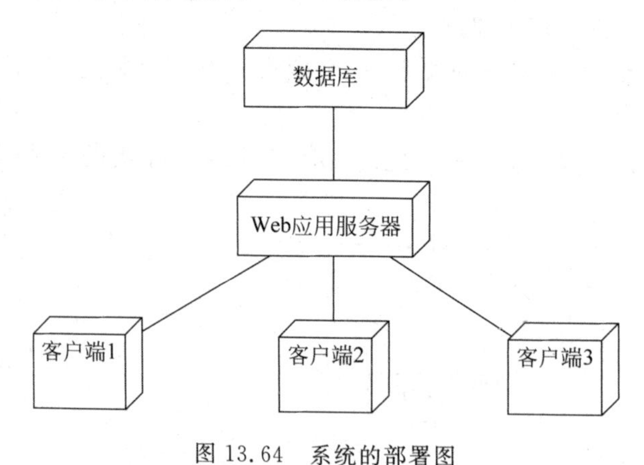

图 13.64 系统的部署图

参考文献

1. 杨少波. J2EE 项目实训——UML 及设计模式. 北京：清华大学出版社，2008.
2. 吴建. UML 基础与 Rose 建模案例. 北京：人民邮电出版社，2007.
3. 蔡敏. UML 基础与 Rose 建模教程. 北京：人民邮电出版社，2006.
4. 张龙祥. UML 与系统分析设计. 北京：人民邮电出版社，2007.
5. Ken Lunn. UML 软件开发. 北京：电子工业出版社，2005.
6. Doug Rosenberg，Kendall Scott. UML 用例驱动对象建模. 北京：清华大学出版社，2003.
7. 用 J2EE 和 UML 开发 Java 企业级应用程序. 北京：清华大学出版社，2002.
8. James Rumbaugh，Ivar Jacobson，Grady Booch. UML 参考手册. 北京：科学出版社，2015.
9. 丁峰，柳西玲. UML 技术及应用. 北京：高等教育出版社，2004.
10. 衣杨. 基于 UML 可视化设计实验教程. 广州：中山大学出版社，2006.
11. 董兰芳，刘振安. UML 课程设计. 北京：机械工业出版社，2011.
12. 范晓平. UML 建模实例详解. 北京：清华大学出版社，2006.
13. Jim Arlow，Ila Neustadt. UML 2.0 和统一过程. 北京：机械工业出版社，2006.
14. Hans-Erik Eriksson，Magnus Penker. UML 工具箱. 北京：电子工业出版社，2004.

图书资源支持

感谢您一直以来对清华版图书的支持和爱护。为了配合本书的使用，本书提供配套的资源，有需求的读者请扫描下方的“书圈”微信公众号二维码，在图书专区下载，也可以拨打电话或发送电子邮件咨询。

如果您在使用本书的过程中遇到了什么问题，或者有相关图书出版计划，也请您发邮件告诉我们，以便我们更好地为您服务。

我们的联系方式：

地　　址：北京市海淀区双清路学研大厦 A 座 714

邮　　编：100084

电　　话：010-83470236　010-83470237

客服邮箱：2301891038@qq.com

QQ：2301891038（请写明您的单位和姓名）

资源下载：关注公众号“书圈”下载配套资源。

资源下载、样书申请

书圈

获取最新书目

观看课程直播